SOLIDWORKS® 公司官方指定培训教程
CSWP 全球专业认证考试培训教程

官方指定

SOLIDWORKS®
管道与布线教程
（2024版）

[美] DS SOLIDWORKS®公司　著
(DASSAULT SYSTEMES SOLIDWORKS CORPORATION)

戴瑞华　主编

机械工业出版社
CHINA MACHINE PRESS

《SOLIDWORKS®管道与布线教程（2024版）》是根据DS SOLIDWORKS®公司发布的《SOLIDWORKS® 2024：SOLIDWORKS Routing》编译而成的，着重介绍了使用Routing软件进行电力线路、管筒、管道步路设计的基本方法和相关技术，其他还包括管路设计库的使用及电气工程图。本教程提供练习文件下载，详见"本书使用说明"。本教程提供高清语音教学视频，扫描书中二维码即可免费观看。

本教程在保留了英文原版教程精华和风格的基础上，按照中国读者的阅读习惯进行编译，配套教学资料齐全，适合企业工程设计人员和高等院校、职业技术院校相关专业的师生使用。

北京市版权局著作权合同登记　图字：01-2024-2904号。

图书在版编目（CIP）数据

SOLIDWORKS®管道与布线教程：2024版／美国DS SOLIDWORKS®公司著；戴瑞华主编. -- 北京：机械工业出版社，2025.7. --（SOLIDWORKS®公司官方指定培训教程）（CSWP全球专业认证考试培训教程）. -- ISBN 978-7-111-78624-5

Ⅰ. U173.9-39

中国国家版本馆CIP数据核字第2025NT7370号

机械工业出版社（北京市百万庄大街22号　邮政编码100037）
策划编辑：张雁茹　　　　　　　　　责任编辑：张雁茹　章承林
责任校对：孙明慧　马荣华　景　飞　封面设计：陈　沛
责任印制：单爱军
中煤（北京）印务有限公司印刷
2025年8月第1版第1次印刷
184mm×260mm · 20.25印张 · 553千字
标准书号：ISBN 978-7-111-78624-5
定价：69.80元

电话服务　　　　　　　　　网络服务
客服电话：010-88361066　　机　工　官　网：www.cmpbook.com
　　　　　010-88379833　　机　工　官　博：weibo.com/cmp1952
　　　　　010-68326294　　金　书　网：www.golden-book.com
封底无防伪标均为盗版　　机工教育服务网：www.cmpedu.com

序

尊敬的中国 SOLIDWORKS 用户：

DS SOLIDWORKS® 公司很高兴为您提供这套最新的 SOLIDWORKS® 中文官方指定培训教程。我们对中国市场有着长期的承诺，自从 1996 年以来，我们就一直保持与北美地区同步发布 SOLIDWORKS 3D 设计软件的每一个中文版本。

我们感觉到 DS SOLIDWORKS® 公司与中国用户之间有着一种特殊的关系，因此也有着一份特殊的责任。这种关系是基于我们共同的价值观——创造性、创新性、卓越的技术，以及世界级的竞争能力。这些价值观一部分是由公司的共同创始人之一李向荣（Tommy Li）所建立的。李向荣是一位华裔工程师，他在定义并实施我们公司的关键性突破技术以及在指导我们的组织开发方面起到了很大的作用。

作为一家软件公司，DS SOLIDWORKS® 致力于带给用户世界一流水平的 3D 解决方案（包括设计、分析、产品数据管理、文档出版与发布），以帮助设计师和工程师开发出更好的产品。我们很荣幸地看到中国用户的数量在不断增长，大量杰出的工程师每天使用我们的软件来开发高质量、有竞争力的产品。

目前，中国正在经历一个迅猛发展的时期，从制造服务型经济转向创新驱动型经济。为了继续取得成功，中国需要相配套的软件工具。

SOLIDWORKS® 2024 是我们最新版本的软件，它在产品设计过程自动化及改进产品质量方面又提高了一步。该版本提供了许多新的功能和更多提高生产率的工具，可帮助机械设计师和工程师开发出更好的产品。

现在，我们提供了这套中文官方指定培训教程，体现出我们对中国用户长期持续的承诺。这套教程可以有效地帮助您把 SOLIDWORKS® 2024 软件在驱动设计创新和工程技术应用方面的强大威力全部释放出来。

我们为 SOLIDWORKS 能够帮助提升中国的产品设计和开发水平而感到自豪。现在您拥有了功能丰富的软件工具以及配套教程，我们期待看到您用这些工具开发出创新的产品。

Manish Kumar
DS SOLIDWORKS® 公司首席执行官
2024 年 6 月

戴瑞华　现任达索系统大中华区技术咨询部 SOLIDWORKS 技术总监

戴瑞华先生拥有 30 年以上机械行业从业经验，曾服务于多家企业，主要负责设备、产品、模具以及工装夹具的开发和设计。其本人酷爱 3D CAD 技术，从 2001 年开始接触三维设计软件，并成为主流 3D CAD SOLIDWORKS 的软件应用工程师，先后为企业和 SOLIDWORKS 社群培训了上千名工程师。同时，他利用自己多年的企业研发设计经验，总结出了在中国的制造业企业应用 3D CAD 技术的最佳实践方法，为企业的信息化与数字化建设奠定了扎实的基础。

戴瑞华先生于 2005 年 3 月加入 DS SOLIDWORKS®公司，现负责 SOLIDWORKS 解决方案在大中华区的技术培训、支持、实施、服务及推广等，实践经验丰富。其本人一直倡导企业构建以三维模型为中心的面向创新的研发设计管理平台、实现并普及数字化设计与数字化制造，为中国企业最终走向智能设计与智能制造进行着不懈的努力与奋斗。

前　言

DS SOLIDWORKS® 公司是一家专业从事三维机械设计、工程分析、产品数据管理软件研发和销售的国际性公司。SOLIDWORKS 软件以其优异的性能、易用性和创新性，可极大地提高机械设计工程师的设计效率和设计质量，目前已成为主流 3D CAD 软件市场的标准，在全球拥有超过 650 万的用户。DS SOLIDWORKS® 公司的宗旨是：To help customers design better products and be more successful——让您的设计更精彩。

"SOLIDWORKS® 公司官方指定培训教程"是根据 DS SOLIDWORKS® 公司最新发布的 SOLID-WORKS® 2024 软件的配套英文版培训教程编译而成的，也是 CSWP 全球专业认证考试培训教程。本套教程是 DS SOLIDWORKS® 公司唯一正式授权在中国大陆地区（不包括香港、澳门特别行政区及台湾地区）出版的官方指定培训教程，也是迄今为止出版的最为完整的 SOLIDWORKS® 公司官方指定培训教程。

本套教程详细介绍了 SOLIDWORKS® 2024 软件的功能，以及使用该软件进行三维产品设计、工程分析的方法、思路、技巧和步骤。为了简化和加快从概念到制造的产品开发流程，SOLIDWORKS® 2024 包含了用户驱动的全新增强功能，重点关注提高工作的智能化程度和工作效率，让工程师可以专注于设计。除此之外，还增加了基于云的扩展应用，包含新一代的设计工具以及强大的仿真能力和智能制造等。新功能中也融合了人工智能、云服务等新兴数字技术，为智能化转型升级提供了新的可能。

《SOLIDWORKS® 管道与布线教程（2024 版）》是根据 DS SOLIDWORKS® 公司发布的《SOLID-WORKS® 2024：SOLIDWORKS Routing》编译而成的，着重介绍了使用 Routing 软件进行电力线路、管筒、管道步路设计的基本方法和相关技术。

本套教程在保留了英文原版教程精华和风格的基础上，按照中国读者的阅读习惯进行编译，使其变得直观、通俗，让初学者易上手，让高手的设计效率和质量更上一层楼！

本套教程由达索系统大中华区技术咨询部 SOLIDWORKS 技术总监戴瑞华先生担任主编，由达索教育行业高级顾问严海军和 SOLIDWORKS 技术专家李鹏承担编译、校对和录入工作。此外，本教程的操作视频由达索教育行业高级顾问严海军制作。在此，对参与本套教程编译和视频制作的工作人员表示诚挚的感谢。

由于时间仓促，书中难免存在疏漏和不足之处，恳请广大读者批评指正。

戴瑞华

2024 年 6 月

本书使用说明

关于本书

本书的目的是让读者学习如何使用 SOLIDWORKS 机械设计自动化软件来建立零件和装配体的参数化模型,同时介绍如何利用这些零件和装配体来建立相应的工程图。

SOLIDWORKS® 2024 是一款功能强大的机械设计软件,而本书章节有限,不可能覆盖软件的每一个细节和各个方面。所以,本书将重点给读者讲解应用 SOLIDWORKS® 2024 软件进行工作所必需的基本技术和主要概念。本书作为在线帮助系统的一个有益补充,不可能完全替代软件自带的在线帮助系统。读者在对 SOLIDWORKS® 2024 软件的基本使用技能有了较好的了解之后,就能够参考在线帮助系统获得其他常用命令的信息,进而提高应用水平。

前提条件

读者在学习本书之前,应该具备如下经验:

- 机械设计经验。
- 使用 Windows 操作系统的经验。
- 已经学习了《SOLIDWORKS®零件与装配体教程(2024 版)》。

编写原则

本书是基于过程或任务的方法而设计的培训教程,并不专注于介绍单项特征和软件功能。本书强调的是完成一项特定任务所遵循的过程和步骤。通过对每一个应用实例的学习来演示这些过程和步骤,读者将学会为完成一项特定设计任务所需采取的方法,以及所需要的命令、选项和菜单。

知识卡片

除了每章的研究实例和练习外,本书还提供了可供读者参考的"知识卡片"。这些"知识卡片"提供了软件使用工具的简单介绍和操作方法,可供读者随时查阅。

使用方法

本书的目的是希望读者在有 SOLIDWORKS 使用经验的教师指导下,在培训课中进行学习;希望读者通过"教师现场演示本书所提供的实例,学生跟着练习"的交互式学习方法掌握软件的功能。

读者可以使用练习题来应用和练书中讲解的或教师演示的内容。本书设计的练习题代表了典型的设计和建模情况,读者完全能够在课堂上完成。应该注意到,学生的学习速度是不同的,因此,书中所列出的练习题比一般读者能在课堂上完成的要多,这确保了学习能力强的读者也有练习可做。

标准、名词术语及单位

SOLIDWORKS 软件支持多种工程图标准,如中国国家标准(GB)、美国国家标准(ANSI)、国际标准(ISO)、德国国家标准(DIN)和日本国家标准(JIS)。本书中的例子和练习基本上采用了中国国家标准(除个别为体现软件多样性的选项外)。为与软件保持一致,本书中一些名词术语、物理量符号和计量单位未与中国国家标准保持一致,请读者使用时注意。

练习文件下载方式

读者可以从网络平台下载本书的练习文件，具体方法是：微信扫描右侧或封底的"大国技能"微信公众号，关注后输入"2024LJ"即可获取下载地址。

视频观看方式

扫描书中二维码在线观看视频，二维码位于章节之中的"操作步骤"处。可使用手机或平板电脑扫码观看，也可复制手机或平板电脑扫码后的链接到计算机的浏览器中，用浏览器观看。

大国技能

模板的使用

本书使用一些预先定义好配置的模板，这些模板也是通过有数字签名的自解压文件包的形式提供的。这些文件可从"大国技能"微信公众号下载。这些模板适用于所有 SOLIDWORKS 教程，使用方法如下：

1. 单击【工具】/【选项】/【系统选项】/【文件位置】。
2. 从下拉列表中选择文件模板。
3. 单击【添加】按钮并选择练习模板文件夹。
4. 在消息提示框中单击【确定】按钮和【是】按钮。

在文件位置被添加后，每次新建文档时就可以通过单击【高级】/【Training Templates】选项卡来使用这些模板（见下图）。

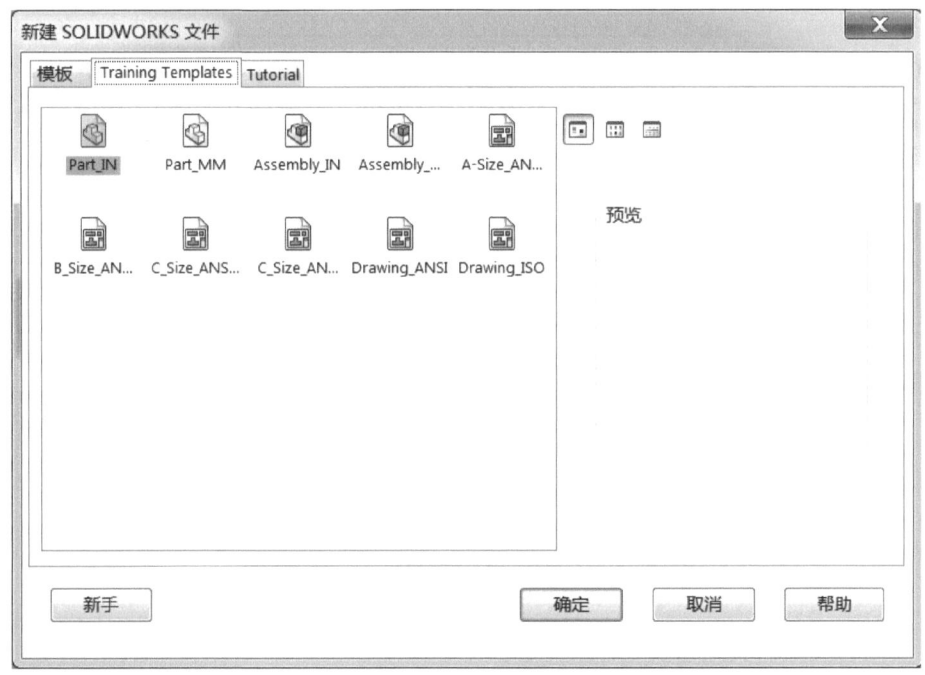

Windows 操作系统

本书所用的截屏图片是 SOLIDWORKS® 2024 运行在 Windows® 10 时制作的。

本书的格式约定

本书使用下表所列的格式约定：

约 定	含 义	约 定	含 义
【插入】/【凸台】	表示 SOLIDWORKS 软件命令和选项。例如，【插入】/【凸台】表示从菜单【插入】中选择【凸台】命令	⚠️ 注意	软件使用时应注意的问题
提示	要点提示	操作步骤 步骤1 步骤2 步骤3	表示课程中实例设计过程的各个步骤
技巧	软件使用技巧		

关于色彩的问题

SOLIDWORKS® 2024 英文原版教程是彩色印刷的，而我们出版的中文版教程则采用黑白印刷，所以本书对英文原版教程中出现的颜色信息做了一定的调整，以便尽可能地方便读者理解书中的内容。

更多 SOLIDWORKS 培训资源

my. solidworks. com 提供更多的 SOLIDWORKS 内容和服务，用户可以在任何时间、任何地点、使用任何设备查看。用户也可以访问 my. solidworks. com/training，按照自己的计划和节奏来学习，以提高 SOLIDWORKS 技能。

用户组网络

SOLIDWORKS 用户组网络（SWUGN）有很多功能。通过访问 swugn. org，用户可以参加当地的会议，了解 SOLIDWORKS 相关工程技术主题的演讲以及更多的 SOLIDWORKS 产品，或者与其他用户通过网络来交流。

目　　录

序
前言
本书使用说明

第1章　Routing 基础 ······················ 1

1.1　什么是 Routing ······················ 1
1.1.1　章节回顾 ···························· 1
1.1.2　线路的类型 ························ 1
1.1.3　线路 ···································· 1
1.1.4　Routing FeatureManager ··· 3
1.1.5　外部文件和虚拟文件 ·········· 3
1.1.6　虚拟零部件 ························ 3
1.1.7　Routing 中的文件命名 ······ 4
1.2　安装 Routing ······················ 6
1.2.1　Routing 插件 ······················ 6
1.2.2　Routing 练习文件 ·············· 7
1.2.3　Routing Library Manager ··· 7
1.3　一般步路设定 ······················ 9

第2章　基本电力线路 ·························· 11

2.1　基本电力线路概述 ·············· 11
2.2　添加线路零部件 ·················· 11
2.3　通过拖/放来开始 ················ 12
2.4　自动步路 ······························ 14
2.4.1　端头线 ······························ 14
2.4.2　电气特性 ·························· 15
2.4.3　编辑电线 ·························· 15
2.4.4　手动分配管脚 ·················· 16
2.4.5　重塑样条曲线 ·················· 18
2.4.6　同时编辑线路 ·················· 18
练习　创建基本电力线路 ············ 20

第3章　线路线夹 ·································· 21

3.1　线路线夹概述 ······················ 21
3.2　步路穿过线夹 ······················ 21
3.3　在自动步路时添加线夹 ······ 24
3.4　编辑线路 ······························ 26
3.5　使用线夹 ······························ 26
3.5.1　旋转线夹 ·························· 26

3.5.2　重新步路穿过线夹 ·········· 27
3.5.3　从线夹脱钩 ······················ 28
3.5.4　虚拟线夹 ·························· 29
3.6　分割线路 ······························ 29
3.6.1　JPoint 名称 ······················ 29
3.6.2　添加折弯 ·························· 30
3.7　添加中接管 ·························· 30
3.8　多条线路穿过一个线夹 ······ 32
3.8.1　线路堆叠 ·························· 32
3.8.2　【孤立】选项 ·················· 33
练习 3-1　编辑电力线路 ············ 35
练习 3-2　添加中接管 ················ 36

第4章　电力线路零部件 ······················ 37

4.1　Routing 零件库概述 ············ 37
4.2　电气 Routing 库零件 ·········· 38
4.3　库 ·· 38
4.4　Routing 零部件向导 ············ 40
4.4.1　Routing Library Manager ··· 41
4.4.2　通过向导创建 Routing 零部件 ··· 41
4.4.3　Routing 零部件几何体 ······ 42
4.4.4　创建接头 ·························· 42
4.4.5　连接点 ······························ 43
4.5　Routing 零部件属性 ············ 45
4.5.1　创建线夹 ·························· 47
4.5.2　线路点 ······························ 47
4.5.3　线夹轴和旋转轴 ·············· 48
4.5.4　使用自动大小选项 ·········· 49
4.6　电气库 ·································· 50
4.6.1　电缆库 ······························ 51
4.6.2　零部件库 ·························· 51
4.6.3　覆盖层库 ·························· 52
4.6.4　'从-到'清单 ···················· 52
4.7　共享模型 ······························ 55
练习 4-1　创建线路零部件 ········ 56
练习 4-2　创建和使用电气线夹 ··· 58

第5章 标准电缆和重用线路 ········ 60

- 5.1 标准电缆概述 ············ 60
- 5.2 标准电缆 Excel 文件 ········ 61
  - 5.2.1 Excel 文件结构 ········ 61
  - 5.2.2 固定长度线路 ········· 64
  - 5.2.3 替换标准电缆电线 ····· 65
- 5.3 修改标准电缆 ············ 65
- 5.4 创建标准电缆 ············ 67
- 5.5 重用线路 ················ 69
  - 5.5.1 重用线路的外观 ······· 70
  - 5.5.2 线路长度 ············ 70
  - 5.5.3 删除链接 ············ 70
  - 5.5.4 重用没有固定长度的线路 · 71
- 5.6 分离线路 ················ 72
- 5.7 步路模板 ················ 73
  - 5.7.1 创建自定义步路模板 ··· 73
  - 5.7.2 选择步路模板 ········· 73
- 练习 5-1 使用标准电缆和重用线路 · 74
- 练习 5-2 创建标准电缆 ········· 75

第6章 电气数据输入 ·············· 77

- 6.1 输入数据 ················ 77
  - 6.1.1 可重用的数据 ········· 77
  - 6.1.2 '从-到'的一般步骤 ···· 77
- 6.2 Routing library Manager ···· 78
  - 6.2.1 零部件库向导 ········· 78
  - 6.2.2 输入电缆/电线库 ······ 80
- 6.3 '从-到'清单 ············ 82
  - 6.3.1 电气数据 ············ 82
  - 6.3.2 使用【'从-到'清单向导】 82
- 6.4 线路属性 ················ 85
- 6.5 步路引导线 ·············· 86
  - 6.5.1 引导线操作 ··········· 86
  - 6.5.2 修改线路 ············ 88
  - 6.5.3 重新步路样条曲线 ····· 89
  - 6.5.4 编辑'从-到'清单 ····· 89
- 6.6 使用引导线和线夹 ········ 91
- 练习 创建库和'从-到'清单 ···· 95

第7章 电气工程图 ················ 99

- 7.1 线路平展和出详图 ········ 99
  - 7.1.1 表格 ················ 99
  - 7.1.2 接头 ················ 99
- 7.2 注解平展 ················ 99

- 7.3 平展线路 ················ 100
  - 7.3.1 平展选项 ············ 101
  - 7.3.2 工程图明细 ·········· 102
  - 7.3.3 电线长度 ············ 105
  - 7.3.4 编辑展开的线路 ······ 106
- 7.4 制造平展 ················ 107
- 练习 创建电气工程图 ·········· 113

第8章 柔性电缆 ·················· 115

- 8.1 柔性电缆概述 ············ 115
- 8.2 柔性电缆线路 ············ 115
  - 8.2.1 柔性电缆接头 ········ 116
  - 8.2.2 柔性电缆图形 ········ 116
  - 8.2.3 平展和工程图 ········ 116
  - 8.2.4 柔性电缆连接点 ······ 116
- 8.3 柔性电缆自动步路 ········ 117
  - 8.3.1 【灵活】选项 ········ 117
  - 8.3.2 通过拖动进行编辑 ···· 117
  - 8.3.3 手工草图 ············ 118
  - 8.3.4 添加柔性电缆 ········ 118
- 8.4 使用带有线夹的柔性电缆 ··· 119
- 练习 创建柔性电缆 ············ 121

第9章 电气导管 ·················· 122

- 9.1 电气导管概述 ············ 122
  - 9.1.1 现有几何体 ·········· 122
  - 9.1.2 刚性电气导管 ········ 122
  - 9.1.3 柔性电气导管 ········ 123
  - 9.1.4 电气线路 ············ 124
- 9.2 创建刚性电气导管 ········ 124
- 9.3 自动步路中的正交线路 ···· 126
- 9.4 导管中的电气数据 ········ 128
  - 9.4.1 编辑库 ·············· 130
  - 9.4.2 定义电缆 ············ 131
  - 9.4.3 电气导管工程图 ······ 132
- 9.5 手动草图步路 ············ 133
  - 9.5.1 3D 草图 ············· 133
  - 9.5.2 拖放配件 ············ 135
- 9.6 创建柔性电气导管 ········ 136
- 练习 9-1 创建电气导管 ········ 138
- 练习 9-2 添加电缆和编辑导管 ·· 141

第10章 管道线路 ················ 142

- 10.1 管道线路概述 ·········· 142
  - 10.1.1 典型管道线路 ······· 143

10.1.2	线路草图	143
10.2	管道及其零部件	143
10.2.1	管道	144
10.2.2	末端零部件	144
10.2.3	内部零部件	144
10.3	步路装配体模板	145
10.3.1	创建自定义步路模板	145
10.3.2	选择步路装配体模板	146
10.4	创建管道线路	146
10.4.1	线路属性	147
10.4.2	对管道使用自动步路	150
10.5	自动步路	151
10.6	线路规格模板	152
10.6.1	创建线路规格模板	152
10.6.2	使用线路规格模板	154
练习 10-1	创建模板	154
练习 10-2	多条管道线路（1）	154

第 11 章　高级管道线路 …………… 157

11.1	高级管道线路概述	157
11.2	添加交替的弯管	163
11.3	编辑线路	165
11.3.1	使用沿此步路关系	166
11.3.2	【孤立】选项	167
11.3.3	使用管道吊架	169
11.4	沿已存在的几何体步路	170
练习	多条管道线路（2）	175

第 12 章　管道配件 …………………… 180

12.1	管道配件概述	180
12.2	拖放配件	180
12.2.1	在线路中使用平面	182
12.2.2	分割线路添加配件	183
12.2.3	定向内部配件	183
12.2.4	在相交点添加三通	184
12.2.5	移除管道/管筒	185
12.3	创建自定义配件	188
12.3.1	替换管道配件	189
12.3.2	添加配件	190
12.3.3	覆盖层	192
练习 12-1	添加管道配件	195
练习 12-2	框架上的管道	197

第 13 章　管筒线路 …………………… 198

13.1	管筒线路概述	198

13.2	管筒和管筒零部件	199
13.2.1	管筒	199
13.2.2	末端零部件	199
13.2.3	内部零部件	199
13.3	使用柔性管筒自动步路	199
13.4	使用正交管筒自动步路	201
13.5	折弯和样条曲线错误	203
13.5.1	折弯半径较小	203
13.5.2	输出管道/管筒数据	204
13.5.3	使用封套表示体积	205
13.5.4	开始步路和添加到线路	206
13.5.5	步路管筒穿过线夹	207
13.5.6	修复折弯错误	209
13.5.7	反转方向	209
13.5.8	修复线路	209
13.5.9	使用封套进行选择	211
13.5.10	线路段属性	213
13.6	管筒工程图	214
13.6.1	重命名	214
13.6.2	外部保存	214
练习 13-1	正交管筒步路	216
练习 13-2	柔性管筒步路	218
练习 13-3	正交和柔性管筒步路	222

第 14 章　更改管道和管筒 …………… 225

14.1	更改管道和管筒概述	225
14.1.1	创建管道和管筒的步骤	225
14.1.2	更改线路直径	225
14.1.3	关于标注线路几何体尺寸的注释	229
14.1.4	生成自定义管道配置	231
14.2	管道穿透	232
14.3	法兰到法兰的连接	233
14.4	管道短管	234
14.4.1	工程图中的短管	236
14.4.2	使用垫片	236
14.5	复制线路	236
14.6	添加斜度	238
14.7	编辑管道线路	240
14.7.1	使用带螺纹的管道和配件	240
14.7.2	删除和编辑线路几何体	240
14.8	对障碍物的编辑	243
14.8.1	使用三重轴移动配件	243
14.8.2	使用引导线	244
14.8.3	引导线选项	244

14.9 管道工程图 …………………… 246
   14.9.1 管道工程图概述 …………… 246
   14.9.2 工程图工具 ………………… 246
练习 14-1 创建和编辑螺纹管道线路 …… 251
练习 14-2 使用管道短管 ………………… 255

第 15 章 创建步路零部件 … 257

15.1 步路库零件 …………………… 257
15.2 库 ……………………………… 257
15.3 创建步路库零件 ……………… 265
15.4 管道和管筒零部件 …………… 265
15.5 复制步路零部件 ……………… 265
15.6 零部件类型 …………………… 267
15.7 配件零部件 …………………… 269
15.8 Routing 功能点 ……………… 270
   15.8.1 连接点 ……………………… 270
   15.8.2 步路点 ……………………… 270
15.9 步路几何体 …………………… 271
15.10 零件有效性检查 ……………… 271
15.11 设计表检查 …………………… 272
15.12 零部件属性 …………………… 273
   15.12.1 配置属性 …………………… 273
   15.12.2 文件属性 …………………… 273
15.13 弯管零部件 …………………… 274
15.14 阀门零部件 …………………… 276
   15.14.1 装配体步路零部件 ………… 276
   15.14.2 设备 ………………………… 278
练习 创建和使用设备 ………………… 282

第 16 章 电子管道、电缆槽和 HVAC 线路 …………………………… 286

16.1 电子管道、电缆槽和 HVAC 线路概述 ……………………… 286
   16.1.1 电子管道、电缆槽和 HVAC 零部件 ……………………… 286
   16.1.2 矩形和圆形零部件 ………… 287
   16.1.3 修改步路库零部件 ………… 288
16.2 电子管道线路 ………………… 289
16.3 电缆槽线路 …………………… 291
16.4 HVAC 线路 …………………… 293
   16.4.1 零部件 ……………………… 293
   16.4.2 覆盖层 ……………………… 294
   16.4.3 线路内管道零部件 ………… 294
   16.4.4 转换为圆形 HVAC 线路 …… 295
   16.4.5 HVAC 和管道工程图 ……… 296
练习 创建电子管道线路 ……………… 297

第 17 章 使用 SOLIDWORKS 内容 … 300

17.1 使用 SOLIDWORKS 内容概述 … 300
17.2 添加内容 ……………………… 300
17.3 内容文件 ……………………… 302
17.4 自定义库命名 ………………… 304
17.5 使用虚拟线夹 ………………… 304
17.6 线路中使用的零部件 ………… 305
练习 SOLIDWORKS 内容的应用 …… 309

第1章 Routing 基础

扫码看视频

- 了解 Routing 的基本知识
- 了解不同类型的线路
- 了解不同类型的 SOLIDWORKS 管道零部件及其使用方法
- 设置 SOLIDWORKS 步路文件位置和选项

1.1 什么是 Routing

Routing 是指在装配体中创建电线、电缆、电气导管、管筒和管道线路,并将其作为实体零部件进行调用。

1.1.1 章节回顾

本教程要求用户熟练掌握以下内容:
1)配置。
2)自顶向下的设计。
3)设计库。
4)3D 草图。

1.1.2 线路的类型

SOLIDWORKS Routing 使用户能够创建电气(电线和电缆)、电气导管、管筒、管道等线路。线路有多种类型,如电气接线、电缆制作、钎焊铜管、PVC、软管、焊接管道和相关配件组合,如图 1-1 所示。

1.1.3 线路

线路实际上就是一个子装配体,其中包含组成完整线路的文件夹和零部件(包括线路零件)的集合。

1. 线路零件 线路零件是 SOLIDWORKS Routing 子装配体中的零件。线路特征包括一幅 3D 草图,如图 1-2 所示,该草图表示电线、电缆线路从起始连接点到终止连接点的中心线路径,线路属性包括电缆的名义直径和规格、管筒和管道的规格和默认弯管。

 提示

柔性管(软管)、电缆和电气导管通常在 3D 草图中使用样条曲线作为线路的路径。

2. 线路零部件 线路零部件(见图 1-3)包括线路零件、接头、线夹和其他通过线路类型变换过来的零件。线路零部件被自动分为零部件和线路零件文件夹。

为电气和电气导管线路添加的电线或电缆,可在单独的【编辑电线】步骤里完成。

3. 外部零部件 线路子装配体用来连接外部零部件，如风扇、电路板、线夹、储罐、气缸和管线。子装配体零部件可使线路零部件与外部零部件和其他管线分开，如图1-4所示。

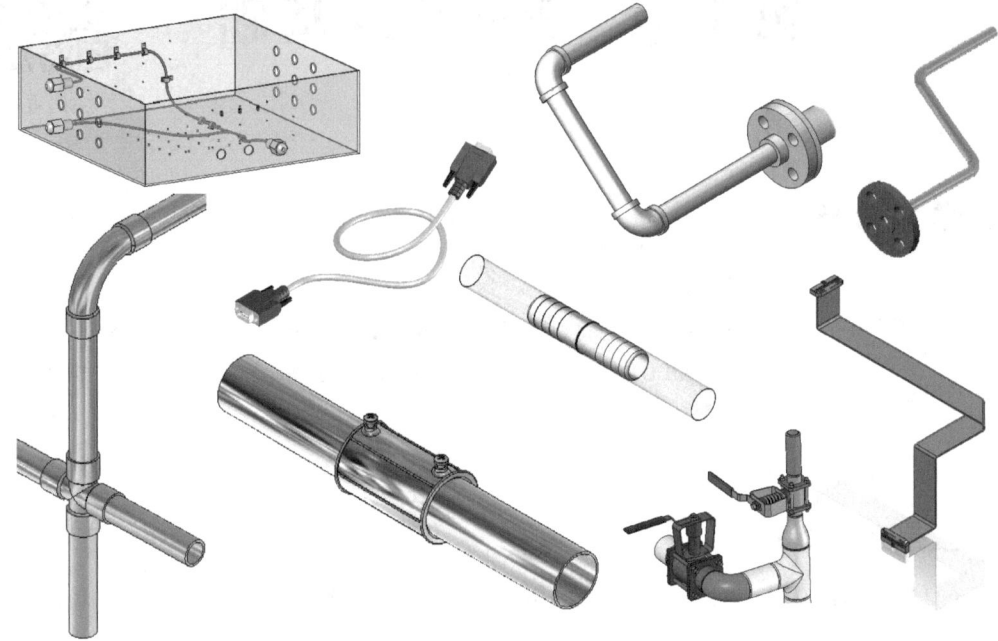

图1-1 线路的类型

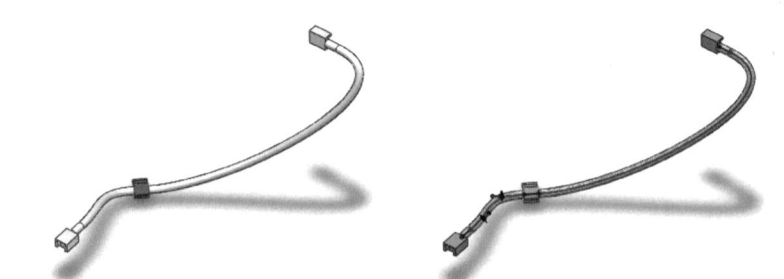

图1-2 3D草图

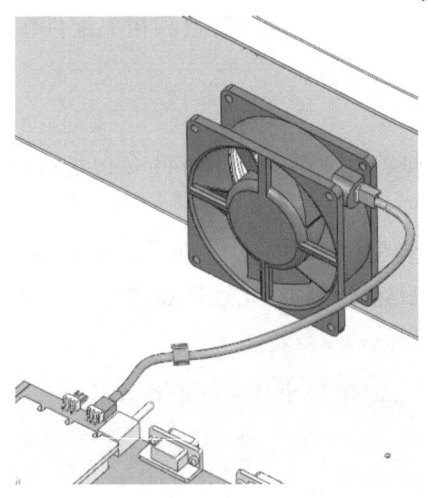

图1-3 线路零部件

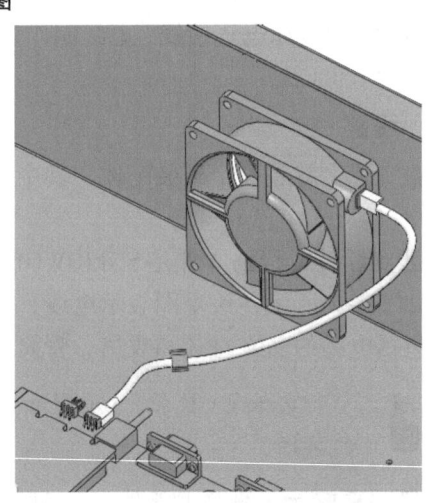

图1-4 外部零部件

1.1.4 Routing FeatureManager

在 FeatureManager 设计树中的 Routing 子装配体中列出了在线路中应用的零部件。本例中使用的零部件类型包括零部件文件夹(末端接头和线夹)和线路零件文件夹(线缆)中的零部件类型，如图 1-5 所示。

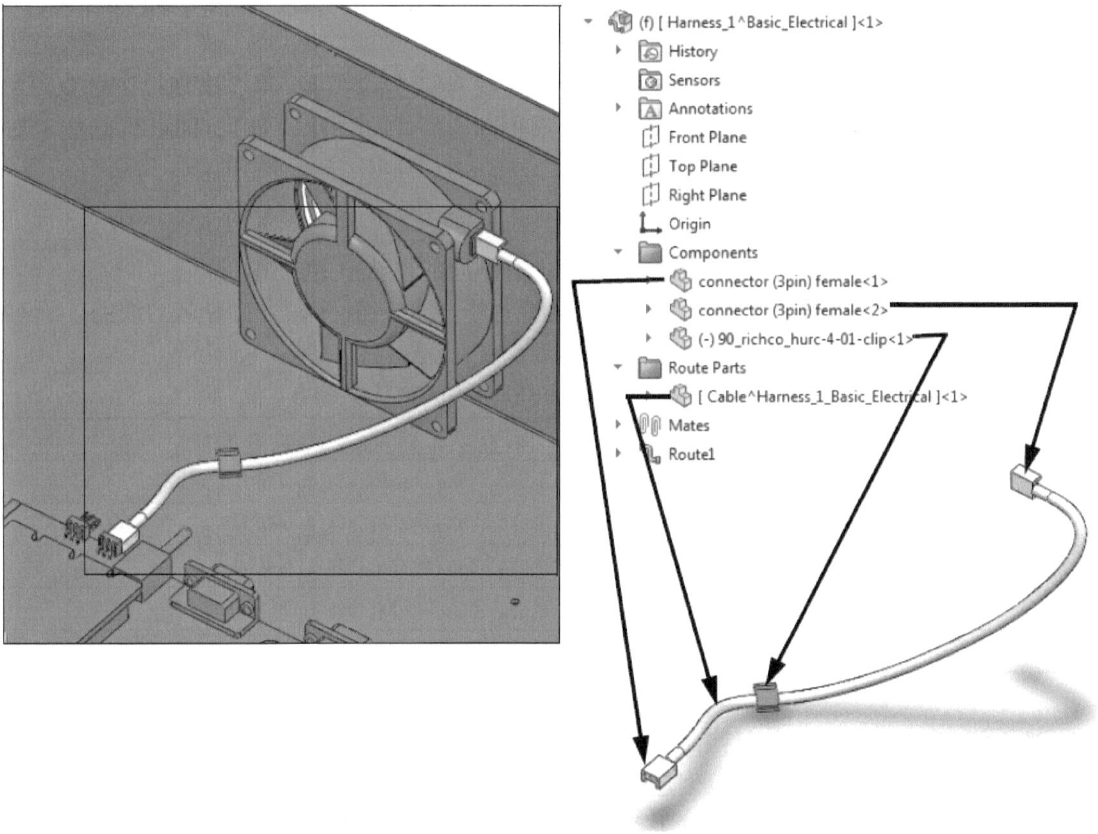

图 1-5 设计树对应零部件

 提示

线路零部件直接与线路草图相关，并不需要彼此相匹配。但连接线路外部零部件的接头类型是相互匹配的。

1.1.5 外部文件和虚拟文件

Routing 文件(包括线路子装配体和线路零件)可以创建为外部零部件或者虚拟零部件，用户可以在【工具】/【选项】/【系统选项】/【步路】下进行设置。

 技巧

虚拟选项提供简化的重命名和删除选项。

1.1.6 虚拟零部件

所有新的线路子装配体和线路零件都可以创建为虚拟零部件。此意味着这些零部件仅存在于子装配体中，不是独立的装配体或零件文件。虚拟零部件可以被删除、重命名或另存为真实的装配体或零件文件。用户可以设置下面这些选项：

- 不勾选【外部保存线路装配体】复选框。
- 不勾选【外部保存线路零件】复选框。
- 不勾选【为线路零件使用自动命名】复选框。

1. 删除虚拟零部件 选择要删除的虚拟线路子装配体，按〈Delete〉键，这将从主装配体中删除全部线路子装配体及其所有零部件。

2. 重命名虚拟零部件 右键单击零部件并选择【重新命名装配体】或者【重新命名零件】，即可重命名虚拟零部件。

3. 保存虚拟零部件 右键单击零部件并选择【保存装配体(在外部文件中)】或【保存零件(在外部文件中)】，即可保存一个虚拟零部件为一个独立文件。

4. 制作虚拟零部件 右键单击零部件，然后单击【使成为虚拟】，将会出现以下信息："使零件成为虚拟零部件会断开同外部文件的链接，您想继续吗？"单击【确定】，即可将标准零部件（包括独立的装配体和零件）转化为虚拟零部件。

1.1.7 Routing 中的文件命名

线路子装配体和线路零件在不同的线路类型中有不同的默认命名规则。

1. 线路子装配体和线路零件命名 当线路被创建时,文件名就标识为被命名的线路。所有线路子装配体和线路零件都是具有默认命名的虚拟零部件,见表1-1。

表 1-1 线路子装配体和线路零件的默认命名

项 目	线路子装配体	线路零件
电气	[Harness _ 1^Basic _ Electrical]	[Cable^Harness1 _ Assem1]
电气导管	[Conduit _ 1^Assem1]	[Cable^Conduit1 _ Assem1]
柔性电缆	[Flex_Cable _ 1^Assem1]	[Cable^Flex_Cable _ Assem1]
管筒	[Tube _ 1^Assem1]	[Tube-1000X065^Tube1 _ Assem1]
管道	[Pipe _ 1^Assem1]	[2inSchedule40^Pipe1 _ Assem1]

2. 独立零部件举例 包括零件和装配体在内的大多数常用的线路零部件在 SOLIDWORKS 的【设计库】中都能找到。用户也可以创建自定义零部件和设计库。常用的线路零部件见表1-2。

表 1-2 常用的线路零部件

项目及内容	图 形
"接头"是特殊的配件，一般用来连接线路和线路外的设备。因此，接头通常包含设备连接用的配合参考	
"线夹"是用于电气或软管线路的线路零部件，用来根据要求约束线路。线夹可以预置并作为参考位置，或者在步路时"动态"地放入路线中。线夹通常包含设备连接用的配合参考	

> 提示 支架的创建和使用方法与线夹相同。

(续)

项目及内容	图 形
电气"导管"是一类线路零件,用来连接刚性管筒和电气。末端接头包括电气导管和电气连接点。内联线路零部件仅包含电气导管的线路点,这些零部件通常包含设备连接用的配合参考	
"末端法兰"是与管筒和管道一起使用的特殊配件,通常用来连接线路和线路外的设备。因此,法兰通常包含设备连接用的配合参考	
"管筒"是沿着线路方向并终止于草图终点或配件的零件。管筒通常带有折弯,可以是直角的,也可以是任意形式的	
"管道"(更具体地说是装配式管道)是沿着线路位于弯管和配件之间的零件。FeatureManager 设计树中可以显示管道的名称、配置和长度。刚性铜管筒一般被当作装配式管道	
"电缆"是沿着线路方向并终止于草图终点或电气接头的零件。与管筒和管道不同,电缆没有源文件。根据默认的或者用户指定的 Microsoft Excel 或 XML 文件中的规格在线路中生成电缆	
"柔性电缆"是在柔性接头之间沿着线路长度的零件。柔性电缆具有矩形横截面,通过弯曲和扭转与柔性接头对齐	
"标准弯管"是线路上方向改变处的零部件,在 90°和 45°折弯处自动放置。FeatureManager 设计树中可显示标准弯管的名称和配置	

（续）

项目及内容	图形
"自定义弯管"是用于方向改变处的零部件，但折弯要小于90°并且不等于45°。系统将提示用户修改标准弯管以便与折弯角度匹配。FeatureManager设计树中可显示自定义弯管的名称、配置和尺寸	
"配件"是一类通用零部件，但不会像管道和弯管一样自动添加到线路中，包括三通、变径管、四通、垫片、阀门等	
"装配体配件"是一类装配体零部件，它不会像管道和弯管一样自动添加到线路中，包括阀体、开关以及其他含有多个零件的线路部件	
"设备"是一类零部件或者库零件，存在于线路外，但是创建了与线路的连接，包括油箱、泵和管口等。这些零部件通常包含多个配合参考和多个连接点	

 电缆槽和电气导管零部件列在电气文件夹里面，其创建方式类似于刚性管道。

1.2 安装Routing

Routing是SOLIDWORKS组件的一个插件，安装后才能运行和使用。首先，Routing必须加载到激活的软件和菜单中；其次，Routing的设置必须指向正确的库和选项。

1.2.1 Routing插件

Routing在SOLIDWORKS Premium软件包中，必须通过菜单【工具】/【插件】激活。勾选【SOLIDWORKS Routing】的【活动插件】和【启动】复选框，然后再单击【确定】，才能使用Routing。

知识卡片	Routing	• 菜单栏：【选项】/【插件】。 • CommandManager：【SOLIDWORKS 插件】/【SOLIDWORKS Routing】。 • 菜单：【工具】/【插件】。

操作步骤

步骤1　设置插件　单击【工具】/【插件】，确保勾选了【SOLIDWORKS Routing】的【活动插件】和【启动】复选框，单击【确定】，如图1-6所示。

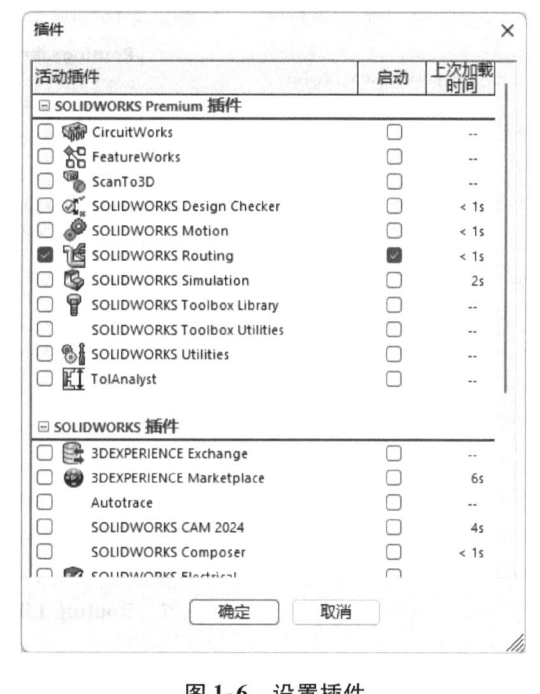

图1-6　设置插件

1.2.2　Routing 练习文件

Routing 需要通过特定的文件(包括 SOLIDWORKS 文件和文本文件)才能正常运行。设计库文件夹包含了标准零部件，用户可以在电气、导管、管筒和管道的学习和练习中使用这些零部件。这些文件的存放位置是至关重要的。

> 提示　默认的 SOLIDWORKS 设计库文件夹位置为 C:\ProgramData\SolidWorks\SOLIDWORKS 2024。

步骤2　下载练习文件　根据"本书使用说明"下载练习文件。
步骤3　保存练习文件　将练习文件保存到默认路径 C:\SOLIDWORKS Training Files 中。

1.2.3　Routing Library Manager

Routing Library Manager 会在后续的章节中详细介绍。它用来控制许多常规任务，内容包括：
- Routing 零部件向导。
- 电缆电线库向导。
- 零部件库向导。
- 覆盖层库向导。
- 标记方案管理器。
- Routing 文件位置和设定。
- 管道和管筒设计数据库。
- 线路属性。

【Routing 文件位置和设定】是最直接的重要选项。Routing Library Manager 界面如图 1-7 所示。

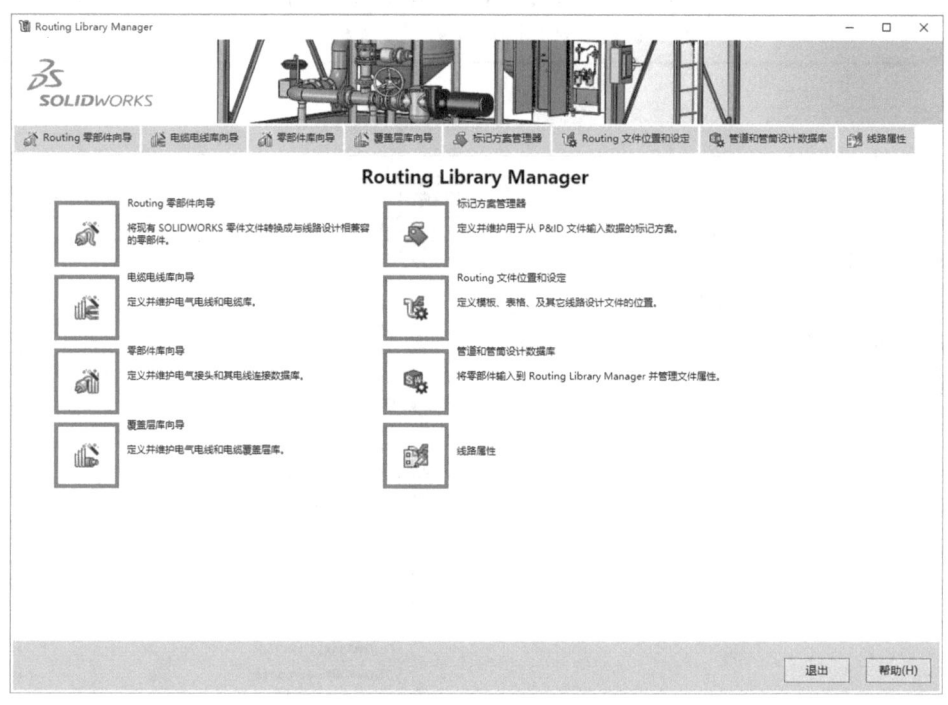

图 1-7 Routing Library Manager 界面

• Routing 文件位置和设定　Routing 的文件夹包含了标准的电气、导管、管筒和管道的零部件，Routing 依靠这些零部件创建线路。文件夹按"普通步路""管道/管筒/主干"和"电气电缆"分类。

| 知识卡片 | Routing 文件位置和设定 | • 菜单栏：【选项】⚙/【系统选项】/【步路文件位置】/【启动 Routing Library Manager】。
• 菜单：【工具】/【步路】/【Routing 工具】/【Routing Library Manager】。
• 开始菜单：【所有程序】/【SOLIDWORKS 2024】/【SOLIDWORKS 工具】/【SOLIDWORKS 2024 Routing Library Manager】。 |

1. 选择 Routing 文件位置和配置文件　单击【装入默认值】或者从【装入设定】中选择一个已保存的文件来装载配置。

Routing 的配置文件可以通过 Routing Library Manager 的【Routing 文件位置和设定】选项卡保存成 sqy 格式的文件。Routing 文件位置和配置文件见表 1-3。

表 1-3　Routing 文件位置和配置文件

分类	项目	文件
普通步路	步路库	C:\ProgramData\SolidWorks\SOLIDWORKS 2024\design library\routing
	步路模板	C:\ProgramData\SolidWorks\SOLIDWORKS 2024\templates\routeAssembly.asmdot
管道/管筒/主干	标准管筒	\Standard Tubes.xls
	覆盖层库	\coverings.xml
	标记方案库	\tag schemes.xml

（续）

分 类	项 目	文 件
电气电缆	电缆电线库	\electrical\cable.xml
	零部件库	\electrical\components.xml
	标准电缆	C:\SOLIDWORKS Training Files\SOLIDWORKS Routing-Electrical\standard_cables_training.xls
	覆盖层库	\electrical\coverings-electrical.xml

> ⚠ 注意　如果 Routing 库被设置成文件夹而不是库文件夹，将会引起错误，同时使得关键的 routinglib.db 文件不能被找到和使用。另外，也会导致【管道和管筒设计数据库】及【线路属性】选项卡不能正常使用。

> 👉 提示　设置【Routing 文件位置和设定】（特别是 Routing 库的位置）时，路径将输入【系统选项】/【文件位置】/【参考的文件】选项中，并在【外部参考】选项卡中启用【文件位置中指定的参考文档】选项，这保证了 SOLIDWORKS 以比工作路径文件夹更高的优先级去搜寻参考引用文件的位置。

2. 单位　Routing Library Manager 的单位可以通过【选项】/【Routing Library Manager 单位】进行设置，选项包括 in、mm、cm 和 m。

> 👉 提示　在内部，单位是以 m 为单位进行存储的。

步骤4　设置【Routing 文件位置和设定】　单击【Routing 文件位置和设定】和【装入默认值】，并单击【确定】两次，再单击【关闭】。

1.3　一般步路设定

【一般步路设定】选项用来设置所有常规管道、管筒和电缆布线线路的行为。该设置比 SOLIDWORKS 中的其他设置选项更重要，它包括拖放、错误检查和字体大小等选项。

> 📇 知识卡片　Routing 选项设置
> - 菜单栏：【选项】⚙/【系统选项】/【步路】。
> - 菜单：【工具】/【步路】/【Routing 工具】/【Routing 选项设置】。

> 🔑 技巧　【Routing 选项设置】提供了与【系统选项】/【步路】相同的选项。

步骤5　Routing 选项设置　改为使用虚拟零部件的设置。单击【选项】/【系统选项】/【步路】。不勾选【外部保存线路装配体】复选框，勾选【在接头/连接器落差处自动步路】和【在线夹落差处自动步路】复选框。检查剩余的设置选项，并保持对话框为打开状态，如图 1-8 所示。

> 提示
>
> 在启动新任务时，其中的一些设置（如【外部保存线路装配体】）可能会恢复为默认设置。用户最好定期检查设置。

步骤6 一般选项设置 通过【选项】/【系统选项】设置表1-4中的选项。

表1-4 一般选项设置

选 项	设 置
【颜色】：当在装配体中编辑零件时使用指定的颜色	勾选
【显示】：关联编辑中的装配体透明度	不透明装配体
【装配体】：当大型装配体激活时，隐藏所有基准面、基准轴、曲线、注解等	不勾选
【FeatureManager】：允许通过 FeatureManager 设计树重命名零部件文件	勾选

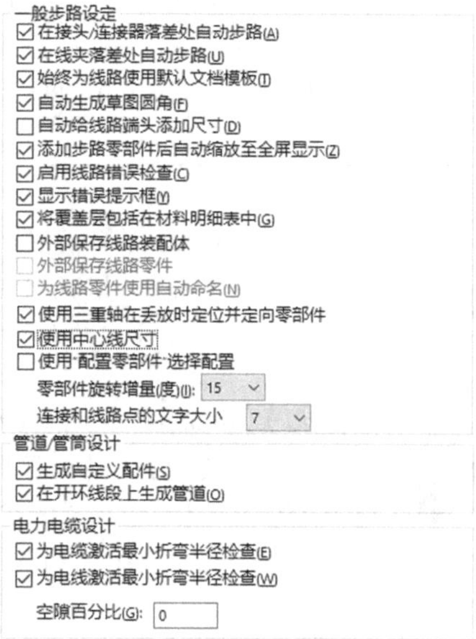

图1-8 Routing 选项设置

第 2 章 基本电力线路

扫码看视频

学习目标
- 创建电力线路
- 添加零部件到线路
- 使用自动步路创建线路几何体
- 通过库添加电线
- 分配管脚

2.1 基本电力线路概述

基本电力线路需要一些基本的技能来创建开始于末端接头的电力线路,如图 2-1 所示。本章将讲解如何创建线路几何体和将电线添加到线路中的方法。

- **Routing 文件位置和设定** 如果未从上一章节装载,装载默认的【Routing 文件位置和设定】文件,选择【装入默认值】。

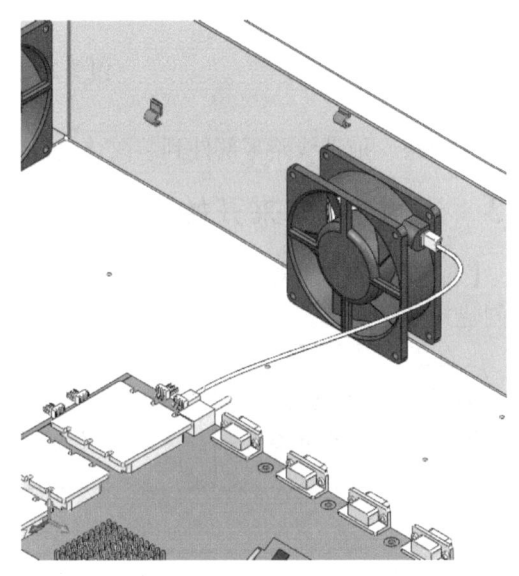

图 2-1 基本电力线路

操作步骤

步骤 1 **打开装配体** 从"Lesson02 \ Case Study"文件夹打开装配体"Basic _ Electrical"。

2.2 添加线路零部件

电力线路开始于末端接头,线路零部件在从设计库拖放到装配体时开始步路。通常,末端接头都有配合参考,以便从设计库拖放到装配体时自动捕捉现有的零部件配合。

提示 如果【设计库】侧窗格中未列出设计库内容,则需要通过单击【工具】/【选项】/【系统选项】/【文件位置】来添加设计库,如图2-2所示。

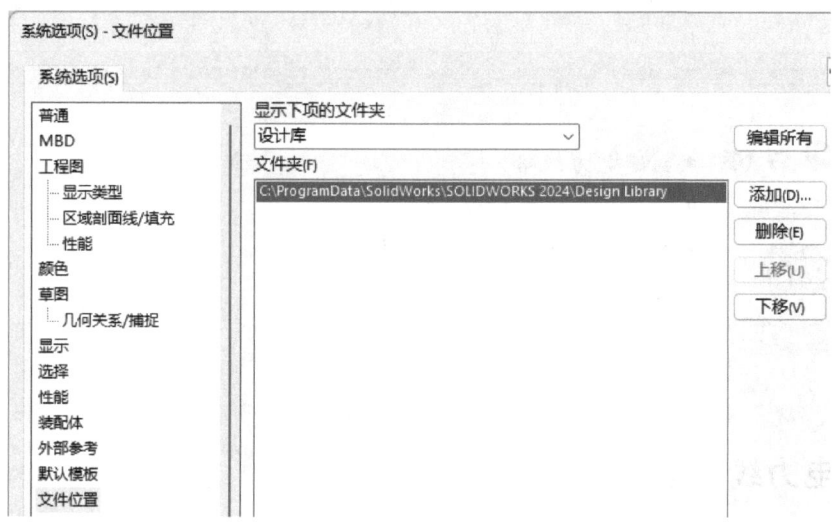

图2-2 添加设计库文件位置

● **线路** 拖动线路零部件到装配体将触发新建线路命令,包括【自动步路】的PropertyManager。

2.3 通过拖/放来开始

【通过拖/放来开始】可以通过拖放接头到线路中来开始步路。当放下第一个接头时,线路将被创建并命名。

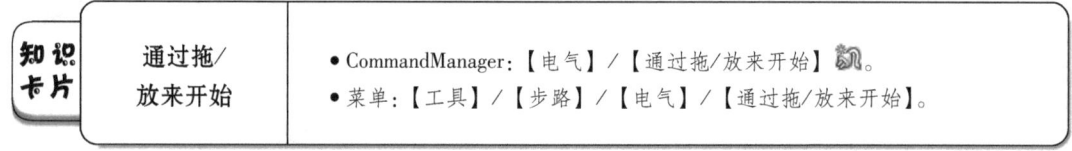

步骤2 **开始步路** 单击【通过拖/放来开始】,在【设计库】中双击"electrical"文件夹,拖动"connector(3pin)female"零部件到图2-3所示的装配体中。

● **为什么会跳进装配体** 为什么拖动着的零部件似乎是自动跳进装配体里的?

零部件"FAN-3300-PAPST"已经添加了几何体和配合参考,用来匹配拖放零部件的配合,如本例的"connector(3pin)female",如图2-4所示。

有关如何创建配合参考,将在第4章中详细介绍。

步骤3 **添加第二个末端接头** 单击【确定】然后从相同的文件夹中拖放第二个末端接头"connector(3pin)female"到如图2-5所示位置。单击【取消】或者按〈Esc〉键停止添加零部件。

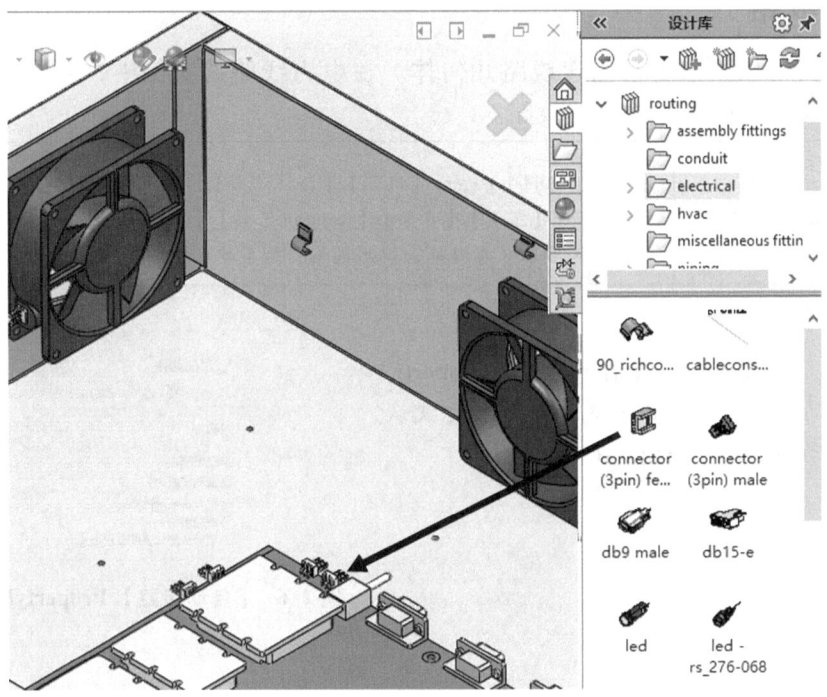

图 2-3 拖/放接头开始步路

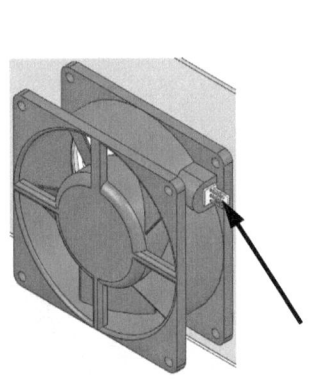

图 2-4 自动插入对应位置

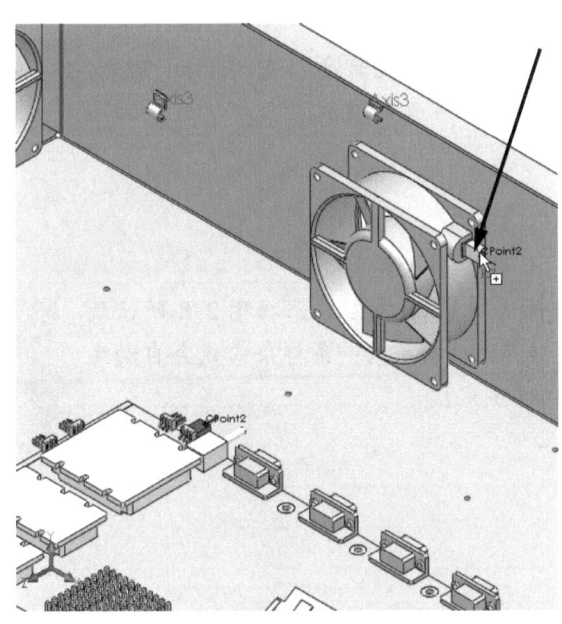

图 2-5 添加第二个末端接头

> **技巧** 可以直接从【设计库】中拖放零部件到装配体来实现【通过拖/放来开始】操作。

2.4 自动步路

【自动步路】可以用来自动创建线路几何体。在电力线路的实例中,生成的样条曲线将把短小的端头线连接成一条单一的线路。

知识卡片	自动步路	• CommandManager:【电气】/【自动步路】。 • 菜单:【工具】/【步路】/【Routing 工具】/【自动步路】。 • 快捷菜单:右键单击图形区域,然后单击【自动步路】。

步骤4 自动步路 【自动步路】PropertyManager 自动出现。【步路模式】选项组的默认选项是【自动步路】,如图2-6所示。

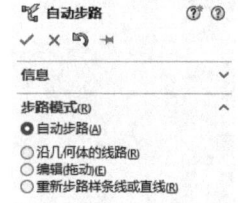

图 2-6 【自动步路】PropertyManager

2.4.1 端头线

如图2-7所示,端头线是连接零部件和线路的短、直电线段。在这个零部件里,端头线长7mm。

  端头线长度指定为0mm时,它会创建1.5倍线路直径的长度。

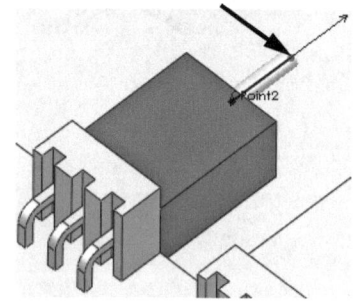

图 2-7 端头线

步骤5 选择端头 选择图2-8所示端头。连接两末端接头的一条样条曲线会自动生成,单击【确定】。

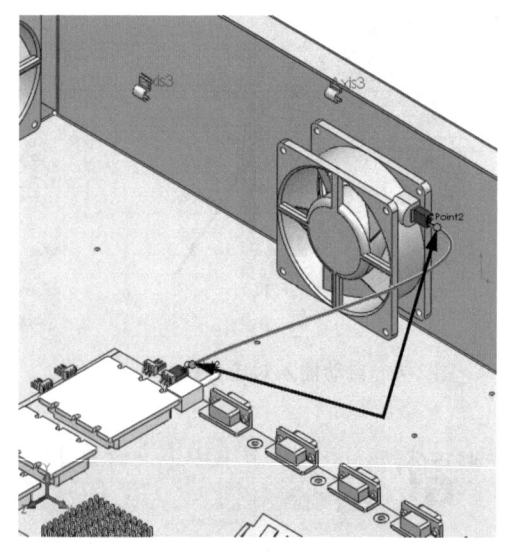

图 2-8 选择端头

2.4.2 电气特性

知识卡片	电气特性	【电气特性】选项可以用来高亮显示线路的图形,并显示指定给线路的属性,这也是确定属性是否已经分配给线路的快捷方法。
	操作方法	• 快捷菜单:右键单击线路的样条曲线,然后单击【电气特性】。

步骤6 **电气特性** 在图形区域中右键单击样条曲线,从快捷菜单中选择【电气特性】。因为用户还没有指定电线给线路,所以【电线清单】是空的,单击【确定】。然后单击【确认角落】以退出3D草图。

2.4.3 编辑电线

【编辑电线】用来将电缆、电线数据关联到路径。线路直径根据用户为每个路径所选择的电缆或电线的直径而更新。为了定义电线和接头的路径,用户必须:

1) 选择零部件间的草图几何体(直线和样条曲线)。
2) 选择末端接头零部件(从-到)。

• **电线状态** 【电线'从-到'清单】中的图标显示电线的状态,见表2-1。

表2-1 电线状态的图标

路径被定义	路径未被定义	路径有错误
⌇	⚠	⊘

知识卡片	编辑电线	• CommandManager:【电气】/【编辑电线】。 • 菜单:【工具】/【步路】/【电气】/【编辑电线】。

提示 一条或多条电线、电缆可以关联到线路或者从线路中删除。

• **扭曲的面组** 用户可以编辑对话框中的一对电线以形成双绞线。扭曲只是一种计算值,电线的外观不会改变。

1) 在【编辑电线】对话框中,选择一对电线。
2) 单击【扭曲的面组】。
3) 设置【每单位长度的扭曲】数值,单位选项包括 mm、m、ft、in 等。
4) 单击一根电线,查看【线路长度】和【扭曲的长度】,如图2-9所示。

步骤7 **编辑电线** 单击【编辑线路】,再单击【编辑电线】,选择【添加电线】,以将电线从库中添加到线路。

步骤8 **添加电线** 选择电线"20g blue""20g red"和"20g yellow",如图2-10所示,单击【添加】,然后单击【确定】。

图2-9 扭曲的面组

在【电线'从-到'清单】中选择所有三条电线，如图 2-11 所示。

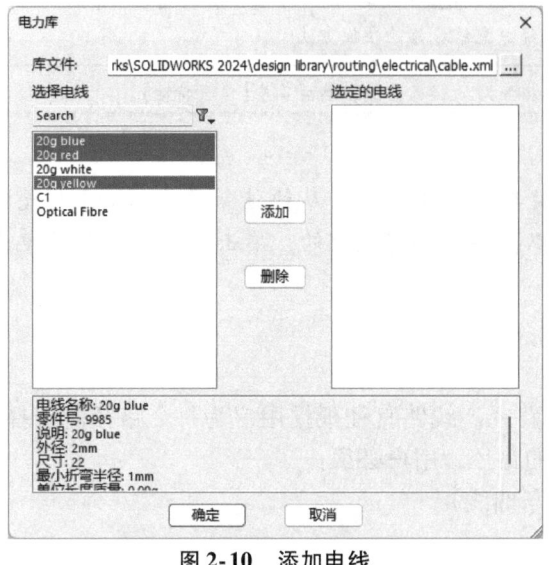

图 2-10　添加电线

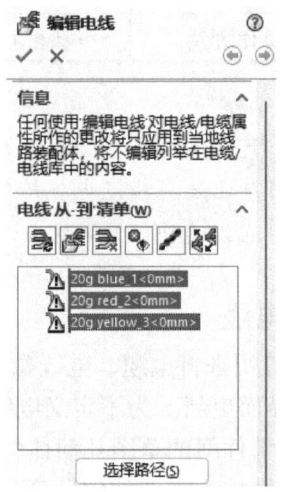

图 2-11　选择电线

> **技巧** 本例使用了默认位于 C:\ProgramData\SolidWorks\SOLIDWORKS 2024\design library\routing\electrical 的库文件 cable.xml。在【Routing 文件位置和设定】中可以找到。

步骤9　选择接头　为了定义该路径，先选择左边的末端接头，再选择右边的末端接头。所选的接头显示成不同的颜色，同时整条线路高亮显示，如图 2-12 所示。不要单击【确定】。

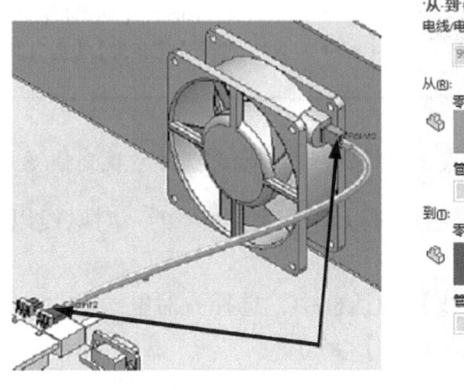

图 2-12　选择接头

> **提示** 另一个方法是单击【选择路径】，并单击样条曲线以定义线路。

2.4.4　手动分配管脚

许多零部件包含用于多连接的多个管脚。本例中使用的零部件"connector（3pin）female"，如其名称显示的一样包含三个管脚。在【编辑电线】对话框中，用户可以使用【管脚】选项手动地为每根电线分配管脚。【从】选项中接头的任何管脚都可以分配给【到】选项中接头的任何管脚。

每个零部件中包含的管脚数量各不相同。零部件库文件包含关于每个零部件的数据，包括名称、零部件、配置、管脚列表和接线端子。

提示　　默认的文档是在"electrical"文件夹内的"components.xml"文件。这种类型的文件将在后续章节中进行讨论。

在本例中，将创建图 2-13 所示的管脚连接。

图 2-13　管脚连接

两个零部件对应的管脚的对应连接按表 2-2 进行设置。

表 2-2　管脚的对应连接

电　　线	开始的部件	管　　脚	结束的部件	管　　脚
20g blue		1		1
20g red	connector（3pin）female - 1	2	connector（3pin）female - 2	2
20g yellow		3		3

- **自动分配管脚**　在第 6 章中，将讲解自动分配管脚的方法。

技巧　　用于单根电线的连接部件，例如"ring_term_18-22_awg - x_6"，只有一个管脚，如图 2-14 所示。

说明：LUG, RING, 18-22 AWG, #6

图 2-14　一个管脚的连接部件

步骤 10　**为电线设置管脚**　在【电线'从-到'清单】中选择 20g blue 电线，在【'从-到'参数】选项组中为【从】零部件参考设置管脚，从下拉列表中选择"1"。重复操作，为【到】零部件参考设置管脚"1"，如图 2-15 所示。

步骤 11　**为剩余电线设置管脚**　选择 20g red 电线，将每个结束端的管脚设置为"2"。最后选择 20g yellow 电线，将每个结束端的管脚设置为"3"。单击【确定】，完成管脚分配。

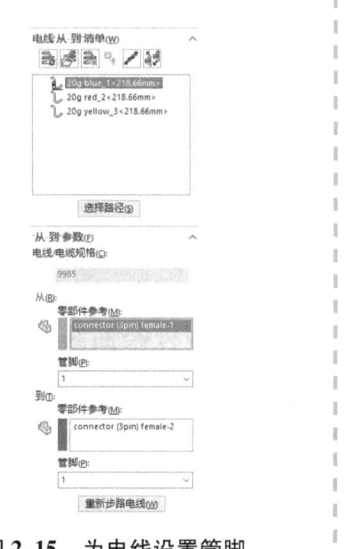

图 2-15　为电线设置管脚

知识卡片	电气特性	【电气特性】命令可以用于检查已分配给电线作为其属性的数据，包括连接接头、电线和连接数据等，如图2-16所示。	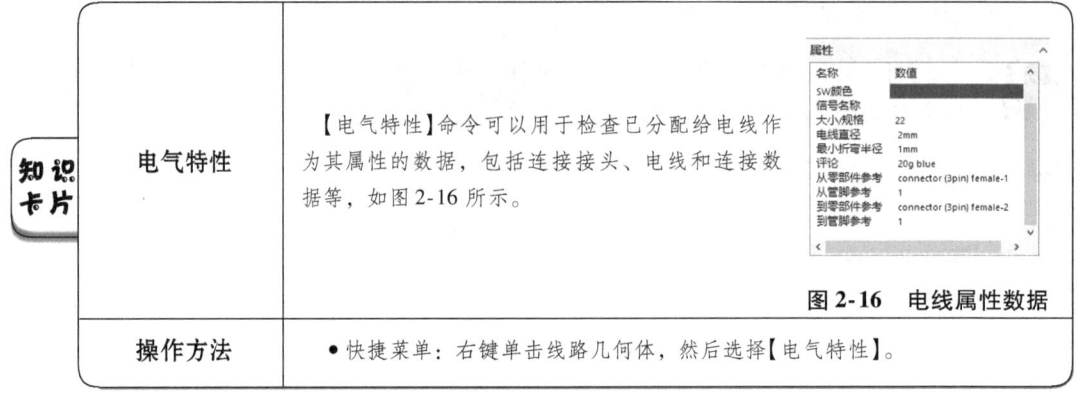
			图 2-16　电线属性数据
	操作方法	● 快捷菜单：右键单击线路几何体，然后选择【电气特性】。	

步骤12　查看电线属性　右键单击样条曲线，并选择【电气特性】。电线和相关属性（如管脚）等显示在对话框中，如图2-17所示。

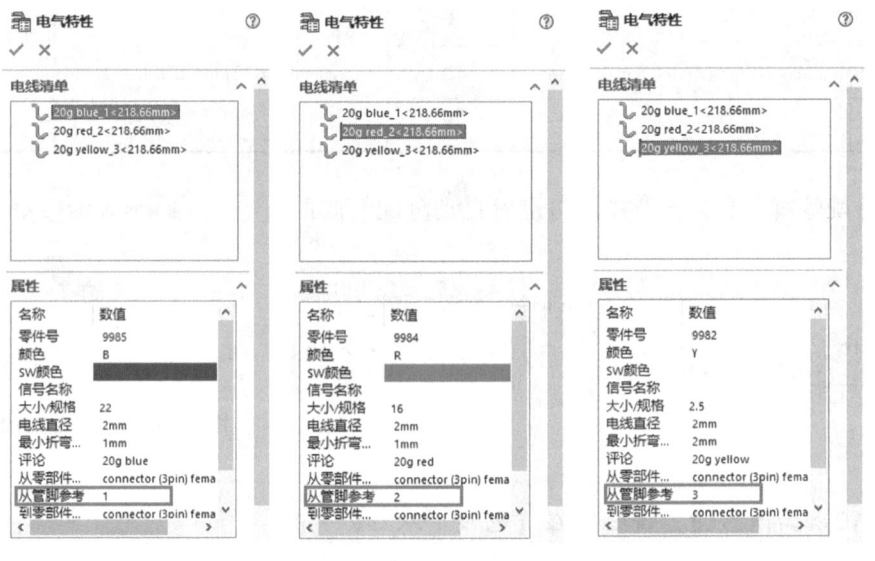

图 2-17　查看电线属性

> 提示　电线的长度显示在电线名称内，如"20g red_2 <218.66mm>"。

2.4.5　重塑样条曲线

路线草图由两条端头线和其之间的样条曲线组成，样条曲线与端头线相切。可以编辑样条曲线以改变路径的形状。样条曲线控标和其他的样条曲线工具（如图2-18所示的曲率梳、控制多边形等）都可以用于重塑样条曲线的形状。

2.4.6　同时编辑线路

在创建线路几何体的同时还有几件事在进行。如图2-19所示，下面是对几个关键零部件的说明。

第2章　基本电力线路

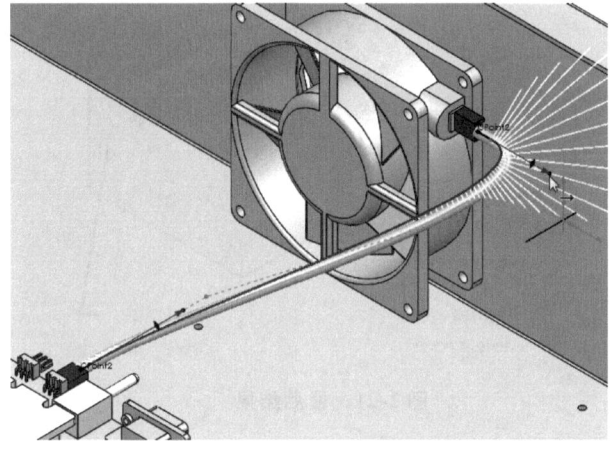

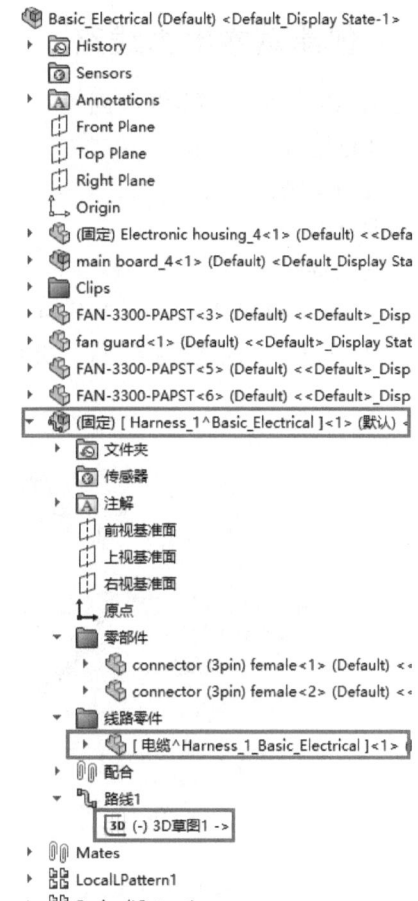

图2-18　重塑样条曲线　　　　　　　　　　图2-19　同时编辑线路

1. 线路子装配体　名称为"[Harness_1^Basic_Electrical]"的线路子装配体会同时被编辑，它包含了所有的线路信息。"[ ]"表明它是保存在装配体中的虚拟零部件。

2. 3D 草图　编辑 3D 草图以创建线路的形状。草图作为"路线1"的特征保存为"3D 草图1->"。"->"表明它创建在上下文中。

3. 线路零件　使用"路线1"中的 3D 草图作为路径的扫描特征形成线路零件，命名为"[电缆^Harness_1_Basic_Electrical]"并保存在"线路零件"文件夹下。"[ ]"表明它是保存在装配体中的虚拟零部件。

> **步骤13　退出线路**　线路是在 3D 草图中创建的，单击【确认角落】，或者单击右键并选择【退出草图】。
>
> **步骤14　退出子装配体**　线路子装配体仍旧处于编辑状态。单击【确认角落】退出，或者单击右键并选择【编辑装配体：Basic_Electrical】返回顶层装配体。
>
> > 技巧：可以使用【编辑线路】命令直接访问已经存在的线路。另一种方法是单击【编辑零部件】命令来代替操作步骤13和步骤14，这样可以关闭所有打开的文件并退回到编辑装配体中。
>
> **步骤15　保存并关闭所有文件**　单击【文件】/【保存所有】。

练习　创建基本电力线路

使用标准零部件和电线库创建电力线路,接头位置如图 2-20 所示。本练习将应用以下技术:
- 通过拖/放来开始。
- 自动步路。
- 编辑电线。
- 电气特性。

在"Lesson02 \ Exercises \ Basic Electrical Routing"文件夹中打开已有的装配体"Basic _ Electrical _ Lab"。创建线路文件,并保存它们,最后结果如图 2-21 所示。

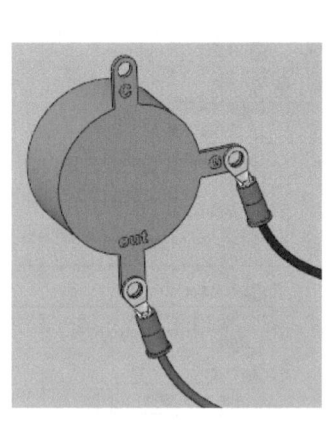
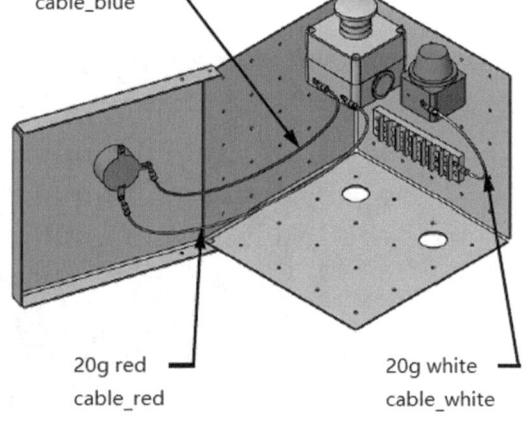

图 2-20　接头位置　　　　　　　　图 2-21　最后结果

使用表 2-3 中的文件夹、接头和电线。

表 2-3　文件夹、接头和电线

项　目	SOLIDWORKS 文档
文件夹	design library \ electrical
接头	ring _ term _ 18-22 _ awg-x _ 6
电线	cable. xml

第 3 章 线 路 线 夹

学习目标
- 步路穿过已有线夹
- 在自动步路时添加线夹
- 线夹的使用
- 编辑线路
- 分割线路
- 在线路中添加中接管

3.1 线路线夹概述

线夹是导向和集束线缆的零部件。在本例中,将在线路创建之前和创建过程中添加和编辑线夹,如图 3-1 所示。

3.2 步路穿过线夹

已存在于装配体中的线夹可以在自动步路时穿过。这些线夹可以存在于顶层装配体中或线路子装配体中。

扫码看视频

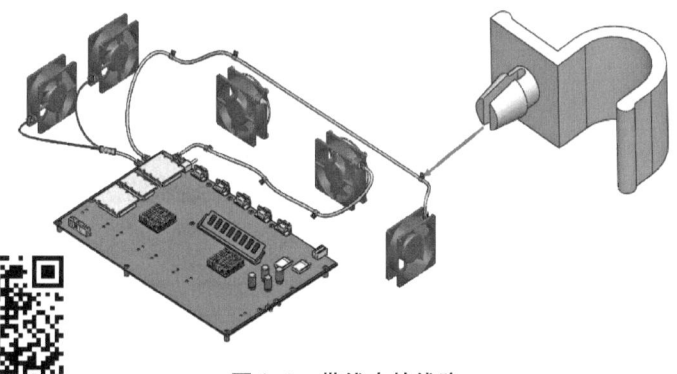
图 3-1 带线夹的线路

操作步骤

步骤 1 打开装配体 从 "Lesson03\Case Study" 文件夹中打开装配体 "Routing_with_Clips",如图 3-2 所示。

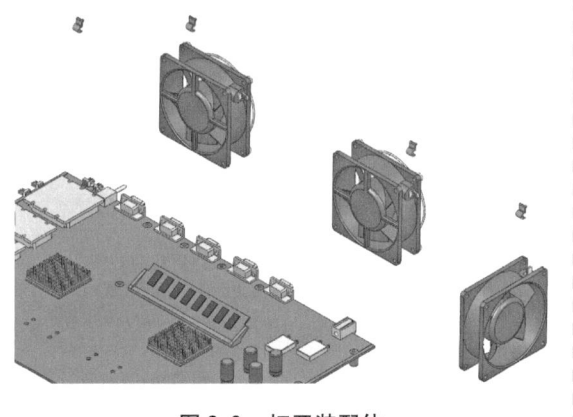
图 3-2 打开装配体

- **拖放连接接头** 零部件可以直接从设计库中拖放到装配体中,并不是一定要使用【通过拖/放来开始】🐾。

步骤2 添加接头 从【设计库】的文件夹"electrical"中将零部件"connector(3pin)female"拖放到装配体中,如图3-3所示。

步骤3 线路属性 在【线路属性】对话框中,使用默认值。单击【确定】。

步骤4 添加第二个接头 添加零部件"connector(3pin)female"的第二个实例到装配体的另一端,如图3-4所示。

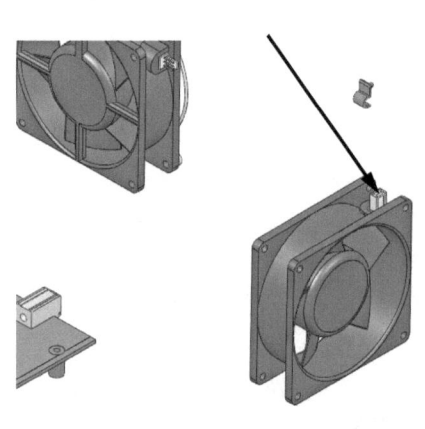
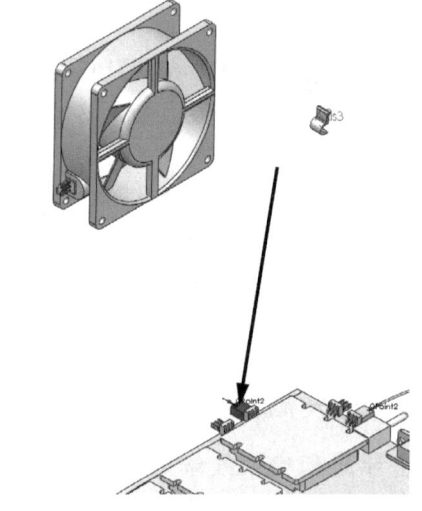

图3-3 添加接头　　　　　　　　　　图3-4 添加第二个接头

● **手动定位零部件** 大部分步路接头都包含用于"捕捉"到配合零部件或孔的配合参考。如果零部件不包括这些配合参考,则在开始步路之前必须手动添加配合。在将接头拖放到装配体时按住〈Alt〉键,将不会添加端头线或开始新的步路。一旦添加了零部件并进行配合,可以使用【开始步路】和【添加到线路】命令来开始或继续步路。

步骤5 自动步路 【自动步路】对话框已经打开,选择右侧接头零件上的短线端点,并移动光标到线夹上,显示如图3-5所示的轴线符号。

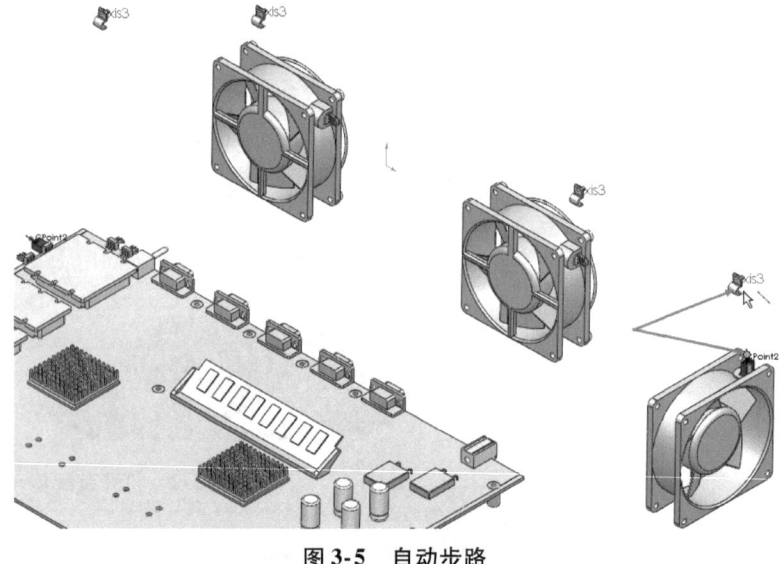

图3-5 自动步路

技巧〇 当处在【自动步路】模式下时，线夹的轴线变成可见并可以被选择。确保清除【视图】/【隐藏所有类型】设置。

步骤6 选择线夹轴线 按顺序依次选择线夹轴线。最后选择左侧接头零件的端头末点，单击【确定】完成步路，如图3-6所示。

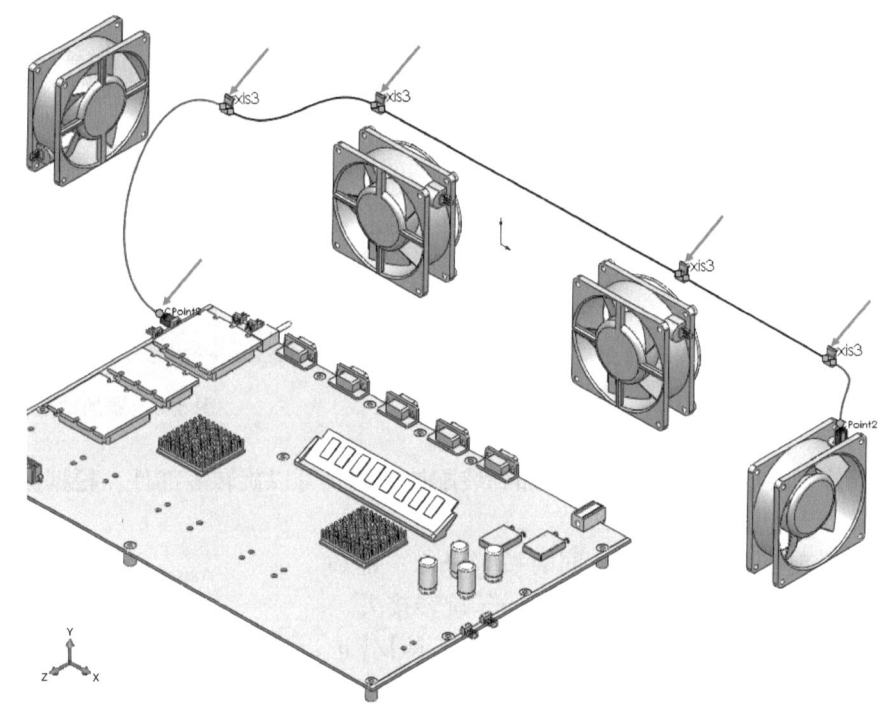

图 3-6 选择线夹轴线

提示〇 如果无法选择轴线，可以通过退出线路并使用【编辑线路】命令重新返回到步路中的方法来刷新线路。

步骤7 分配电线 单击【编辑电线】，添加 20g blue、20g red 和 20g yellow 电线，将电线分配到线路中，并单击【确定】。

步骤8 完成步路 退出步路，编辑顶层装配体。使用【显示零部件】命令显示"Electronic housing_4"零部件，如图 3-7 所示。

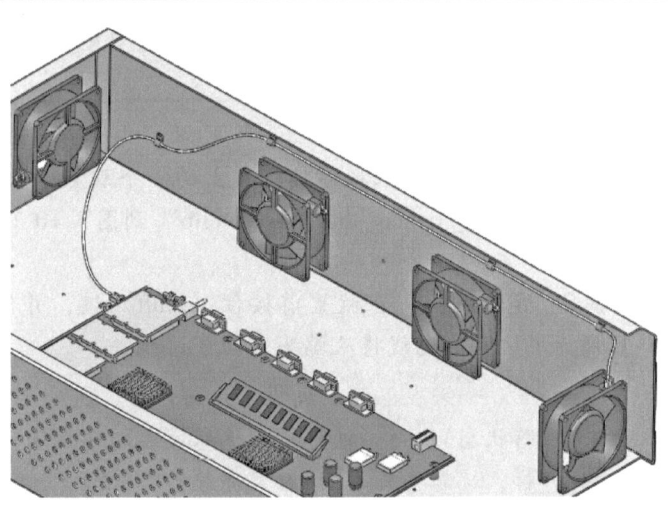

图 3-7 完成步路

3.3 在自动步路时添加线夹

当在装配体中添加了线夹时,可以穿过线夹进行步路。当使用【自动步路】时,拖动一个线夹,旋转到适当角度,并放置该线夹,线路将自动穿过该线夹。

扫码看视频

操作步骤

步骤1 添加零部件 从设计库"electrical"文件夹中拖放"connector(3pin)female"零部件到图3-8所示的位置,单击【确定】。

在自动步路完成之前,线夹将会被添加上去。

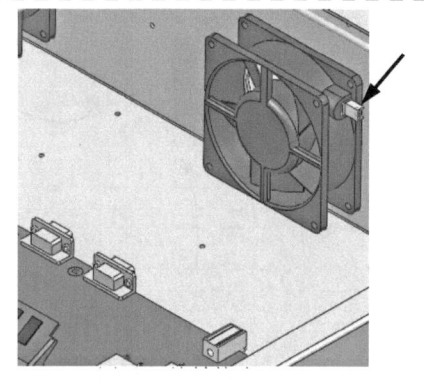

图3-8 添加零部件

- **旋转线路零部件** 当用户将接头添加到装配体中时,可以旋转零部件。根据放置接头的几何体,确定旋转方向和旋转轴。

当将接头置于现有几何体上时,同时按〈Shift〉键和向左或向右方向键,可以绕"Axis of Rotation"旋转接头。

默认的旋转角度增量为15°,该值可以在【工具】/【选项】/【系统选项】/【步路】/【零部件旋转增量(度)】中设置。

放置好接头后,在FeatureManager中右键单击接头,从快捷菜单中选择【添加/编辑配合(旋转线夹)】/【对齐轴】或【旋转线夹】,可以将"Clip Axis"与装配体的某个轴和某条边线对齐,如图3-9所示。

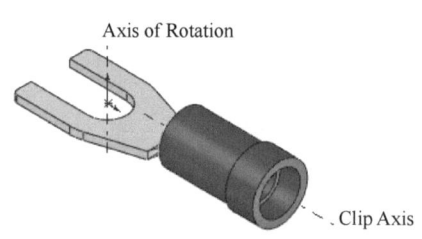

图3-9 旋转接头

> **提示** 本例中使用的线夹会根据线束的直径自动调整大小,前提是已勾选【在线夹落差处自动步路】复选框。

步骤2 添加线夹 选择连接接头上的一个端点。从【设计库】的"electrical"文件夹中拖动零部件"90_richco_hurc-4-01-clip"到图3-10所示的离接头端最近的小孔处,不要放下线夹。

步骤3 定位线夹 在放置前按住〈Shift〉键,并使用向左或向右箭头旋转线夹到图3-11所示的方向,电线将从端头自动穿过线夹。

> **提示** 如果在已经生成线路几何体后,将一个线夹拖放到激活的线路(编辑线路状态)上,该线路将尝试从最后的端点返回到线夹进行自动步路。如果这样,就需要关闭【插入零部件】对话框,并单击【撤销】。该线夹将保留在线路子装配体中,可使用【步路/编辑穿过线夹】使线路穿过线夹。

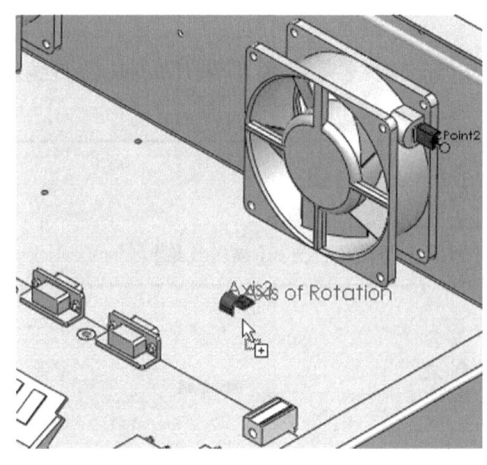
图 3-10 添加线夹

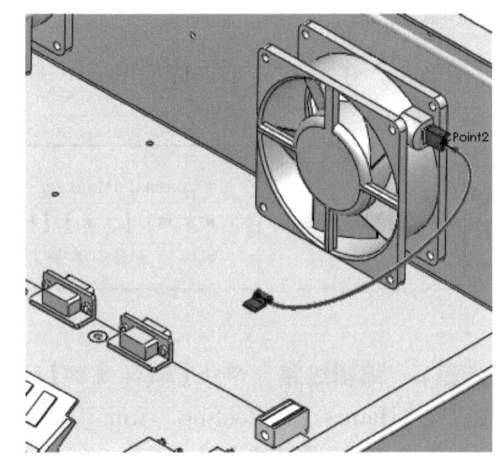
图 3-11 定位线夹

步骤4 添加第二个线夹 添加第二个零部件 "90_richco_hurc-4-01-clip" 并旋转到同样的方向，如图3-12所示。

步骤5 添加末端接头 拖放 "connector(3pin)female" 零部件到图3-13所示的位置。

步骤6 完成自动步路 在【自动步路】中完成端头末端和线夹开口端之间的最后一段步路，单击【确定】，如图3-14所示。

步骤7 分配电线 单击【编辑电线】，添加20g blue 电线，单击【确定】。

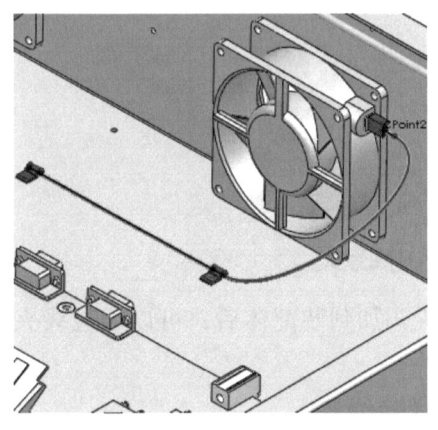
图 3-12 添加第二个线夹

> 提示 用户可以使用手动方式分配管脚。

步骤8 关闭文件 单击【编辑零部件】，关闭步路草图、零件和子装配体，保存装配体。

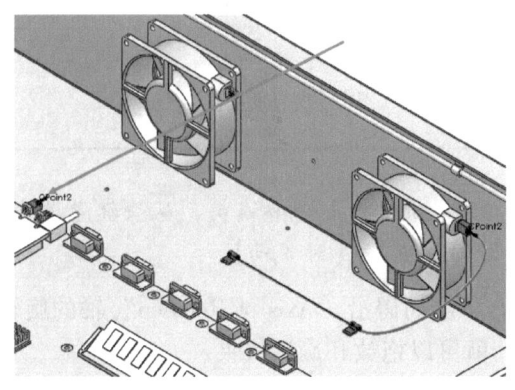
图 3-13 添加末端接头

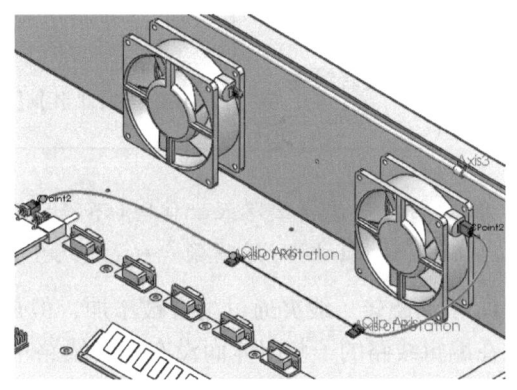
图 3-14 完成自动步路

3.4 编辑线路

线路图形包含在"路线1"特征的 3D 草图中。要改变线夹或者草图几何体必须编辑线路草图。

知识卡片	编辑线路	• CommandManager：【电气】/【编辑线路】。 • 菜单：【工具】/【步路】/【电气】/【编辑线路】。 • 快捷菜单：右键单击一个线路子装配体，选择【编辑线路】。

步骤9 编辑线路 单击【编辑线路】，在列表框中选择 "Harness_2^Routing _ with _ Clips- 1"，如图 3-15 所示，单击【确定】。

技巧⑩ 被选中的线路会在视图区域中高亮显示。

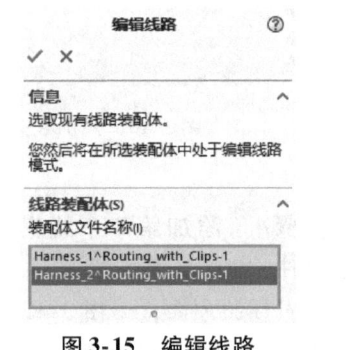

图 3-15 编辑线路

3.5 使用线夹

将线夹添加到装配体后，可以通过线夹来修改线路。

3.5.1 旋转线夹

将线夹添加到装配体后，可以旋转线夹，或者使之与现有的几何体对齐。为了能够实现这些功能，线夹必须包含名为 "Axis of Rotation" 的轴以进行旋转和名为 "Clip Axis" 的轴以进行轴对齐，如图 3-16 所示。

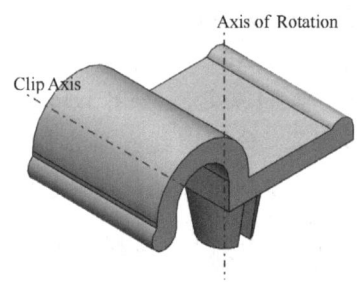

图 3-16 旋转线夹

知识卡片	旋转线夹	• CommandManager：【电气】/【旋转线夹】。 • 菜单：【工具】/【步路】/【Routing 工具】/【旋转线夹】。

提示👉 编辑线路装配体时（不是编辑线路），右键单击一个线夹，从快捷菜单中选择【添加/编辑配合(旋转线夹)】/【旋转线夹】或【对齐轴】。

1. 手动旋转 线夹通过配合被添加，但是配合不会妨碍沿 "Axis of Rotation" 轴的旋转。如果正在编辑线路的子装配体而没有编辑线路草图，就可以拖放和旋转线夹。

步骤 10 旋转线夹 在【电气】CommandManager 中单击【旋转线夹】，选择左侧的线夹。单击旋转框，使其逆时针旋转 20°（即 -20°），如图 3-17 所示，单击【确定】。

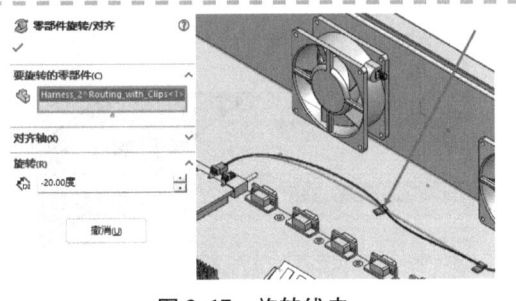

图 3-17 旋转线夹

2. 添加多个线夹 另外，用户也可以将线夹添加到线路，但是在编辑草图状态时是不能添加的。

 可以通过单击【编辑零部件】，在主装配体中（即子装配体外）添加线夹。

步骤 11 添加线夹 按图 3-18 所示添加一个新的"90_richco_hurc-4-01-clip"线夹，选择配置"2-01-3.2mm Dia"。

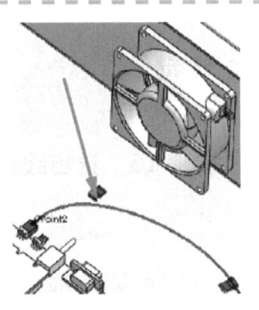

图 3-18 添加线夹

3.5.2 重新步路穿过线夹

在线夹添加到线路后，可以使用【自动步路】PropertyManager 中的选项重新步路线路样条曲线，以使其穿过线夹。

 【步路/编辑穿过线夹】命令也可以实现此目的，但它还可以用于当有多条线路同时穿过同一个线夹时的操作。

知识卡片	重新步路样条线或直线	●【自动步路】PropertyManager：【重新步路样条线或直线】。

步骤 12 步路穿过线夹 单击【自动步路】，选择【重新步路样条线或直线】选项。单击线路样条曲线后，再单击线夹的"Clip Axis"，单击【确定】，如图 3-19 所示。

技巧⑩ 可以通过【旋转线夹】重新改变线路样条曲线的形状。

步骤 13 增加电线 单击【编辑电线】来增加 20g red 和 20g white 电线。

步骤 14 选择路径 选中新增的两条电线，单击【选择路径】，选择线路并且单击【确定】两次，单击【编辑零部件】，如图 3-20 所示。

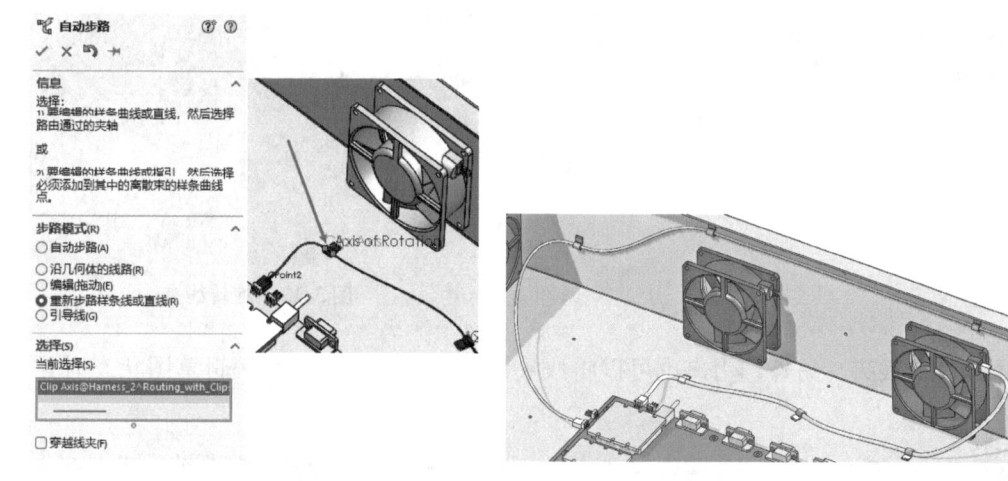

图3-19 步路穿过线夹　　　图3-20 选择路径

> 提示　线夹会自动调整为"3-01-4.8mm Dia"的配置。

步骤15　退出线路并编辑其他线路　退出当前线路,编辑线路"Harness_1^Routing_with_Clips-1"。

3.5.3 从线夹脱钩

【从线夹脱钩】可以将线夹从线路中去掉,保留线路为类似的形状或者强制将线路更新到最短路径。

> 提示　从线路中删除线夹不同于从线夹脱钩。

知识卡片	从线夹脱钩	• CommandManager:【电气】/【从线夹脱钩】 • 菜单:【工具】/【步路】/【Routing 工具】/【从线夹脱钩】 • 快捷菜单:右键单击线夹上的线段,然后单击【从线夹脱钩】

步骤16　线路从线夹脱钩　单击【从线夹脱钩】,勾选【重新步路到最短路径】复选框,选择线夹中的线段。线路将脱离该线夹的束缚,单击【确定】,如图3-21所示。

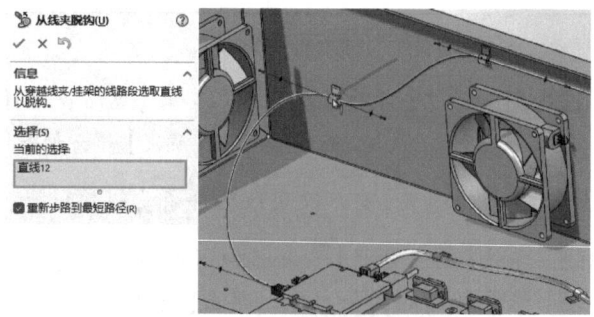

图3-21 线路从线夹脱钩

| 步骤17 删除线夹 从线夹脱钩不能移除线夹,单击【编辑零部件】，直接删除线夹。
| 提示 此线夹为顶层零部件。

3.5.4 虚拟线夹

【虚拟线夹】可用于定位和引导线路,而无须使用真正的线夹零件。虚拟线夹的使用方法与线夹的使用方法相同,包括配合参考,但没有实体几何体,虚拟线夹中轴的长度决定了步路中线段的长度。在本示例中,将使用像"cableconstraint.sldprt"的虚拟线夹来引导线路穿过矩形开口,如图3-22所示。

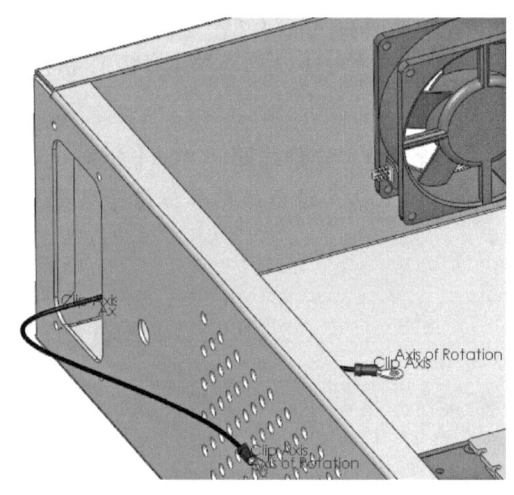

技巧 将添加的虚拟线夹文件属性名称 IgnoreInBOM 的【数值/文字表达】设为"是",虚拟线夹就不会出现在材料明细表中。

图 3-22 虚拟线夹

| 步骤18 添加零部件 使用【设计库】的"electrical"文件夹添加三个"connector (3pin) female"零部件,位置如图3-23所示,准备创建新的线路。
| 步骤19 自动步路 使用图3-24所示接头创建线路,单击【确定】。

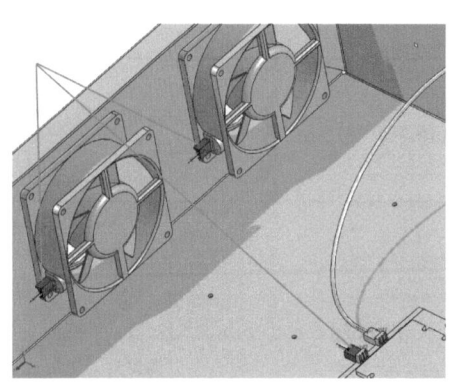

图 3-23 添加零部件

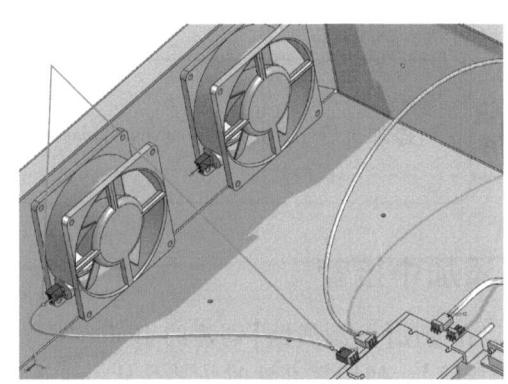

图 3-24 自动步路

3.6 分割线路

【分割线路】是在所选位置断开线路几何体(直线或样条曲线),并在分割点添加 JPoint 特征 JP4。JPoint 保存在特征"路线1"下。完成的 JPoint 可以用于放置【中接管】。

3.6.1 JPoint 名称

可以手动地将 JPoint 特征的默认名称"JP < n >"改为"SP < n >",这样保证了线路可以正确地步路。

知识卡片	分割线路	• CommandManager：【电气】/【分割线路】✂。 • 菜单：【工具】/【步路】/【Routing工具】/【分割线路】。 • 快捷菜单：右键单击线路样条曲线，然后单击【分割线路】。

> 提示 标准的分割选项是【工具】/【草图工具】/【分割实体】，与【分割线路】是不同的。【分割线路】是特定于步路的。

步骤20 分割线路 单击【分割线路】✂，选择图3-25所示线路样条曲线，按〈Esc〉键关闭该工具，退出线路和线路子装配体。

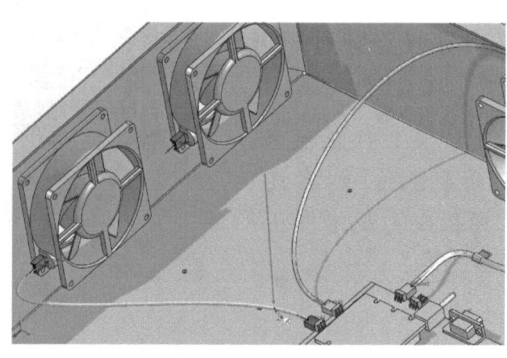

图3-25 分割线路

3.6.2 添加折弯

折弯可以在线路的连接点处创建平滑的过渡。【添加折弯】可以在连接点处创建一个圆弧形状的样条曲线，类似于草图圆角。

知识卡片	添加折弯	• CommandManager：【电气】/【添加折弯】。

3.7 添加中接管

可以在使用【分割线路】创建的JPoint处添加带或不带零部件的【中接管】。使用零部件时，其是从设计库拖放【中接管】零部件的；如果不使用零部件，则会在FeatureManager设计树中的"短管"文件夹中创建一个特征。

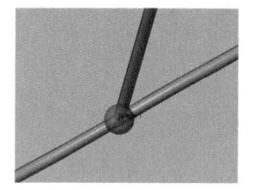

图3-26 不带零部件的中接管

> 提示 在使用【不带零部件】时，可以添加属性来描述中接管。从视图上看，其显示为一个简单的球体，如图3-26所示。

知识卡片	添加中接管	• CommandManager：【电气】/【添加中接管】。 • 菜单：【工具】/【步路】/【电气】/【添加中接管】。 • 任务面板：从【设计库】中将一个【中接管】零部件拖放到线路样条曲线上。

步骤21 添加中接管 单击【添加中接管】，选择【带零部件】，勾选【添加中接管接头表】和【在明细表中添加中接管接头】复选框，如图3-27所示。

步骤22 选择 JPoint 单击 JPoint JP4，选择"Splice 5mm"配置，然后单击【确定】，完成中接管添加，如图3-28所示。

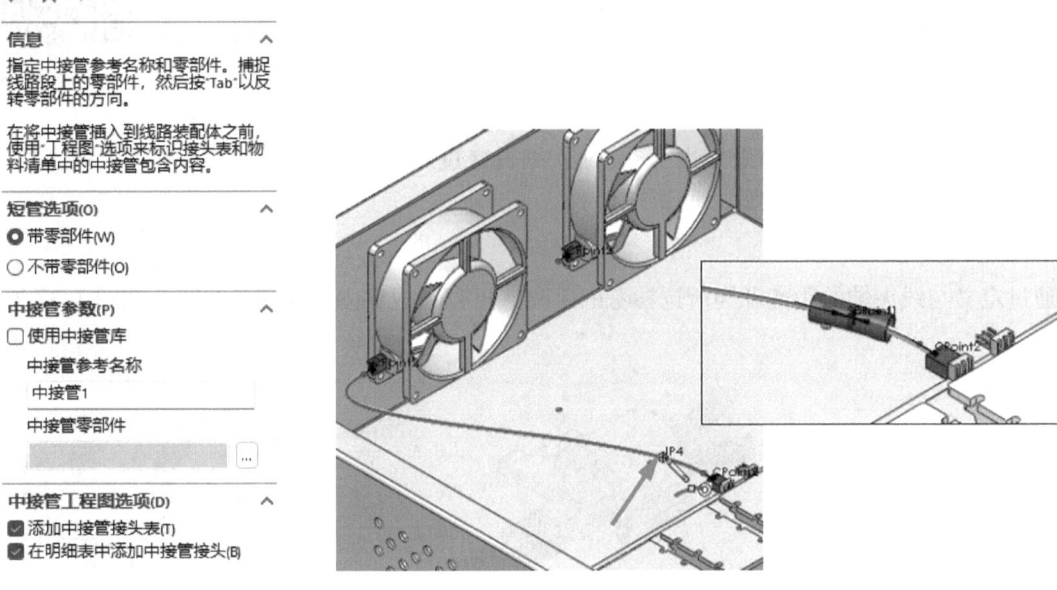

图3-27 添加中接管　　　　　　　图3-28 选择 JPoint

步骤23 添加分割线路 使用【自动步路】在分割端点和接头之间添加图3-29所示的分割线路。

步骤24 分配电线 单击【编辑电线】，添加图3-30所示电线。

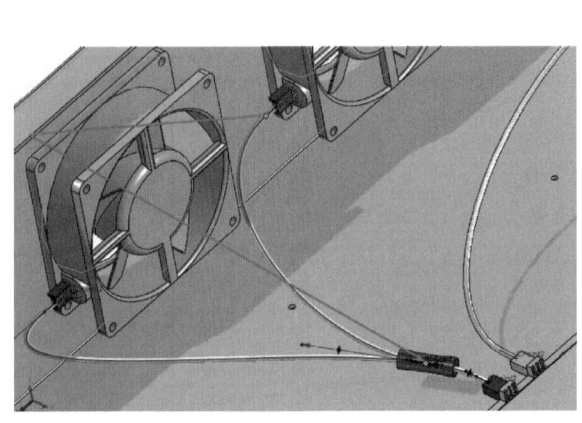
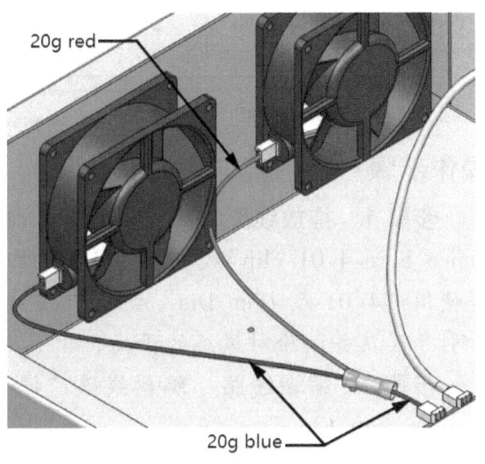

图3-29 添加分割线路　　　　　　　图3-30 分配电线

| 提示 | 使用【选择路径】来选择 20g red 部分的线路。 |

步骤 25 退出 退出线路和线路子装配体。

3.8 多条线路穿过一个线夹

上面的两条线路在中接点处是拼接在一起的,用户也可以使它们通过一个位于风扇和中接管之间的线夹。为了使多条线路使用相同的线夹,需要使用【重新步路样条线或直线】或【步路/编辑穿过线夹】命令,如图 3-31 所示。

如果使用了【重新步路样条线或直线】命令,所有线路样条曲线都将穿过相同的线夹轴并相互交叉。如果使用了【步路/编辑穿过线夹】命令,线路样条曲线将穿过线夹轴并且可以在线夹几何体和彼此之间形成偏移。

扫码看视频

3.8.1 线路堆叠

通过定义与线夹轴的距离和与所选参考的距离,可以在线夹内堆叠多条线路,如图 3-32 所示。

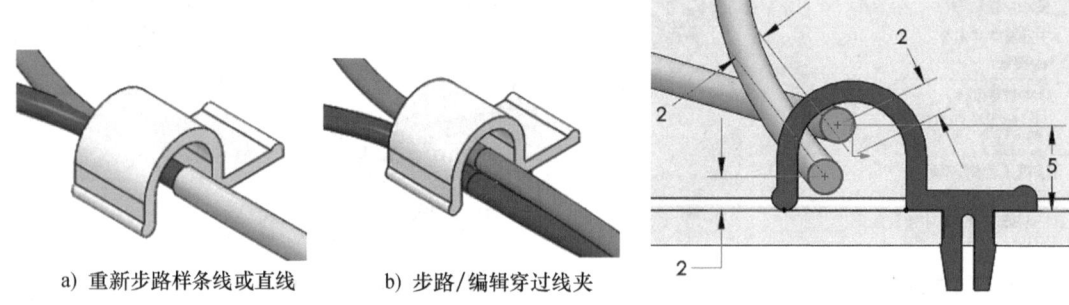

a) 重新步路样条线或直线　　b) 步路/编辑穿过线夹

图 3-31 多条线路穿过一个线夹　　图 3-32 线路堆叠

| 知识卡片 | 步路/编辑穿过线夹 | • CommandManager:【电气】/【步路/编辑穿过线夹】。
• 菜单:【工具】/【步路】/【Routing 工具】/【步路/编辑穿过线夹】。 |

操作步骤

步骤 1 拖放线夹 从【设计库】拖放"90_richco_hurc-4-01-clip"线夹到图 3-33 所示位置,并使用"4-01-6.4mm Dia"配置。该线夹将用于引导线路并消除对风扇的干扰。

步骤 2 编辑线路 编辑线路"Harness_4^Routing_with_Clips"。

步骤 3 步路穿过线夹 单击【步路/编辑穿过线夹】,并选择线夹轴和样条曲线,样条曲线将穿过轴线,如图 3-34 所示。

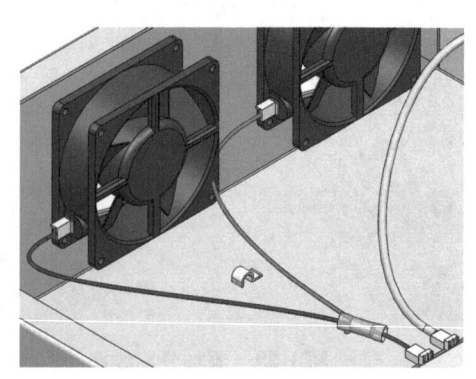

图 3-33 拖放线夹

步骤4 **选择参考实体** 单击【自动排列线路】,单击【确定】,如图3-35所示。任何几何体的面(例如线夹)都可以用作参考。

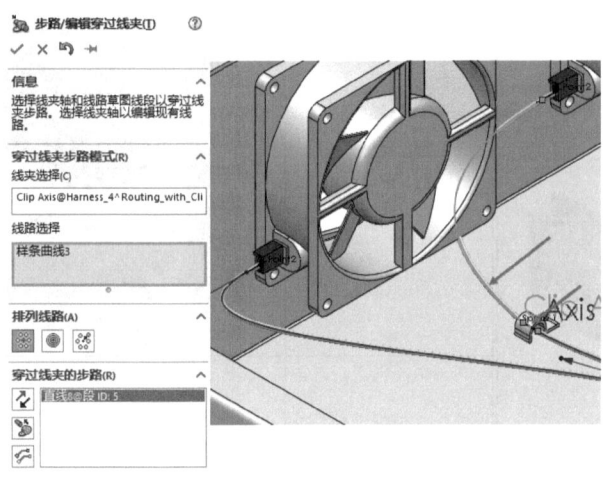

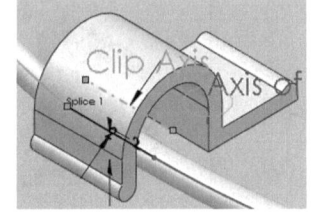

图 3-34 步路穿过线夹　　　　图 3-35 选择参考实体

步骤5 **为第二条线路重复操作** 单击【自动排列线路】,如图3-36所示,单击【确定】。

步骤6 **调整线路** 若有需要,可使用样条曲线控标进行微调来避免干扰,结果如图3-37所示。

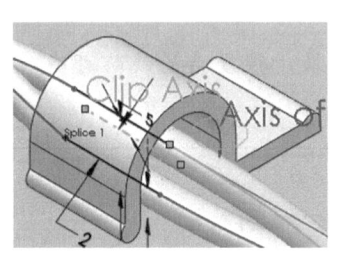

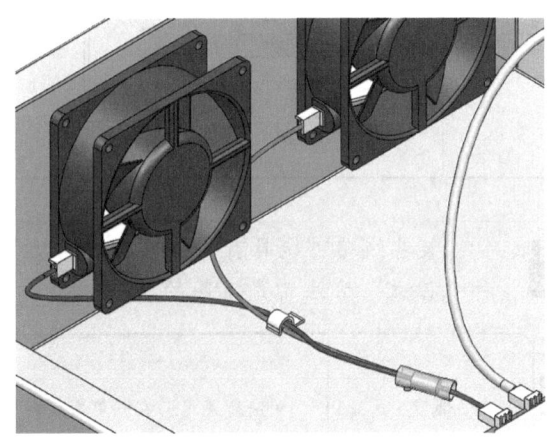

图 3-36 重复操作　　　　图 3-37 调整线路

3.8.2 【孤立】选项

【孤立】选项可以与线路子装配体一起使用,利用参考和边界框的各种组合来孤立线路。此外,【孤立】选项中还存在着用于设置所选之外的零部件的可见性或将当前设置【保存为显示状态】的选项,如图3-38所示。这些"孤立"方法的汇总见表3-1。

图 3-38 【孤立】选项

表 3-1 【孤立】选项

选项	图形	选项	图形
仅限线路		线路边界框	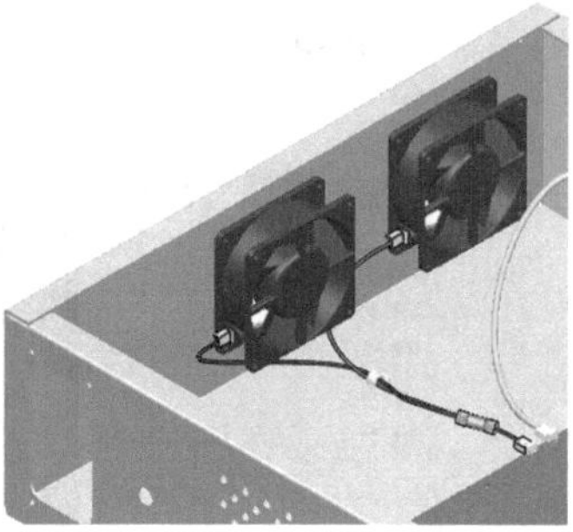
线路和直接参考	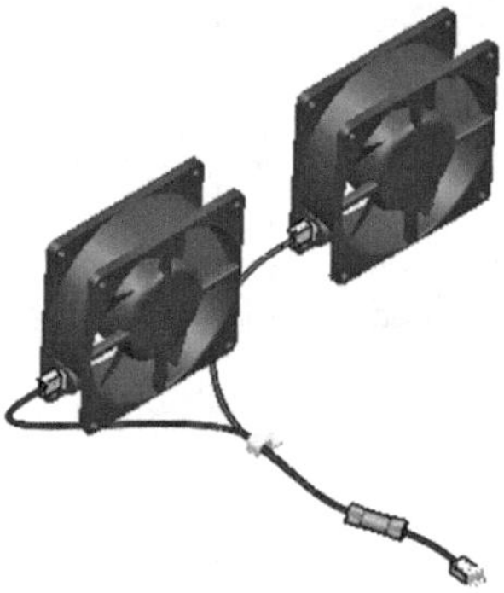	线路线段边界框	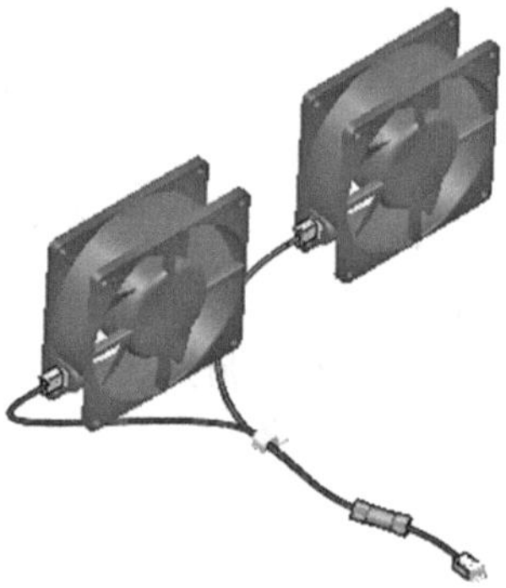
线路和次要参考			

> 提示：某些线路可能具有多个"孤立"后的相似结果，较复杂的线路可能对每种"孤立"方法都是不同的结果。

知识卡片

孤立	● 快捷菜单：右键单击线路子装配体，然后单击【孤立】。

步骤 7 孤立 右键单击线路 "Harness_4^Routing_with_Clips"，然后单击【孤立】，如图 3-39 所示。

步骤 8 保存为显示状态 单击【保存为显示状态】，输入 "POWER4"，然后单击【确定】。

步骤 9 退出孤立 单击【退出孤立】，激活新的显示状态，如图 3-40 所示。

步骤 10 保存 保存并关闭所有文件。

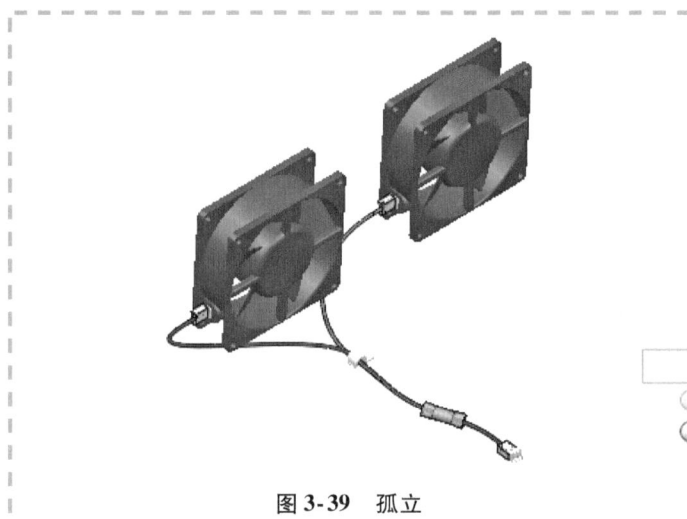

图 3-39 孤立　　　　　图 3-40 激活显示状态

练习 3-1　编辑电力线路

通过编辑线路来添加线夹，重新步路，更改电线，如图 3-41 所示。

本练习将应用以下技术：
- 使用线夹。
- 旋转线夹。
- 编辑线路。
- 步路穿过线夹。
- 多条线路穿过一个线夹。

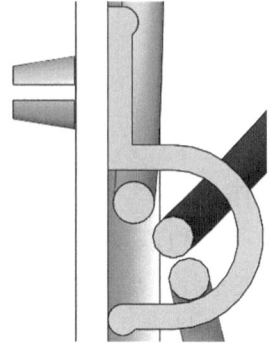

图 3-41　编辑电力线路

操作步骤

从"Lesson03 \ Exercises \ Edit_Electrical_Lab"文件夹中打开现有的装配体"Edit_Electrical_Lab"，按照图 3-42 所示编辑线路。

1) 编辑线路以添加线夹。

2) 从文件夹"design library \ routing\electrical"中添加线夹"90_richco_hurc-4-01-clip"。

3) 若有需要，旋转线夹以使线路平滑。

4) 穿过线夹的线路间距由用户自定义。

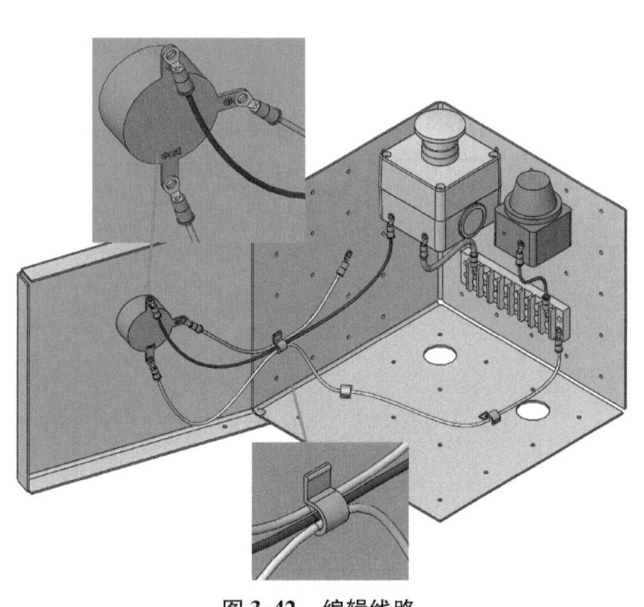

图 3-42　编辑线路

练习3-2　添加中接管

添加中接管和其他电线，如图3-43所示。本练习将应用以下技术：
- 编辑线路。
- 分割线路。
- 添加中接管。

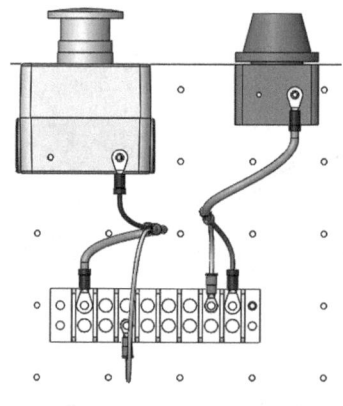

图3-43　添加中接管

操作步骤

从"Lesson03 \ Exercises \ Split _ Route"文件夹中打开现有的装配体"Split _ Route"，按照图3-44所示编辑线路。

1）编辑现有的线路。

2）添加"ring _ term _ awg-14-16 _ awg-x8"零部件。

3）若有需要，编辑样条曲线以重新调整线路。

4）使用3mm中接管来拼接线路。

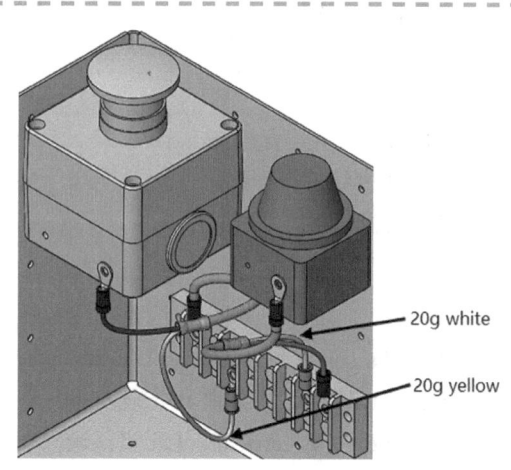

图3-44　编辑线路

第 4 章　电力线路零部件

学习目标
- 使用 Routing 零部件向导
- 创建末端接头零部件
- 创建线夹零部件
- 理解 electrical 库

4.1　Routing 零件库概述

设计库零件是保存在设计库中的多种类型的标准零部件，可将它们简单快捷地插入到装配体中。SOLIDWORKS 软件本身提供了一些标准零部件，同时用户也可以自定义零部件库。在本课程中，将修改一些现有的非 Routing 指定零件，并将其添加到 "electrical" 设计库文件夹中，然后在线路装配体中使用这些零件。

> 提示　装配体文件也可以用于形成接头。

SOLIDWORKS 软件提供的设计库零件都配置为标准尺寸，包括一些标准紧固件和机械零部件。本例将用到一些标准管道、管筒和电气零部件。

在创建设计库零件时都会有几何和非几何（属性）要求，【Routing 零部件向导】将帮助用户完成此过程，如图 4-1 所示。

图 4-1　Routing 零部件向导

4.2 电气 Routing 库零件

电气 Routing 库零件可以在 SOLIDWORKS 安装时添加,也可以由用户创建。

4.3 库

SOLIDWORKS 提供了设计库零件和装配体,包括管筒、电线、管道和相关的配件。若想了解更多的 Routing 零部件,可以访问 www.3dcontentcentral.com 或者使用标准库(见表 4-1 和表 4-2)。

此外,网站上也提供了许多常用的零件,一般是 SOLIDWORKS 文件或者通用文件格式。这些零件可以为 SOLIDWORKS Routing 的使用做准备。

1. 电气库(见表 4-1)

表 4-1 电气库

位置	C:\ProgramData\SOLIDWORKS\SOLIDWORKS 2024\design library\routing\electrical			
项目	名称和图形			
环形接线端子	ring_term_awg-14-16_awg-x 8	ring_term_18-22_awg-x_6	—	—
DIN 接头	socket-6pinmindin	plug-6pin-minidin	plug-5pindin	—
插口	plug-usb1	plug-usb2	plug-6pin-mindin	plug-sma
	plug-5pindin	plug-5pindin-asm	—	—
DB 接头	db9 male	db15-e	—	—

（续）

位置	C:\ProgramData\SOLIDWORKS\SOLIDWORKS 2024\design library\routing\electrical			
项目	名称和图形			
线夹	pclip2	richco_hurc-4-01-clip	richco_dhurc-4-01-dualclip	cable constraint（无可见几何形状）
	90_richco_dhurc-4-0-clip	wire tie clip	—	—
其他	plug-sma	connector(3pin) female	pabst 512f-with 310 mm lead	rj45 male
	splice	led	led-rs_276-068	—
柔性电缆	flex connector	—	—	—

2. 电气导管库（见表4-2）

表4-2 电气导管库

位置	C:\ProgramData\SOLIDWORKS\SOLIDWORKS 2024\design library\routing\conduit			
项目	名称和图形			
管道	pvcconduit	—	—	—

（续）

位置	C:\ProgramData\SOLIDWORKS\SOLIDWORKS 2024\design library\routing\conduit			
项目	名称和图形			
终端	pvc conduit-male terminal adapter	—	—	—
配件	pvc conduit body-type t	pvc conduit-coupling(std)	pvc conduit-pull-elbow-90deg	—
弯管	pvc conduit elbow-30deg std radius	pvc conduit elbow-45deg std radius	pvc conduit elbow-90deg std radius	pvc conduit elbow-combined std radius

4.4 Routing 零部件向导

【Routing 零部件向导】用来将零件转换成步路零部件。本例中将创建一个电气步路的末端接头，如图 4-2 所示。

扫码看视频

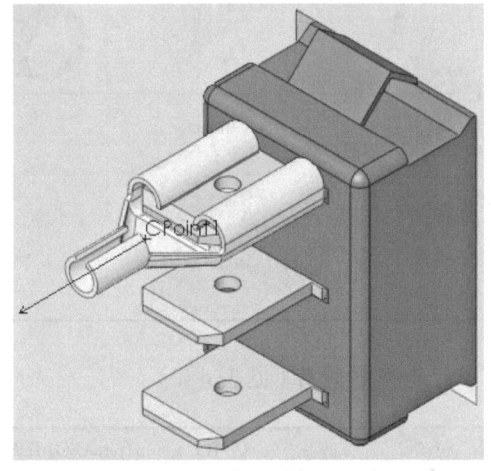

使用【Routing 零部件向导】的基本步骤如下：
1）选择线路类型。
2）选择零部件类型。
3）添加连接点（CPoint）和线路点（RPoint）。
4）添加配合参考。

图 4-2 电气步路的末端接头

知识卡片	Routing 零部件向导	•【Routing Library Manager】PropertyManager：【Routing 零部件向导】。

4.4.1 Routing Library Manager

【Routing Library Manager】是一个在单独窗口中运行的应用程序,其中包括了多个选项卡:
- Routing 零部件向导。
- 电缆电线库向导。
- 零部件库向导。
- 覆盖层库向导。
- 标记方案管理器。
- Routing 文件位置和设定。
- 管道和管筒设计数据库。
- 线路属性。

4.4.2 通过向导创建 Routing 零部件

通过【Routing 零部件向导】可以创建线路中使用到的大多数零部件。表 4-3 为 Routing 中的一些电气零部件。

> 提示 在后续章节中将介绍电缆槽和管道/主干零部件相关知识。

> 技巧 所有零部件包含设计表和零件属性选项,如连接点(CPoint)和线路点(RPoint)。

表 4-3 电气零部件

零部件类型	步路功能点(最少)		用到的特殊几何参数	配合参考
	连接点	线路点		
装配体接头	1 CPoint	0 RPoint	无	有
线夹	0	2	线夹轴和旋转轴	有
导管	0	0	管道草图、名义直径@草图过滤器、外径@管道草图、内径@管道草图、草图过滤器、拉伸和长度@拉伸	无
导管转接器	2	1	无	有
导管四通管	4	1	无	无
导管弯管	2	1	圆弧弯管、弯曲半径@圆弧弯管、弯曲角度@圆弧弯管	无
导管端点切割	1	0	无	有
导管变径管	2	1	无	无
T形导管	3	1	无	无
导管其他配件	1	0	无	有
连接器	1	0	无	有
柔性电缆接头	1	0	无	有
接头	1	0	无	有
中接管	1	0	无	无

> 提示 所有的零部件类型均可以使用配置/设计表、属性和 SKey 说明。

4.4.3 Routing 零部件几何体

为表示线路零部件而创建的零件几何体应足够准确,以便在连接和干涉检查时使用,但是不应包含那些会降低系统速度的无用细节和隐藏几何体。

【Routing 零部件向导】用来增加额外的几何体,以使零件可以转换为线路零部件。

- **简化几何体** 用来创建线路零部件的几何体应当是被简化的。不必要的特征可以压缩或者移除,这样可以限制模型的大小,同时提高线路零部件的使用效率,如图 4-3 所示。

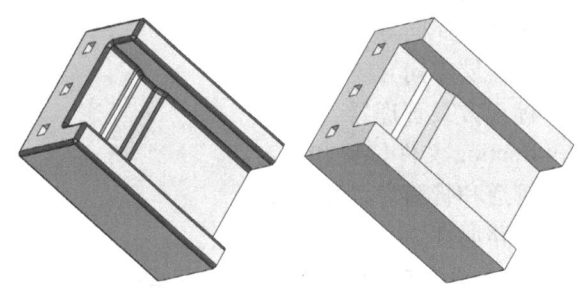

图 4-3 简化几何体

操作步骤

步骤 1 打开零件 从"Lesson04 \ Case Study"文件夹中打开零件"Female _ Clip",如图 4-4 所示。

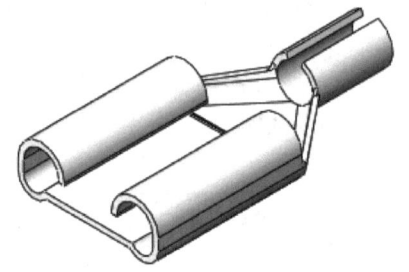

图 4-4 零件"Female _ Clip"

4.4.4 创建接头

通过添加步路功能点(包括 CPoint 和 RPoint)和标准特征(包括轴和配合参考),可以创建步路零部件。

在本例中,将利用标准零件创建电气步路的末端接头(将滑动线夹套与零部件上的滑动线夹柱相连接),如图 4-5 所示。

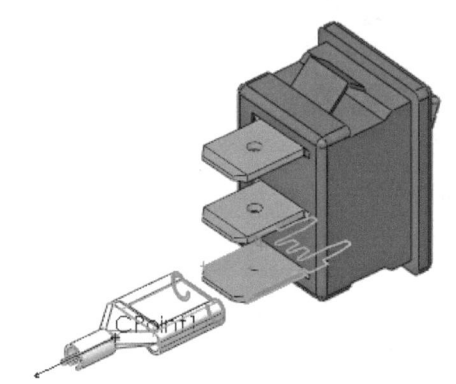

图 4-5 接头

步骤 2 使用【Routing 零部件向导】 单击【工具】/【步路】/【Routing 工具】/【Routing Library Manager】,然后单击【Routing 零部件向导】选项卡,选择线路类型为【电气】。选择【接头】作为零部件类型,然后单击【下一步】,如图 4-6 所示。

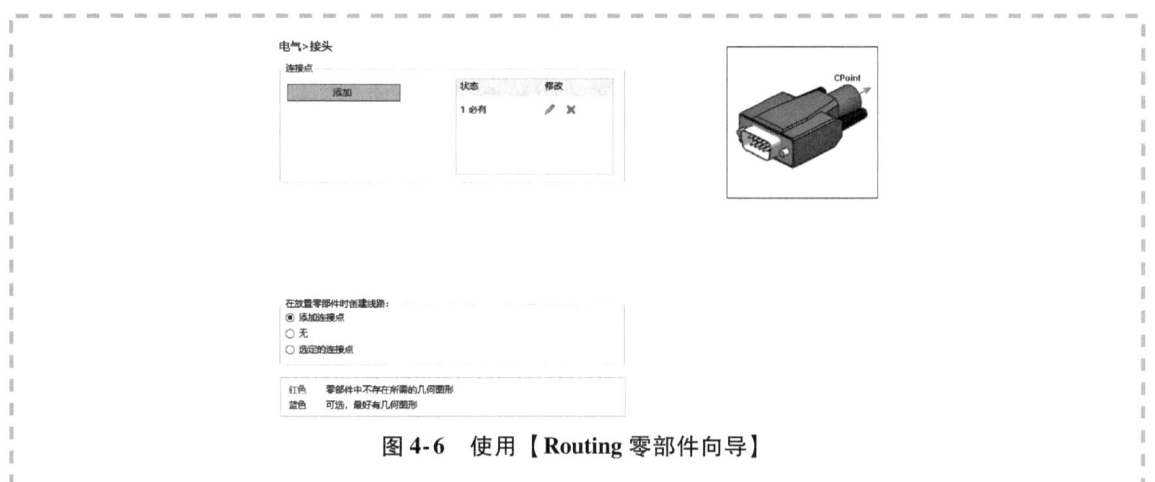

图 4-6 使用【Routing 零部件向导】

4.4.5 连接点

连接点(CPoint)在配件和电气接头(如弯管、三通、四通和接线端子)中是必需的。连接点用来确定线路的终止位置和线路延伸进入配件或接头的方向,也可以用来指定线路的标称直径和类型。

> 技巧⚷ 电气接头至少需要有一个连接点,该接头提供线路零部件和非线路零部件之间的过渡,管道和管筒接头也是一样的。

- **连接点参数** 电气线路接头的连接点有一些特有的参数。每种类型连接点的【参数】选项组中的选项有所不同,如图 4-7 所示。

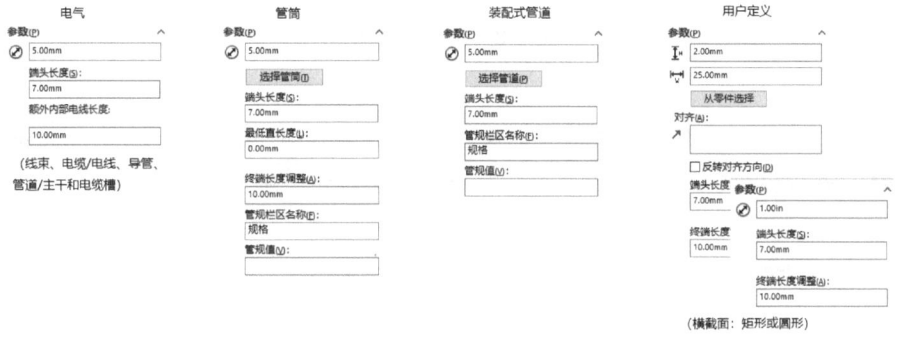

图 4-7 连接点参数

- 电气接头连接点的【标称直径】是指接头可容纳的电缆或电线束的最大直径。
- 【端头长度】定义从接头开始处到终止处的电缆端头长度,该数值将会覆盖默认的数值。
- 【额外内部电线长度】定义增加电缆切割长度的数值以允许脱皮、切线等。
- 如果连接点为多管脚接头中的一个管脚,【2D 图解销 ID】可为此管脚分配识别信息。如果连接点为多个管脚,则可将其留为空白。

在使用【Routing 零部件向导】的过程中,连接点工具将被自动激活。用户可按下述方法手动生成连接点。

| 知识卡片 | 生成连接点 | 如果没有使用【Routing 零部件向导】:
 ● 菜单:【工具】/【步路】/【Routing 工具】/【生成连接点】。 |

步骤3 定义连接点 单击【添加】按钮,显示【连接点】对话框。选择图4-8所示的平面和点,并设置各个值,然后单击【确定】✔返回到向导。单击【下一步】,因为不要求有特殊几何体,所以再次单击【下一步】。

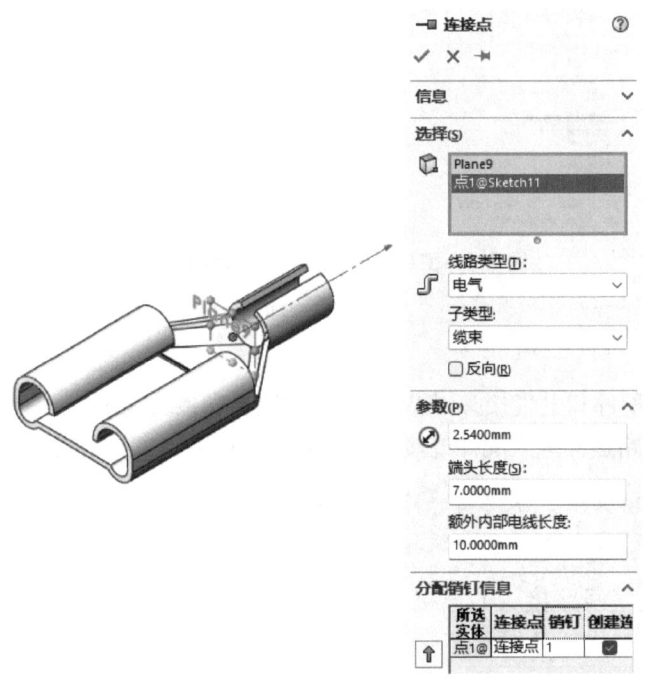

图4-8 定义连接点

> **提示** 对于具有多个连接点的零件,右键单击其中一个连接点,然后选择【查看/编辑连接点参数】,可以查看和编辑参数,如图4-9所示。

连接点名称	管脚号/端口 ID	端头长度	反向
连接点1	1	7.0000mm	☐
连接点2	2	7.0000mm	☐
连接点3	3	7.0000mm	☐
连接点4	4	7.0000mm	☐
连接点5	5	7.0000mm	☐

图4-9 【查看/编辑连接点参数】对话框

步骤4 添加配合参考 单击【添加】按钮,然后设置【主要参考实体】、【第二参考实体】和【第三参考实体】。使用图4-10所示的面、类型和对齐方式,然后单击【确定】✔。

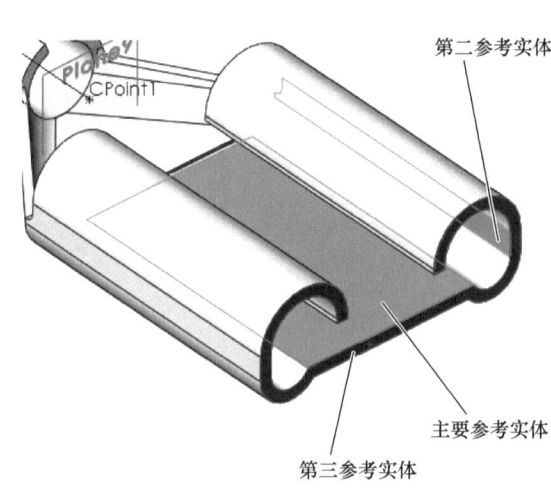

图 4-10 添加配合参考

步骤 5　零件有效性检查　现在主要参考实体、第二参考实体和第三参考实体都已经列出，单击【下一步】。出现"遗失所需项：无"和"零件建模已完成"的信息，再次单击【下一步】。

> 提示
> 此时会出现一条警告信息，说明该零件不包含设计表。本示例没有设计表，因此仅提供单一的尺寸。
> 在弹出的警告信息框中单击【确定】，再单击【下一步】。

4.5　Routing 零部件属性

【零部件属性】页面允许用户将【配置属性】和【文件属性】添加到 Routing 零部件(可以使用【文件】/【属性】进行查看和编辑)，如图 4-11 所示。当然也可以通过此页面为多配置零件创建和编辑设计表。

扫码看视频

> 提示
> 此零件只有一个默认配置，将不会用到设计表。

步骤 6　设置属性　在【文件属性】栏中增加类型和数值，见表 4-4。

表 4-4　设置属性

名　称	类　型	数　值
PartNo	文本	FC20
Description	文本	Female，20AWG
Comment	文本	Quick Terminal Connect
Material	文本	Tin-Plated Copper
Manufacturer	文本	SOLIDWORKS

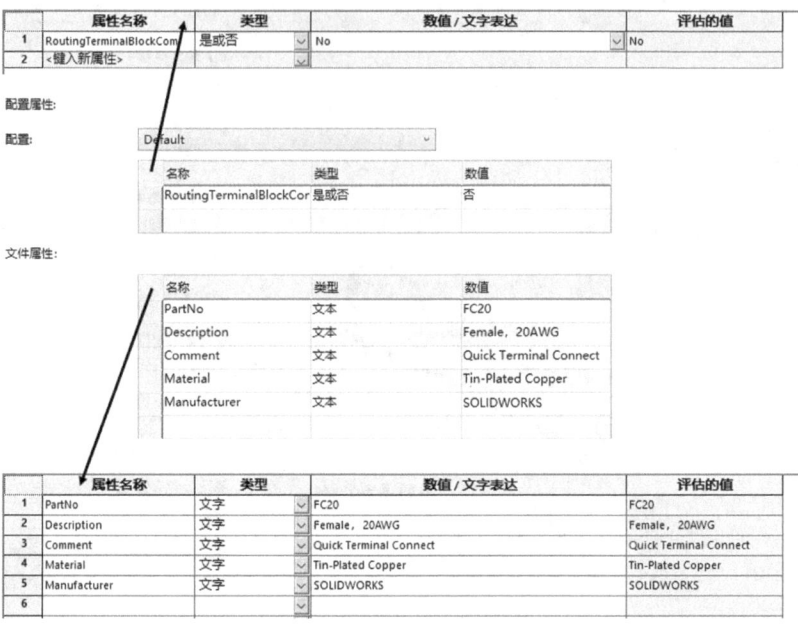

图 4-11 零部件属性配置

- **保存零部件到库** 【Routing 零部件向导】中的【保存选项】页面有几项关于命名和保存结果的选项。具体说明如下：
  - 零部件名称：库列表中显示的零部件名称，该名称可以不同于当前的零部件名称。
  - 库文件夹位置：库零部件保存的文件夹。
  - 说明：库零部件类型的描述，如"线夹"或"接头"。
  - 默认配置：一个可用的配置列表。
  - 向库文件(∗.XML)添加组件：将库零部件数据添加到零部件库文件。

步骤 7 **保存零部件** 单击【下一步】，输入新的零部件名称"Slide _ Clip _ Female"，选择【保存到库】并选择"C:\ProgramData\SolidWorks\SOLIDWORKS 2024\design library\routing\electrical"。单击【保存＆完成】和【是】，如图 4-12 所示。关闭但不保存零件。

步骤 8 **查看设计库** 新的零部件出现在"library\routing\electrical"文件夹中，以在后续操作中使用，如图 4-13 所示。

图 4-12 保存零部件　　　　图 4-13 查看设计库

提示　设计库中显示的图标是从上次保存的库特征或零件中自动获取的,其可以是上色图或者线框图,但用户应保持等轴测视图方向和合适的缩放视图,以取得较好的显示效果。

4.5.1 创建线夹

线夹是用以引导和塑造线路的,可以将其约束到线路之外的现有几何体上。

在本例中,将利用标准零件创建电气线路的线夹。线夹作为电线的引导,使电线从中穿过。

操作步骤

步骤1　打开零件　打开"AB_Clip"零件,如图4-14所示。

步骤2　设置向导　单击【Routing Library Manager】和【Routing 零部件向导】选项卡。选择【电气】作为线路类型。

选择【线夹】作为零部件类型,然后单击【下一步】。

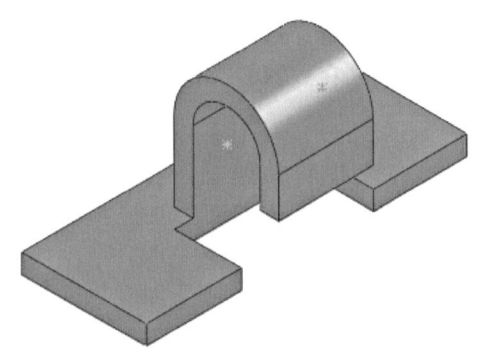

图4-14　"AB_Clip"零件

4.5.2 线路点

线路点(RPoint)是线夹等配件所必需的,线夹用来定义柔性线路的路径。

技巧　线路零部件(如电缆、电气导管)没有线路点。

在【Routing 零部件向导】中线路点工具会自动激活。用户可按以下方法手动生成线路点。

知识卡片	生成线路点	●菜单:【工具】/【步路】/【Routing 工具】/【生成线路点】。

步骤3　添加线路点　单击线路点的【添加】按钮,选择图4-15所示的点,然后单击【确定】。

步骤4　要求的线路点　在向导中显示:线夹要求有两个线路点,但目前只有一个线路点存在。

步骤5　添加第二个线路点　单击【添加】按钮,按同样的操作在另一侧添加第二个线路点,如图4-16所示。单击【确定】和【下一步】。

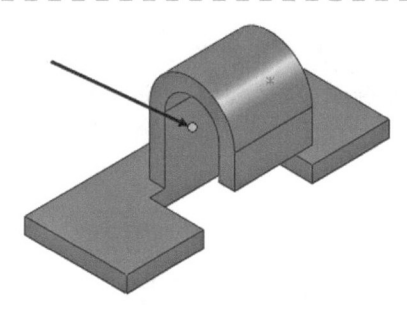
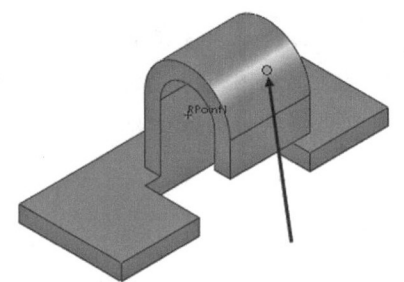

图 4-15　添加线路点　　　　　图 4-16　添加第二个线路点

4.5.3　线夹轴和旋转轴

可以在零部件中添加线夹轴和旋转轴,以便对该零部件进行操作。线夹轴沿着穿过线夹的电线的路径方向并可以与之对齐,旋转轴用来在放置零部件时或之后旋转零部件,如图 4-17 所示。

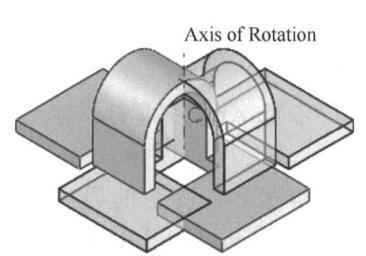

图 4-17　旋转轴

 提示　旋转轴是必须要创建的,以便旋转零部件。关于如何使用旋转轴,请参考 3.5.1 小节。

步骤 6　添加线夹轴　单击【线夹轴】旁边的【添加】按钮,弹出信息:"您想生成新轴或选取现有轴?"单击【新建】,出现基准轴工具。选择【圆柱/圆锥面】选项,选择图 4-18 所示的圆弧表面,然后单击【确定】✓。一条轴将会被创建,并自动命名为"线夹轴"。

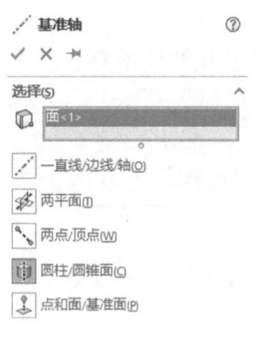
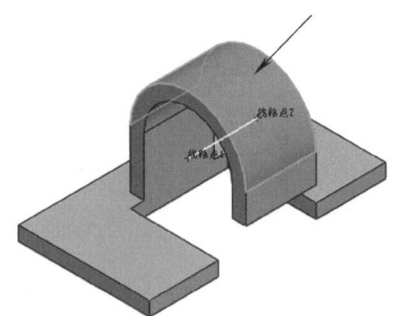

图 4-18　添加线夹轴

步骤 7　添加旋转轴　单击【旋转轴】旁边的【添加】按钮,弹出信息:"您想生成新轴或选取现有轴?"单击【新建】,出现基准轴工具。选择【两平面】选项,选择"Front Plane"和"Right Plane"两个平面,然后单击【确定】✓,如图 4-19 所示。轴将会被创建,并自动命名为"旋转轴"。单击【下一步】。

步骤 8　添加配合参考　单击【添加】按钮,选择底面作为【主要参考实体】,分别选择【重合】和【反向对齐】作为【配合参考类型】和【配合参考对齐】,如图 4-20 所示,单击【确定】✓。再次单击【下一步】。

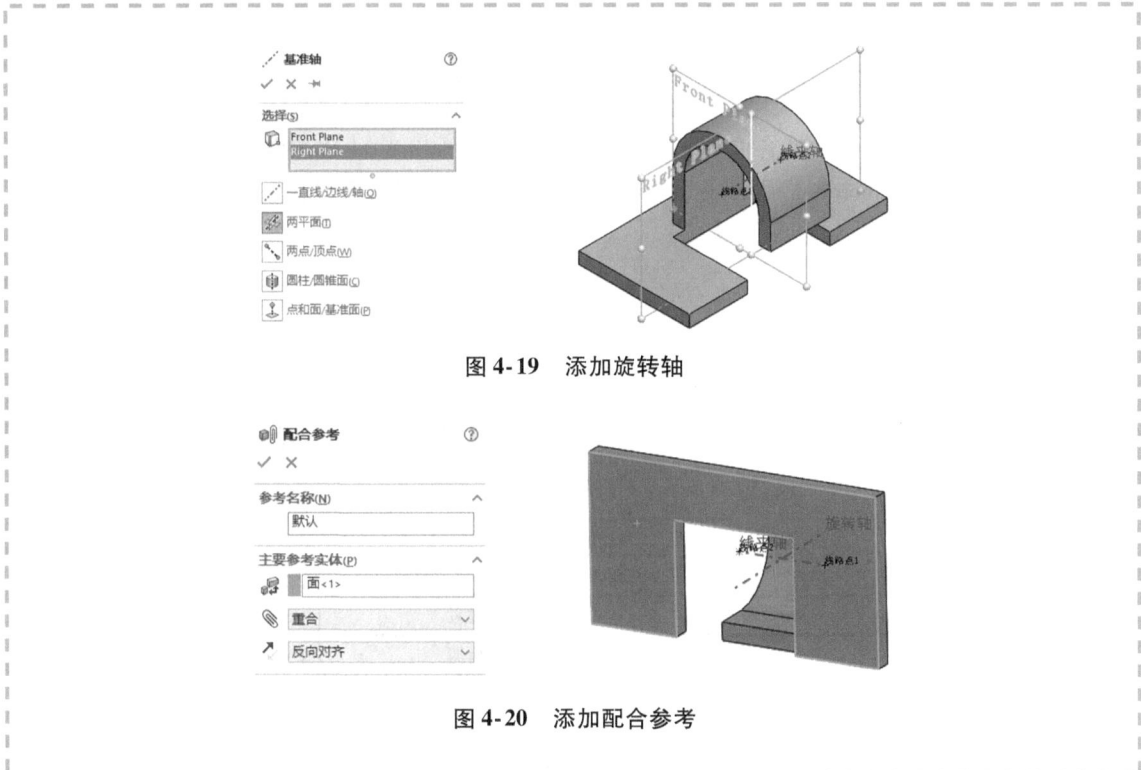

图 4-19 添加旋转轴

图 4-20 添加配合参考

4.5.4 使用自动大小选项

线夹可以自动调整大小,即根据线夹中放置线束的直径自动改变线夹的大小,如图 4-21 所示。在零件的配置中提供了不同的尺寸。

- **几何尺寸**　自动大小选项需要名称为"FilterSketch"的草图,包括 NominalDiameter@FilterSketch、InnerDiameter@FilterSketch 和 OuterDiameter@FilterSketch 尺寸,如图 4-22 所示。

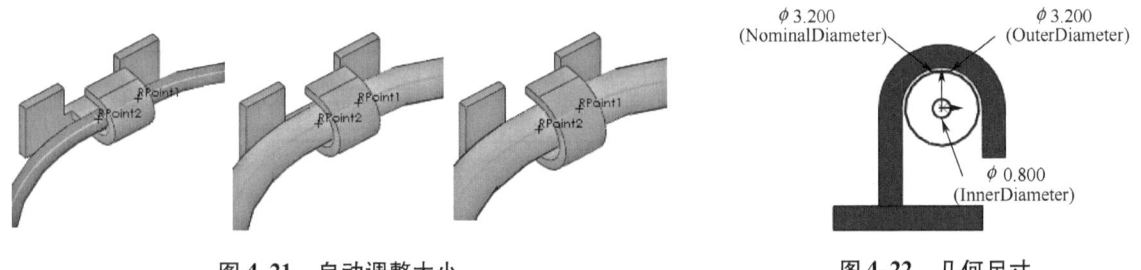

图 4-21 自动调整大小　　　　图 4-22 几何尺寸

当 OuterDiameter@FilterSketch 的尺寸值超过上限时,将会使用设计表栏目中的连续值,直到线束再次小于 OuterDiameter@FilterSketch 的值,才会使用相关的配置。

在本例中,线束的直径是 5mm,将会选中 OuterDiameter@FilterSketch 中的 6.4mm 值,并使用"Up To 6.4mm"配置。

步骤9　查看设计表　单击【下一步】以执行【设计表检查】。系统会根据零部件的类型来检查适当的参数。再次单击【下一步】。

> 提示
>
> D@Sketch1 的尺寸用来改变模型的大小。

步骤10 保存零件 保存零件到"C:\ProgramData\SolidWorks\SOLIDWORKS 2024\design library\routing\electrical"文件夹，命名为"Adhesive_Back_Clip"，保持说明和配置为默认值，单击【保存 & 完成】和【是】。

4.6 电气库

电气布线中使用了多个文件来为电缆/电线、零部件和连接件指定数值和 SOLIDWORKS 零件。这些文件提供了将电气设计信息引入机械设计所需的详细信息，如图 4-23 所示。这些内容将在第 6 章中进行详细介绍。

扫码看视频

图 4-23 电气库

这里所使用的文件格式为 *.xml 和 *.xls，将在后续内容中分别阐述。

4.6.1 电缆库

电缆库包含用来描述电缆(多根电线)和电线的信息，如图 4-24 所示，包括物理信息(直径、颜色)和文本信息(电缆或电线的名称)，该文件通常是 *.xml 格式文件(也可以是 *.xls 或 *.xlsx 格式文件)。

- **超过标称直径** 如果多条电线的直径超过"Slide_Clip_Female"零部件连接点中设置的标称直径最大值，用户可能会看到消息："线束段直径将超过所选段的线路直径，仍使用此线路传递电线？"单击【是】将覆盖线路直径。用户需要注意这些限制。

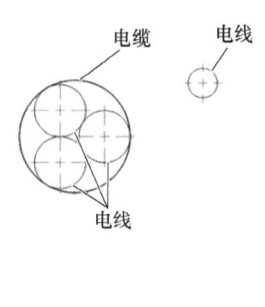

图 4-24 电缆库

 默认的电缆库文件是"design library\routing\electrical\cable.xml"。

4.6.2 零部件库

零部件库包含零部件物理信息和数值信息，如图 4-25 所示。物理信息包括对 SOLIDWORKS 零件文件的引用，数值信息包括管脚和接线头等。该文件通常是 *.xml 格式文件(也可以以 *.xls 或 *.xlsx 格式文件输入)。

图 4-25 零部件库

> 提示
> 默认的零部件库文件是"design library\routing\electrical\components.xml"。

4.6.3 覆盖层库

如图 4-26 所示，覆盖层库包含了物理信息和数值信息。覆盖层类型包括带子、绳子和可黏合带子。覆盖层可以是全长或固定长度（部分）。【覆盖层库向导】可用于设置材质和颜色。单击【工具】/【选项】/【系统选项】/【创建透明覆盖层】可以设置覆盖层为透明。

覆盖层库
覆盖层ID
覆盖层名称
应用
成本
外径
颜色/SW颜色
零件编号
说明
密度

> 提示
> 默认的覆盖层库文件是"design library \ routing \ electrical \ coverings-electrical.xml"。

图 4-26 覆盖层库

4.6.4 '从-到'清单

'从-到'清单和电气数据包含连接电缆或电线零部件的连接清单信息，如图 4-27 所示。清单中使用了电缆库和零部件库中的数据。该文件通常是 *.xls 或 *.xlsx 格式文件。

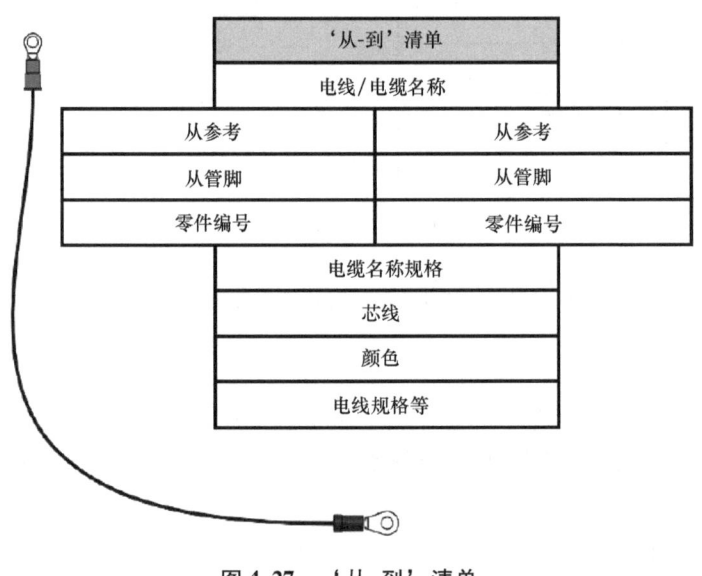

图 4-27 '从-到'清单

> 提示
> 实际上，'从-到'清单通常来自第三方 CAD 系统的电气原理图，其可能包含数百条电线和电缆信息，及电线、接线头和管脚的数据。

操作步骤

步骤 1 打开装配体文件 从"Lesson04 \ Case Study"文件夹中打开装配体文件"Using_Slide_Clips"。

步骤 2 开始步路 从设计库拖放"Slide_Clip_Female"零部件（本章节之前修改并添加的文件）到图 4-28 所示的接头上方，并单击【确定】。

步骤 3 添加另一实例 拖放该零部件的另一个实例到图 4-29 所示的位置。

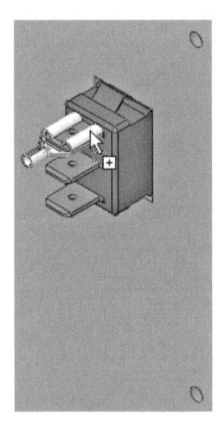

图 4-28 开始步路

> **提示** 接头可以使用【插入接头】来添加。

步骤 4 自动步路 使用【自动步路】来连接接头端头,使用【编辑电线】将"20g red"分配给线路,如图 4-30 所示。

步骤 5 完成线路 单击【编辑零部件】,关闭线路草图、零件和子装配体。

步骤 6 添加接头和线夹 将零部件"Slide_Clip_Female"拖放到图 4-31 所示位置开始新线路,并单击【确定】。

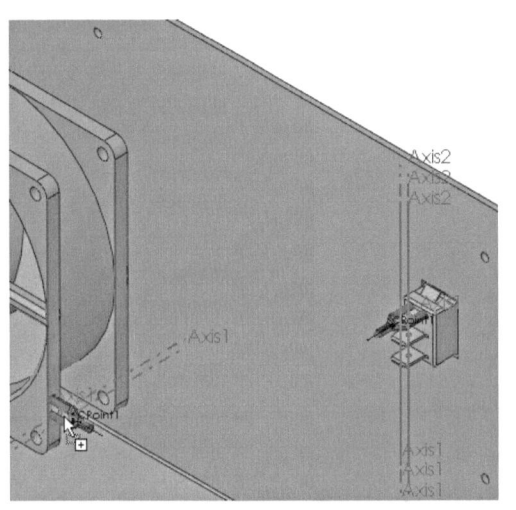

图 4-29 添加另一实例

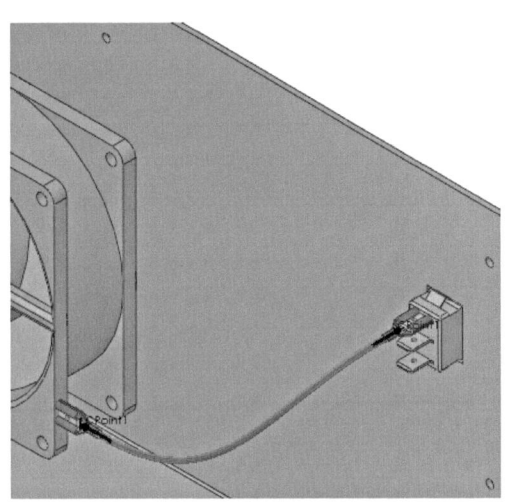

图 4-30 自动步路

接着将"Adhesive_Back_Clip"的一个实例从设计库中拖到装配体中,并放置在竖直墙壁上,按住〈Shift〉键通过左右方向键来旋转零部件。放开后,选择尺寸为"2-01-3.2mm Dia"的配置,然后添加重合参考。

步骤 7 自动步路 重复上述操作,添加"Adhesive_Back_Clip"和"Slide_Clip_Female"的第二个实例,使用【自动步路】连接零部件,如图 4-32 所示。

步骤 8 编辑线路 将"Adhesive_Back_Clip"零部件移动到图 4-33 所示的位置。使用【编辑电线】为线路选择"20g white"电线。

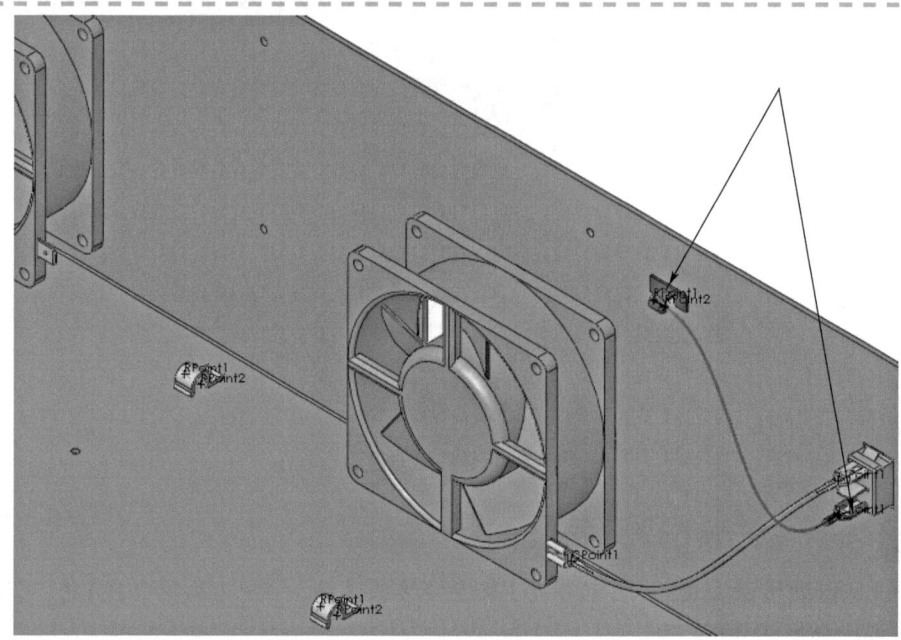

图 4-31 添加接头和线夹

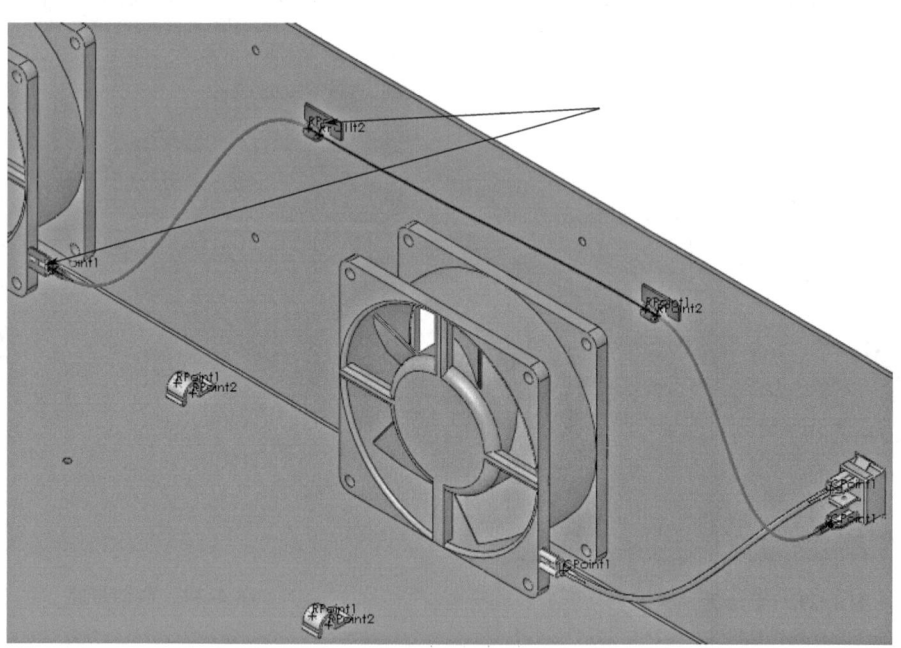

图 4-32 自动步路

> 提示　如果需要，在退出线路草图后可增加零部件"Adhesive_Back_Clip"的配合参考。

步骤 9　保存和关闭所有文件　单击【编辑零部件】，关闭线路子装配体。

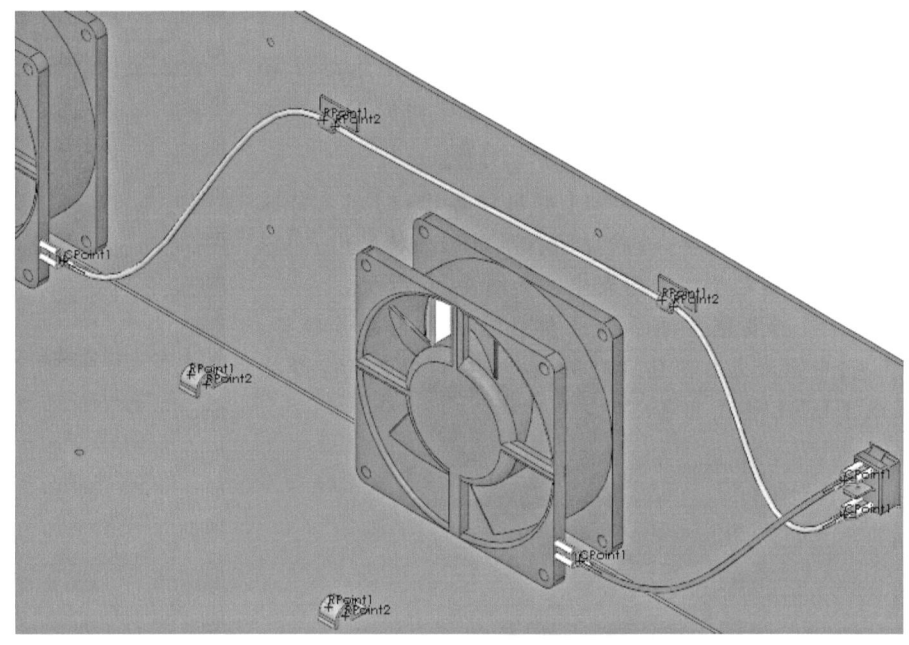

图 4-33 编辑线路

步骤 10 **测试线夹** 编辑最新的线路,然后增加两条电线("20g blue"和"20g red")到线路中,系统将自动选择更大的线夹配置,如图 4-34 所示。

单击【编辑零部件】,关闭线路草图、零件和子装配体。

提示

关闭线路以查看更改。

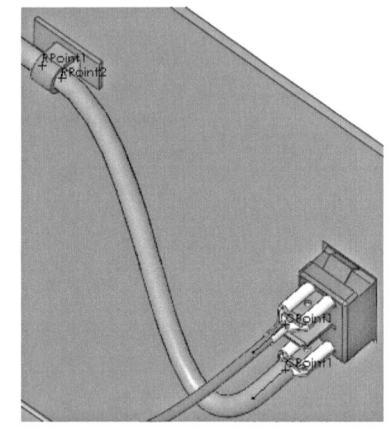

图 4-34 测试线夹

4.7 共享模型

【共享文件】选项用于与其他用户共享 CAD 模型,并可选择与 3DPlay 应用程序交换评论。用户可以以多种格式共享 SOLIDWORKS 零件、装配体和工程图。共享模型的方法主要有两种:第一种是创建可以复制的链接;第二种是直接通过电子邮件发送给用户列表。

| 知识卡片 | 共享文件 | • CommandManager:【生命周期和协作】/【共享文件】。 |

步骤 11　设置共享文件格式　单击【生命周期和协作】CommandManager，单击【共享文件】的下拉菜单，然后选择【3DXML】作为文件格式，如图 4-35 所示，显示的选项会因文件类型的不同而有所差异。单击【共享文件】 。

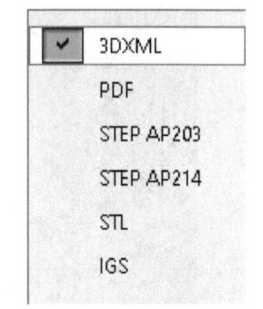

图 4-35　设置共享文件格式

步骤 12　设置共享选项　单击【启用访客评论】以允许收件人对模型发表评论，并单击【将访问权限限制为特定用户】以将分发限制在指定的电子邮件列表中，如图 4-36 所示。

步骤 13　添加消息　添加电子邮件地址，用分号隔开，在【添加消息】中输入文本信息（可选），如图 4-37 所示。单击【共享】，以 3DXML 格式共享文件。

图 4-36　设置共享选项

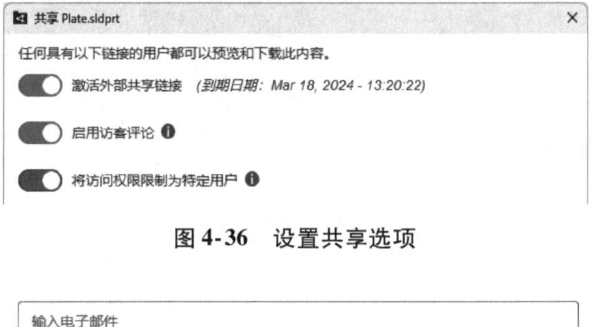

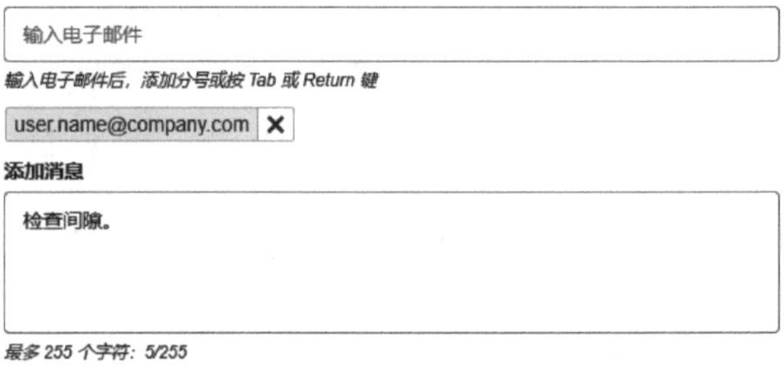

图 4-37　添加消息

步骤 14　保存所有文件

练习 4-1　创建线路零部件

使用【Routing 零部件向导】创建一个线路零部件，并用它来步路，如图 4-38 所示。

本练习将应用以下技术：
- Routing 零部件向导。
- 创建接头。
- 电缆库。

从"Lesson04 \ Exercises \ Creating Routing Components"文件夹内打开零件"AV_Jack"，使用【Routing 零部件向导】设计接头。

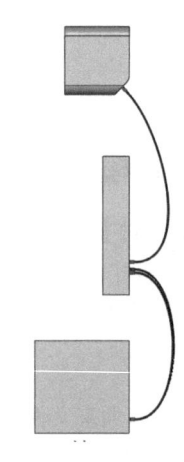

图 4-38　创建线路零部件

操作步骤

步骤1　设置【Routing 零部件向导】　选择线路类型为【电气】，零部件类型为【接头】。

步骤2　添加连接点　为电气线束添加连接点，如图4-39所示。根据需要可以【反向】箭头的方向，设置【标称直径】为3mm，设置【端头长度】为25mm，设置【额外内部电线长度】为5mm。

步骤3　添加配合参考　使用图4-40所示的边线添加配合参考，【配合参考类型】选择【默认】，【配合参考对齐】选择【任何】。

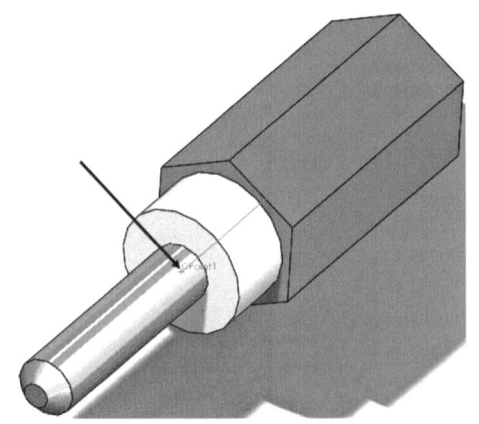 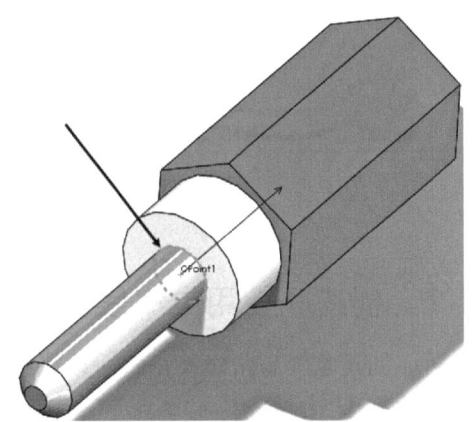

图4-39　添加连接点　　　　　　　　图4-40　添加配合参考

> **技巧**　应确保配合参考在所有的配置中是不被压缩的。

步骤4　生成设计表　使用零件中的现有配置和【自动生成】选项生成系列零件设计表。

> **提示**　在"$状态@默认-<1>"列中，应确保所有配置都设置为"U"，否则在大多数配置中将压缩配合参考。

步骤5　保存　将零部件命名为"AV"，并保存到"design library \ routing \ electrical"文件夹中。

零部件包括了配置，可以用来创建练习中需要的所有接头。

步骤6　打开零部件　从文件夹"Creating Routing Components"中打开已存在的装配体"components"，其包含了电气附件。

步骤7　创建线路　拖放零部件"AV"，使用合适的配置（"Video""Audio_R"和"Audio_L"）创建和命名三条如图4-41所示的线路。

步骤8　添加电缆　使用【编辑电线】将电缆添加到每条线路。从文件夹"design library \ routing \ electrical"的"cable.xml"库中使用电缆C1。

步骤9　共享、保存并关闭所有文件

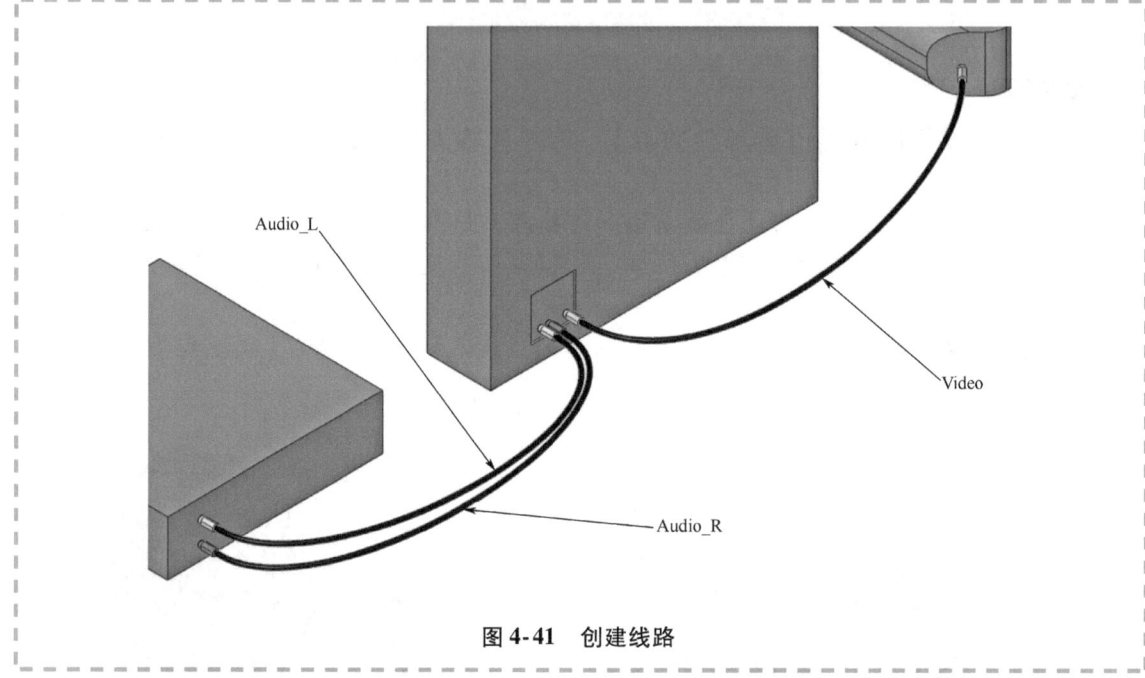

图 4-41 创建线路

练习 4-2　创建和使用电气线夹

通过向导创建电气步路线夹,然后再使用该线夹创建线路,如图 4-42 所示。

本练习将应用以下技术:
- Routing 零部件向导。
- 创建线夹。

从"Lesson04 \ Exercises \ Creating and Using Electrical Clips"文件夹内打开零件"Wire_Nail_Clip",并使用【Routing 零部件向导】设计线夹。

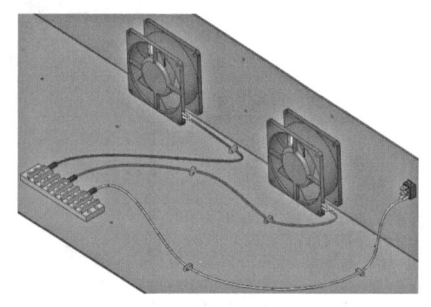

图 4-42 创建和使用电气线夹

操作步骤

步骤1　设置【Routing 零部件向导】　选择线路类型为【电气】,零部件类型为【线夹】。

步骤2　增加线路点和轴　为电气线夹增加两个线路点和两条轴(包括线夹轴和旋转轴),如图 4-43 所示。

步骤3　添加配合参考　如图 4-44 所示,使用底部圆的边线来添加一个配合参考,同时也可以为线夹添加属性。

步骤4　保存　将零部件保存在文件夹"design library \ routing \ electrical"中,并命名为"Fastener _ Clip"。

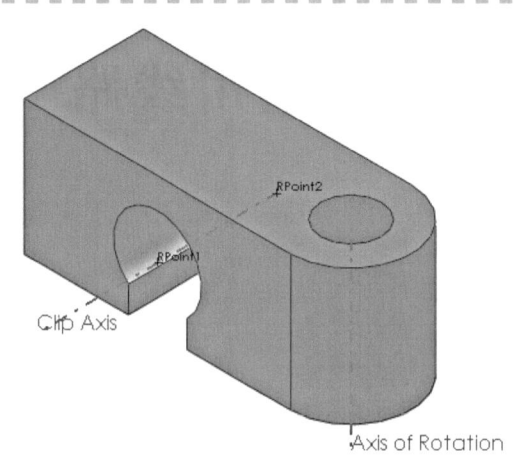 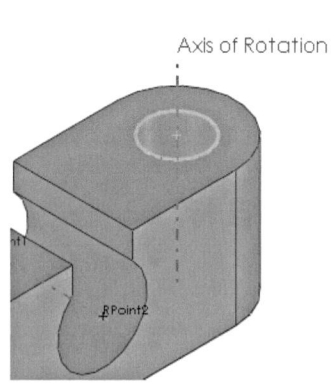

图 4-43 增加线路点和轴　　　　图 4-44 添加配合参考

- **使用线夹**　保存好的线夹可以用来引导线路和改变线路的形状。

步骤 5　**打开"Clip_Lab"**　从文件夹"Creating and Using Electrical Clips"中打开现有的装配体"Clip_Lab"。

步骤 6　**创建线路**　使用"ring_term_awg-14-16_awg-x 8""Slide_Clip_Female"和"Fastener_Clip"零部件创建图 4-45 所示的线路。将线路命名为"R1",然后添加电线"20g blue",再使用"20g red"和"20g white"电线属性创建新线路"R2"和"R3"。

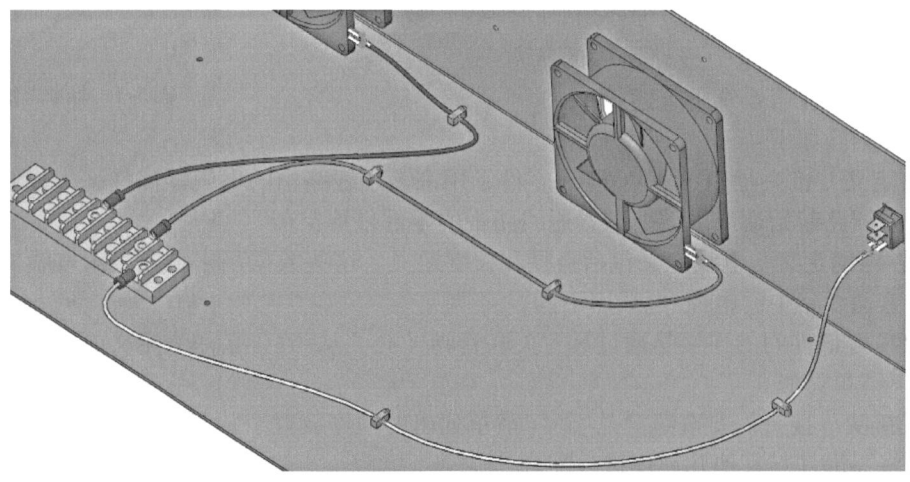

图 4-45 创建线路

 提示　可以在"Creating and Using Electrical Clips"文件夹中找到"Slide_Clip_Female"零件。

步骤 7　**共享、保存并关闭所有文件**

第 5 章　标准电缆和重用线路

学习目标
- 使用标准电缆步路
- 修改和使用标准电缆
- 使用固定长度的线路
- 创建和使用新建的标准电缆
- 重用已存在的线路

5.1　标准电缆概述

前面的章节讲解了如何在一次放置一个零部件时进行零部件之间的步路。本章将使用【标准电缆】和【标准管筒】工具来添加"现有的"电缆或管筒线路。图 5-1 所示为指定了长度和直径的标准电缆，并且两端带有环形接头。Excel 文件定义了接头和电线/管筒，用电线来连接这两个接头。用户也可以使用自定义的电缆和管筒，将其保存在该文件内以便使用。

本章只简单地介绍电力线路所需的基本知识，详细信息将在第 6 章中阐述。

扫码看视频

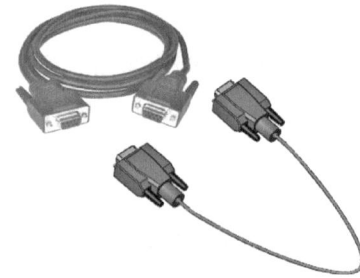
图 5-1　标准电缆

本章主要内容如下：

1. 接头定义　接头是 SOLIDWORKS 零件，用来表示线路中的电气零部件，如接线板、插头等。它们处于线路起始端或末端，与普通线路中的零部件库类似。

2. 电线/电缆定义　电线定义包括直径和长度定义。这些数据用来生成表示电线实体的扫描特征，这与普通线路中的电缆/电线库不同。

3. 连接　零部件间的连接是通过具有关联管脚号的'从-到'清单来定义的，与普通线路中的'从-到'清单类似。

4. 放置接头　接头需要按照'从-到'清单列出的顺序放置于装配体中。放置接头通常是指在装配体中将零部件与其他几何体进行配合。

5. 线路实体　在 3D 草图中使用直线和样条曲线来创建线路实体。从每个接头引出一条短直线，这些短直线被样条曲线连接。线路的长度一般是固定的，除非接头之间的电缆太短而出现打破固定长度的消息。

操作步骤

步骤 1　打开装配体　从"Lesson05 \ Case Study \ Reuse Route"文件夹中打开装配体"Reuse Route"，并缩放以显示图 5-2 所示的区域。

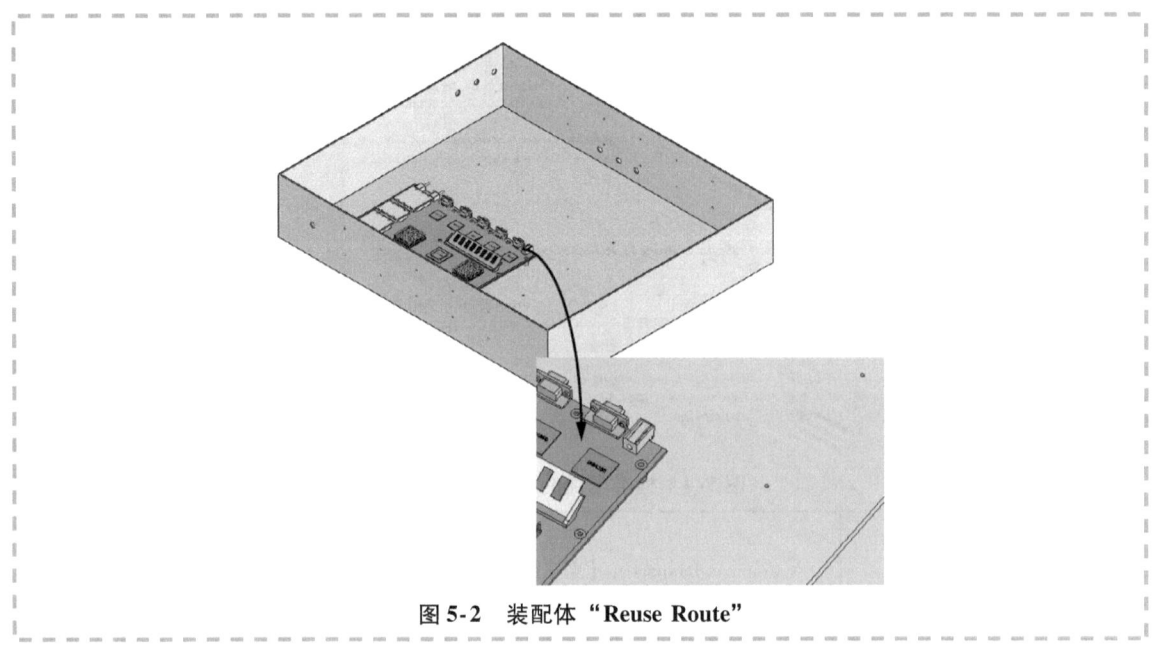

图 5-2 装配体"Reuse Route"

5.2 标准电缆 Excel 文件

用户可以把标准电缆的信息储存在 Excel 文件中。表格中包括以下信息：零件编号、线路类型、说明、从接头和到接头等。利用该表格可以创建两端带有接头的标准电缆，如图 5-3 所示。

用户可以编辑位于设计库中默认的"standard cables and tubes.xls""standard cables.xls"或"standard tubes.xls"文件，并创建自定义的文件。

5.2.1 Excel 文件结构

标准电缆的 Excel 文件包括表格上方的说明和定义零件编号、线路类型以及从接头/到接头的列数据。从接头/到接头信息包括每个接头的参考、零件文件和配置。

> 技巧 第一行中的数字（图 5-4 中的"16"）表示列标题的开始行。该行以上的所有内容是介绍信息，在【标准电缆】工具中是被忽略的。

> 技巧 长度和直径的单位都是 m(米)。

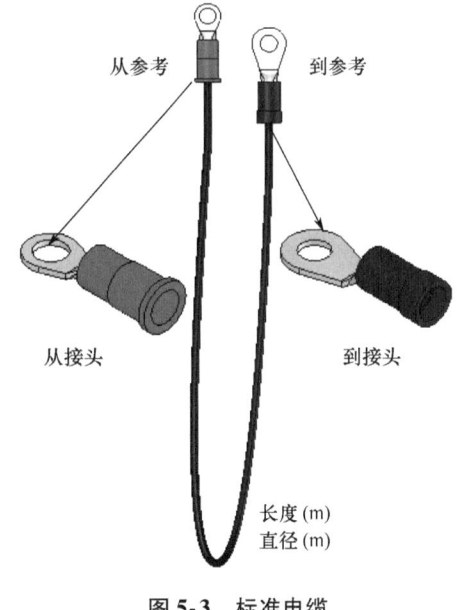

图 5-3 标准电缆

【标准电缆】工具为所选的每根电缆提供以下三种选项：
1) 插入电缆。插入当前选定的电缆以创建新线路。
2) 添加新电缆。复制当前选定的电缆到选定的 Excel 文件中，并更改为新的名称。
3) 删除电缆。从所选的 Excel 文件中删除当前选定的电缆（行）。

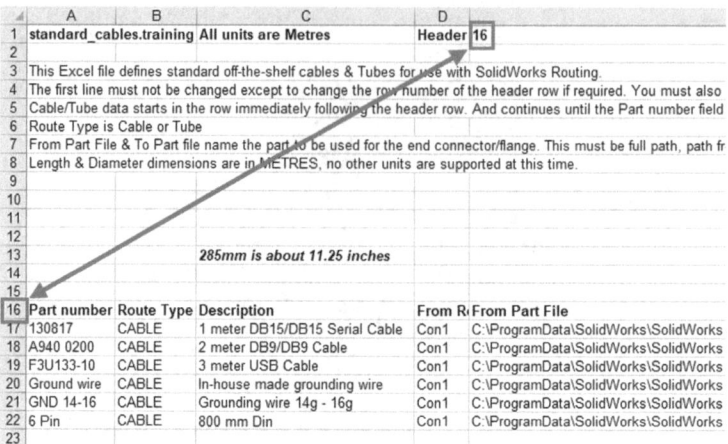

图 5-4 标准电缆的 Excel 文件

知识卡片	标准电缆	• CommandManager：【电气】/【标准电缆】。 • 菜单：【工具】/【步路】/【电气】/【标准电缆】。

步骤2 选择文件 单击【工具】/【步路】/【Routing 工具】/【Routing Library Manager】，在【Routing Library Manager】对话框中单击【Routing 文件位置和设定】，然后从"SOLIDWORKS Routing-Electrical"文件夹中选择"standard_cables_training.xls"作为【标准电缆】，单击【确定】两次。想了解更多信息可参考第 1 章中的 Routing 文件位置和设定。

> 提示　默认搜索查找的是"*.xlsx"文件，而不是"*.xls"文件。

步骤3 创建端头 单击【工具】/【选项】/【系统选项】/【步路】，勾选【自动给线路端头添加尺寸】复选框，这会为创建的每个线路端头添加尺寸。单击【确定】，返回到装配体。

步骤4 选择电缆 单击【标准电缆】，选择电缆"GND 14-16-Grounding wire 14g-16g"，如图 5-5 所示。

步骤5 电缆定义 选择电缆后会出现【电缆定义】选项组，所有的数据都来自 Excel 文件，但用户可以修改部分选项。更改【长度】为"275.00mm"，如图 5-6 所示。

图 5-5 选择电缆　　图 5-6 电缆定义

技巧
【长度】是一个固定的值，在线路重新改变形状时样条曲线也会尝试保持该长度。想了解更多信息，可参考 5.2.2 小节。

提示
如果【从接头】和【到接头】选项不能从 Excel 表格中读入数据，则可以通过【浏览】...选择相应的零件文件。

步骤 6 开始步路 单击【插入电缆】，开始添加零部件。
步骤 7 插入零部件 系统显示了【插入零部件】PropertyManager 和线路(【要插入的零件/装配体】区域中列出了"从接头"和"到接头")的零部件，如图 5-7 所示。
步骤 8 放置接头"Con1" 如图 5-8 所示，通过在孔上移动光标，确定放置第一个接头"Con1"的位置。利用配合参考，单击放置该接头。

提示
在放置零部件之前，可以通过按住〈Shift〉键后使用向左或向右箭头的方法来旋转该零部件。

步骤 9 放置接头"Con2" 将第二个接头"Con2"放置在第一个接头右边的孔上。此时会弹出信息："所有零部件都已放置，要开始设计线路吗？"单击【确定】后取消【自动步路】对话框，如图 5-9 所示。

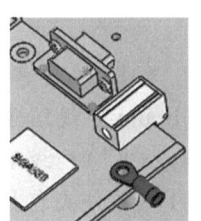

图 5-8 放置接头"Con1"

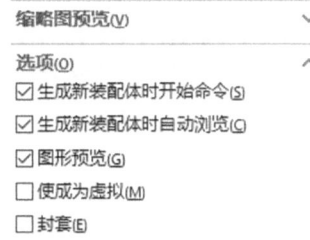

图 5-7 插入零部件

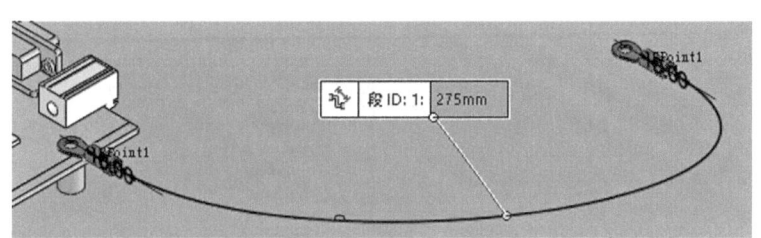

图 5-9 放置接头"Con2"

提示
在默认情况下，线路装配体的名称取自电缆的【零件编号】，如【标准电缆】对话框中的显示一样。

5.2.2 固定长度线路

使用固定长度线路创建的标准电缆,其线路草图(端头直线加样条曲线)的长度将保持不变。固定长度值显示在附加到线路几何体的标签上。

- **添加和移除固定长度**　通过右键单击线路草图并单击【固定长度】,任何线路都可以被固定长度。也可以通过清除【固定长度】属性来将其删除。
- **固定长度尺寸**　打开【工具】/【步路】/【Routing 工具】/【固定的长度】选项,则在编辑线路草图时会显示长度的尺寸。
- **编辑固定长度**　要编辑固定长度的数值,可以右键单击线路草图,然后单击【编辑长度】,如图 5-10 所示。

> 提示　如果使用【标准电缆】创建线路,则无法更改固定长度。在图 5-10 中,线路长度的数值为灰色。

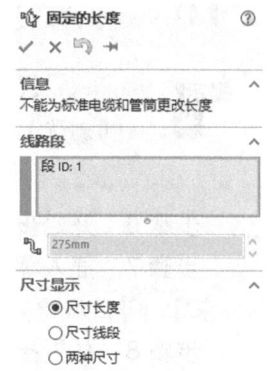

图 5-10　编辑固定长度

知识卡片	固定长度	● 菜单:【工具】/【步路】/【Routing 工具】/【固定长度】。

步骤 10　设置固定长度　右键单击线路草图,并确保选中【固定长度】选项,如图 5-11 所示。

步骤 11　查看线路　单击【编辑零部件】以退出草图和线路子装配体。用户创建了"[GND 14-16_1 ^ Reuse Route]"线路子装配体。接头"Con1""Con2"(列出的零件名称为"ring_term_awg-14-16_awg-x 8")和线路零件"[电缆 ^ GND 14-16_1_Reuse Route]"包含在相应的文件夹中,"路线 1"文件夹包括定义线路几何体的 3D 草图,如图 5-12 所示。

步骤 12　编辑线路　编辑线路子装配体,使用【旋转线夹】,稍微旋转左侧的"ring_term_awg-14-16_awg-x 8"零部件,如图 5-13 所示。线路进行了相应更新。编辑线路并从顶部查看,线路保持着固定的长度尺寸。

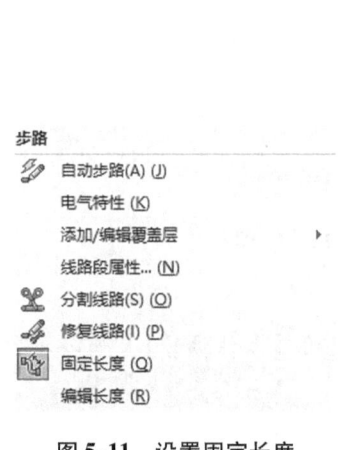

图 5-11　设置固定长度

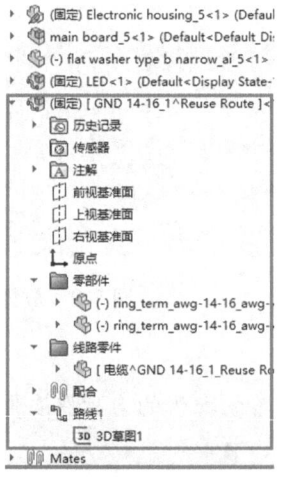

图 5-12　查看线路

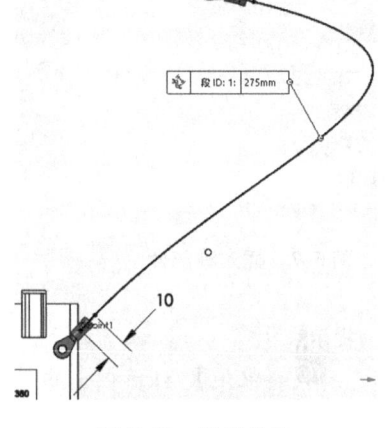

图 5-13　编辑线路

5.2.3 替换标准电缆电线

电线作为标准电缆的零件被添加到线路中。尽管电线的物理和数值属性可以从 Excel 文件中获取,但是它并不是来自电缆/电线库的电线。

电缆/电线库中的电线包含了更多的属性,并且应是优先选用的,它们可以用【替换电线】选项替换。

步骤13 编辑电线 编辑电线,清单中列出的电线名称是"Standard Cable",如图 5-14 所示。

步骤14 替换电线 右键单击"Standard Cable",然后单击【替换电线】。选择"20g blue",单击【添加】和【确定】。

此时,弹出消息:"您肯定想删除 Standard Cable?"单击【是】,再单击【确定】。

步骤15 完成线路 单击【编辑零部件】,退出线路和子装配体编辑状态,如图 5-15 所示。

图 5-14 编辑电线

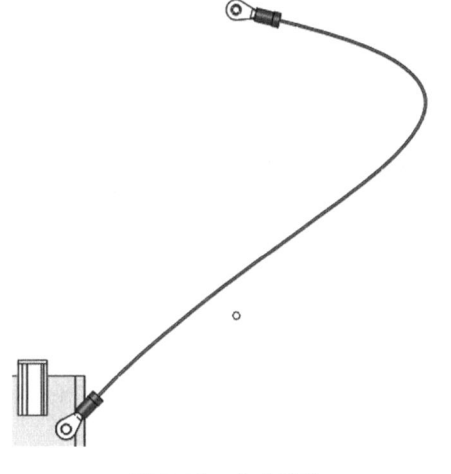

图 5-15 完成线路

5.3 修改标准电缆

用户可以修改"standard cables and tubes.xls"或类似文件中定义的现有标准电缆,如修改电缆的长度、直径或接头。所做的修改将保存到 Excel 文件中,便于以后使用。

扫码看视频

 提示　这种类型的修改用于即时自定义电缆。想了解有关永久性更改的信息,请参考 5.4 小节。

操作步骤

步骤1 修改电缆 单击【标准电缆】,然后选择电缆"A940 0200-2 meter DB9/DB9 Cable",如图 5-16 所示。

图 5-16 修改电缆

- **替换零件文件** 零件文件、长度和电缆直径均在 Excel 文件中指定，但也可以在添加标准电缆之前进行替换。

> **步骤2 替换零件文件** 在【从接头】中，对【零件文件】进行浏览。从"Lesson05 \ Case Study \ Reuse Route"文件夹中选择"DB"零件。在【到接头】中重复以上操作。设置【长度】为"100.00mm"，将【参考】重命名为"DB-1"和"DB-2"，如图 5-17 所示。
>
> 提示 对话框中显示的单位取决于装配体的单位。
>
> **步骤3 放置接头** 单击【插入电缆】，按图 5-18 所示放置接头"DB-1"（左侧）和"DB-2"（右侧）。弹出消息："所有零部件都已放置，要开始设计线路吗？"单击【确定】。
>
> **步骤4 打破固定长度** 在此位置不适合固定电缆长度(100mm)。为了添加电缆，必须关闭固定长度。弹出消息："零部件放置将要求电缆长度大于该电缆的当前长度。电缆将无固定长度而创建。固定长度值可在需要时使用线路属性对话来设定。"单击两次【确定】。使用【测量】工具测量电缆长度，如图 5-19 所示。还可以按住〈Ctrl〉键多选几何体，并在状态栏中查看列出的长度，如图 5-20 所示。

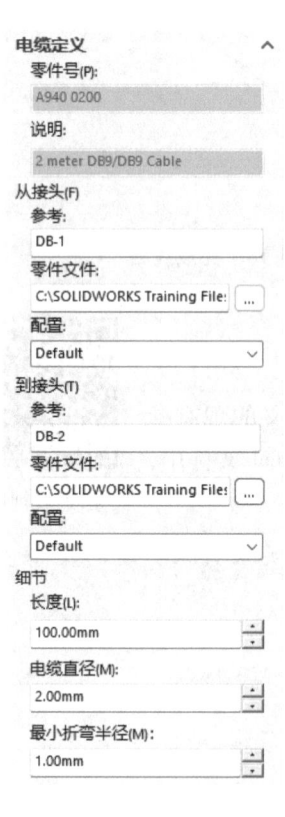

图 5-17 替换零件文件

图 5-18 放置接头

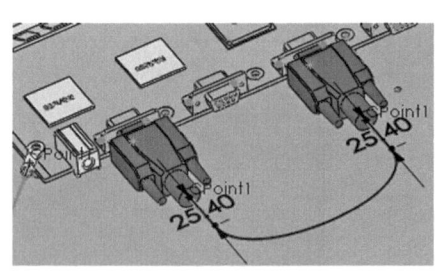

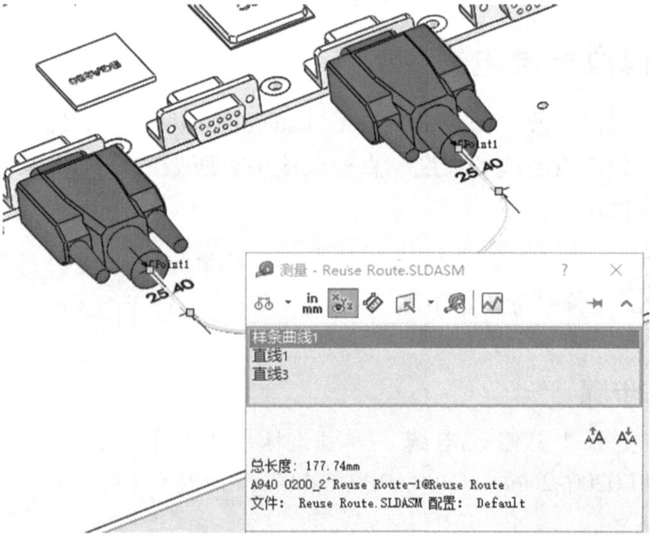

图 5-19 测量电缆长度

> **步骤5 编辑电线** 单击【编辑电线】，并使用"C1"电缆更换标准电缆。退出线路草图和线路子装配体。

图 5-20 查看电缆长度

5.4 创建标准电缆

通过使用现有的电缆作为基础或者【标准电缆】对话框都可以创建新的标准电缆。在本例中,将使用不同的接头创建另一根接地电缆,如图 5-21 所示。

扫码看视频

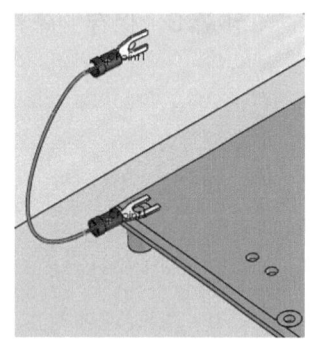

图 5-21 创建标准电缆

操作步骤

步骤 1 复制电缆 单击【标准电缆】,在【可用电缆】选项中选择 "GND 14-16-Grounding wire 14g-16g",并单击【添加新电缆】,该电缆的设置将复制到新电缆。

使用图 5-22 所示的设置,在【零件文件】中从 "Lesson05\Case Study\Reuse Route" 中选择零件 "spade_terminal"。在【零件号】内输入 "150mm Spade Conn",将【长度】设置为 "150.00mm",单击【确定】。

> 技巧 添加新电缆后,其信息会被保存到 Excel 文件中。用户也可以直接编辑 Excel 文件来添加、修改或移动电缆,如图 5-23 所示。

步骤 2 放置接头 单击【插入电缆】(必须选择新的电缆),如图 5-24 所示。将接头 "Spade1" 定位于孔的上方,并放置接头。使用相同的操作添加第二个接头,单击【确定】。结果如图 5-25 所示。

16	Part number	Route Type	Description	From Ref
17	130817	CABLE	1 meter DB15/DB15 Serial Cable	Con1
18	A940 0200	CABLE	2 meter DB9/DB9 Cable	Con1
19	F3U133-10	CABLE	3 meter USB Cable	Con1
20	Ground wire	CABLE	In-house made grounding wire	Con1
21	GND 14-16	CABLE	Grounding wire 14g - 16g	Con1
22	6 Pin	CABLE	800 mm Din	Con1
23	150mm Spade Conn	CABLE	Ground 150mm Spades	Spade1

图 5-23 编辑 Excel 文件

图 5-22 复制电缆

图 5-24 【插入电缆】选项

步骤3 保存 保存但不关闭装配体。

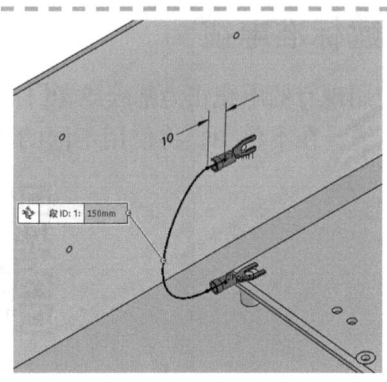

图 5-25 完成线路

1. 使用三重轴使线路变形 拖动样条曲线的端点和型值点可以使线路变形。但移动样条曲线型值点可能会产生问题,因为在 3D 空间中可以往任何方向拖动它们。使用三重轴,用户可以在特定的 X 轴、Y 轴或 Z 轴方向拖动样条曲线型值点。

2. 关于电缆长度的提示 系统会尽量保持每个标准电缆的原始长度,如果电缆长度无法保持不变,系统会出现提示消息。

- 如果插入的电缆过短。会出现消息:"零部件放置将要求电缆长度大于该电缆的当前长度。电缆将无固定长度而创建。固定长度值可在需要时使用线路属性对话来设定。"单击【确定】。
- 在修复过程中长度变化。如果对样条曲线使用【修复线路】,则可能引起长度改变。会出现消息:"线路包含固定长度样条曲线,这些曲线如不更改其长度将不能修复。您仍想修复线路吗?"单击【确定】。

3. 样条曲线点 样条曲线上需要一个样条曲线点才能使用三重轴拖动或重塑形状,用户可右键单击样条曲线并选择【插入样条曲线型值点】来增加点,然后单击样条曲线来放置该点。

随着使用三重轴拖动或移动样条曲线点,样条曲线将试图保持对话框中设置的初始长度。用户可能会看到型值点从拖动到的位置回弹回来,以保持固定长度。

4. 内联零部件 【内联零部件】可用于将标签、启动或减压零部件添加到线路中,如图 5-26 所示。

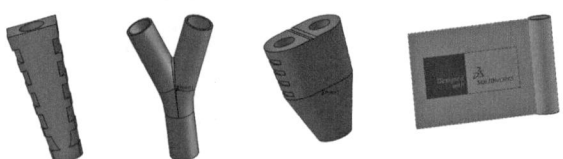

图 5-26 内联零部件

> 提示 在设计库中,单击 "electrical" 和 "inline components" 文件夹可以找到内联零部件。

下面是使用内联零部件的一般步骤:
1) 编辑线路,如图 5-27 所示。
2) 将标签零部件拖放到线路上,如图 5-28 所示。分割线路将移除固定长度属性,如图 5-29 所示,单击【确定】。

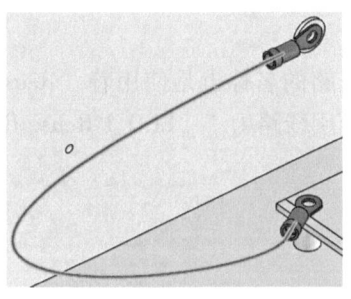 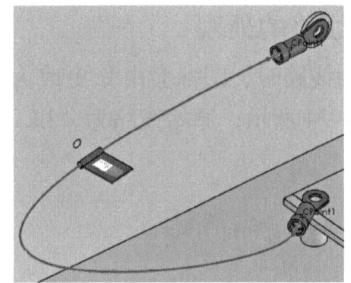

图 5-27　编辑线路　　　　　图 5-28　拖放标签零部件

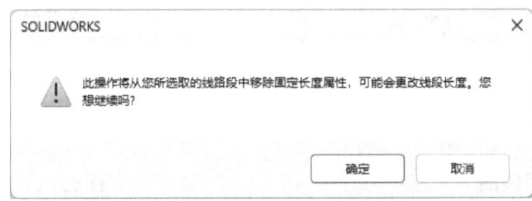

图 5-29　移除固定长度属性

3）选择内联零部件的一个配置，如图 5-30 所示，单击【确定】。结果如图 5-31 所示。

 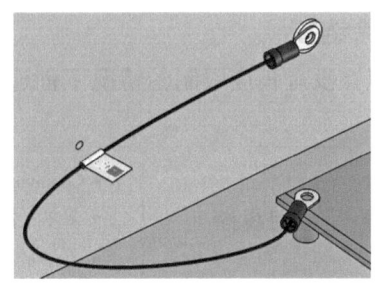

图 5-30　选择内联零部件的配置　　　　　图 5-31　添加内联零部件

 提示　　用户可以复制标签，也可以自定义两面的贴图，如图 5-32 所示。

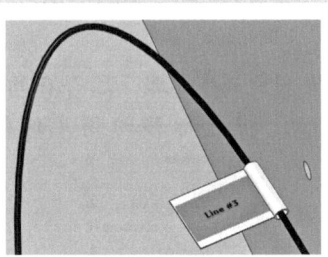

图 5-32　自定义贴图

5.5　重用线路

使用【重用线路】，用户可以使用现有线路创建相同长度的多条线路，或者将新线路调整为所需的长度，如图 5-33 所示。

扫码看视频

重用线路如阵列实例一样链接到原始线路，并且更改不能从重用线路传递到原始线路或父线路。重用线路可以与原始线路分离以断开链接。当重用线路需要与父线路具有不同的长度时，通常会使用此操作。重用线路类似于使用标准电缆，可以多次使用，重用线路还可以与已在装配体中创建的现有线路一起使用。

5.5.1 重用线路的外观

当重复使用线路时，图标会由 ⊕ 更改为 ⊡。重用线路的名称也是使用着"Reuse Route"的后缀编号。如图5-34所示，原始线路为"LED<1>"，重用线路为"［LED_1^Reuse Route］<1>"。

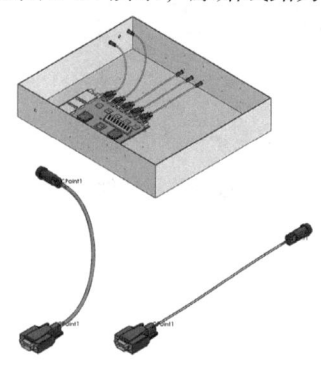

图5-33 重用线路

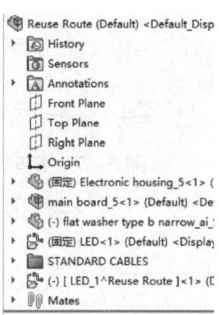

图5-34 重用线路的外观

5.5.2 线路长度

如果勾选【保持步路段长度】复选框，则重用线路的长度是固定的，并等于原始线路的长度。

5.5.3 删除链接

用户可以在没有长度限制的情况下创建重用线路，也可以使重用线路从原始线路分离而变为独立。

> **知识卡片**
>
> 重用线路
> - CommandManager：【电气】/【重用线路】⊡。
> - 菜单：【工具】/【步路】/【电气】/【重用线路】。
> - 快捷菜单：右键单击线路，选择【重用线路】⊡。

操作步骤

步骤1 隐藏和显示线路 右键单击"A940 0200"线路并将其隐藏，显示线路"LED"，如图5-35所示。

步骤2 重用线路 单击【重用线路】，选择已存在的线路"LED"，勾选【保持步路段长度】复选框，如图5-36所示。将光标移动到几何体上，然后单击以将其放置到图5-37所示的位置。

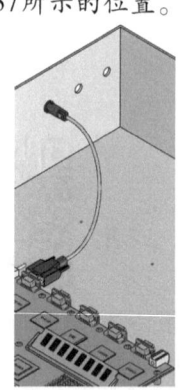

图5-35 隐藏和显示线路

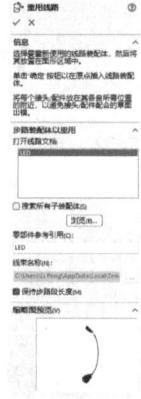

图5-36 【重用线路】设置

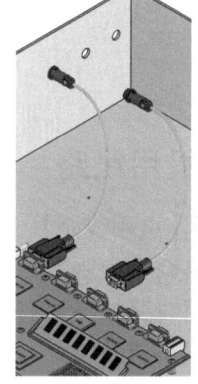

图5-37 放置线路

步骤3 放置接头 先放置"db9 male"接头,然后放置"led"接头,如图5-38所示,单击【确定】。

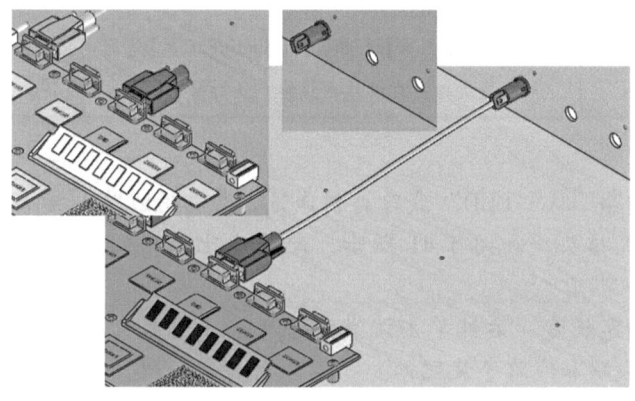

图5-38 放置接头

步骤4 测量长度 编辑新线路。使用【测量】工具测量样条曲线长度,并将其与原始长度进行比较。其端头长度相同,结果如图5-39所示。退出线路草图和线路装配体。

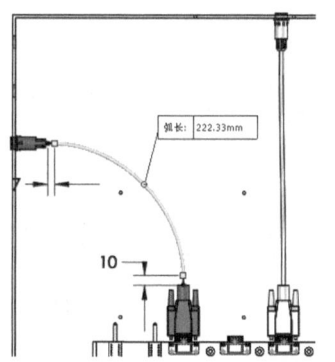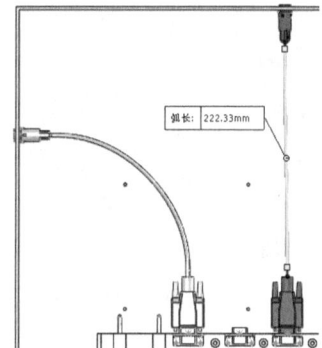

图5-39 测量长度

系统提示消息:"如果重复使用的线路装配体未分离,则材料明细表可能生成不需要的结果。要正确反映电线/线路的数量和长度,请分离重复使用的线路装配体。"单击【确定】。想了解更多有关分离线路的信息,请参考5.6小节。

步骤5 重命名和保存 从"LED"线路再创建两条重用路线,如图5-40所示。

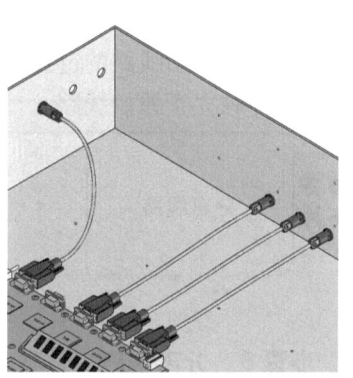

图5-40 重命名和保存

5.5.4 重用没有固定长度的线路

当重用线路时,有时可能因为重用的线路长度不足而引发错误。在本例中,如果"LED"线路太短而无法使用，可能会产生错误。解决方法是在【重用线路】对话框中不勾选【保持步路段长度】复选框或清除线路样条曲线的【固定长度】。

知识卡片	固定长度	● CommandManager：【电气】/【固定长度】🖱。 ● 菜单：【工具】/【步路】/【Routing工具】/【固定长度】。 ● 快捷菜单：右键单击线路，然后单击【固定长度】🖱。

步骤6 **重用线路** 从"LED"线路再创建另一条重用线路，再次勾选【保持步路段长度】复选框，放置接头。如图5-41所示，此长度比原始的线路要长，导致出现错误信息。

步骤7 **清除固定长度** 右键单击该线路并清除【固定长度】（如果尚未清除），如图5-42所示。退出线路和线路子装配体。

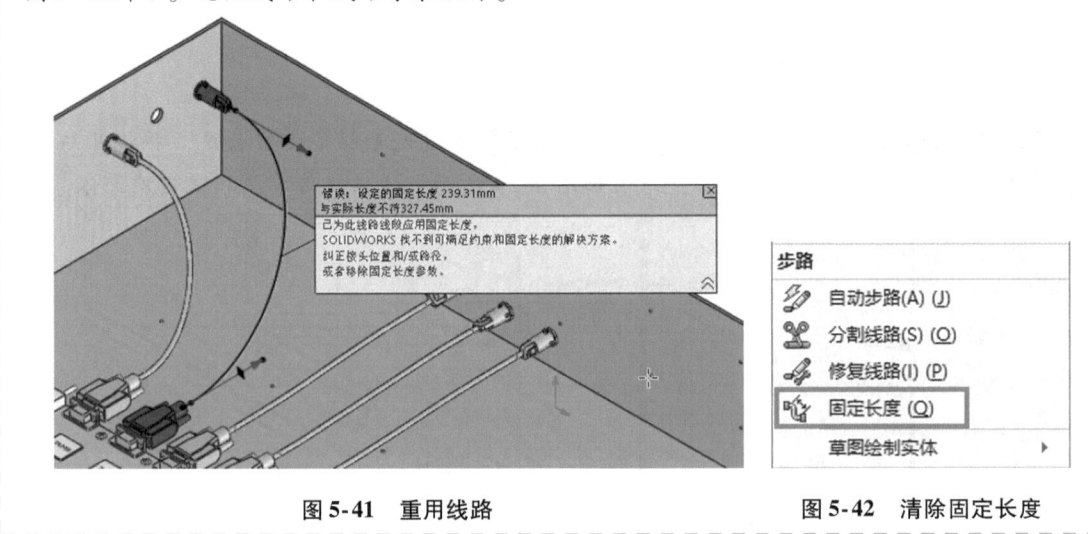

图 5-41 重用线路　　　　　　　　　图 5-42 清除固定长度

5.6 分离线路

为了断开与原始线路的链接，需要使用【分离线路】。当线路是分离状态时，其将成为一条标准线路，并独立于原始线路。

知识卡片	分离线路	● 快捷菜单：右键单击线路，再单击【分离线路】。

步骤8 **分离线路** 右键单击最后一条线路，并选择【分离线路】。图标的外观已经更改，如图5-43所示。该线路现在独立于原始的重用线路，并且长度不固定。结果如图5-44所示。

步骤9 **共享、保存并关闭所有文件**

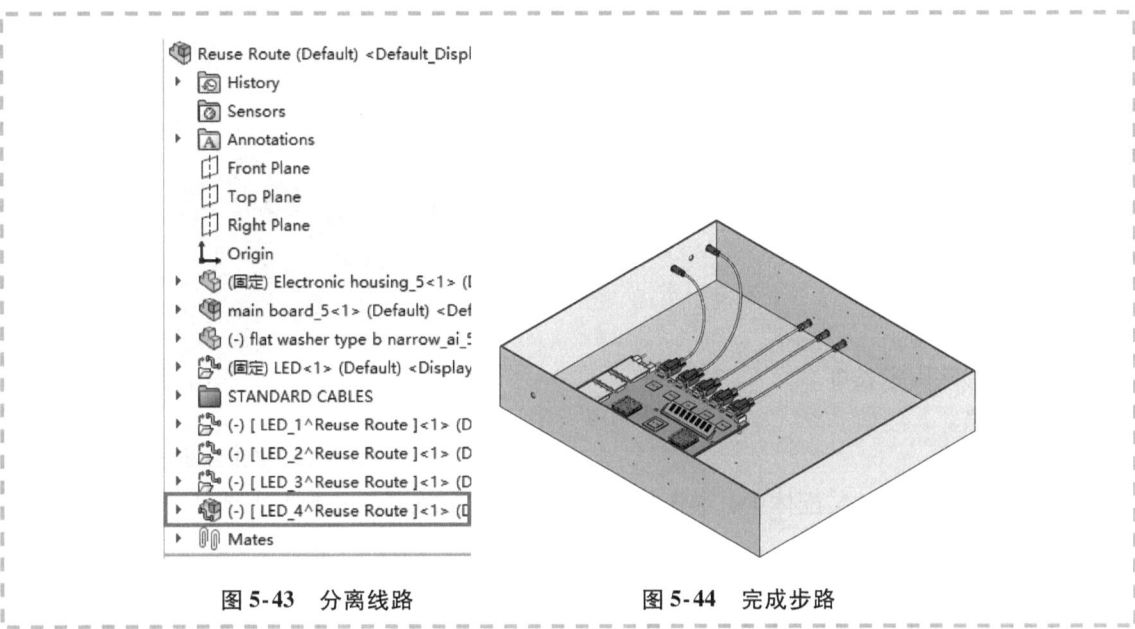

图 5-43 分离线路　　　　图 5-44 完成步路

5.7 步路模板

步路模板用于步路创建的线路子装配体中。默认的步路模板"routeAssembly"保存在文件夹"C:\ProgramData\SOLIDWORKS\SOLIDWORKS 2024\templates"中，用户可以创建自定义的步路模板。

 提示　　尽管文件扩展名相同，本质上步路模板和标准装配体模板是不同的，标准装配体模板不能用来替代步路模板。

5.7.1 创建自定义步路模板

打开默认的步路模板"routeAssembly.asmdot"，然后修改它。一般能修改的是【文档属性】，如【绘图标准】、【尺寸】和【单位】下的项目。

1. 修改模板　从文件夹"C:\ProgramData\SOLIDWORKS\SOLIDWORKS 2024\templates"中打开默认的步路模板"routeAssembly.asmdot"。使用【工具】/【选项】/【文档属性】中的选项进行修改：

- 绘图标准：【总绘图标准】为"ANSI"。
- 尺寸：【文本】/【字体】为"Century Gothic""常规"和"28 点"。
- 单位：【自定义】/【长度】为"英尺和英寸"，【小数】为"无"，【分数】为"8"，单击【圆整到最近的分数值】和【从 2′4″ 转成 2′-4″ 格式】。

这样创建了英尺和英寸格式的自定义步路模板，并圆整到最近的分数值 1/8″。

2. 保存模板　单击【文件】/【另存为】，然后命名为"FT-IN_routeAssembly"，将新模板和其他模板保存在一起，关闭但不保存原文件。

5.7.2 选择步路模板

一旦用户创建了一个或多个步路模板，则可以通过强制 SOLIDWORKS 使用系统设置来提示使用这些模板。使用【工具】/【选项】/【系统选项】做出以下修改：

- 默认模板：选择【提示用户选择文件模板】。

> 技巧 每当创建新文件（所有 SOLIDWORKS 文件,不只是 Routing 文件）时,此选项都将提醒用户选择模板。

练习 5-1 使用标准电缆和重用线路

使用标准电缆创建线路,如图 5-45 所示。本练习将应用以下技术:

- 使用标准电缆。
- 替换标准电缆。
- 添加和移除固定长度。
- 分离线路。
- 重用线路。

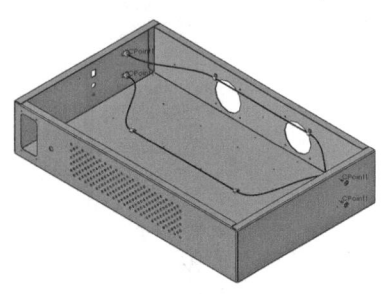

图 5-45 使用标准电缆创建线路

将线路添加到现有的装配体中,装配体中包含线路起始端和终止端的零部件。

操作步骤

步骤 1 打开装配体 从 "Lesson05 \ Exercises \ Standard Cables" 文件夹中打开现有的装配体 "Std_Cables",其中包含一个电气机箱。

步骤 2 选择电缆 单击【标准电缆】,并从【可用电缆】列表中选择 "6 Pin-800mm Din" 电缆,设置长度为 750mm。

> 提示 从文件夹 "SOLIDWORKS Routing-Electrical" 中选择 "standard_cables_training.xls" 文件。

步骤 3 添加接头 在现有孔的内部添加接头 "Con1" 和 "Con2",如图 5-46 所示。

步骤 4 移除固定长度 为线路关闭【固定长度】选项。

步骤 5 替换电缆 使用电缆 "C1" 替换标准电缆。

> 提示 若有需要,请使用【修复线路】命令。

步骤 6 重用线路 使用取消固定长度的设置重用线路,结果如图 5-47 所示。

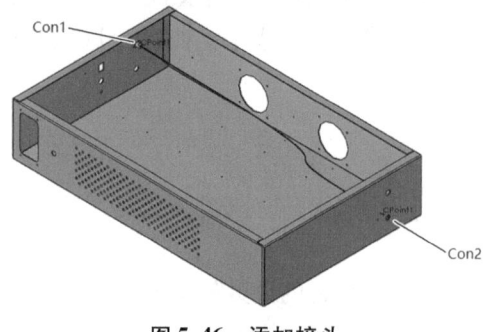

图 5-46 添加接头

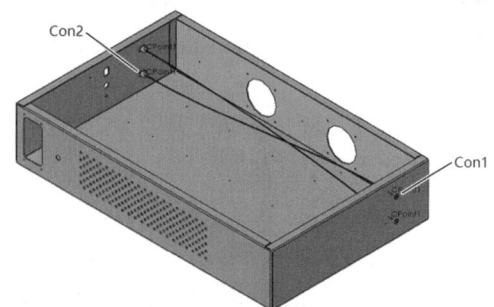

图 5-47 重用线路

步骤 7 分离线路 将两条线路分离,添加 "90_richco_hurc-4-01-clip" 零部件并重新步路,结果如图 5-48 所示。

步骤 8 共享、保存和关闭所有文件

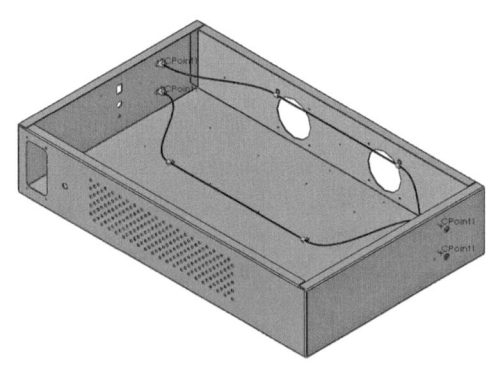

图 5-48 重新步路

练习 5-2 创建标准电缆

创建指定长度的标准电缆，并用来步路，如图 5-49 所示。
本练习将应用以下技术：
- 修改标准电缆。
- 替换标准电缆。
- 创建标准电缆。

使用现有的标准电缆作为模型，创建多条不同长度的标准电缆。

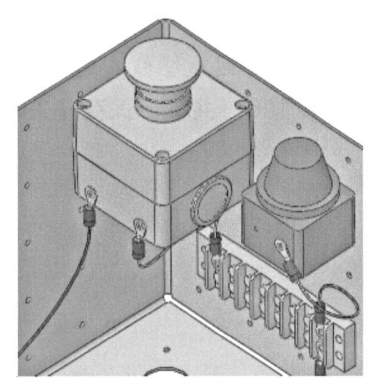

图 5-49 创建标准电缆

操作步骤

步骤 1 打开装配体 从文件夹"Lesson05\Exercises\Create Standard Cables"中打开现有的装配体"Create_StdCables_Lab"，该装配体包含了一个电气回路。

步骤 2 选择电缆 从"SOLIDWORKS Routing-Electrical"文件夹中选择"standard_cables_training.xls"文件。

步骤 3 创建新电缆 使用标准电缆"GND 14-16-Grounding wire 14g-16g"创建电缆，见表 5-1。

表 5-1 创建新电缆

零件编号	参考的名称	参考的零件	长度/mm	电缆直径/mm
Ring. 150	Ring1 和 Ring2	ring_term_awg-14-16_awg-x 8 (design library\routing\electrical)	150	2
Ring. 300			300	
Ring. 400			400	

提示

新电缆也可以直接添加到标准电缆的 Excel 文件中。

步骤4 添加电缆 本练习用到的线路如图 5-50 所示。

> 提示
>
> 可以使用创建的电缆或者使用文件夹"Lesson05 \ Exercises \ Create Standard Cables"中已存在的"completed_ring_cables.xls"文件。

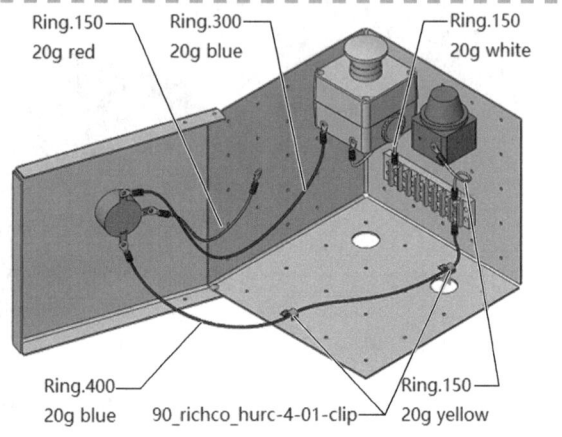

图 5-50 添加电缆

步骤5 添加电线和线夹 用图 5-50 所示的电线替换标准电缆。此外，按图 5-50 所示添加线夹"90_richco_hurc-4-01-clip"，并穿过这些线夹进行步路。

步骤6 共享、保存并关闭所有文件

第 6 章　电气数据输入

学习目标
- 了解电气库（包括电缆库和零部件库）
- 描述电缆
- 创建'从-到'清单来定义连接和零部件
- 使用步路引导线来协助定义线路
- 重新步路样条曲线，使其穿过线夹

6.1 输入数据

用户可以通过数据文件将来自电线/电缆数据、零部件和'从-到'清单的信息输入到线路中。这些文件用于设置步路中使用的电线、电缆和零部件的库，然后再使用这些库创建'从-到'清单，以详细说明线路的零部件和连接。

扫码看视频

6.1.1 可重用的数据

所需的数据文件仅包括逻辑连接数据，与重用线路不同，该数据文件并未指定特定的电缆长度。因此，一旦创建了数据文件，其就可以用于创建具有相同或相似逻辑但长度不同的多条线路。

在本例中，将创建'从-到'清单并用于添加蓝色的线路。然后复制'从-到'清单，并略作修改，再用于创建橙色的线路。这两条线路相似但又独立，如图 6-1 所示。

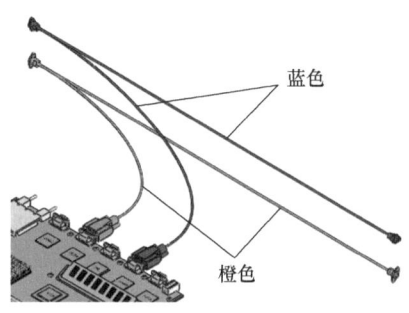

图 6-1　创建线路

6.1.2 '从-到'的一般步骤

一般需要以下几个常规步骤来创建'从-到'数据和创建线路：

1）使用【零部件库向导】创建一组用于线路的接头。
2）使用【电缆电线库向导】创建一组用于线路的电线和电缆。
3）使用接头和电线/电缆通过【'从-到'清单向导】来创建接头管脚之间的连接清单，如图 6-2 所示。
4）使用向导或【按'从/到'开始】放置接头并步路电线/电缆。

图 6-2　'从-到'清单向导

 步路可以自动生成'从-到'清单。

操作步骤

步骤1 打开装配体 从"Lesson06 \ Case Study \ Importing _ Data"文件夹中打开装配体"Signal control system_di"。

6.2 Routing library Manager

【Routing library Manager】用来控制在步路中使用的库和文件位置。库选项包括电缆电线库向导、零部件库向导和覆盖层库向导,它们的使用方法类似,见表6-1。

表6-1 库选项

库选项	生成新的库	以 Excel 格式输入库	打开现有库（XML 格式）
电缆电线库向导	通过手动添加数据创建新的库文件（xlsx、xls 格式或者 xml 格式）	导入一个 xlsx 或 xls 格式的文件，编辑并保存成 xml 格式的文件	打开一个已存在的 xml 格式的库，以浏览和编辑
零部件库向导			
覆盖层库向导			

> **提示** 库和'从-到'清单的输入数据可以是写入到对话框中的值,但更常见的是 xls 格式数据。通常情况下,xls 格式数据被转换为 xml 格式,如图6-3所示。

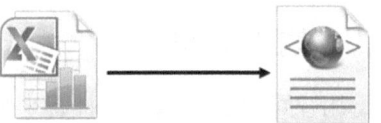

图6-3 数据类型的转换

6.2.1 零部件库向导

【零部件库向导】用来定义线路中所使用的零部件。

> **知识卡片** 零部件库向导 • 【Routing library Manager】PropertyManager:【零部件库向导】。

> **技巧⑥** 【'从-到'清单】所需要的是 xml 格式的零部件库文件。

步骤2 新建零部件库 单击【Routing Library Manager】中的【零部件库向导】选项卡,并选择【生成新的库】选项,如图6-4所示,然后单击【下一步】。

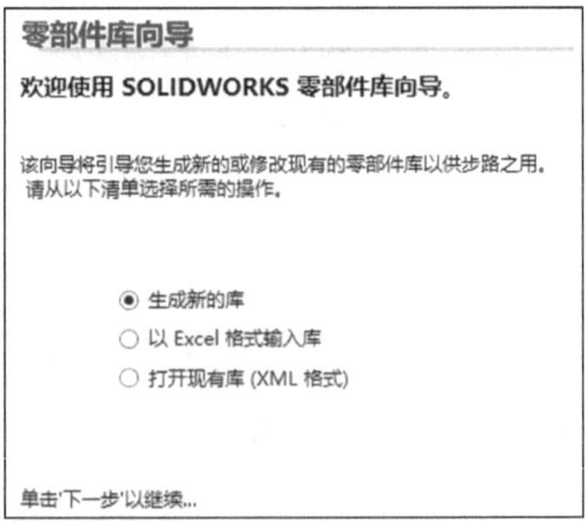

图6-4 新建零部件库

步骤3　输入数据　在【零部件列表】的【名称】区域中双击以创建新的零部件，再次双击【名称】区域以进行编辑，输入"Socket"，然后单击【SOLIDWORKS 文档】区域并选择文件夹"design library \ routing \ electrical"中的零件"socket-6pinmindin"，在【说明】区域中输入"Connector"，如图 6-5 所示。

图 6-5　输入数据

步骤4　添加管脚　双击【管脚清单】的【销子编号】列以添加管脚，总共添加 6 个管脚，如图 6-6 所示。

图 6-6　添加管脚

步骤5　添加另一个零部件　在【零部件列表】的下一行重复操作，添加"DB9""db9 male.sldprt"和 9 个管脚。数据也可以添加到其他单元格中，如图 6-7 所示。

图 6-7　添加另一个零部件

 提示
用户也可以直接编辑这些 xml、xls 或 xlsx 格式的文件。

步骤6　保存为 xml 格式的文件　单击【完成】和【是】以保存，并设置保存类型为 xml 格式。将文件命名为"training _ connectors"，设置为 xml 文件并保存到"Lesson06 \ Case Study \ Importing _ Data"文件夹。单击【保存】。

提示
保持【Routing Library Manager】处于打开状态。

6.2.2 输入电缆/电线库

电缆/电线库用来定义线路中所使用的电缆和电线,其中可只包括电缆或电线,也可两者都包括。用户可以通过以下方法来创建,见表6-2。

表6-2 输入电缆/电线库的方法

选 项	说 明
生成新的库	可以使用【生成新的库】选项逐步创建电缆/电线库,它将生成xlsx、xls或xml格式的文件
以Excel格式输入库	使用【以Excel格式输入库】将xlsx、xls格式的电缆/电线库文件转换为xml格式的文件
打开现有库(XML格式)	打开已存在的xml格式的电缆/电线库文件进行浏览和编辑

  电缆/电线库和零部件库可保存为xls、xlsx或xml格式的文件。xml格式更适用于所有库。

● **电缆和电线的区别** 电缆/电线库中的电缆和电线的创建方式不同。

1. 电缆库 每根电缆需要【芯线数】单元格来确定组成电缆的电线数目。芯线的电线必须是以一对一的关系存在。电缆的尺寸或直径是由包含的芯线尺寸来决定的,如图6-8所示。

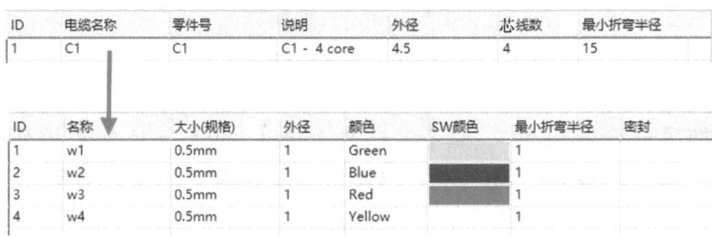

图6-8 电缆库

2. 电线库 每根电线需要与电缆内的电线相类似的数据,其中包括【零件号】列,如图6-9所示。

ID	名称	零件号	说明	外径	颜色	SW颜色
1	20g yellow	9982	20g yellow	2	Y	
2	20g white	9983	20g white	2	W	
3	20g red	9984	20g red	2	R	
4	20g blue	9985	20g blue	2	B	

图6-9 电线库

 可以为电缆或电线分配特定的颜色。

> **知识卡片**
>
> 电缆电线库向导
>
> ● 【Routing Library Manager】PropertyManager:【电缆电线库向导】。

3. 数据列的表头和输入栏的匹配　当输入 Excel 电线库时，需要将电子表格的列名称和 PropertyManager 中的【标题定义】相匹配。如图 6-10 所示，将【零件号】列定位为电子表格中第一列。该图同时展示了如何使用【输入电缆库】输入 xlsx、xls 格式的电缆库文件，并将它转换成 xml 格式。

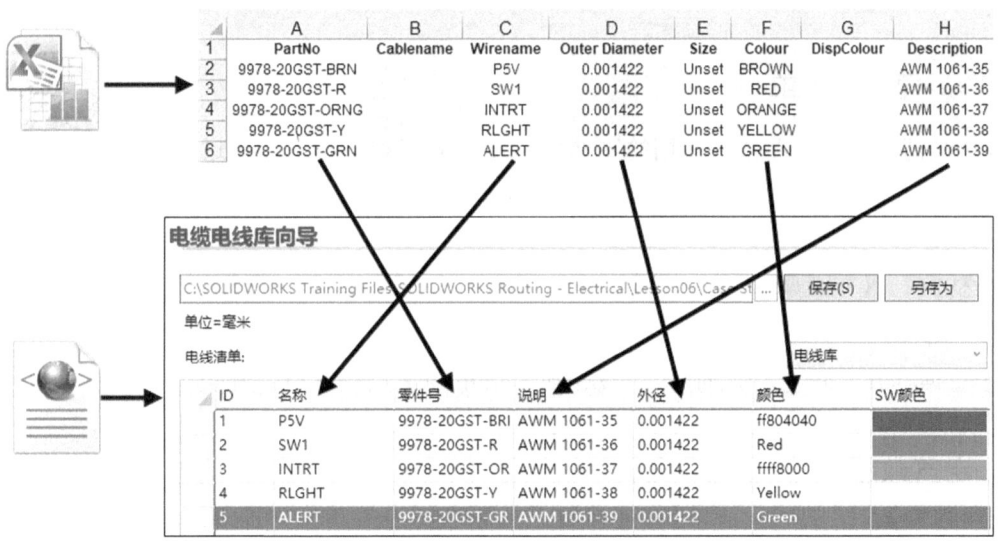

图 6-10　数据列的表头和输入栏的匹配

> '从-到'清单所需的是 xml 格式的电缆/电线库文件。

4. 输入错误　如果输入的数据文件有错误，将会弹出对话框列出错误信息，这样就不会有数据被输入。最常见的一类错误就是输入文件的列名称与【Excel 列名称】中列出的名称不匹配。

为更改此问题，需从相应的列表中选择所需的名称或者写入名称，然后再次单击 Excel 文件即可，如图 6-11 所示。

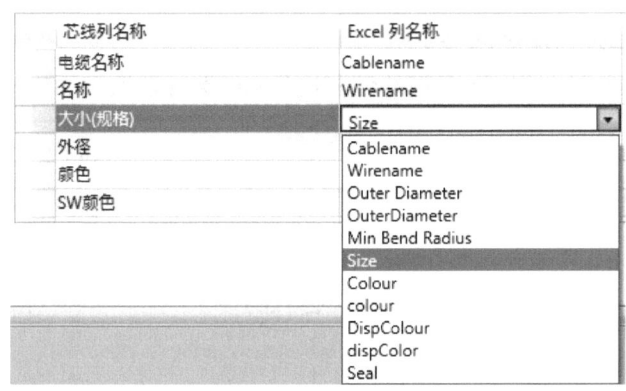

图 6-11　输入错误

> 在本例中，文件夹"Lesson06 \ Case Study \ Importing_Data"中已经存在电缆/电线库文件"training_wires.xml"。

> **步骤7 设置电线库** 单击【Routing Library Manager】中的【Routing 文件位置和设定】,选择"Lesson06 \ Case Study \ Importing _ Data"文件夹中的"training _ wires. xml"文件作为【电缆电线库】,单击【确定】。从相同文件夹内选择"training_connectors. xml"文件作为【零部件库】,然后单击【确定】。关闭【Routing Library Manager】。

6.3 '从-到'清单

'从-到'清单定义线路中所使用的零部件、连接数据和电线。当通过【'从-到'清单向导】或【由'从-到'输入来生成】使用该清单时,仅能使用放置接头和自动步路功能。

扫码看视频

 【重新输入'从-到'】选项可以与'从-到'清单一起使用,以在创建线路后对其进行编辑。

由于数据具有"示意"的性质,'从-到'清单的优点是它可以在类似的情况下重复使用,也可修改后用于其他情况。

6.3.1 电气数据

【电气数据】或【'从-到'清单】将连接数据从原理图连接转换为详细的管脚与管脚连接,如图6-12所示。

每个零部件都被指定了一个参考名称(如 DB9 Male = J3 等),并指定了连接每个零部件管脚的电线。在【自动步路】时,将图形化地显示连接关系,如图6-13所示。

在本例中,'从-到'清单定义了线路中使用的接头(J1、J2 和 J3)、连接关系(从 J1 Pin1 到 J2 Pin1)和电线(SW1 和 P5V)。

可以通过以下方法创建并使用'从-到'清单:

1. '从-到'清单向导 【'从-到'清单向导】可根据所选的零部件和电缆/电线库来创建'从-到'清单,也可用来打开或转换现有的 xls 或 xml 格式的文件。

2. 按'从/到'开始 利用现有的'从-到'清单使用【按'从/到'开始】命令。

6.3.2 使用【'从-到'清单向导】

通过【'从-到'清单向导】使用现有零部件和电缆/电线信息填充表中的单元格,从而轻松地创建'从-到'清单。

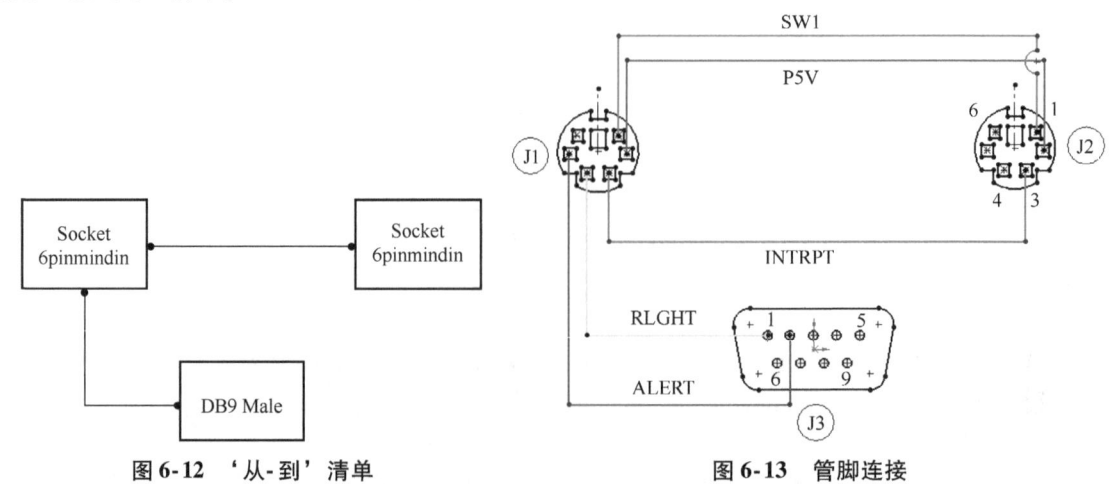

图6-12 '从-到'清单   图6-13 管脚连接

第6章 电气数据输入

知识卡片	'从-到'清单向导	• 菜单：【工具】/【步路】/【电气】/【'从/到'清单向导】。

> 提示　如果'从-到'清单已经存在，也可以使用下列选项：
> • 菜单：【工具】/【步路】/【电气】/【按'从/到'开始】。
> • CommandManager：【电气】/【按'从/到'开始】。

操作步骤

步骤1　设置【'从-到'清单向导】　单击【'从-到'清单向导】，然后选择【创建新'从-到'清单】选项，单击【下一步】。

步骤2　选择库文件　从"Lesson06 \ Case Study \ Importing _ Data"文件夹中选择"training _ connectors. xml"和"training _ wires. xml"文件，如图6-14所示，然后单击【下一步】。

图6-14　选择库文件

步骤3　设置【'从-到'清单】　勾选【开始线路】复选框，并填写单元格。在第一个单元格中选择【Add New】，输入"J1"作为【从参考】，通过下拉菜单设置其余的单元格，如图6-15所示。

> 提示　第一次创建J1、J2和J3时需要手动输入，其余的则可以通过下拉菜单选择。

> 技巧　用户也可以步路到线路点（通过分割线路创建），将线路点的名称作为零部件的名称，"*"作为管脚的名称。

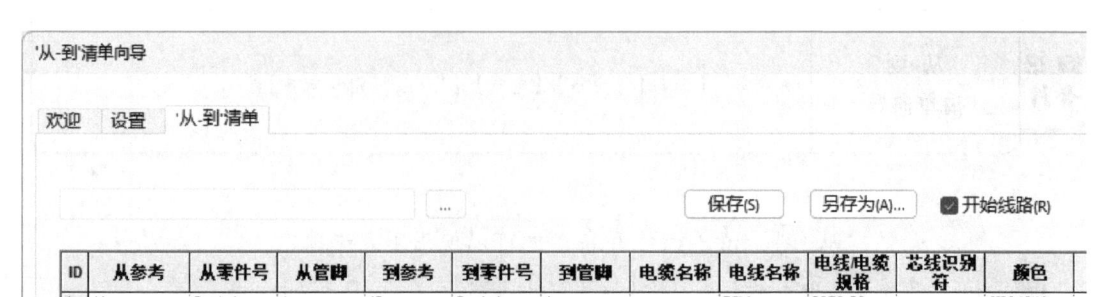

图6-15 设置【'从-到'清单】

步骤4 命名 将文件保存到文件夹"Lesson06 \ Case Study \ Importing _ Data"中，命名为"FTL. xls"，单击【完成】。

● **为什么保存清单** 【'从-到'清单】可以在具有相同参考或经过修改的多个装配体中使用。将它保存为Excel文件可使其更容易编辑。

步骤5 显示信息 将弹出以下信息："所需零部件可使用插入、零部件、现有零件/装配体随时放置。现在开始放置零部件吗？"单击【是】。

步骤6 插入零部件 出现【插入零部件】PropertyManager。【插入线路接头】中列出了'从-到'清单中的接头，如图6-16所示。在这些接头中使用了配合参考，以方便放置。建议与'从-到'清单一起使用的所有接头都包含配合参考。

> 提示　如果找不到接头，则零件图标不会出现在名称旁边。如果零件与所需零件不对应，则用户可以选择浏览查找。

步骤7 放置零部件 利用图6-17所示的孔，从J1开始在内部放置零部件，使之对齐到所包含的配合参考。

将零部件J2放置于零部件J1对面位置较低的孔上。

> 提示　如果找不到零部件J3，可在设计库中使用"db9 male"文件。

步骤8 弹出线路信息 弹出线路信息："所有零部件都已放置，要开始设计线路吗？"单击【确定】。

> 提示　用户可能会看到消息："正在使用已经打开的文件。"这表明现在的线路使用的接头在之前的线路中使用过，每次出现时单击【确定】即可。

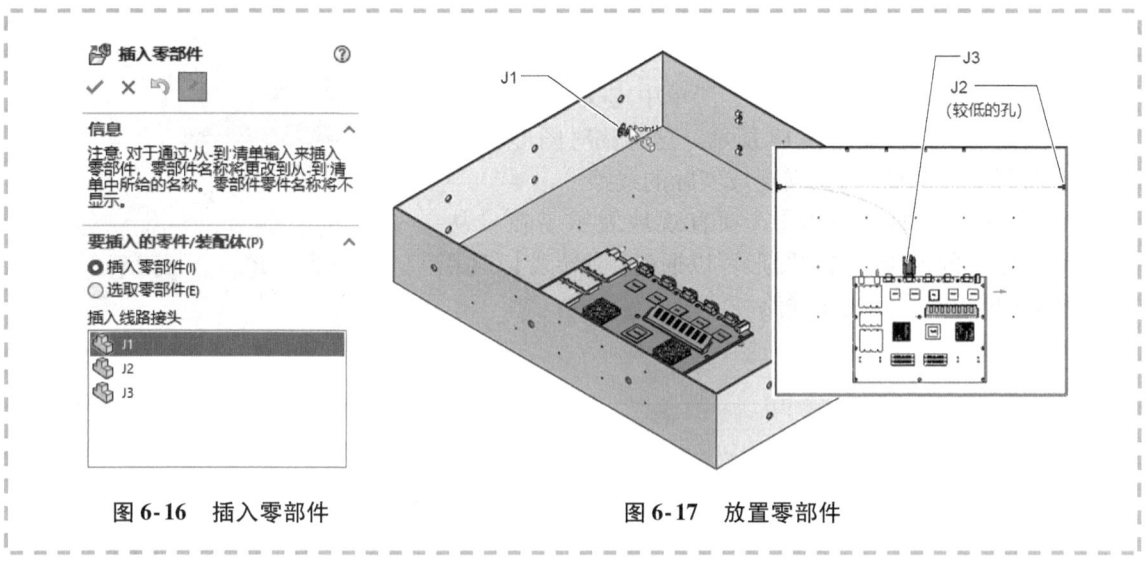

图 6-16 插入零部件　　　　图 6-17 放置零部件

6.4 线路属性

在【线路属性】中可设置线路使用的名称和属性,包括类型、覆盖层和参数等。线路属性适用于所有的线路类型,但是会根据线路类型(电气、电气导管、管筒线路或管道线路)而有所不同。

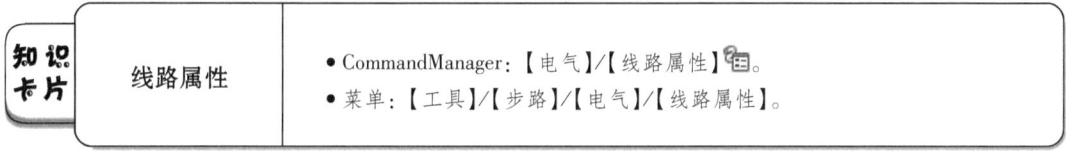

提示:【线路属性】在拖放零部件后会自动出现。

步骤9 设置线路属性 如图6-18所示,使用默认设置然后单击【确定】✓。线路属性将在第9章中详细讲解。

在【自动步路】PropertyManager 中确保不勾选【正交线路】复选框,然后选择【引导线】。

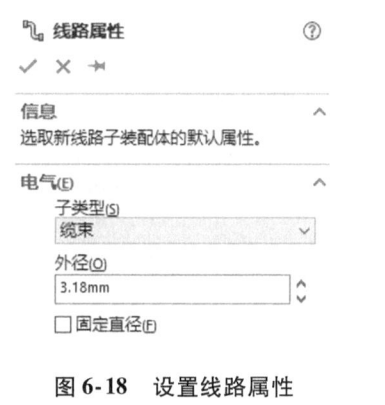

图 6-18 设置线路属性

6.5 步路引导线

【引导线】选项用来将'从-到'清单中定义的连接关系用图形方式显示出来,如图6-19所示。这种临时图形(引导线)可以通过【自动步路】直接转换成实际的线路。

【自动步路】中的【引导线】选项直观地展示了在'从-到'清单中定义的连接。临时图形可以通过【引导线】和【引导线操作】选项组转化为真实线路。

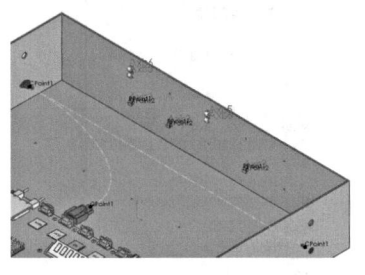

图 6-19 步路引导线

知识卡片	引导线	● 【自动步路】PropertyManager:【引导线】。 ● CommandManager:【电气】/【显示引导线】。

步骤10 设置【引导线】选项 选择【引导线】会显示电线连接的临时图形。确保勾选【显示】和【更改时更新】复选框,单击【更新引导线】,如图6-20所示。
下面将讲解【引导线操作】选项组。

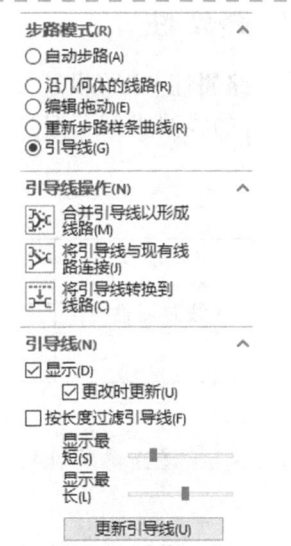

图 6-20 设置【引导线】选项

6.5.1 引导线操作

【引导线操作】选项组用来预览临时图形,并将其转换为真实的线路。引导线图形可以被转换、合并或连接到现有的线路,见表6-3。

表 6-3 引导线操作

项 目	示 意 图
在【自动步路】中,线路引导线显示为黄色虚线	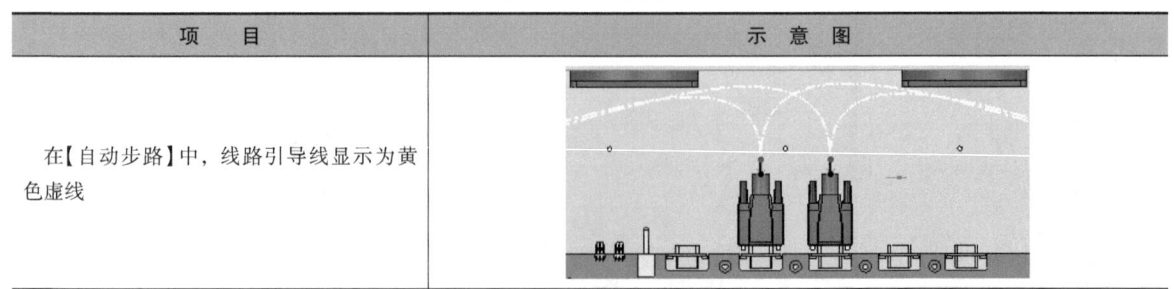

(续)

项 目	示 意 图
【合并引导线以形成线路】 选择一条或多条线路引导线,然后单击 ,此时用户可以使用【合并到两端】或【合并到一端】命令	
【将引导线与现有线路连接】 选择一条或多条线路引导线和一个连接点,并单击	
【将引导线转换到线路】 选择一条或多条线路引导线,并单击	

 使用【自动步路】时,仅显示线路引导线。

步骤 11 转换引导线 选择其中一条临时引导线,其将变为蓝色。单击【将引导线转换到线路】,如图 6-21 所示。对另一条引导线重复操作,单击【确定】,退出线路和子装配体。

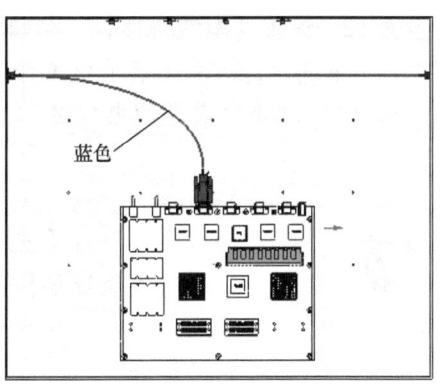

图 6-21 转换引导线

6.5.2 修复线路

线束或者管筒的半径与【最小折弯半径】不相符时，弯曲部分将被标记为与【编辑线路】模式相同的颜色，如图 6-22 所示。【修复线路】可用于查找解决方案并修复问题。可行的解决方案将显示为黄色，可通过鼠标或 PropertyManager 中的箭头按钮来浏览所有可行的解决方案。

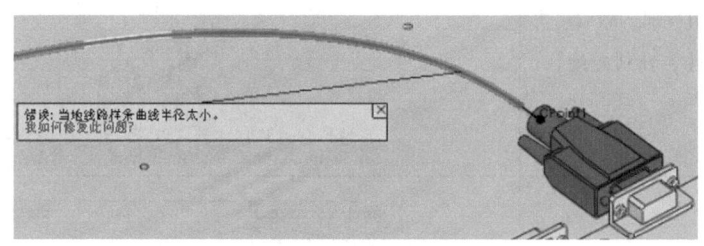

图 6-22 修复线路

> **提示** 如果在【工具】/【选项】/【系统选项】/【步路】中勾选了【如果折弯半径小于最小值，则为分段创建线路零件】复选框，则可以创建折弯小于最小值的线路。

知识卡片	修复线路	· CommandManager：【电气】/【修复线路】。 · 菜单：【工具】/【步路】/【Routing 工具】/【修复线路】。 · 快捷菜单：右键单击线路样条曲线，然后单击【修复线路】。

> **技巧** 改变接头的长度、去掉尺寸/关系或者改变样条曲线的形状也可以修复问题。

1. 错误标记和解决方法 管筒的半径与【最小折弯半径】不相符的区域会用条纹标记出来。标签上会提示："错误：当地线路样条曲线半径太小。"单击【我如何修复此问题？】链接展开对话框，系统会提供一个可行的解决方案。

2. 选择修复选项 右键单击线路，然后单击【修复线路】。可通过单击鼠标右键切换所有可行的解决方案，通过单击鼠标左键选择所需的解决方案。如果有错误则修复线路。

> **提示** 在【工具】/【选项】/【系统选项】/【步路】/【电力电缆设计】中有独立的检测电线和电缆的设置。

步骤 12 设置【电气特性】 编辑线路，右键单击线路中的一条线段，从快捷菜单中选择【电气特性】，查看在'从-到'清单中设置的电线分配信息，如图 6-23 所示。

> **提示** 诸如与【最小折弯半径】不相符之类的错误会显示在【电线清单】中的图标上。

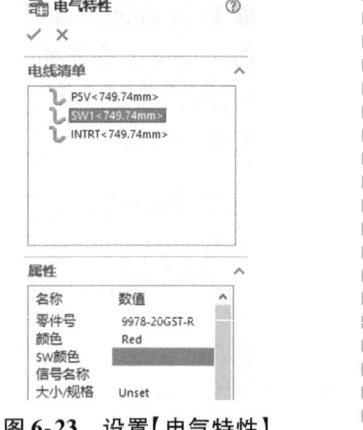

图 6-23 设置【电气特性】

6.5.3 重新步路样条曲线

使用线路引导线的一个缺点是：引导线会直接连接零部件，而忽略需要穿过的线夹。使用【重新步路样条线或直线】选项，可以步路穿过现有的线夹。在重新步路时，可以选择线夹的轴。

> 技巧🗝 此操作类似于【步路/编辑穿过线夹】🔧。

步骤13 重新步路样条曲线 单击【自动步路】中的【重新步路样条线或直线】选项。选择J1和J2之间的样条曲线和现有的线夹，如图6-24所示，重新步路的样条曲线将穿过线夹。单击【确定】✔。

步骤14 选择其他的线夹 依次选择其他的线夹，重新步路穿过它们，如图6-25所示。单击【确定】✔。

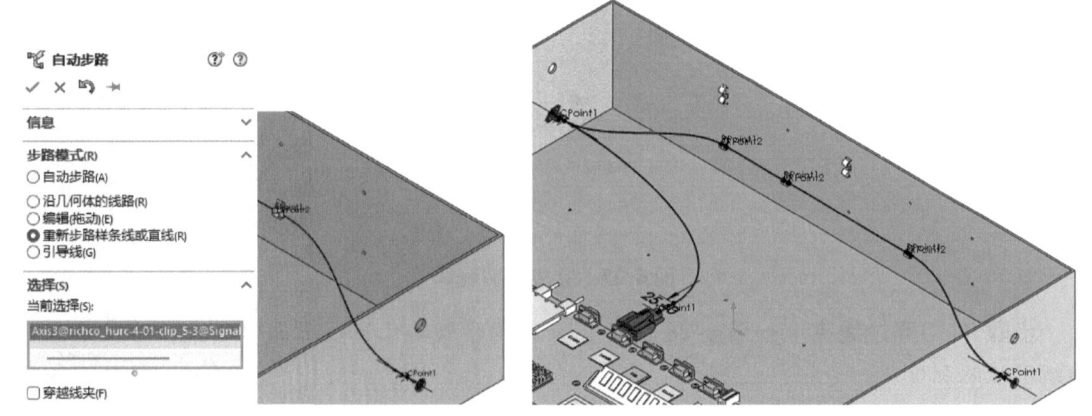

图6-24 重新步路样条曲线   图6-25 选择其他的线夹

步骤15 编辑装配体 单击【编辑零部件】返回到顶层装配体。

6.5.4 编辑'从-到'清单

创建'从-到'清单后，用户可以修改其名称、属性或接头。在本例中，将在【'从-到'清单向导】中修改'从-到'清单，并在【按'从/到'开始】工具中使用该清单。

步骤16 隐藏线路子装配体 在线路子装配体上单击右键，单击【隐藏】。

步骤17 打开向导 从菜单中选择【工具】/【步路】/【电气】/【'从-到'清单向导】，选择【以Excel格式输入'从-到'清单】选项，单击【下一步】。

步骤18 修改清单 选择之前'从-到'清单中使用的相同库文件，选择"FTL.xls"文件作为【Excel文件路径】，单击【下一步】。在【从参考】和【到参考】中添加名称"J4""J5"和"J6"，如图6-26所示。不要单击【完成】。

ID	从参考	从零件号	从管脚	到参考	到零件号	到管脚	电缆名称	电线名称	电线电缆规格	芯线识别符	颜色
1	J4	Socket	1	J5	Socket	1		P5V	9978-20		ff804040
2	J4	Socket	2	J5	Socket	2		SW1	9978-20		Red
3	J4	Socket	3	J5	Socket	3		INTRT	9978-20		ffff8040
4	J4	Socket	4	J6	DB9	1		RLGHT	9978-20		ffffff80
5	J4	Socket	5	J6	DB9	2		ALERT	9978-20		Teal

图6-26 修改清单

步骤19 **创建新的文件** 单击【另存为】,保存修改后的文件,命名为"FTL_Mod.xls",单击【完成】。

步骤20 **完成子装配体** 定位零部件,如图6-27所示。使用【自动步路】和【引导线】并应用【将引导线转换到线路】选项完成子装配体。

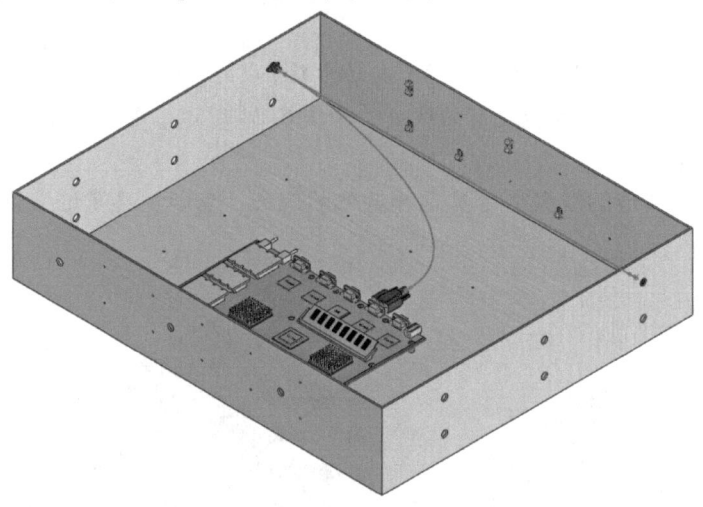

图 6-27 完成子装配体

步骤21 **穿过线夹** 如图6-28所示,重新步路线路已穿过上面的线夹,并显示隐藏的线路子装配体。

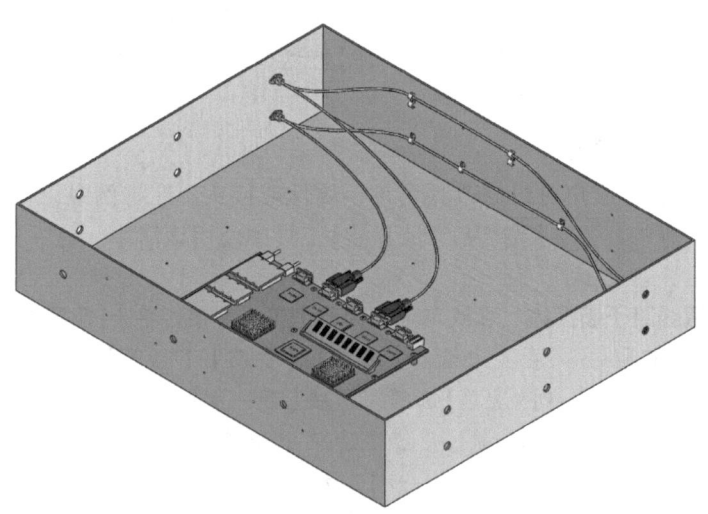

图 6-28 穿过线夹

> 提示 通过创建一条线路并重用该线路来创建另一条线路,可以得到相同的结果。想了解有关重用线路的更多信息,请参考5.5小节。

步骤22 **共享、保存并关闭所有文件**

6.6 使用引导线和线夹

当使用【合并引导线以形成线路】选项时,引导线可以穿过线夹。此过程用到了一些已经介绍过的工具,现在要把这些工具应用在更复杂的模型上,如一条线路包含多个线束的情况,如图6-29所示。

- **连接** 在本例中,由'从-到'清单创建的连接信息形成了3对"connector(3pin)female"零部件的连接。每个接头的3个管脚都有一根电线相连接,如图6-30所示。

扫码看视频

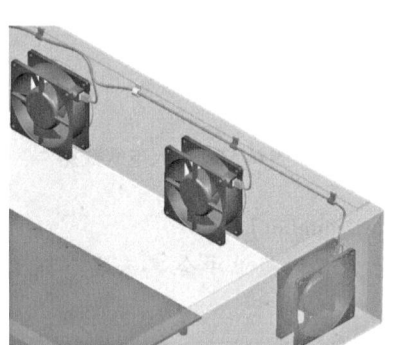

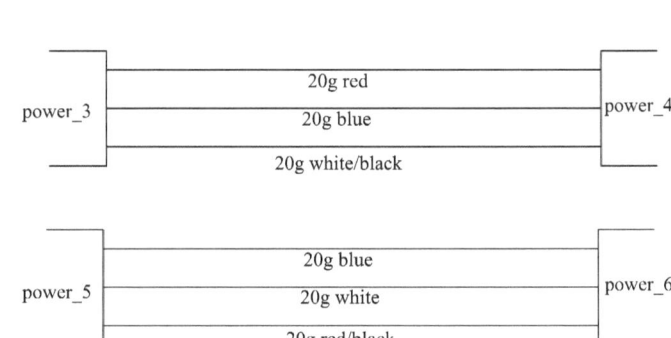

图6-29 一条线路包含多个线束　　　　图6-30 '从-到'清单创建的连接信息

操作步骤

步骤1 打开装配体 从文件夹"Lesson06 \ Case Study \ Guides_and_Clips"中打开装配体"Guides_and_Clips",隐藏零部件"Electronic housing_GC",如图6-31所示。

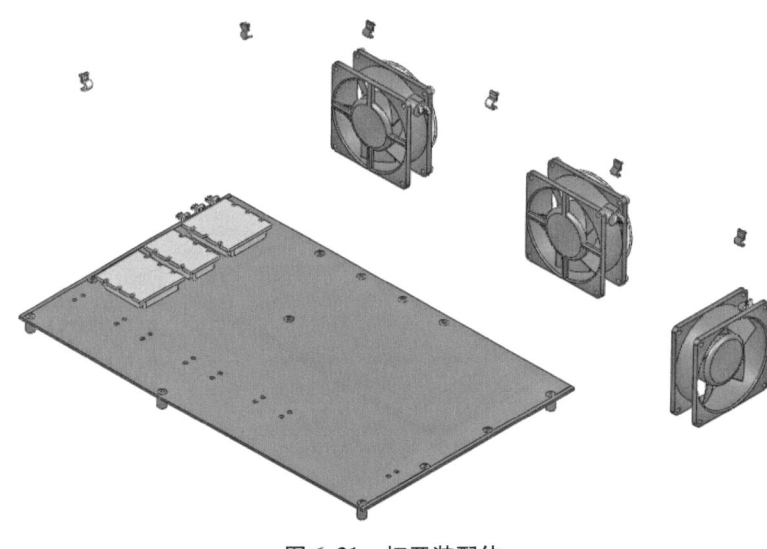

图6-31 打开装配体

步骤2 设置库文件 单击【Routing Library Manager】中的【Routing 文件位置和设定】选项卡。从"Lesson06 \ Case Study \ Guides _ and _ Clips"文件夹中设置以下文件,并单击【确定】。

- 电缆电线库:20g _ Wires _ and _ Grounds. xml。
- 零部件库:components. xml。

在弹出的消息对话框中单击【确定】。

步骤3 输入电气数据 单击【按'从/到'开始】,然后选择"Lesson06 \ Case Study \ Guides _ and _ Clips"文件夹中的"FTL _ 3 _ Wires. xls"文件,如图6-32所示。这是在步骤2中所选的已存在的'从-到'清单文件。

- **输入状态错误** 如果出现输入状态对话框,则系统可能在'从-到'清单文件的标题中发现错误。标题信息无效或缺失。

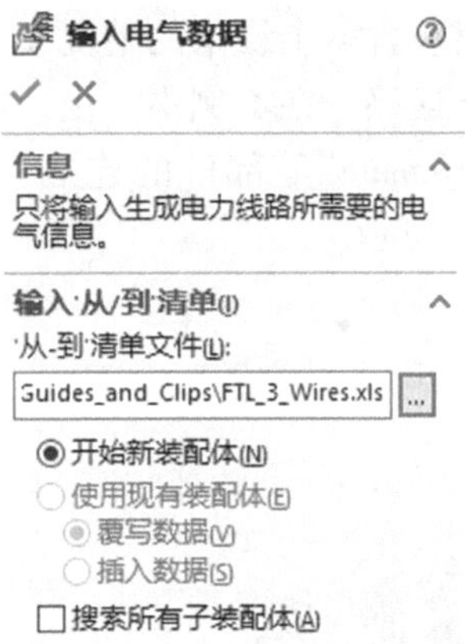

例如,如果第一个【零件号】为空,则在【标题定义('从/到')】中选择【from part number】。如果第二个【零件号】为空,则在【标题定义('从/到')】中选择【to part number】。

这些名称都是'从-到'清单文件中各列的名称。有时,下拉菜单中会显示多个列名称选项。任何有问题的标题都将以红色突出显示。

图 6-32 输入电气数据

步骤4 开始步路 单击【确定】和【是】开始放置零部件,插入零部件。

步骤5 定位 如图6-33所示,使用配合参考定位零部件。

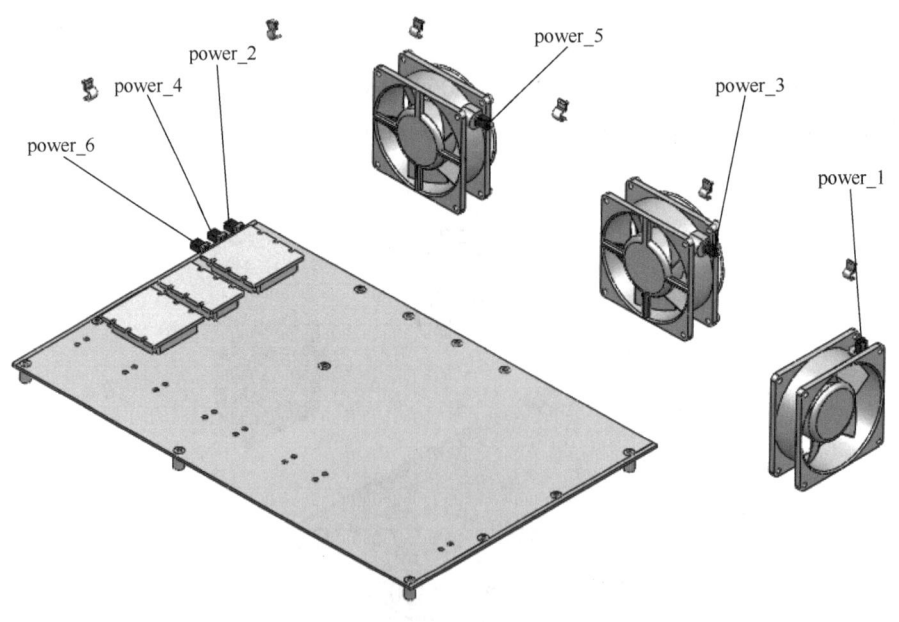

图 6-33 定位

步骤6　设置线路属性　出现消息:"所有零部件都已放置,要开始设计线路吗?"单击【确定】。在【线路属性】中单击【确定】。

步骤7　显示引导线　引导线以黄色显示,在【自动步路】中单击【引导线】,如图6-34所示。

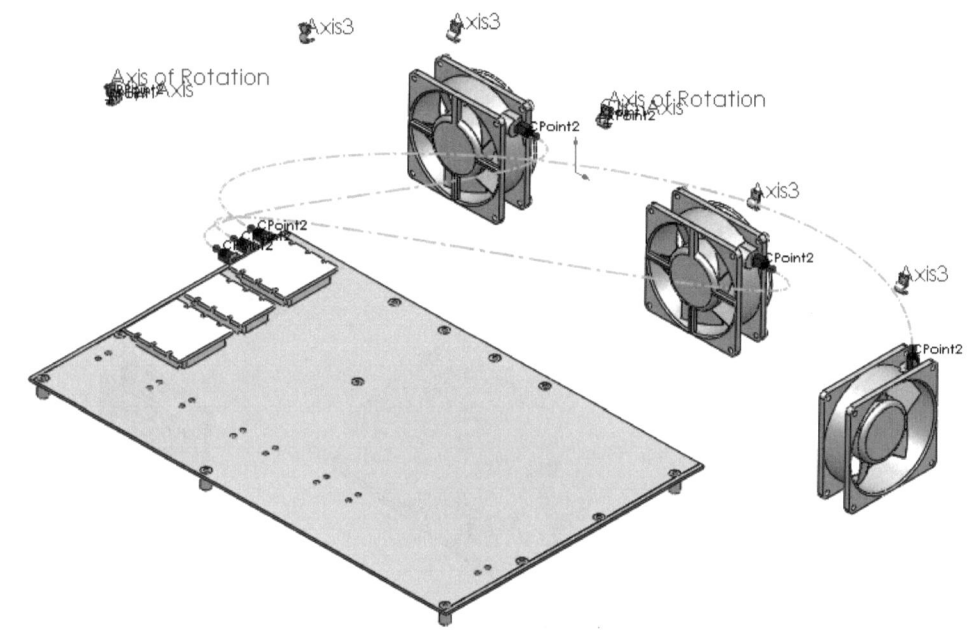

图6-34　显示引导线

步骤8　合并引导线　单击【合并引导线以形成线路】,按图6-35所示依次选中3条引导线(1、2、3),然后单击【确定】。

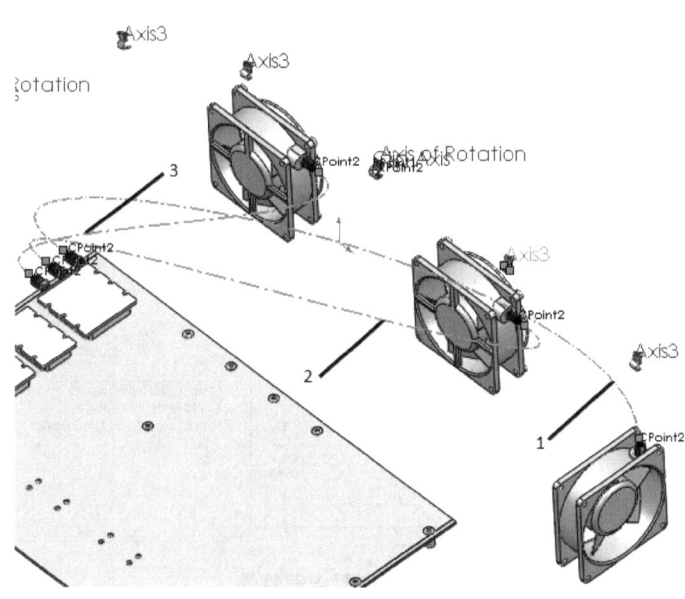

图6-35　合并引导线

步骤9 重新步路 编辑线路，使用【重新步路样条线或直线】移动线路到图 6-36 所示的线夹。

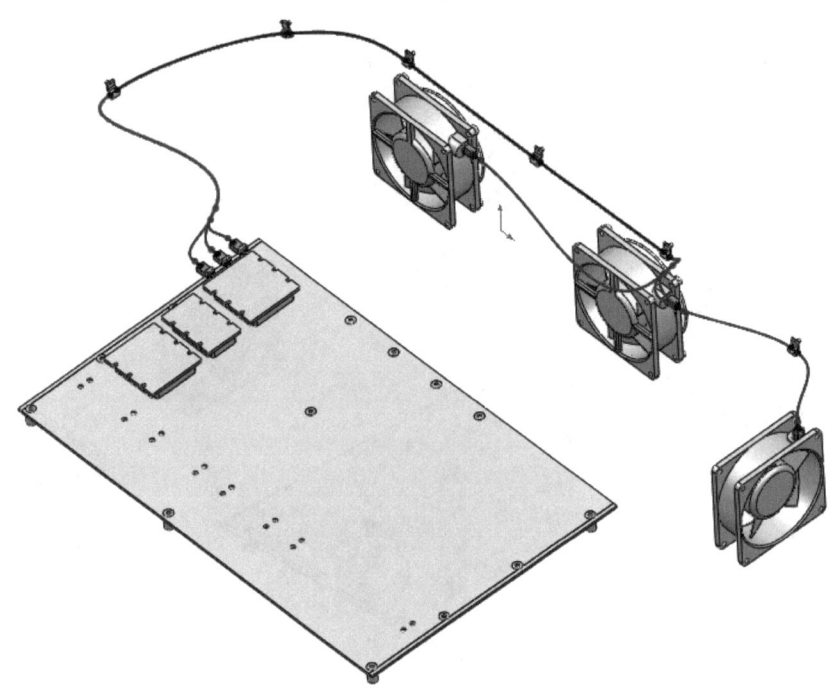

图 6-36 重新步路

步骤 10 查看电气特性 在线路上单击右键，从快捷菜单中选择【电气特性】。这些特性会随选择线路的不同而改变，如图 6-37 所示，单击【确定】。

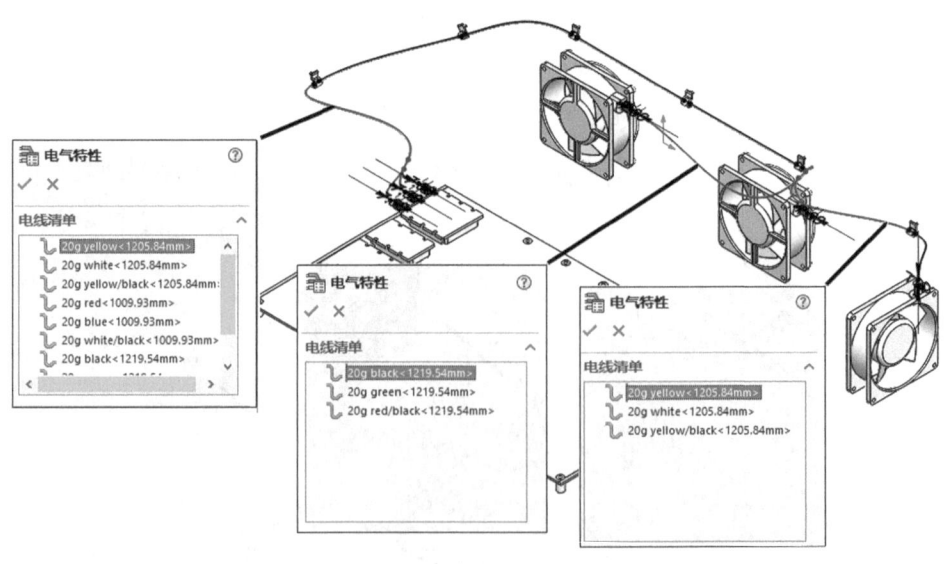

图 6-37 查看电气特性

第6章 电气数据输入

步骤11 查看零部件属性 退出线路草图和线路子装配体。右键单击接头"connector (3pin) female"零部件的第一个实例,然后单击【零部件属性】。如图6-38所示,'从-到'清单将【零部件参考】的名称(power_1)赋给了该实例。

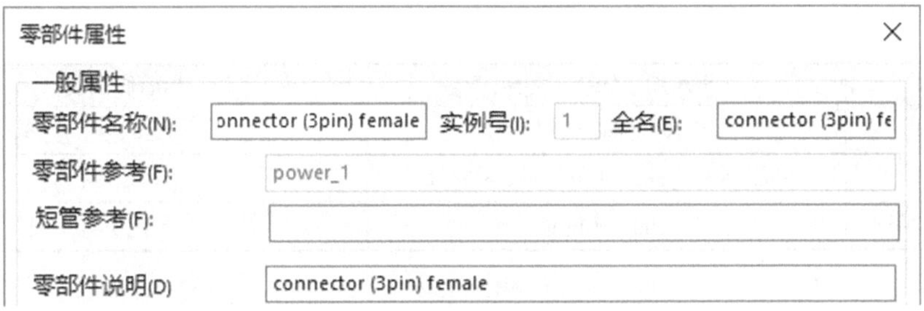

图6-38 查看零部件属性

步骤12 共享、保存并关闭文件

练习 创建库和'从-到'清单

创建零部件库、电缆/电线库和'从-到'清单,并使用它们创建线路,如图6-39所示。

本练习将应用以下技术:
- 使用【Routing Library Manager】。
- 使用【'从-到'清单向导】。
- 引导线操作。

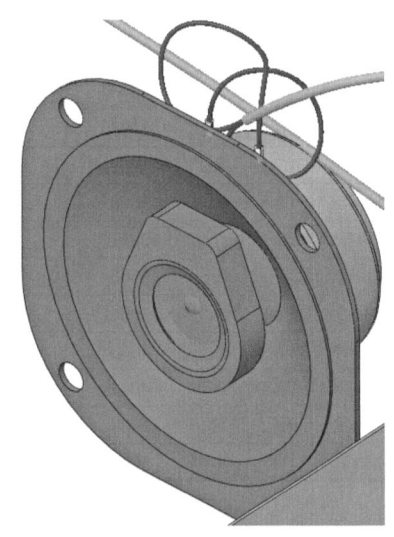

图6-39 创建线路

操作步骤

步骤1 打开装配体 从文件夹"Lesson06\Exercises\From-To Lists 1 Lab"中打开现有的装配体"From-To Lists 1"。

提示 为避免创建库文件,用户可以直接使用文件夹中已存在的xml文件(COMPS、WIRES和FROM-TO)。

技巧 可以通过〈Spacebar〉键访问已存在的视图名称,以缩放到装配体的局部。例如,视图名称RR可以缩放到RRN和RRP连接的连接点。

步骤2 使用【零部件库向导】 可以新建零部件库或使用已存在的 COMPS.xml 文件作为【零部件库】。如果创建文件，可以使用【零部件库向导】，并将其保存为"User_Comps.xml"，从本地文件夹中选择零件，见表6-4。

表6-4 零部件库 User_Comps.xml

名 称	SOLIDWORKS 文件	管脚列表
10_PIN	10PinMaleSide1	1、2、3、4、5、6、7、8、9、10
RING	ring_term_awg-14-16_awg-x 8_1	1
CLIP	Slide_Clip1	1

提示 请尽量使用复制、粘贴和下拉列表中的选项。

步骤3 使用【电缆电线库向导】 可以新建电缆电线库或使用已存在的 WIRES.xml 文件作为【电缆电线库】。如果创建电线库文件，可以使用【电缆电线库向导】，并将其保存为"User_Wires.xml"，见表6-5。

表6-5 电线库 User_Wires.xml

名 称	零件号	描述	外径/in	颜色	SW 颜色	最小折弯半径/in
POWER	1000	20g	0.063	RED		0.375
GROUND	1001	20g	0.063	BLACK		0.375
SPKR_BLU_POS	2000	20g	0.063	BLUE		0.375
SPKR_BLU_NEG	2001	20g	0.063	BLUE		0.375
SPKR_GRN_POS	3000	20g	0.063	GREEN		0.375
SPKR_GRN_NEG	3001	20g	0.063	GREEN		0.375
SPKR_YEL_POS	4000	20g	0.063	YELLOW		0.375
SPKR_YEL_NEG	4001	20g	0.063	YELLOW		0.375
SPKR_WHT_POS	5000	20g	0.063	WHITE		0.375
SPKR_WHT_NEG	5001	20g	0.063	WHITE		0.375

步骤4 使用【'从-到'清单向导】 可以创建新的'从-到'清单或在【按'从/到'开始】中使用已存在的 FROM-TO.xml 文件。如果创建文件，可以使用【'从-到'清单向导】，并将其保存为"User_FT.xml"，见表6-6。

表6-6 '从-到'清单 User_FT.xml

从参考	从零件号	从管脚	到参考	到零件号	到管脚	电线名称	电线/电缆规格
P1	10_PIN	1	PWR	RING	1	POWER	1000
P1	10_PIN	2	GND	RING	1	GROUND	1001
P1	10_PIN	3	LFP	CLIP	1	SPKR_BLU_POS	2000
P1	10_PIN	4	LFN	CLIP	1	SPKR_BLU_NEG	2001
P1	10_PIN	5	RFP	CLIP	1	SPKR_GRN_POS	3000
P1	10_PIN	6	RFN	CLIP	1	SPKR_GRN_NEG	3001
P1	10_PIN	7	LRP	CLIP	1	SPKR_YEL_POS	4000
P1	10_PIN	8	LRN	CLIP	1	SPKR_YEL_NEG	4001

（续）

从参考	从零件号	从管脚	到参考	到零件号	到管脚	电线名称	电线/电缆规格
P1	10_PIN	9	RRP	CLIP	1	SPKR_WHT_POS	5000
P1	10_PIN	10	RRN	CLIP	1	SPKR_WHT_NEG	5001

步骤5 使用向导输入 从文件夹"From-To Lists 1 Lab"中打开已存在的装配体"From-To Lists 1"，输入'从-到'清单，并使用图6-40所示的带已命名视图显示的布局来放置线路接头。使用【引导线】形成对应的线路。

> **提示** 使用【合并引导线】将每个扬声器和线夹的电线对合并，使用【转换引导线】将单根电线应用到PWR和GND。

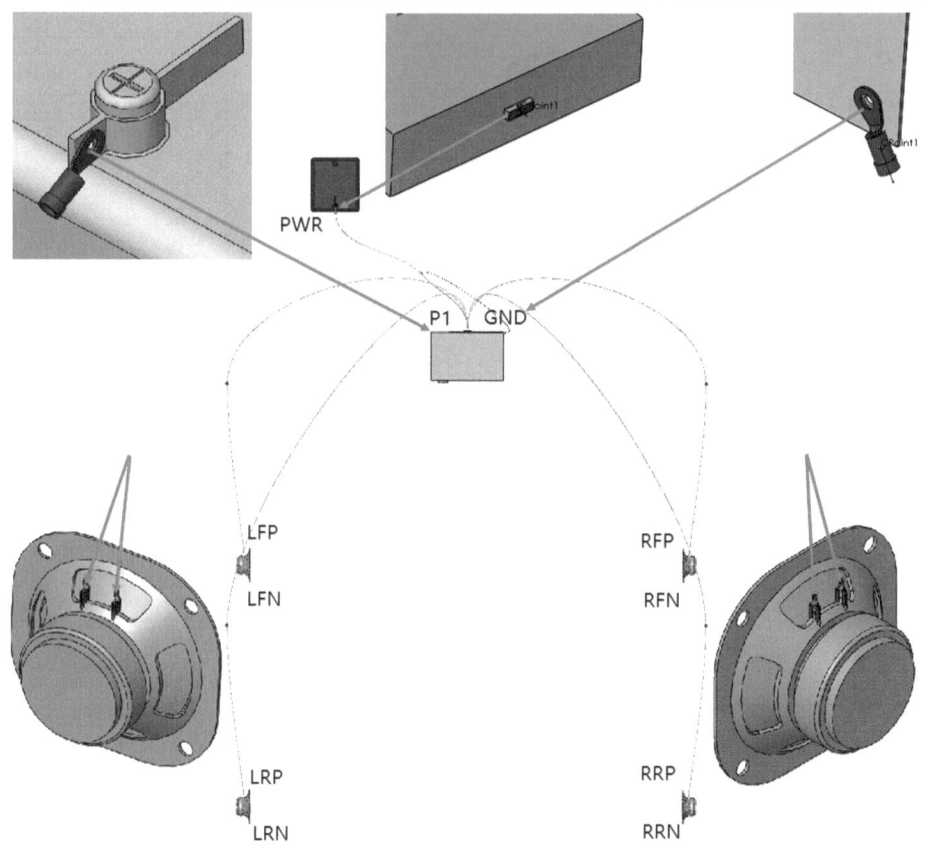

图6-40 使用向导输入

步骤6 重新使用'从-到'清单 重新使用本练习之前创建的'从-到'清单，在不同装配体中新建线路。

从文件夹"From-To Lists 2 Lab"中打开现有的装配体"From-To Lists 2"，使用之前创建的'从-到'清单[或者使用在"From-To Lists 1"文件夹中已存在的xml文件（WIRES、COMPS和FROM-TO）]，单击【按'从/到'开始】。使用【引导线】形成图6-41所示的线路。

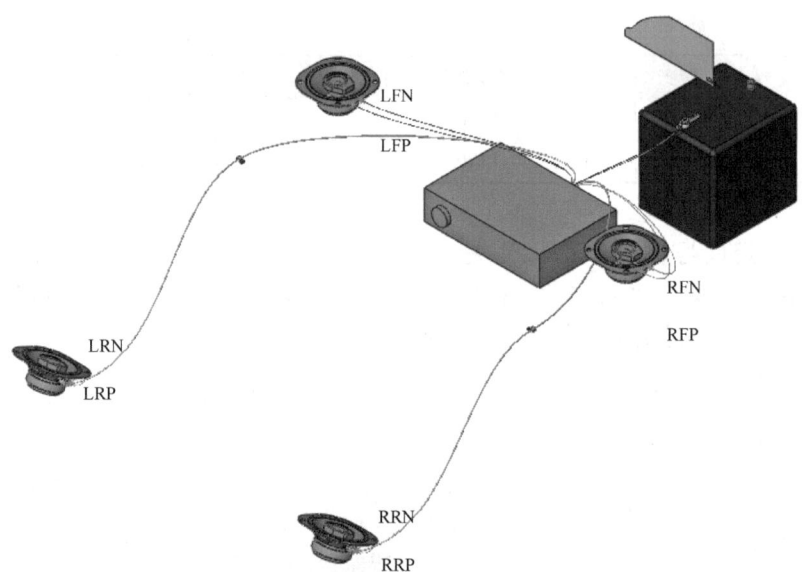

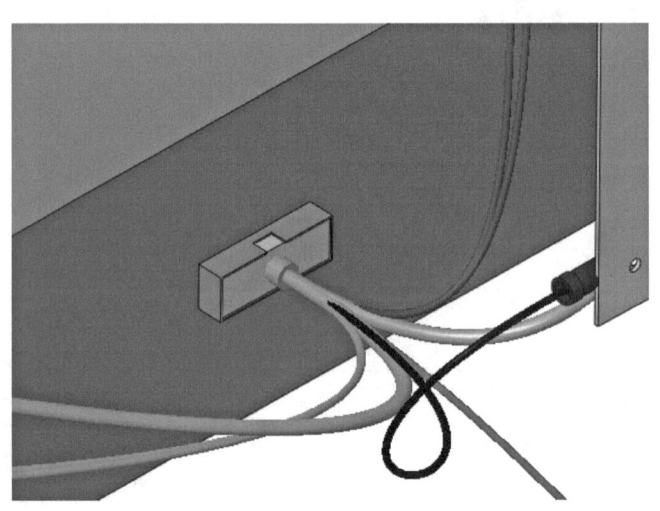

图 6-41 新建线路

步骤 7 共享、保存并关闭所有文件

第 7 章 电气工程图

学习目标
- 使用注解平展线路创建线路工程图
- 使用制造平展线路创建线路工程图
- 在线路工程图中添加表格

7.1 线路平展和出详图

线路平展和出详图功能用于从 3D 电气线路装配体生成 2D 线路工程图。平展线路的两种类型为【注解】和【制造】，见表 7-1。
- 【注解】允许使用具有不按比例缩放视图的标准工程图创建平展配置。
- 【制造】允许在模板上创建显示真实尺寸的平展配置。

表 7-1 平展线路的类型

类型	注解平展	制造平展
示意图		

7.1.1 表格

表格（如电气材料明细表、切割清单和接头表格）可以添加到表 7-1 两种平展类型的工程图中。

7.1.2 接头

接头可以使用 3D 图形或者 2D 块显示。如果使用 2D 块，则它们必须在平展之前就已经存在。

7.2 注解平展

注解平展通常是自动创建和使用按比例缩放的工程图视图和图纸进行显示。

扫码看视频

提示 当创建真实尺寸的模板和钉板工程图时,可以使用制造平展。

技巧 平展线路是不按比例缩放的几何图形,但创建的注解标明的尺寸是真实的长度。

操作步骤

步骤1 Routing 文件位置和设定 单击【工具】/【选项】/【步路】/【步路文件位置】,再单击【启动 Routing Library Manager】,单击【装入默认值】,单击【确定】两次。

步骤2 打开装配体 从"Lesson07 \ Case Study \ Annotation Flatten"文件夹中打开装配体"Electrical _ Drawings _ 1"。

步骤3 打开线路子装配体 打开线路子装配体"Harness1-Electrical_Drawings"。

步骤4 查看电缆芯线 右键单击如图 7-1 所示的电缆,然后选择【电气特性】。在【电气特性】PropertyManager 中单击【显示横断面】以查看芯线线束,如图 7-2 所示。

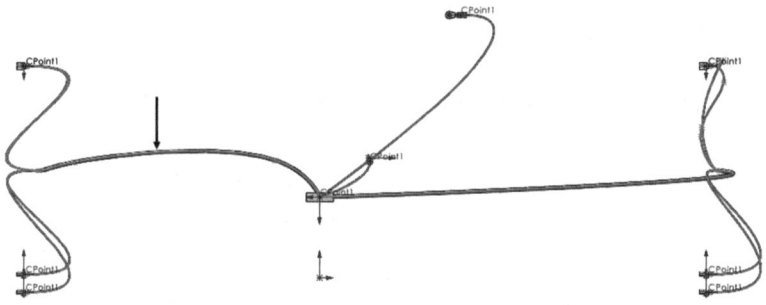

图 7-1 选择电缆

单击【关闭】后再对右侧的电缆重复操作,如图 7-3 所示。单击【关闭】,单击【取消】。

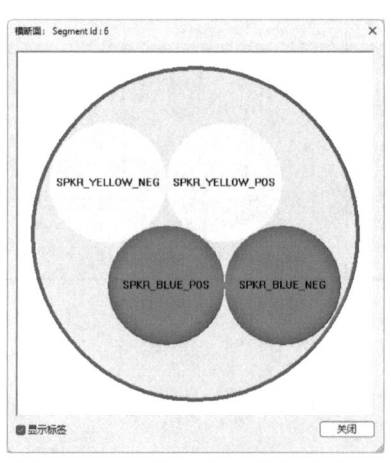 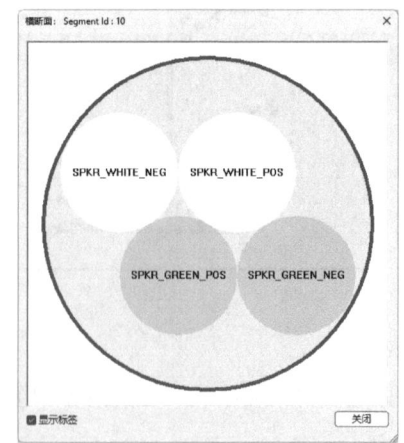

图 7-2 显示横断面(1)   图 7-3 显示横断面(2)

7.3 平展线路

【平展线路】工具可以将线路几何体展平为直线以显示线路的真实长度,并创建线路工程图,如图 7-4 所示。

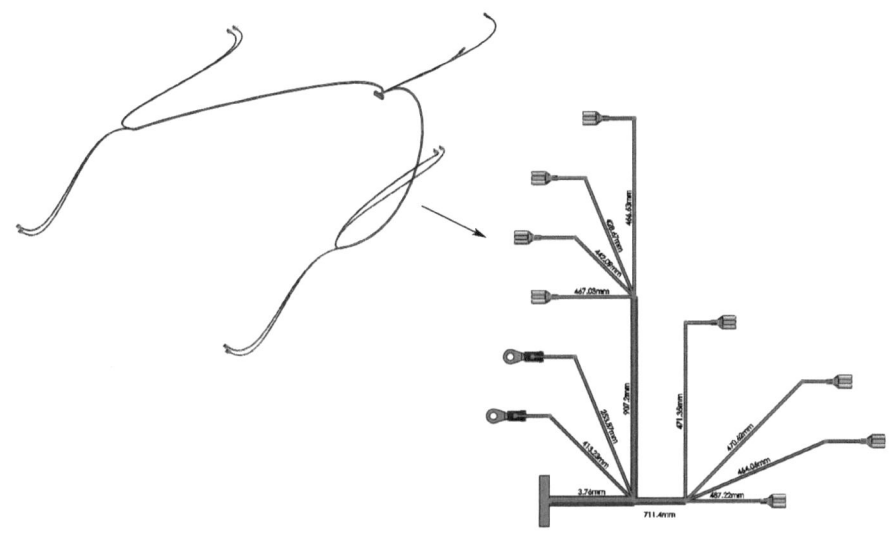

图 7-4 平展线路

知识卡片	平展线路	• CommandManager:【电气】/【平展线路】。 • 菜单:【工具】/【步路】/【电气】/【平展线路】。 • 快捷菜单: 右键单击线路, 然后单击【平展线路】。

技巧☝ 要展平的线路子装配体不能是虚拟零部件。

提示☝ 表格可以通过【插入】/【表格】/【电气表】(【电气材料明细表】、【切割清单】、【接头表格】)添加到工程图,或右键单击工程图视图并单击【电气表】(【电气材料明细表】、【切割清单】、【接头表格】)。

7.3.1 平展选项

平展选项包括两种在平展和工程图中显示线路接头零件的方法:

1. 3D 接头 3D 接头是在线路中使用的实际线路零件文件,如图 7-5 所示。

2. 工程图接头块 工程图接头块是与线路零件文件相关联的单独工程图文件(slddrw 格式)。这些文件必须在创建平展线路之前存在,并且可以显示与电线匹配的彩色接头管脚,如图 7-6 所示。

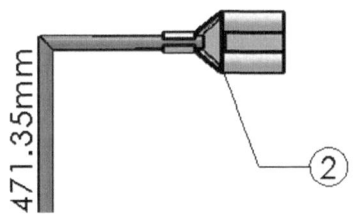

图 7-5 3D 接头

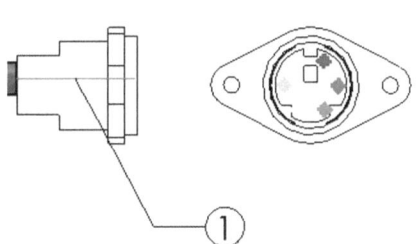

图 7-6 工程图接头块

7.3.2 工程图明细

工程图除平展的几何图形外，还包括表格、自动零件序号和注释文本。

1. 电气材料明细表　电气材料明细表包含线路的各种零部件，包括电线和接头，如图 7-7 所示。

项目号	零件号	说明	数量	长度
1	ring_term_awg-14-16_awg-x8_1	LUG, RING, 14-16 AWG, #8	2	
2	Slide_Clip1		8	
3	10PinMaleSide1		1	
4	1000	20G	1	1045.03mm
5	1001	20G	1	1204.39mm
6	2000	20G	1	1989.78mm
7	2001	20G	1	1966.63mm
8	3000	20G	1	2140.46mm
9	3001	20G	1	2127.03mm
10	4000	20G	1	1973.91mm
11	4001	20G	1	1973.18mm
12	5000	20G	1	2165.4mm
13	5001	20G	1	2164.99mm

图 7-7　电气材料明细表

2. 电路摘要　电路摘要包含电线、电线长度和接头，如图 7-8 所示。

电路摘要							
零件名称	绝芯线 ID	颜色	长度	从	从管脚	到	到管脚
1000	POWER	RED	1045.03mm	P1		PWR	
1001	GROUND	BLK	1204.39mm	P1		GND	
2000	SPKR_BLUE_POS	BL	1989.78mm	P1		LFP	
2001	SPKR_BLUE_NEG	BL STRIPE	1966.63mm	P1		LFN	
3000	SPKR_GREEN_POS	GRN	2140.46mm	P1		RFP	
3001	SPKR_GREEN_NEG	GRN STRIPE	2127.03mm	P1		RFN	
4000	SPKR_YELLOW_POS	YL	1973.91mm	P1		LRP	
4001	SPKR_YELLOW_NEG	YL STRIPE	1973.18mm	P1		LRN	
5000	SPKR_WHITE_POS	WH	2165.4mm	P1		RRP	
5001	SPKR_WHITE_NEG	WH STRIPE	2164.99mm	P1		RRN	

图 7-8　电路摘要

3. 接头表格　接头表格包含零件的管脚和相应的电线颜色，如图 7-9 所示。

参考引用:P1　零部件名称:10_pin　Partnumber:10PinMaleSide1		
销钉	电线名称	颜色
1	POWER	RED
2	GROUND	BLK
3	SPKR_BLUE_POS	BL
4	SPKR_BLUE_NEG	BL STRIPE
5	SPKR_GREEN_POS	GRN
6	SPKR_GREEN_NEG	GRN STRIPE
7	SPKR_YELLOW_POS	YL
8	SPKR_YELLOW_NEG	YL STRIPE
9	SPKR_WHITE_POS	WH
10	SPKR_WHITE_NEG	WH STRIPE

图 7-9　接头表格

4. 零件序号　标准零件序号的注解与电气材料明细表"项目号"列中的零部件有关。

5. 其他材料明细表信息　可以使用特定的【线路属性】列类型将其他信息添加到表格中，基本流程如下：

1）在表格中添加新的数据列。
2）选择【列类型】为【线路属性】。
3）在【属性名称】的下拉菜单中选择一个属性。

可以使用【电缆电线库向导】来添加【线路属性】列中显示的自定义属性，如添加密封性或尺寸规格等属性。

步骤5　**平展线路**　单击【平展线路】，选择【注解】和【显示3D接头】，勾选【长度注解】和【显示长度引线】复选框，如图7-10所示。勾选【工程图选项】复选框，设置【图纸格式模板】为"d-landscape"，【电气材料明细表】、【切割清单】和【接头表格】使用默认模板。勾选【显示接头零件序号】、【显示电线零件序号】和【隐藏空销钉行】复选框。

单击【确定】，将会出现以下信息："物料清单模板没有电线/电缆的长度栏区，是否要立即添加？"单击【是】。

步骤6　**查看工程图**　工程图中包含展平的几何图形、接头、表格和电线长度，如图7-11所示。

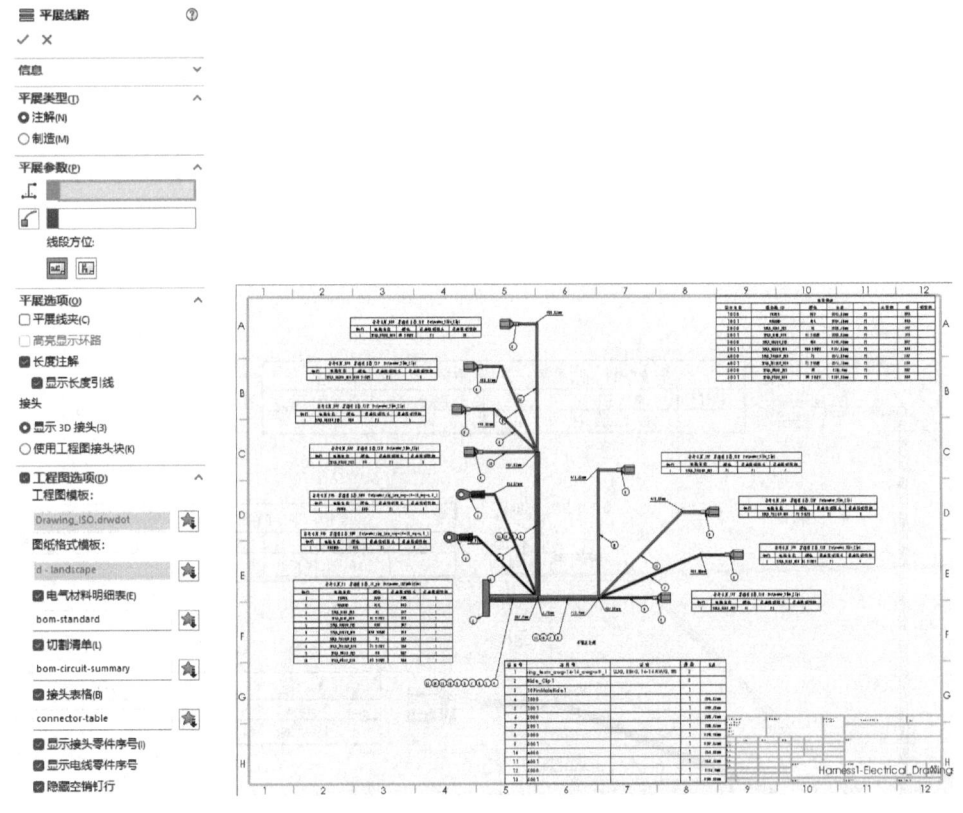

图 7-10　平展线路　　　　　　　　图 7-11　查看工程图

步骤7　**平展线路项目**　单击【工具】/【步路】/【电气】/【显示/隐藏平展线路项目】。在【注解】区域勾选如图7-12所示复选框，单击【确定】以在工程图中显示接头的名称和指定给接头的参考，如图7-13所示。

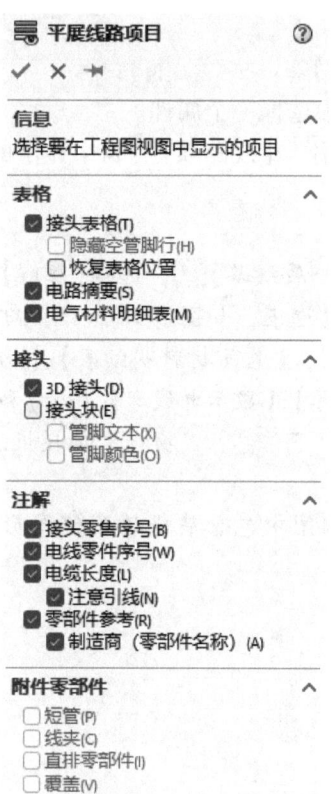

图 7-12 设置【注解】

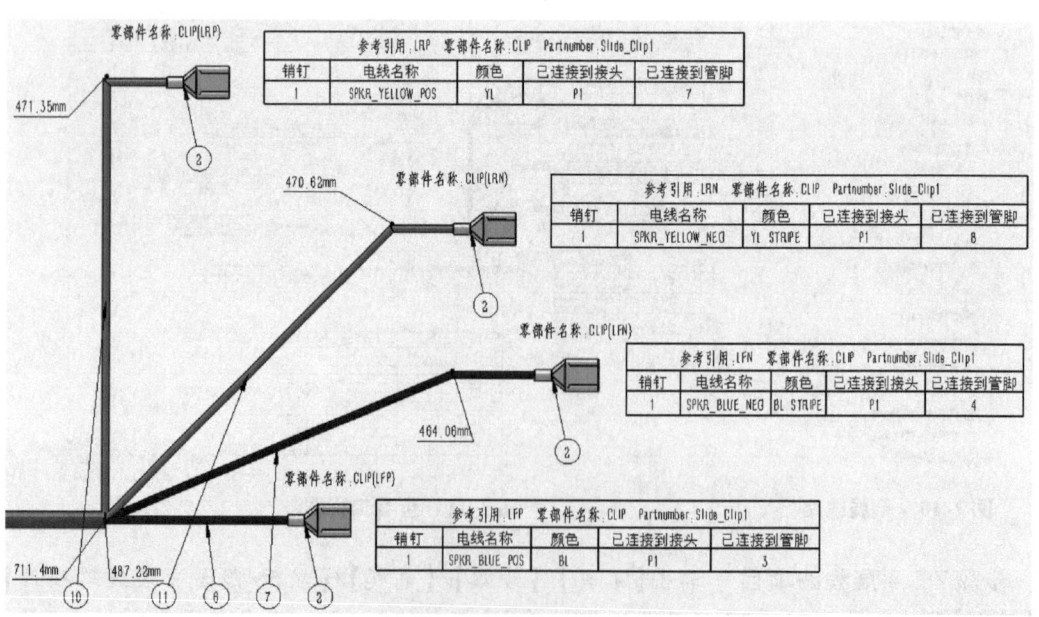

图 7-13 显示接头名称和参考

7.3.3 电线长度

如果用户检查线路,也许会对线路的长度产生疑问。如图 7-14 所示,表中长度为 60.73mm,但是展平后该长度只有 40.73mm,为什么会这样?

电线长度值实际上是多个零部件和设置的总长。

1. 样条曲线长度 使用【测量】工具或单击如图 7-15 所示草图,线路草图中样条曲线的长度是 26.73mm。

2. 端头长度 端头长度在接头末端的连接点内设置。该长度是从接头到线路样条曲线的直线长度。如图 7-16 所示,有 2 个接头,每个接头的端头长度都为 7mm。

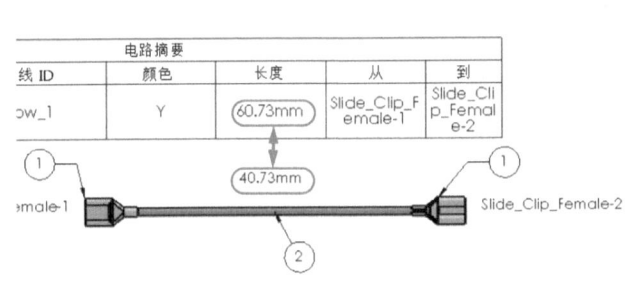

图 7-14 电线长度

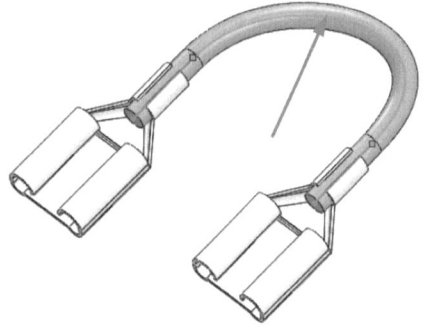

图 7-15 样条曲线长度

3. 电线长度 电线长度是计算后的真实长度。上面介绍的信息综合在一起,决定了工程图中的电线长度。

电线长度 = 样条曲线长度 + 2 × 端头长度 = 26.73mm + 2 × 7mm = 40.73mm

4. 为什么会不同 两个值还是不同,问题的原因还是在连接点上。如图 7-17 所示,【额外内部电线长度】参数被加在电线末端用于剥离和连接。由此可以得出真实的电线长度。该长度与电路摘要表中的值相匹配。

电线长度 + 2 × 额外内部电线长度 = 40.73m + 2 × 10.00mm = 60.73mm

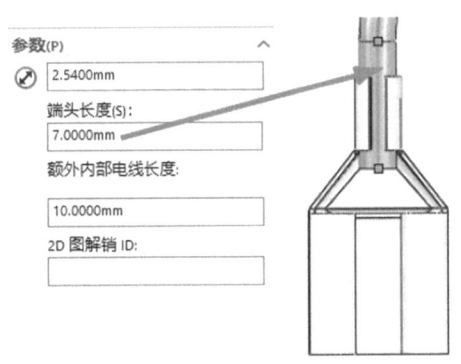

图 7-16 端头长度

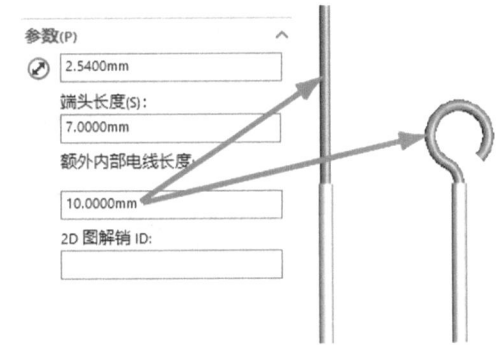

图 7-17 额外内部电线长度

5. 空隙百分比 可以在【工具】/【选项】/【系统选项】/【步路】中设置【空隙百分比】,【空隙百分比】可用于增加电线/电缆的计算切割长度,以将扭结或其他弯曲的值计算在内。默认情况下，该值为0。

7.3.4 编辑展开的线路

【编辑展开的线路】可以通过拖动和重新定位来改变展平的几何体。由于生成的工程图不是按比例绘制的，该功能仅适用于线路子装配体的平展配置。

| 知识卡片 | 编辑展开的线路 | • 快捷菜单：右键单击展平的几何体，然后单击【编辑展开的线路】。 |

步骤8 编辑展开的线路 打开平展线路配置"Harness1-Electrical _ Drawings"。右键单击几何体，然后选择【编辑展开的线路】。

步骤9 选择【竖直】 单击【竖直】，然后单击图7-18所示的线段。用鼠标右键翻转对齐方式并使用左键接受对齐，单击【确定】✔。

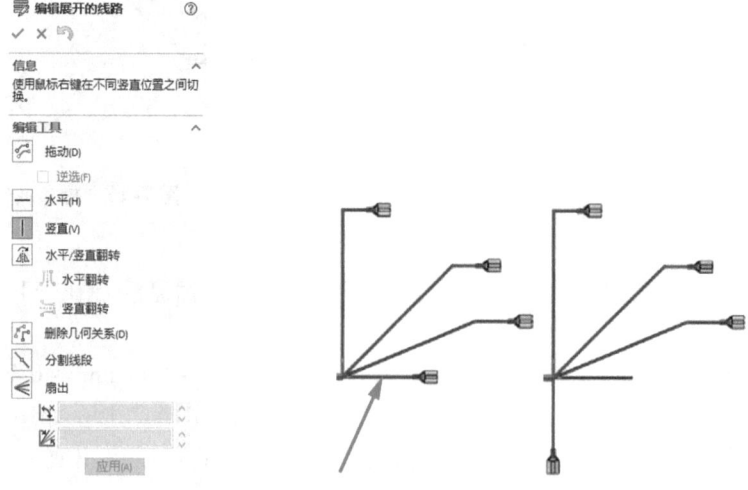

图7-18 选择【竖直】

步骤10 拖动线路 单击【拖动】，并拖动图7-19所示的端点以调整大小并重塑几何体。

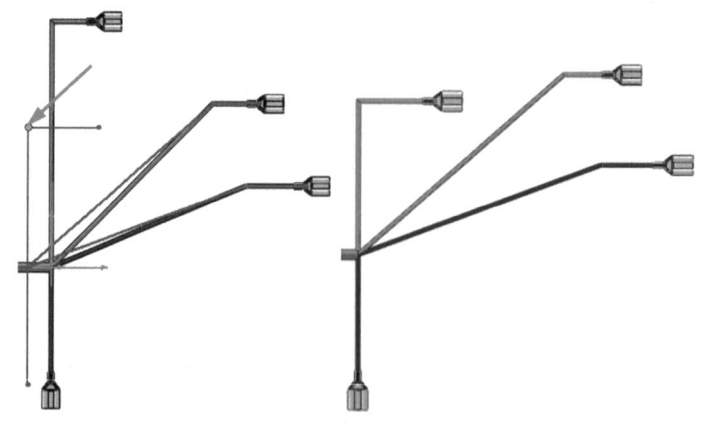

图7-19 拖动线路

步骤11　**更新工程图**　返回工程图以查看更新，如图 7-20 所示。如果需要，可移动表格。

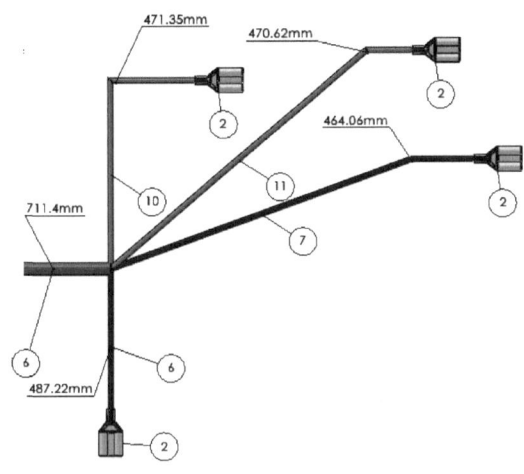

图 7-20　更新工程图

提示　要移动表格，可以选中表格左上角的移动图标或按住〈Alt〉键的同时拖动表格的任意位置。

步骤12　**共享、保存并关闭所有文件**

7.4　制造平展

制造平展会创建平展的配置，可以在模壳板的边线内以真实的大小显示。本例将平展和编辑线路。

扫码看视频

提示　要创建视图缩放后的标准图纸尺寸工程图，可以使用注解平展。

技巧　显示线路草图以选择线路中的一段。

操作步骤

步骤1　**打开装配体**　从文件夹"Lesson07 \ Case Study \ Manufacture Flatten"中打开装配体"Electrical _ Drawing _ 2"。

步骤2　**打开子装配体**　打开子装配体"Harness_1"。

步骤3　**选择线段**　单击【平展线路】，在【平展类型】中选择【制造】。选择图 7-21 所示的线段，并单击【竖直】线段方位，选择【使用工程图接头块】。不勾选【工程图选项】复选框，单击【确定】。

提示　平展生成了名为"ManufactureFlattenedRoute1"的配置和"模壳板边线-1"的新草图。

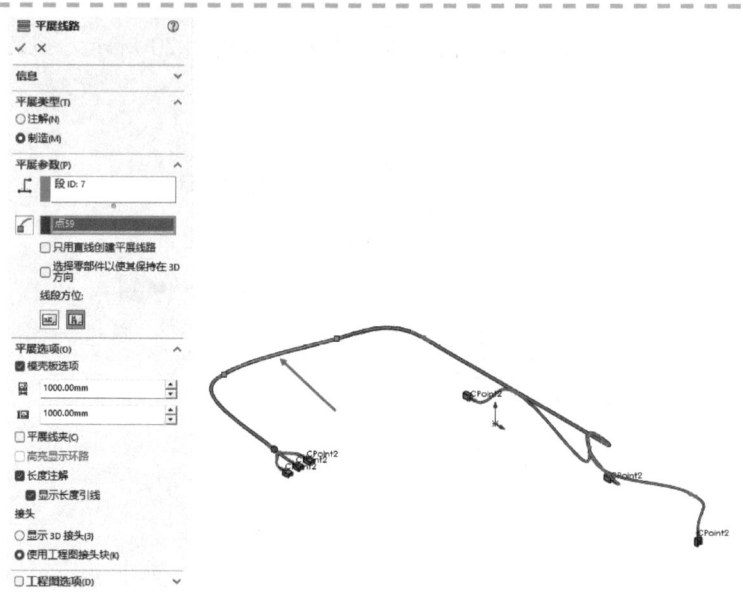

图 7-21 选择线段

步骤 4 平展线路和边框 选定的边线被拉直并转换为竖直线。被拉直线段的终点位于模壳板边线的中心。平展线路不适合模板草图边框,该边框代表 $1m^2$,如图 7-22 所示。

 提示

> 如果使用【显示3D接头】,则可右键单击一条线段并单击【查看已连接的接头】来突出显示该接头。同样,【查看已连接的线段】可以识别所选接头中的线段,如图 7-23 所示。

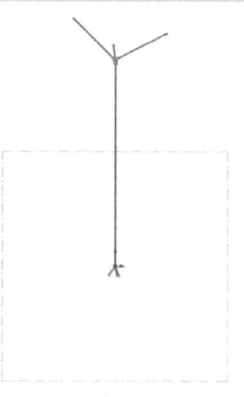

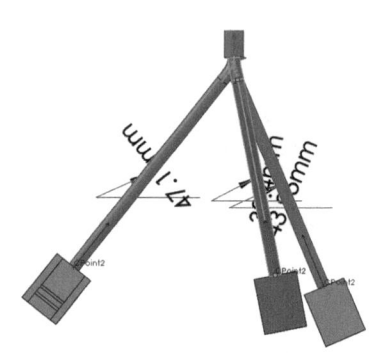

图 7-22 平展线路和边框　　图 7-23 查看已连接的接头和线段

- **编辑展开的线路-制造** 使用【编辑展开的线路】通过移动模壳板边线或者平展/旋转独立的线段来编辑平展线路的配置,如图 7-24 所示。

 提示　　制造选项与之前使用的注解选项是不同的。

1.【模壳板边线】选项 【模壳板边线】选项可以使用【X偏移】向左右或使用【Y偏移】向上下来围绕几何体平移模壳板边线,也可以使用【宽度】和【高度】来更改默认为 $1m^2$ 的模

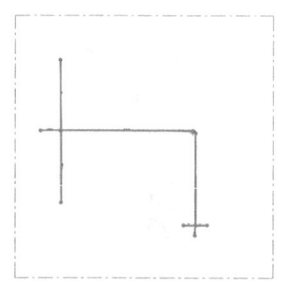

图 7-24 编辑展开的线路

壳板尺寸。

2. 编辑工具【编辑工具】使用数值和三重轴来矫直、添加折弯、调整角度、翻转几何体和调整扇出。编辑工具的作用见表7-2。

表7-2 编辑工具的作用

作 用	图 示	作 用	图 示
【矫直】可消除线段中的部分或全部曲率，使其变直 当勾选【应用到整个线路段】复选框时，会将整个部分弯曲到百分比设置		【调整角度】可以旋转线段。可以使用数值或拖动三重轴来更改角度	
		【水平/竖直翻转】可以水平或竖直镜像几何体	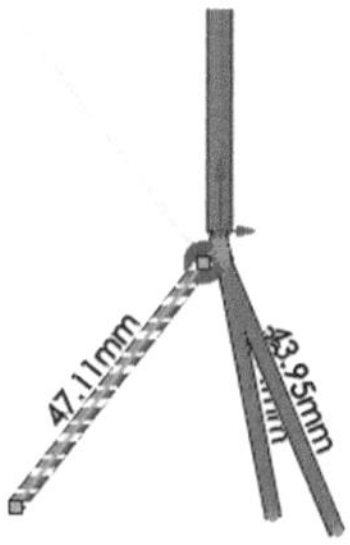
【添加折弯】可使用数值或拖动三重轴在三重轴位置弯曲线段，也可以在弯曲处添加半径		【调整扇出】可以设置扇出线段之间的间距	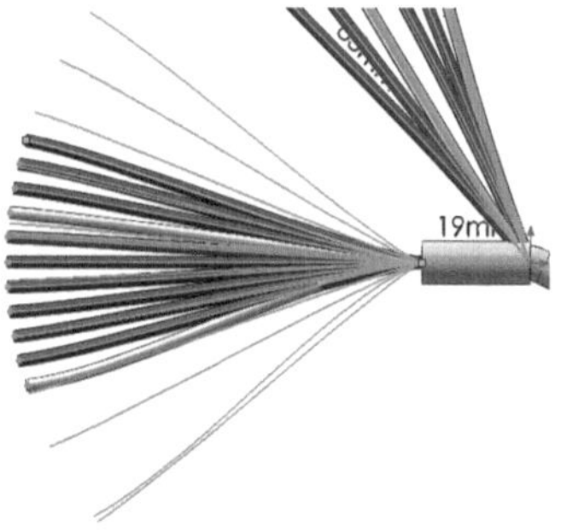

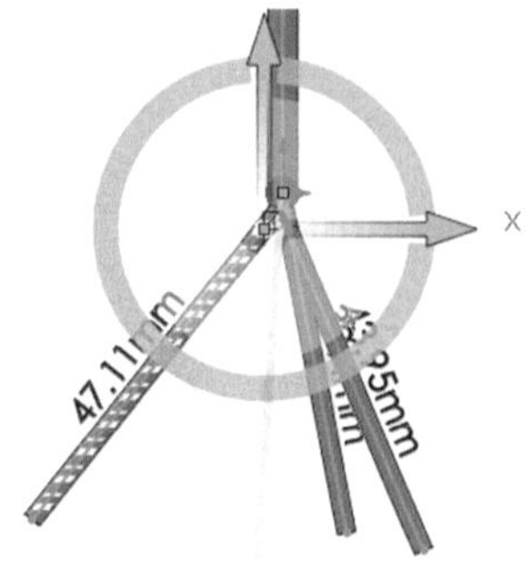

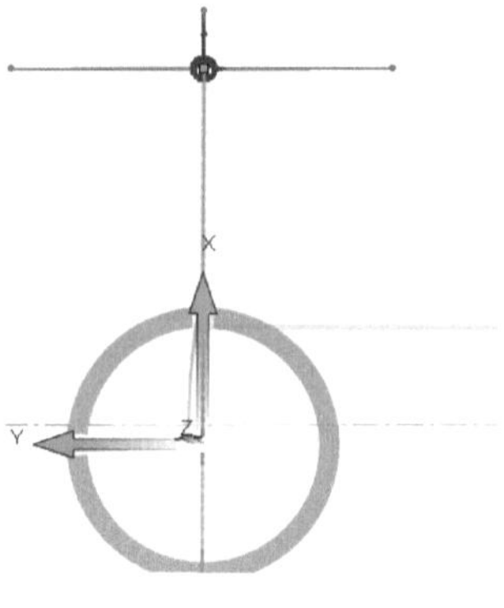

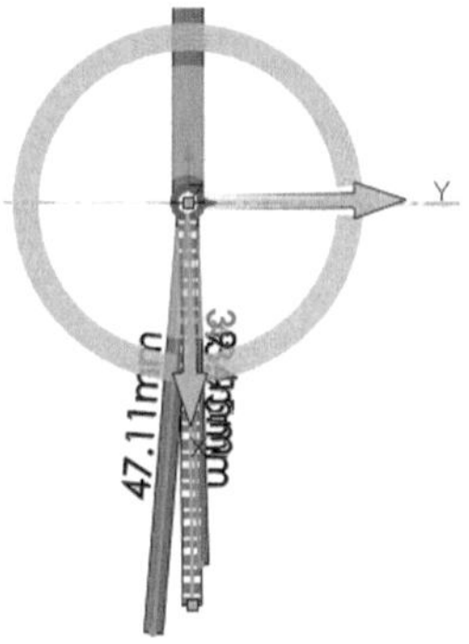

【编辑展开的线路】通过矫直和弯曲几何体来更改平展的几何图形。该操作仅适用于线路子装配体为制造型的配置，因为其生成的工程图中包含了缩放的视图。

> **步骤5 编辑展开的线路** 缩放视图以显示原点附近的电线。右键单击线段，然后单击【编辑展开的线路】，如图7-25所示。
> **步骤6 矫直** 如图7-26所示，单击【矫直】并勾选【应用到整个线路段】复选框，设置【编辑位置百分比】为0，并单击【应用】（不是单击【确定】）。

可以看到电线被矫直了,但并不是水平或竖直状态。在下面的步骤中将改变其角度。

步骤 7　矫直其他线段　单击【矫直】和【应用】,使用同样的方法矫直附近的两条线段。

步骤 8　调整角度　选择三条线段中的中间一条,如图 7-27 所示,然后单击【调整角度】。

图 7-25　编辑展开的线路

图 7-26　矫直

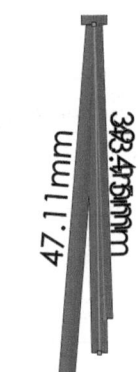

图 7-27　调整角度

> 提示　矫直可能会导致线段落到另外的线段上。使用【选择其他】可以选择隐藏的线段。

步骤 9　矫直到接近水平位置　设置角度值使线段接近水平,然后单击【应用】,如图 7-28 所示。

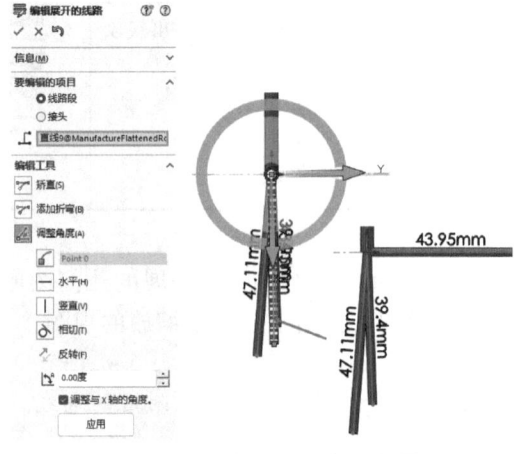

图 7-28　矫直到接近水平位置

> 提示　【模壳板边线】设置可用于重新定位草图并帮助判断水平和竖直。

步骤10　调整角度　使用【调整角度】，选择图7-29所示的线段,设置角度值使之接近水平。

步骤11　矫直和调整角度　同时使用【矫直】和【调整角度】调整上部的三条线段到图7-30所示位置。

步骤12　调整模壳板边线位置　通过设置【X偏移】和【Y偏移】来调整模壳板边线位置,使之如图7-31所示。使用对话框定位时不需要单击【应用】。

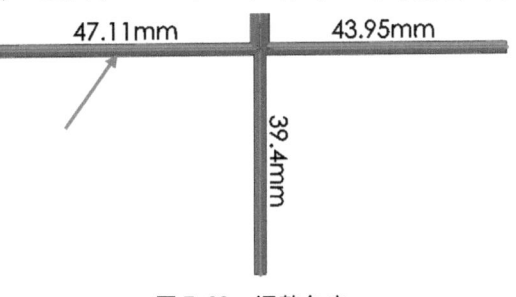

图7-29　调整角度

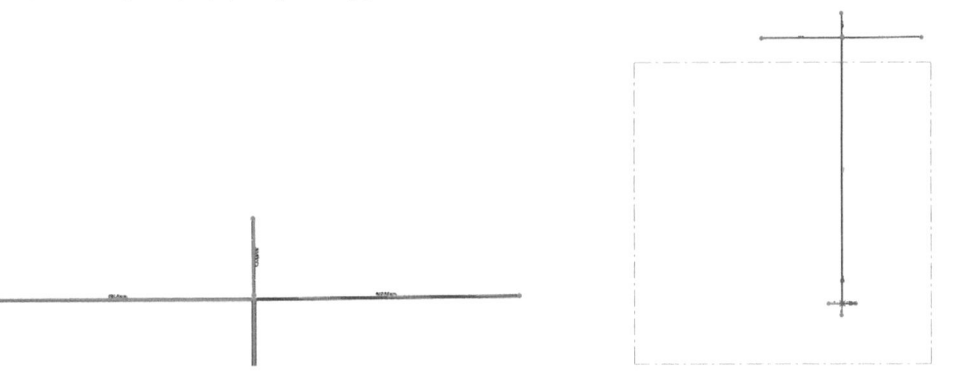

图7-30　矫直和调整角度　　　图7-31　调整模壳板边线位置

步骤13　添加折弯　选择长的竖直线段然后单击【添加折弯】,如图7-32所示,设置【编辑位置百分比】为40%,【半径】为10mm,【折弯角度】为90°。单击【应用】。

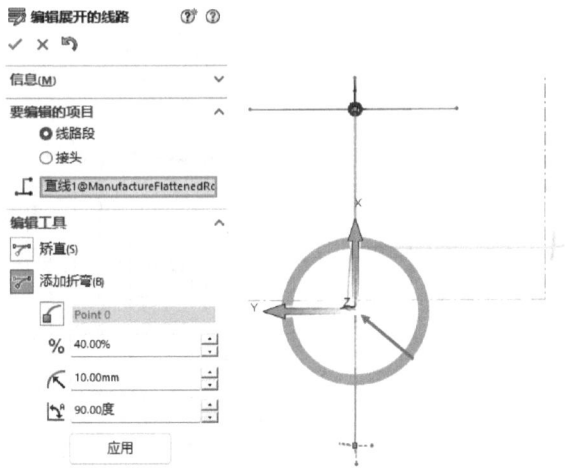

图7-32　添加折弯

步骤14　编辑完成　单击【确定】完成编辑,如图7-33所示。

提示

使用【移动连接的线路线段】命令中的2D三重轴来移动选定的线路线段,如图7-34所示。

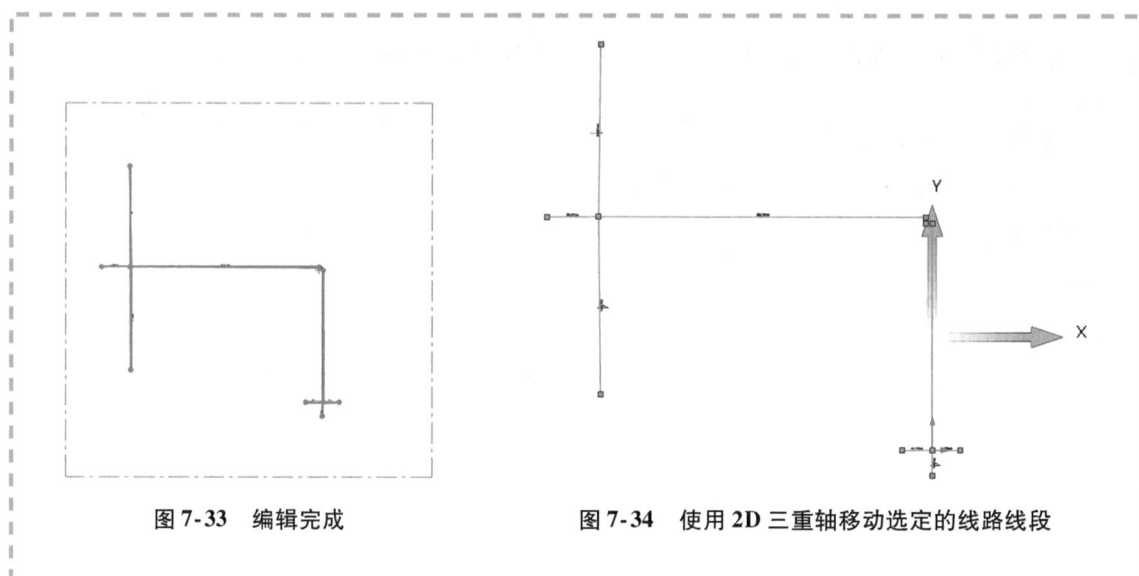

图7-33 编辑完成　　图7-34 使用2D三重轴移动选定的线路线段

3. 创建工程图　如果在开始使用【平展线路】时未创建工程图,则可以在后续操作中使用相同的工具创建。这将创建一个缩放的工程视图,其中模壳板在工程视图中可见。

步骤15　创建工程图　单击【平展线路】并选择【制造】,勾选所有的【工程图选项】复选框并单击【确定】。在系统弹出的物料清单模板消息框中单击【是】。结果如图7-35所示。

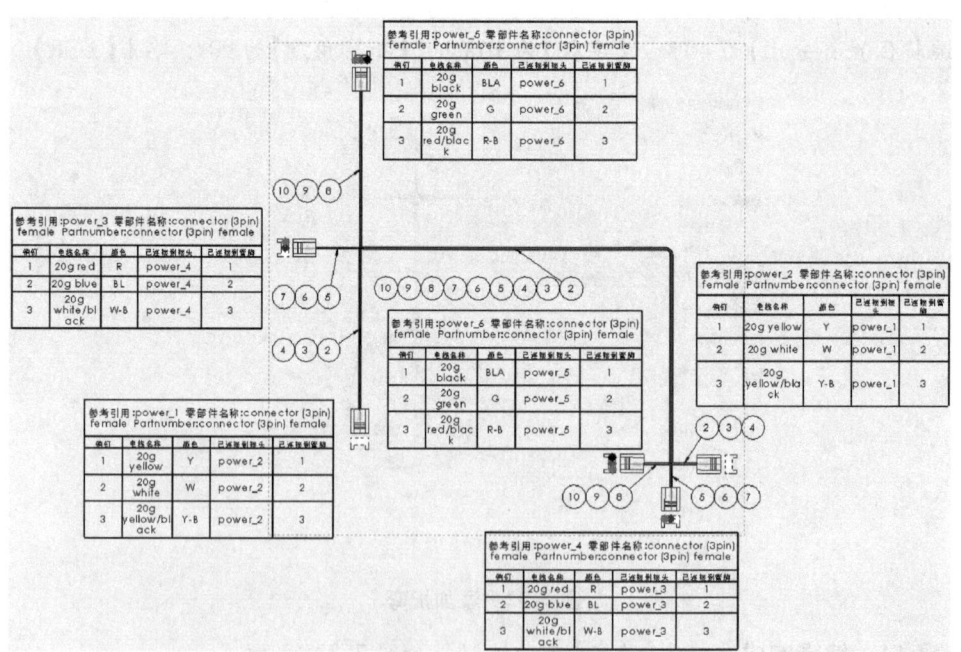

图7-35 创建工程图

步骤16　共享、保存并关闭所有文件

第7章 电气工程图

练习　创建电气工程图

使用现有的线路创建电气工程图，如图7-36所示。

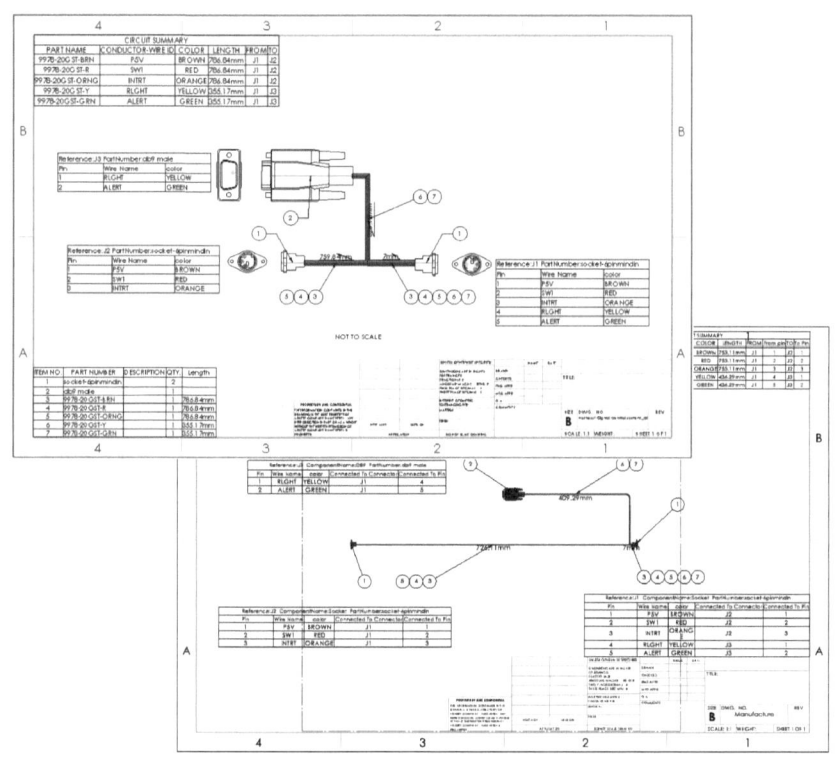

图7-36　电气工程图

本练习将应用以下技术：
- 平展线路。
- 注解平展。
- 制造平展。
- 编辑展开的线路。

操作步骤

打开现有装配体"Electrical_Drawing_Lab"，使用注解和制造两种方法创建电气工程图。

步骤1　打开装配体　从"Lesson07\Exercises"文件夹中打开现有装配体"Electrical_Drawing_Lab"。

步骤2　创建注解平展　使用线路装配体"Harness1-Signal control system_di"创建注解平展，如图7-37所示。

设置【平展选项】为【使用工程图接头块】，使用默认的【工程图选项】，包括【图纸格式模板】为【B(ANSI)-横向】，创建【电气材料明细表】、【切割清单】、【接头表格】、勾选【显示接头零件序号】和【显示电线零件序号】复选框。

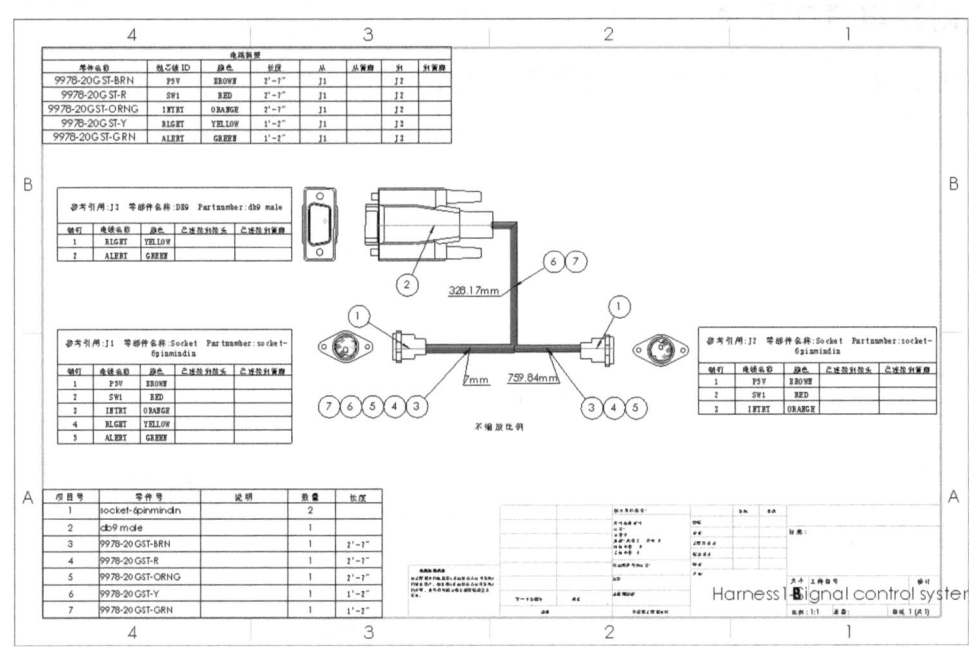

图 7-37 创建注解平展

步骤3 创建制造平展 使用装配体"Assem2"创建制造平展。设置【平展选项】为【显示3D接头】,勾选所有【工程图选项】复选框。使用【编辑展开的线路】来矫直和折弯线路。最后创建带有表格和注解的工程图,结果如图 7-38 所示。

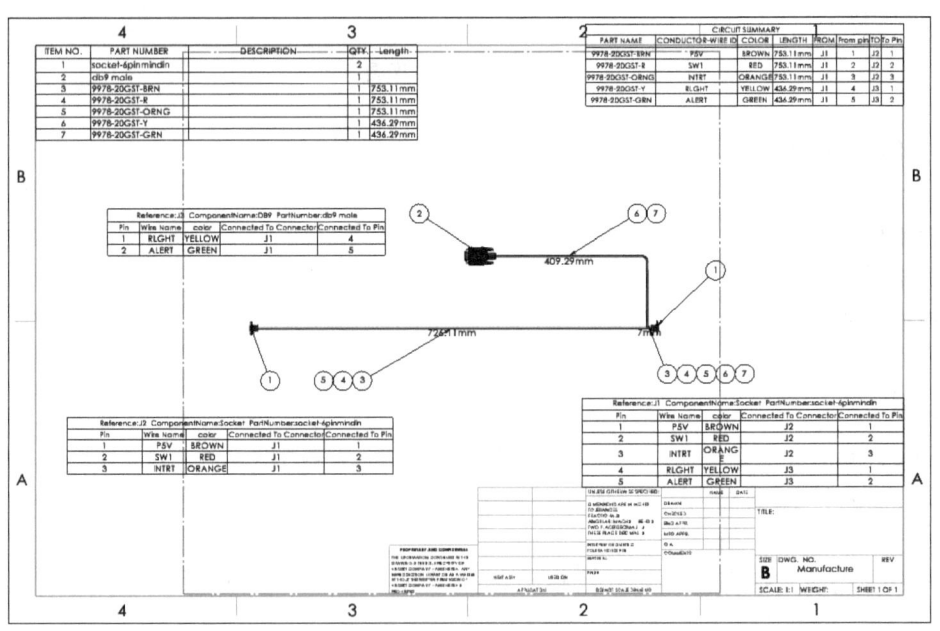

图 7-38 创建制造平展

步骤4 共享、保存并关闭文件

第 8 章 柔 性 电 缆

学习目标

- 理解柔性电缆零部件
- 使用自动步路创建柔性电缆线路
- 编辑柔性电缆线路

8.1 柔性电缆概述

柔性电缆是另一种用于表示较宽且扁平的单条柔性电缆的电气线路。该类型电缆通常用于连接外围设备,如图 8-1 所示。

 与其他电气线路不同,柔性电缆是扁平电缆的代表,其不包括任何电线或电缆。

8.2 柔性电缆线路

柔性电缆线路是使用"flex cable"文件夹内的柔性接头零部件作为末端接头而创建的。柔性电缆在接头之间自动布线,在"柔性"样式的线路中扭转和弯曲,如图 8-2 所示。线路中的线夹是可选的。

也可以使用手动绘制草图的方法创建"折叠"样式的线路,如图 8-3 所示。

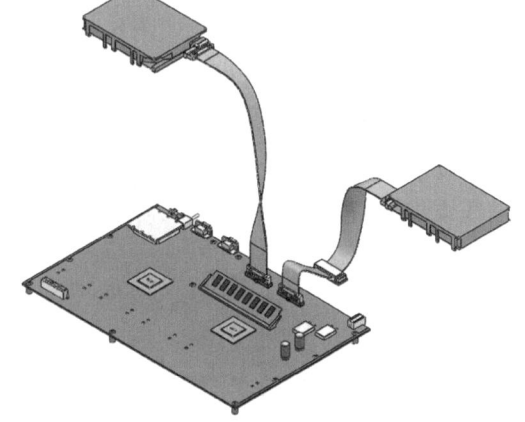

图 8-1 柔性电缆

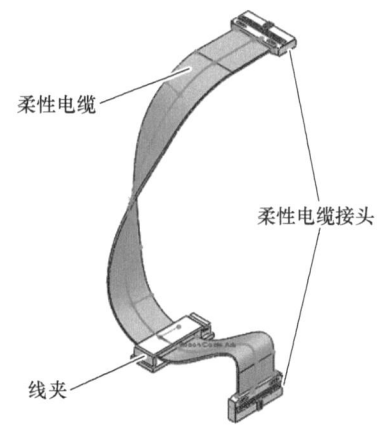

图 8-2 柔性电缆线路

扫码看视频

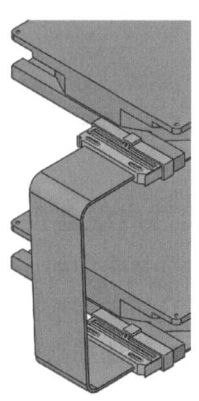

图 8-3 "折叠"样式的线路

8.2.1 柔性电缆接头

柔性电缆接头是端部连接零件，用于开始和结束线路。接头与插口相互匹配，可以使用配合参考捕捉到位，如图 8-4 所示。

这些零部件包含使用端头线启动线路几何体的连接点。创建的端头线包括直线和构造线。直线是电缆的中心，而中心线是用于定向的，如图 8-5 所示。

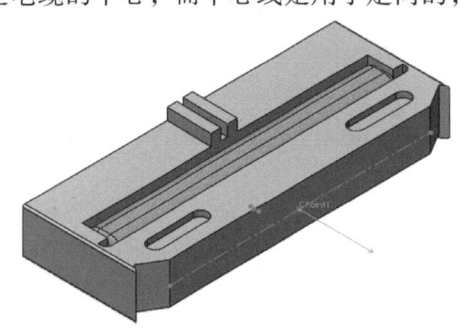
图 8-4 柔性电缆接头

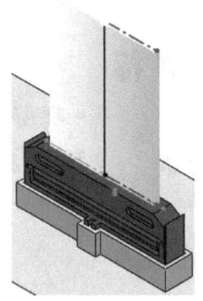
图 8-5 柔性电缆的直线和中心线

8.2.2 柔性电缆图形

柔性电缆本身是线路零件文件夹中的零件（Cable^Flex）。柔性电缆图形显示为放样的矩形，可进行扭转以满足最终方向，如图 8-6 所示。矩形的大小由连接点的参数驱动。想了解更多有关柔性电缆的信息，请参考 8.2.4 小节。

8.2.3 平展和工程图

可以平展线路以确定柔性电缆的实际长度，也可在工程图上使用零件序号和表格给该柔性电缆添加注解，如图 8-7 所示。有关电气线路的平展和出详图信息，请参考第 7 章。

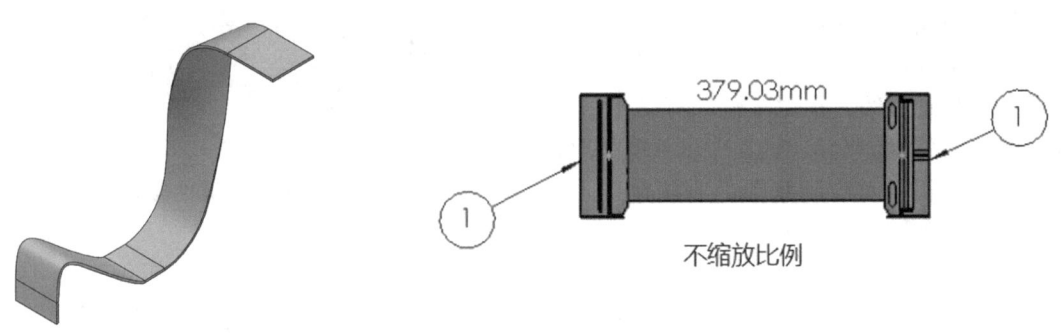

图 8-6 柔性电缆图形　　　　　图 8-7 柔性电缆的注解

8.2.4 柔性电缆连接点

柔性电缆接头中的连接点设置为端头型排线，并具有设置电缆尺寸的参数（T 和 W），设置的尺寸以黄色矩形表示，如图 8-8 所示。

- **柔性电缆的局限性**　使用柔性电缆时会存在一些限制：
1）不能使用【编辑电线】命令为柔性电缆分配电线。
2）柔性电缆不能使用'从-到'清单。

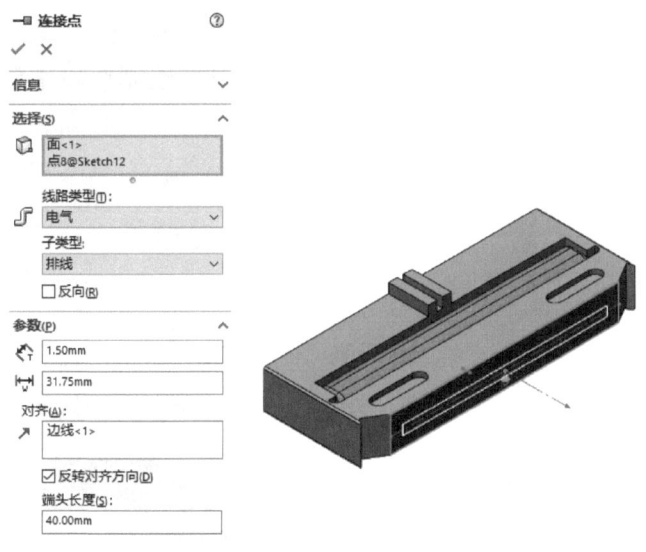

图 8-8 柔性电缆连接点

操作步骤

步骤 1 打开装配体 从文件夹 "Lesson08\Case Study" 中打开装配体 "Flex_Cables",将【显示状态】设置为【NO SM】,如图 8-9 所示。

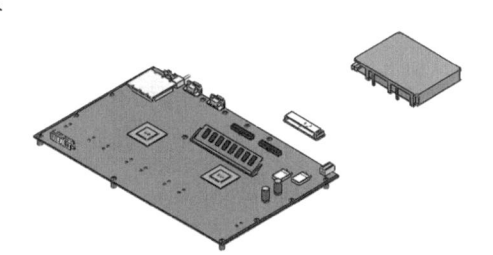

图 8-9 打开装配体

8.3 柔性电缆自动步路

用户可以使用【自动步路】的方法在柔性电缆接头之间自动步路,端头会作为连接点使用。

8.3.1 【灵活】选项

【灵活】选项是唯一可用的自动选项,其允许线路根据需要"柔性"弯曲,以在连接点之间进行步路。因为电缆有一个矩形横截面,线路的中心线由描述扭曲的构造线引导,如图 8-10 所示。当选择【灵活】选项时,系统只提供一种解决方案。

8.3.2 通过拖动进行编辑

拖动方法用于在定义的几何体下拖动并重塑柔性电缆。这些几何体包括样条曲线、样条曲线型值点和表示横截面矩形方向的构造线,如图 8-11 所示。

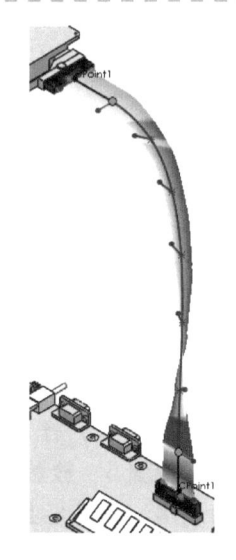

图 8-10 灵活的柔性电缆

8.3.3 手工草图

可以使用手工草图的方法在端头端点之间使用 3D 草图绘制线段来创建"平面折弯",如图 8-12 所示。

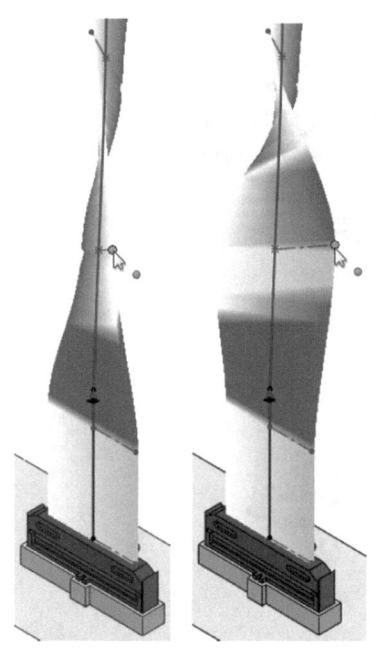

图 8-11 通过拖动编辑柔性电缆

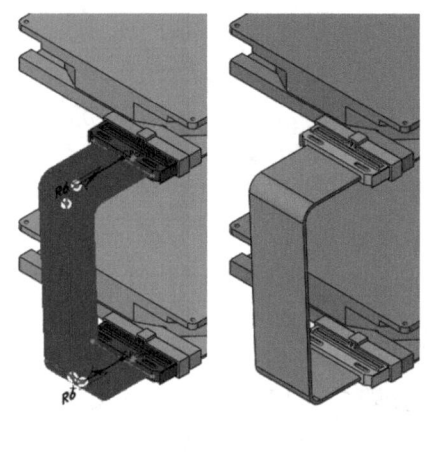

图 8-12 手工草图

8.3.4 添加柔性电缆

柔性电缆步路与其他类型的电气步路步骤相同:
1)从设计库的线路库中找到接头。
2)将接头拖放到装配体中。
3)在接头之间自动步路。

本例中,在"RC_Disk_Drive"和"RC_main board_rc"装配体中已经存在了匹配的插槽接头。

步骤 2 拖放零部件 从设计库的"electrical \ flex cable"文件夹中找到"flex connector"零部件,然后将其拖放到图 8-13 所示的位置。拖放第二个"flex connector"零部件到另一端。

步骤 3 自动步路 单击【自动步路】,使用唯一可用的【灵活】类型。然后在【当前选择】框中单击,选择端头的端点以创建线路,如图 8-14 所示。单击【确定】。

步骤 4 拖动点 单击"RC_Disk_Drive_Body<2>"零部件附近的线排操纵点,如图 8-15 所示,将 Z 轴向后拖动(指向零部件)以缩短端头线段。

步骤 5 放置点 放置该点并单击几何体,退出线路草图和线路子装配体,查看完成的线路,如图 8-16 所示。

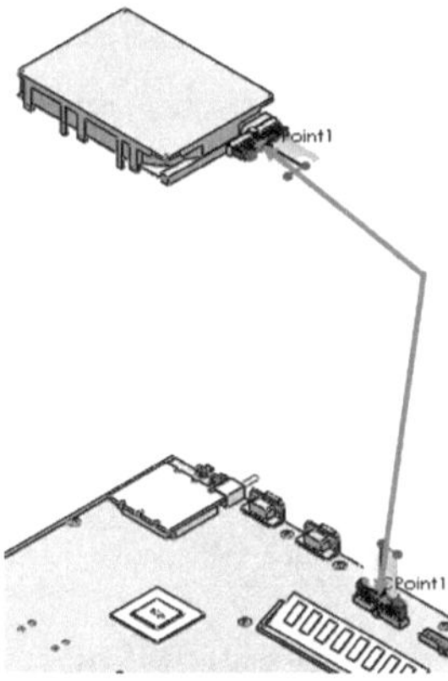

图 8-13 拖放零部件 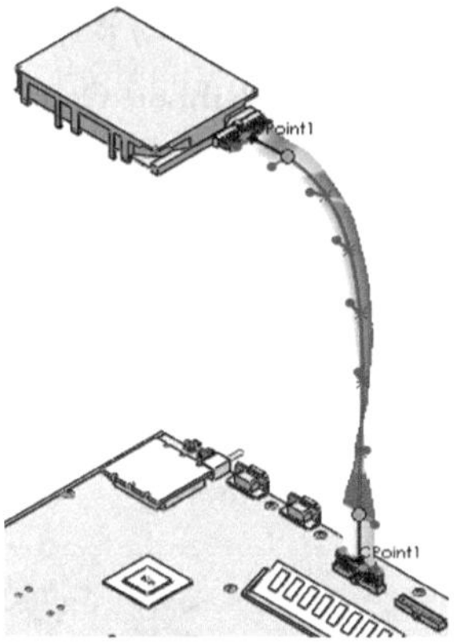　　　图 8-14 自动步路

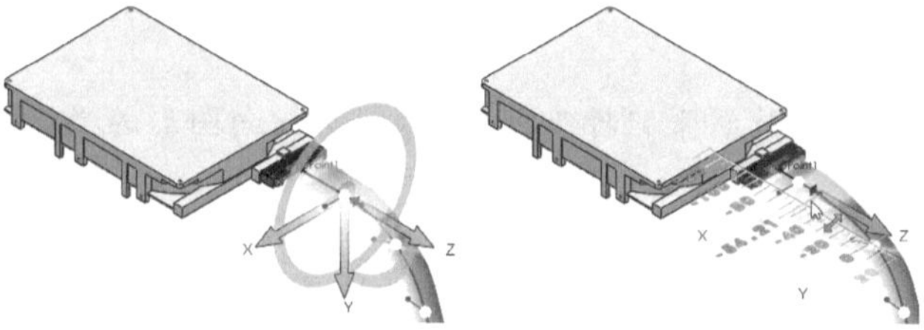

图 8-15 拖动点 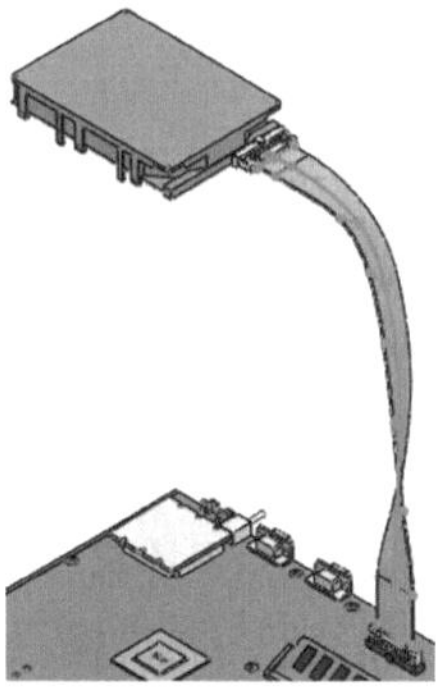　　　图 8-16 查看线路

8.4 使用带有线夹的柔性电缆

用户可以在灵活的线路中使用线夹,以引导中心线并塑造线路。线路由线夹中的轴线引导控制,如图 8-17 所示。

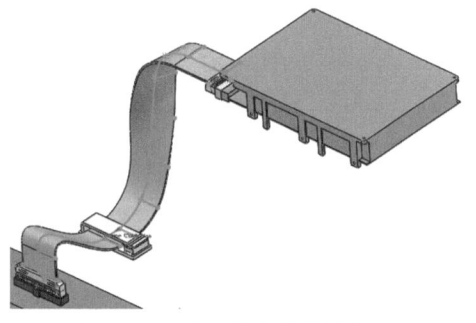

提示　必须在创建线路之前放置线夹,该类线夹不包含线路点,也不是真正的线路零部件。

图 8-17 带有线夹的柔性电缆

操作步骤

步骤 1　修改配置　在线夹上单击右键,选择【零部件属性】,将线夹的配置更改为"Ribbon Cable Clamps FC-40 Cable Width 1.55 in"。

步骤 2　拖放零部件　按照前面的步骤,从设计库的"electrical \ flex cable"文件夹中拖放两个"flex connector"零部件,如图 8-18 所示。

扫码看视频

步骤3 自动步路 单击【自动步路】，然后单击上部的开放端点，再单击"propower_ribbon_cable_clamp"的轴线（Ribbon Cable Axis）和下部的开放端点，如图8-19所示。单击【确定】。

步路结果显示电缆具有"尖角"折弯，如图8-20所示。下面将编辑线路以使该形状平滑。

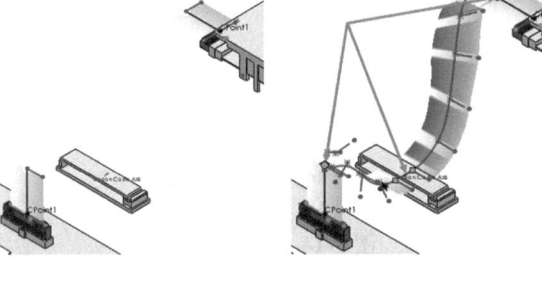
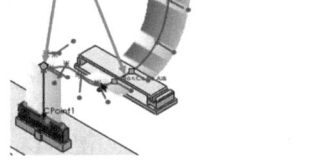
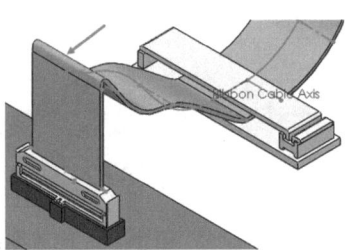

图8-18 拖放零部件　　　图8-19 自动步路　　　图8-20 "尖角"折弯

- **带状操纵点** 单击其中一个带状操纵点会显示三重轴，可以沿箭头拖动或围绕圆环旋转三重轴，以重塑柔性电缆，如图8-21所示。

> 提示 右键单击样条曲线并单击【隐藏带状操纵杆】可以隐藏指向图形的操纵杆。

- **编辑选项** 当【自动步路】对话框激活时，可以通过拖动或在对话框外使用带状操纵点来编辑线路的形状。带状操纵点提供了三重轴来更加准确地控制线路变化。

> 提示 使用任何一种方法过度移动或旋转线路都可能产生无法重建的形状，如图8-22所示。

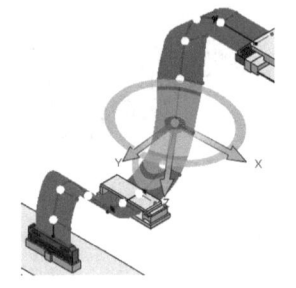
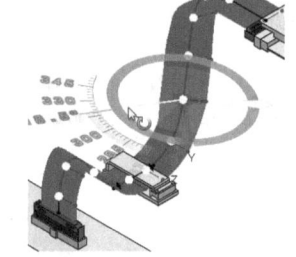

图8-21 带状操纵点　　　　　　图8-22 无法重建的形状

步骤4 编辑线路 右键单击线路几何体，然后单击【编辑线路】。使用三重轴拖动样条曲线型值点以缩短初始部分的长度并使折弯平滑，如图8-23所示。

> 提示 用户操作后的线路可能会与图8-23所示的形状略有不同。

> 提示 为了获得更准确的结果，可以使用【测量】工具来检查长度。

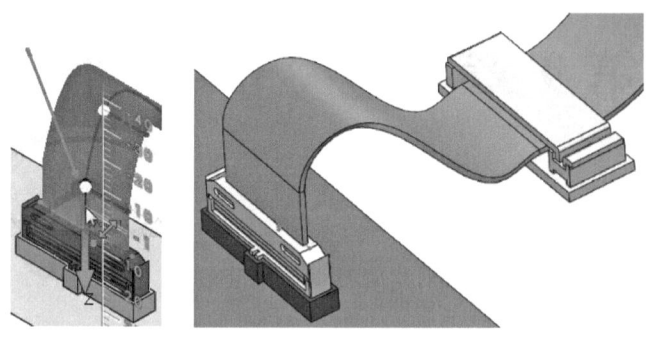

图 8-23 编辑线路

步骤5 共享、保存并关闭所有文件

练习 创建柔性电缆

使用现有零部件创建电气柔性电缆线路，如图 8-24 所示。

本练习将应用以下技术：
- 柔性电缆。
- 柔性电缆自动步路。
- 带状操纵点。

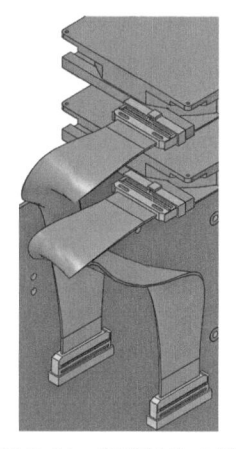

图 8-24 创建柔性电缆

操作步骤

步骤1 打开装配体 从文件夹"Lesson08\Exercises"中打开装配体"Flex_Cables_Exercise"。

步骤2 创建柔性电缆 从设计库的"electrical\flex cables"文件夹中拖放"flex connector"零部件来创建线路，结果如图 8-25 所示。

 提示

可使用【干涉检查】查找任何干涉，使用带状操纵点修复干涉并缩短端头长度。

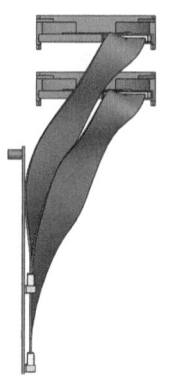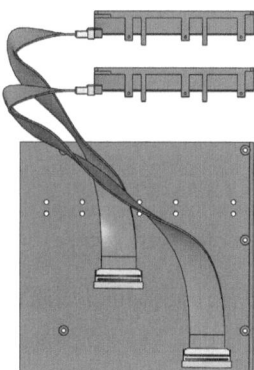

图 8-25 创建柔性电缆

步骤3 共享、保存并关闭所有文件

第9章 电气导管

学习目标
- 创建刚性电气导管线路
- 使用3D草图创建刚性电气导管线路
- 修改电缆电线库
- 创建电气导管材料明细表
- 将电气线路添加到电气导管
- 添加电气材料明细表
- 创建柔性电气导管线路

9.1 电气导管概述

电气导管将刚性导管或柔性导管与电气组合成一条线路，如图9-1和图9-2所示。线路的中心线定义了电气导管的线路。用户可以通过扩展电气导管的线路来创建电气线路。

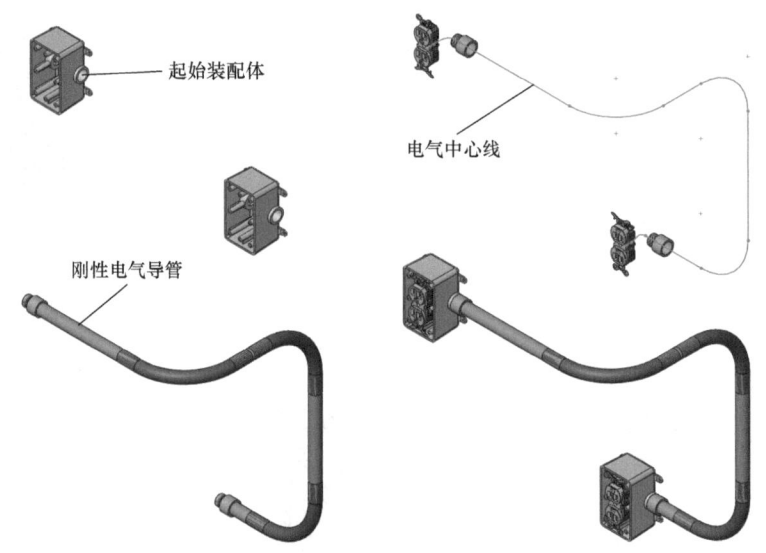

图 9-1 刚性电气导管（1）

9.1.1 现有几何体

现有几何体可以用来在空间中定位电气线路的末端。该几何体不是线路几何体，也不是线路子装配体的零件，如图9-3所示。

9.1.2 刚性电气导管

刚性电气导管包括电气导管和管道，通常由弯管和其他零部件连接的直线管道组成，如图9-4所示。

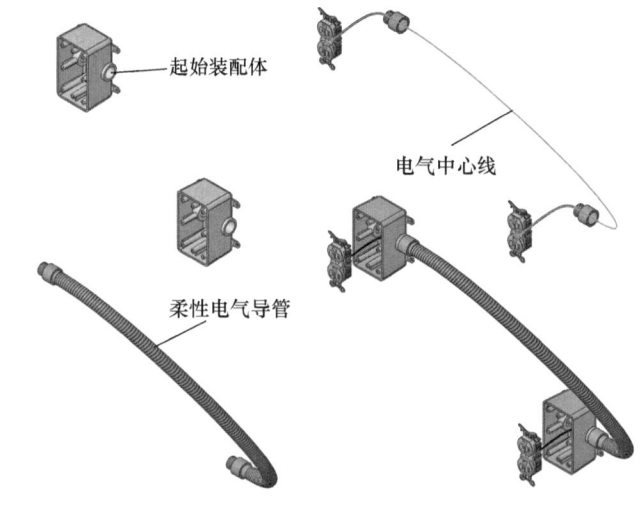

图 9-2 柔性电气导管（1）

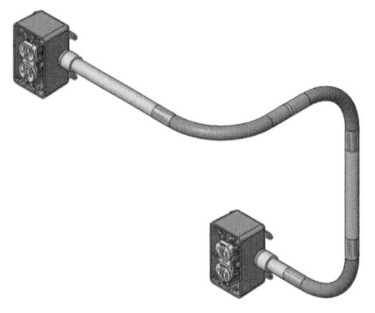

图 9-3 现有几何体

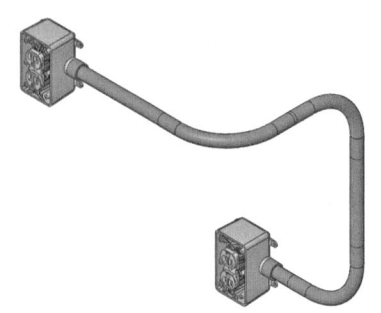

图 9-4 刚性电气导管（2）

 刚性电气导管与管道类似。

9.1.3 柔性电气导管

柔性电气导管是由管道轮廓沿样条曲线扫描而生成的，其中没有弯管，如图 9-5 所示。

根据在端点处连接的零部件将电气导管或管道切割成合适的长度，端点处的状态如图 9-6 所示。

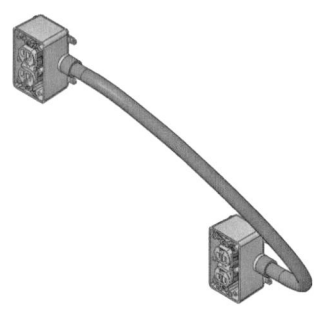

图 9-5 柔性电气导管（2）

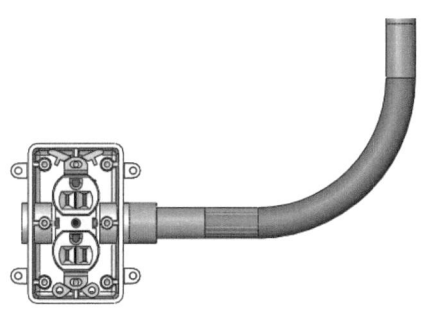

图 9-6 端点处的状态

9.1.4 电气线路

电气线路使用电气导管线路和电气零部件的扩展，如图9-7所示。这同样适用于刚性和柔性电气导管。

1. 混合零部件 电气导管步路需要用到包含电气导管和电气线路连接点的专用混合零部件，如图9-8所示。这使得电气线路可以组合和使用电气导管线路及延伸的电气终端。

2. 终端零部件 终端零部件与其他电气零部件一样含有电气连接点，可以用来中止线路，如图9-9所示。

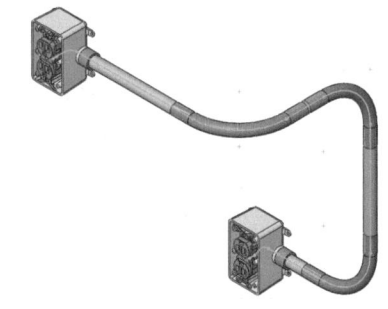

图9-7 电气线路

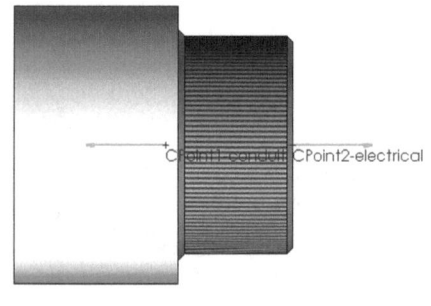

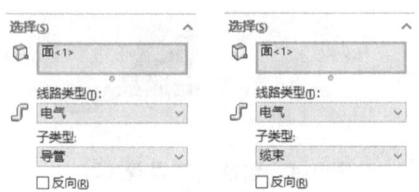

图9-8 混合零部件

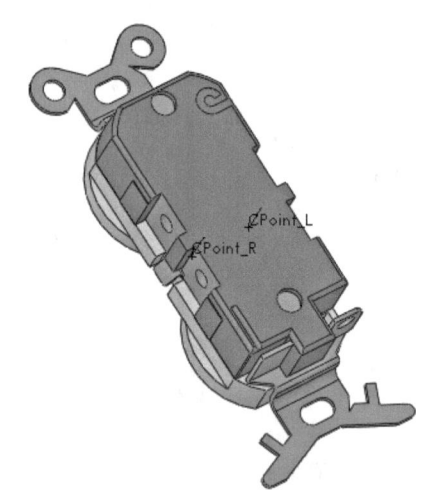

图9-9 终端零部件

9.2 创建刚性电气导管

刚性电气导管与管道相似，由刚性导管的直线部分通过管接头和弯管连接而成。

扫码看视频

操作步骤

步骤1 打开装配体 从文件夹"Lesson09\Case Study\Conduit_Auto"中打开装配体"Conduit_Auto_Routing"。电气导管装配体包含了放置在空间中的两个"pvc inline receptacle box"零部件。

步骤2 添加零部件 从文件夹"design library\routing\conduit"中拖动零部件"pvc conduit--male terminal adapter"到图9-10所示位置。

零部件有多个配置可供选择，以用于多种规格的电气导管。不勾选【列出所有配置】复选框，选择"0.5inAdapter"配置然后单击【确定】，如图9-11所示。

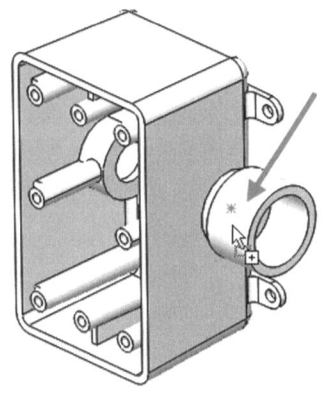

图 9-10 添加零部件　　　　　　图 9-11 选择配置

 提示　　"pvc conduit--male terminal adapter" 零部件是一种特殊的混合零部件，其包含了用于电气导管和电气线路的连接点。由于该原因，当放置该类零部件时，会产生两条端头直线，较长的直线代表导管。

● **电气导管线路属性**　电气导管和管道的电气导管线路属性与电气线路是不同的。由于它们使用刚性管道，因此使用配置来表示不同规格的导管或管道。此外，除了终端端头外，还需要在直线端点处使用接头。可以使用库中的弯管或者其他接头。

 提示　　导管零部件可以在"C:\ProgramData\SolidWorks\SOLIDWORKS 2024\design library\routing\conduit"文件夹中找到。

步骤3　设置线路属性　按图9-12所示设置【线路属性】的选项。

● 【电气】：选择线路中使用的刚性导管（"pvcconduit"在文件夹"design library\routing\conduit"中）。选择"Pipe 0.5 in, Sch 40"作为【基本配置】。不勾选【使用软管】和【使用标准长度】复选框。

● 【折弯-弯管】：像电气导管和管道之类的刚性导管可在线路的终端处自动插入弯管零部件。

如图9-13所示，选中【始终使用弯管】，选择零件"pvc conduit elbow-90deg std radius"。选择"PVC Conduit Elbow--90 deg -0.5 Sch 40"作为【基本配置】。单击【确定】✓。

 提示　　确保勾选【自动生成圆角】复选框。

步骤4　添加第二个零部件　重复以上操作，添加第二个零部件"pvc conduit--male terminal adapter"，两个导管应彼此相对，如图9-14所示。

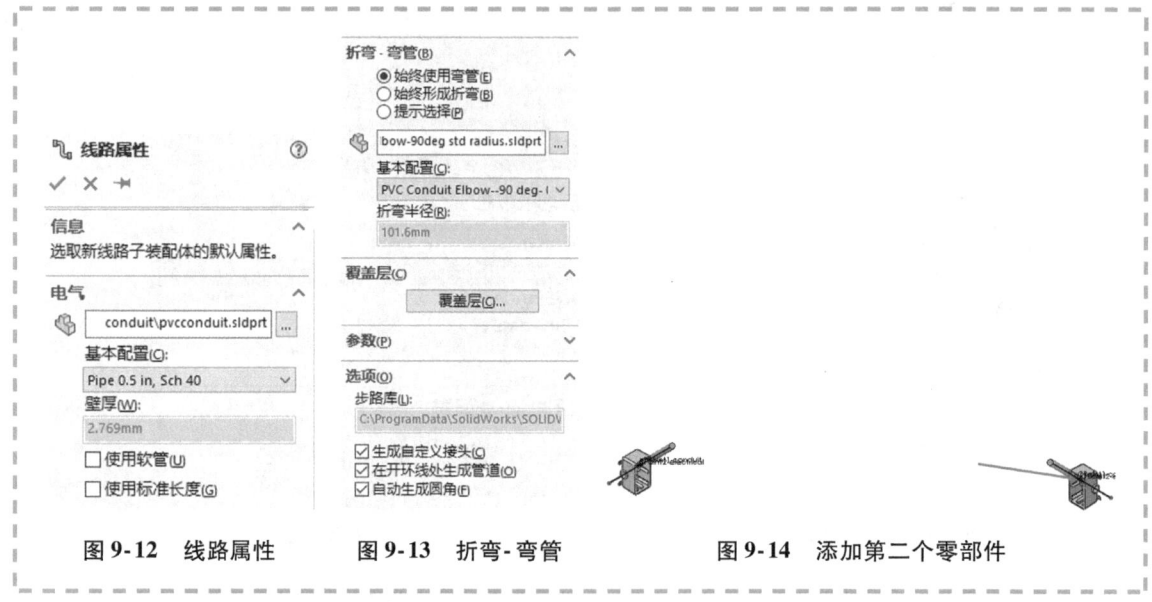

图 9-12 线路属性　　图 9-13 折弯-弯管　　图 9-14 添加第二个零部件

9.3 自动步路中的正交线路

使用【正交线路】选项，会沿着 X 轴、Y 轴和 Z 轴的方向生成直线，并通过草图圆角进行连接。有时候会出现"最短"选项（非正交），这会导致使用多个导管和弯管。这种类型的线路可以使用自动步路或者手动 3D 草图生成。

> 提示　在自动步路之前拖动端头终点（使得线路更长）。本例中提供的解决方案如图 9-15 所示。

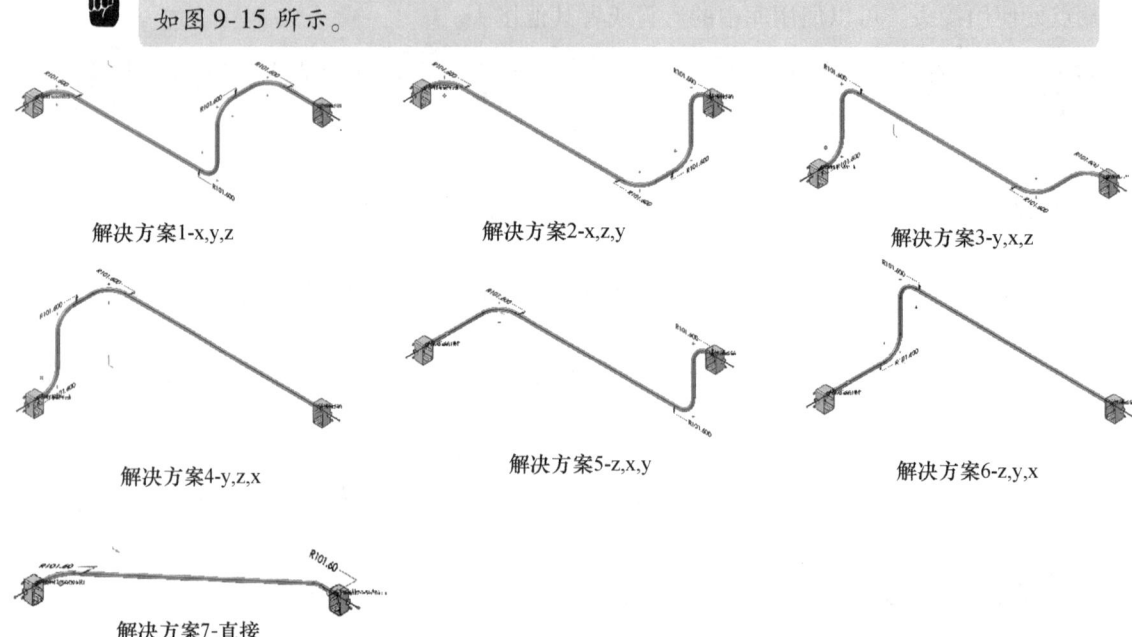

图 9-15 解决方案

- **选择正交方案的技巧**　自动步路为线路提供了多种解决方案，但哪个是最好的呢？表 9-1 列出了一些技巧来帮助用户选择满意的线路。

表 9-1 选择正交方案的技巧

需考虑的因素	技 巧
线路端头	线路端头之间的长度(开始和结束线路的短直线)有时会引起步路失败。拖动线路端头终点,拉长或缩短端头重新检查线路
干涉和间隙	导管和其他零部件是真实的零部件,在创建线路后可以通过【干涉检查】和【间隙验证】来进行测试。在自动步路的方案中干涉和间隙不会被考虑。在选择方案之前寻找明显的零部件和结构干涉
弯管	弯管的数量和类型都是很关键的。观察一些解决方案,会发现有使用非90°弯管的方案。如果库中支持这些特殊类型(如30°和45°弯管),用户就可以使用
导管	导管的数量和长度要求也很关键。包含较多弯管的解决方案也会包含更多的导管。一般情况下,短导管难以使用并且不方便
靠近支撑几何体	在提示的支撑点附近寻找结构几何体,以增加吊(挂)架和步路后支撑
最短	通常存在最短的交替路径,其中会警告该路径是非正交的。尽管有警告,但也可以使用该解决方案

步骤5 设置自动步路 单击【自动步路】,勾选【正交线路】复选框,选择两个端头,如图 9-16 所示。单击【确定】。

图 9-16 设置自动步路

步骤6 选择解决方案 第一个解决方案将出现。使用正交线路下方的向上箭头或单击鼠标右键可以浏览所有方案。选择图 9-17 所示方案后,单击【确定】。

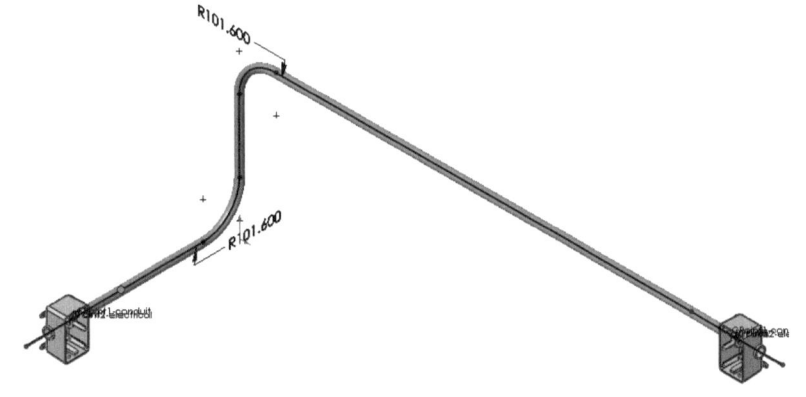

图 9-17 选择解决方案

步骤7 查看线路子装配体 单击【编辑零部件】,关闭线路草图并返回到编辑装配体状态。与管道和管筒一样,FeatureManager 设计树中列出了刚性导管的长度,如图 9-18 所示。

```
▼ 🗀 零部件
  ▷ 🔩 (-) pvc conduit--male terminal adapter<1> (O.5inAdapter<<O.5inAdapter>_Display State 1>)
  ▷ 🔩 (-) pvc conduit--male terminal adapter<2> (O.5inAdapter<<O.5inAdapter>_Display State 1>)
  ▷ 🔩 pvc conduit elbow-90deg std radius<1> (PVC Conduit Elbow--90 deg- 0.5 Sch 40<<PVC Conduit Elbow--90
  ▷ 🔩 pvc conduit elbow-90deg std radius<2> (PVC Conduit Elbow--90 deg- 0.5 Sch 40<<PVC Conduit Elbow--90
▼ 🗀 线路零件
  ▷ 🔩 [ 05inSchedule40^Conduit_7_Conduit_Auto_Routing ]<1> (0.5 in, Schedule 40<显示状态-146>) 1249.99mm
  ▷ 🔩 [ 05inSchedule40^Conduit_7_Conduit_Auto_Routing ]<2> (0.5 in, Schedule 40, 1<显示状态-147>) 196.8mm
  ▷ 🔩 [ 05inSchedule40^Conduit_7_Conduit_Auto_Routing ]<3> (0.5 in, Schedule 40, 2<显示状态-148>) 349.99mm
  ▷ 🔩 [ 管道^Conduit_7_Conduit_Auto_Routing ]<1> (Default<<Default>_PhotoWorks Display State>)
```

图 9-18 查看线路子装配体

9.4 导管中的电气数据

电气数据可以添加到现有的电气导管（刚性管道）线路中。使用在每个端部都带有电气线路延伸的现有线路作为电气数据。

> **提示** 导管和电气电线是同一线路的一部分。

步骤 8 编辑线路 返回到装配体，然后单击【编辑线路】。

步骤 9 添加零部件 如图 9-19 所示，将文件夹"Lesson09 \ Case Study \ Conduit _ Auto"下的"rear _ feed _ duplex"零部件拖放到"pvc inline receptacle box _ 1"零部件中。配合参考将完全约束该零部件。

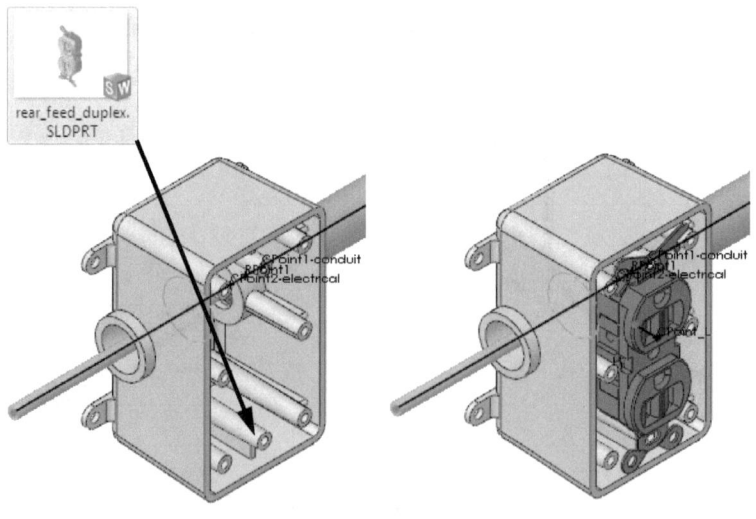

图 9-19 添加零部件

> **提示** 如果已经使用【添加文件位置】添加了文件夹，则可以直接从设计库中拖放该零部件。

- **开始步路和添加到步路** 放置接头后可以启动并添加线路。如果零部件在被拖放后不启动线路,则可以使用可见的连接点。如果不勾选【在接头/连接器落差处自动步路】复选框,那么就需要进行以下操作。但在本例中是不需要的。

知识卡片	开始步路和 添加到步路	• 快捷菜单:右键单击连接点,然后单击【开始步路】。 • 快捷菜单:右键单击连接点,然后单击【添加到步路】。

- **显示步路点** 显示或者隐藏步路点的方法如下。

知识卡片	显示步路点	• 菜单:【视图】/【隐藏/显示】/【步路点】。 • 前导视图工具栏:【隐藏/显示项目】👁/【观阅步路点】🔸。

步骤10 **添加第二个零部件** 拖放第二个零部件"rear_feed_duplex"到图9-20所示位置。

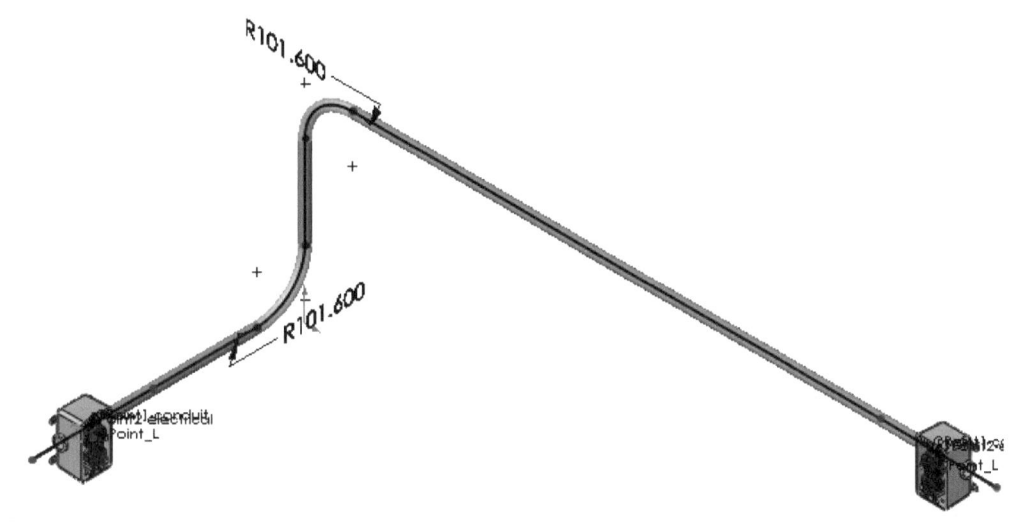

图9-20 添加第二个零部件

步骤11 **放大显示端部** 隐藏两个"pvc inline receptacle box"零部件,更改视图方向并放大显示其中的一端。

步骤12 **自动步路** 拖动以缩短"pvc conduit--male terminal adapter"端点。识别零部件上的 CPoint_L 连接点。单击【自动步路】,不勾选【正交线路】复选框。按图9-21所示连接两个端头。

此时,出现以下信息:"您是否想为多个管脚接头创建接合点?"单击【否】。

步骤13 **重复操作** 在线路的另一端重复以上操作,如图9-22所示。

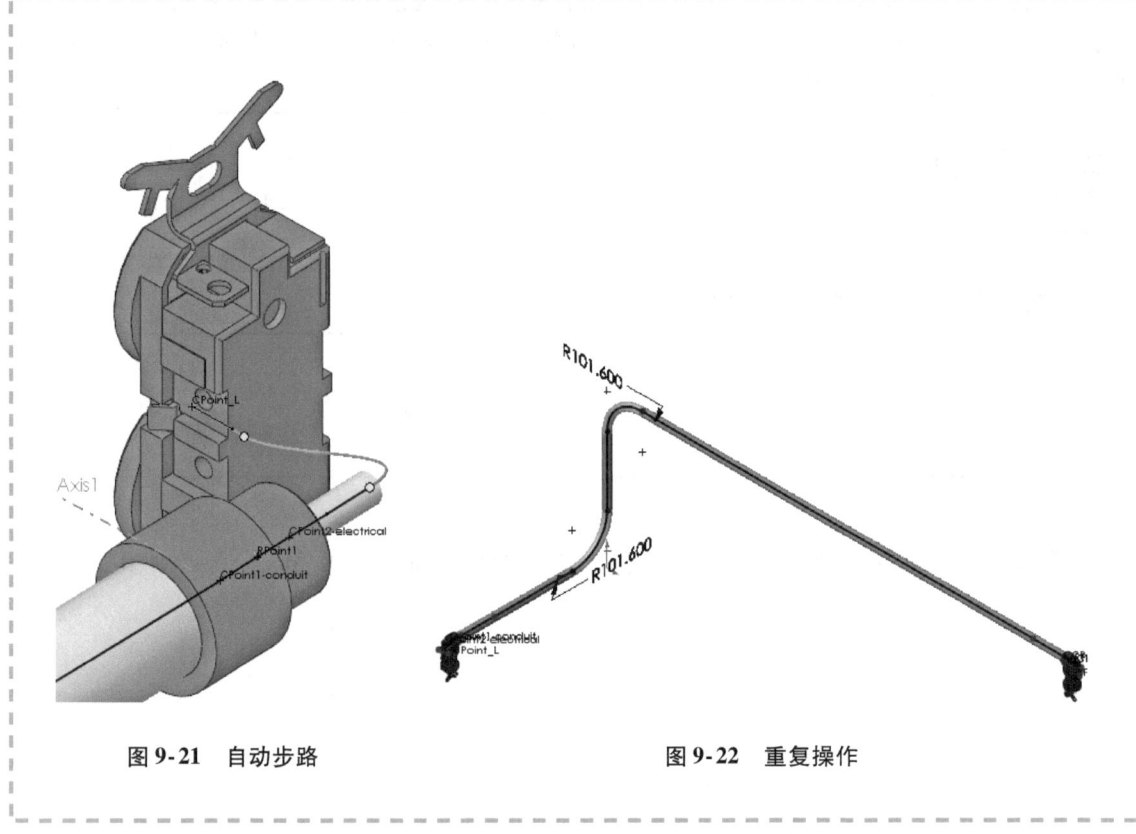

图 9-21 自动步路　　　　　图 9-22 重复操作

9.4.1 编辑库

在电气库中，通过编辑和保存电缆电线库和零部件库可以创建新的库。

创建电缆电线库后，电线可以应用于任何线路。用户也可以编辑 Excel 文件并将其导入（输入电缆电线库），导入的文件是 xml 格式。

| 知识卡片 | 电缆电线库向导 | •【Routing Library Manager】PropertyManager：【电缆电线库向导】。 |

步骤14　设置【电缆电线库向导】　单击【电缆电线库向导】，选择【打开现有库（XML 格式）】，单击【下一步】。选择【电线库】，双击【名称】列中下一个可用的单元格以进行编辑。在单元格中输入"Black，12G"。其他项目按图 9-23 所示填写。

> 提示　若想更改单位，可以使用【Routing 文件位置和设定】中的【Routing Library Manager 单位】选项。

步骤15　另存为　单击【另存为】，将文件命名为"Wire_1"，并保存为 xml 格式文件，保存在"Lesson09\Case Study"文件夹中。

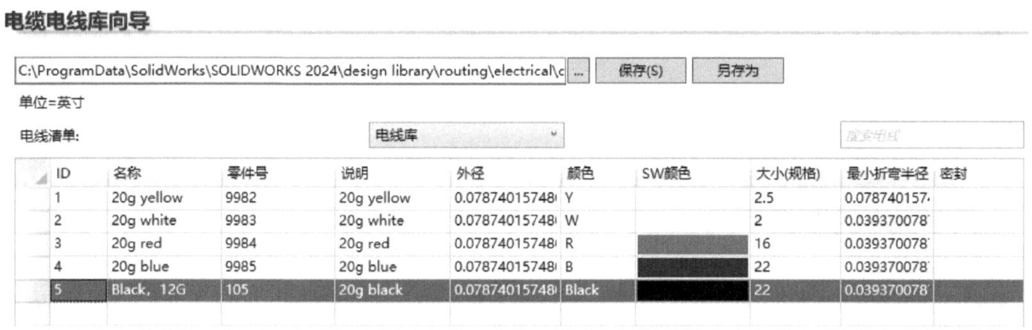

电缆电线库向导

C:\ProgramData\SolidWorks\SOLIDWORKS 2024\design library\routing\electrical\c ... 保存(S) 另存为

单位=英寸

电线清单: 电线库

ID	名称	零件号	说明	外径	颜色	SW颜色	大小(规格)	最小折弯半径	密封
1	20g yellow	9982	20g yellow	0.07874015748	Y		2.5	0.078740157	
2	20g white	9983	20g white	0.07874015748	W		2	0.039370078	
3	20g red	9984	20g red	0.07874015748	R		16	0.039370078	
4	20g blue	9985	20g blue	0.07874015748	B		22	0.039370078	
5	Black, 12G	105	20g black	0.07874015748	Black		22	0.039370078	

图 9-23 设置【电缆电线库向导】

步骤 16 选择文件 单击【Routing 文件位置和设定】选项卡。选择【电缆电线库】和“Lesson09 \ Case Study”文件夹中的文件“Wire_1. xml”。单击【确定】。

9.4.2 定义电缆

和电线一样，用户可以用同样的方法生成和应用电缆，操作时的对话框也是相同的。不同之处在于将电缆定义为具有多股芯线的电线。

1. 电缆 使用电缆名称、零件号以及其他类似于定义电线的数值来定义电缆，其中包含的决定电缆里面所含电线数量的【芯线数】是电缆所特有的参数，如图 9-24 所示。

ID	电缆名称	零件号	说明	外径	颜色	SW颜色	芯线数	最小折弯半径
1	UL-TEL-4	9000-TEL	4 line solid telephone	0.0015			4	0

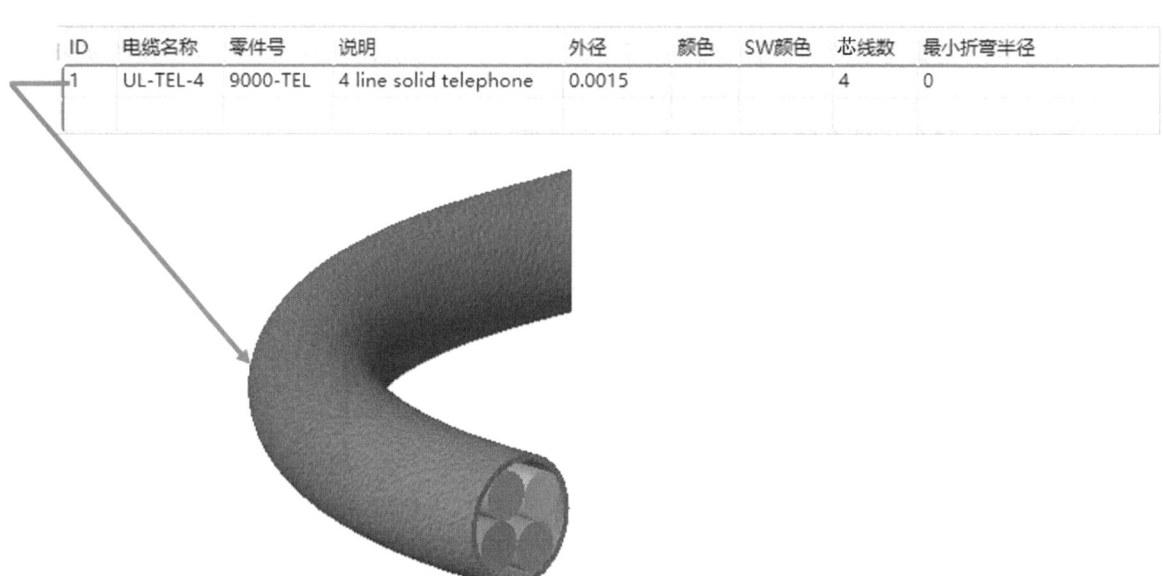

图 9-24 电缆

本例的文件“tel _ cab. xml”是电话中使用的电缆。

2. 芯线 根据为电缆列出的芯线数，每根芯线都需要有芯线说明，用来描述该电缆中具有唯一名称的电线,如图9-25所示。

提示 电缆的芯线都是以圆周阵列的方式排列在最佳位置,如图9-26所示。

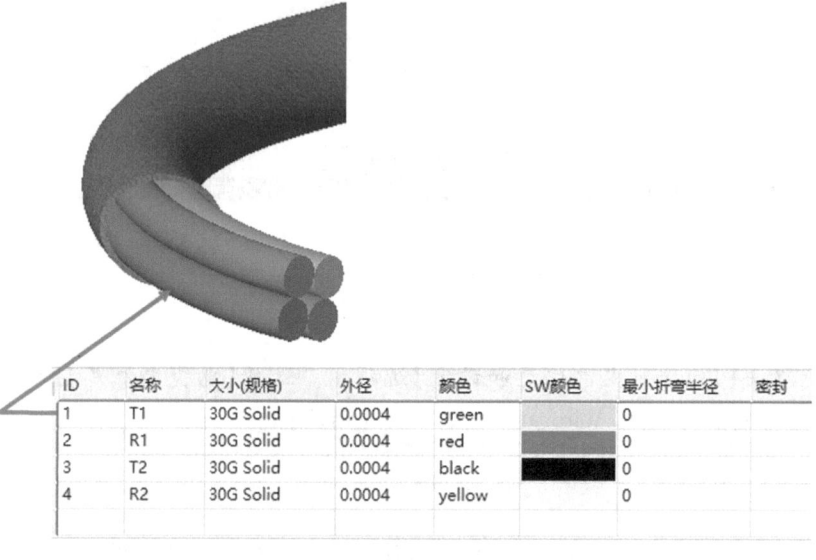

图 9-25 芯线列表

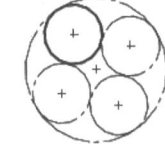

图 9-26 电缆的芯线

步骤17 选择库 单击【编辑电线】，然后选择"Black, 12G"，单击【添加】和【确定】。

步骤18 选择零部件 在【电线'从-到'清单】中选择电线，然后选择电线连接的零部件。这样就定义了线路连接并为该线路分配了电线。单击【确定】。

步骤19 保存 保存线路子装配体为外部文件。

9.4.3 电气导管工程图

可以为电气导管线路创建包括材料明细表的工程图。最好使用列中包含管道长度属性的模板，将电气导管的长度导入表格中。

提示 电气导管线路不能使用【平展线路】命令。

步骤20 创建工程图 单击【从零件/装配体制作工程图】，并创建新的工程图（本例中使用 A(ANSI)-横向的图纸格式）。右键单击工程图中的视图，然后单击【电气表】/【电气材料明细表】。使用素材文件夹"SOLIDWORKS Routing-Electrical"下的"Piping BOM Template"模板。使用相同方法添加【切割清单】。单击【工程图】/【局部视图】，然后添加一个圆，如图9-27所示。

步骤21 共享、保存并关闭所有文件

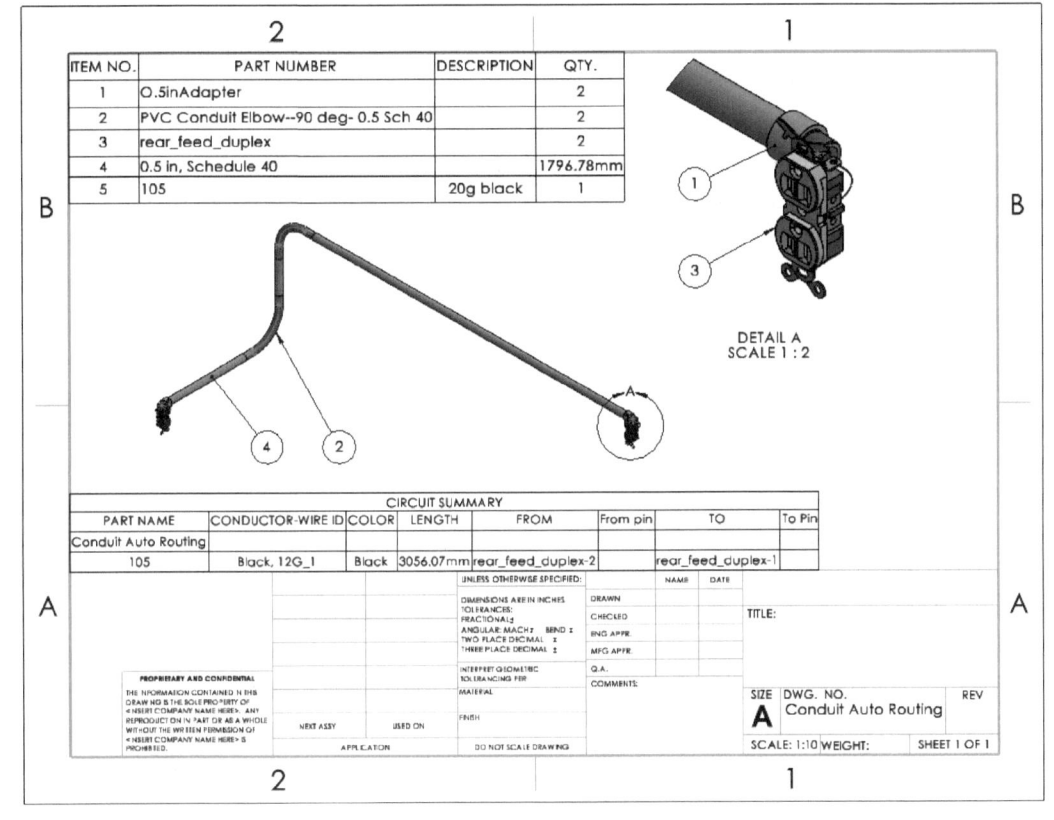

图 9-27 创建工程图

9.5 手动草图步路

对于简单的步路或使用自动步路不能得到所需结果时,可以手动编辑用于线路的 3D 草图。

9.5.1 3D 草图

当使用电气导管、管筒和管道时,3D 草图是必不可少的。这些类型所使用的刚性管道是由 3D 空间中的线段定义的。本例中的 3D 草图是通过〈Tab〉键切换的方法,从默认的 XY 平面切换到 YZ 平面和 XZ 平面的。

扫码看视频

操作步骤

步骤 1 打开装配体 从文件夹 "Lesson09 \ Case Study \ Conduit _ Manual" 中打开现有装配体 "Conduit _ Manual _ Routing"。电气导管装配体包含了放置在空间中的两个 "pvc inline receptacle box" 零部件。

步骤 2 添加零部件 从 "design library \ routing \ conduit" 文件夹中拖放一个 "pvc conduit--male terminal adapter" 零部件到图 9-28 所示位置。

使用图 9-29 所示的设置,选择【提示选择】选项,不勾选【自动生成圆角】复选框。

步骤3 拖动 在【自动步路】对话框中单击【编辑(拖动)】。向外拖动端头末端，使它们能彼此相交，如图9-30所示。

步骤4 剪裁 单击【工具】/【草图工具】/【剪裁实体】，按图9-31所示裁剪掉多余的部分。

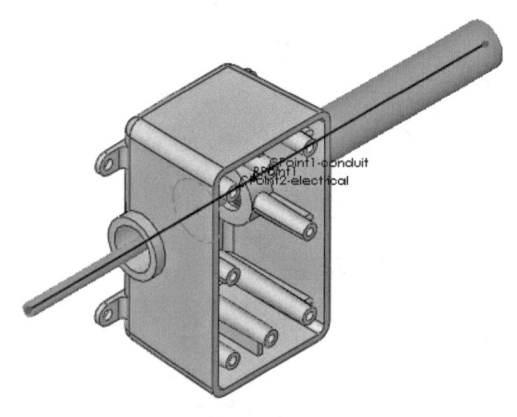

图9-28 添加零部件

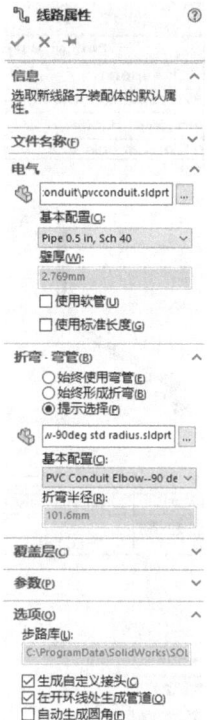

图9-29 线路属性

图9-30 拖动

图9-31 剪裁

提示 在剪裁后可能会出现警告，但在添加弯头后会消失。

9.5.2 拖放配件

可以通过拖放来添加串联配件,如"pvc conduit--pull-elbow-90deg"或"pvc conduit--coupling(std)"。

步骤5 拖放 拖放"pvc conduit--pull-elbow-90deg"零部件到公共端点,如图9-32所示。选择配置"0.5 in PVC Conduit Pull Elbow",然后单击【确定】。

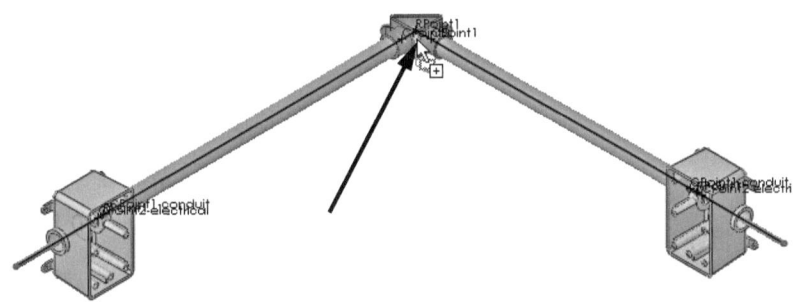

图 9-32 拖放

步骤6 拖放第二个零部件 拖放"pvc conduit--coupling(std)"零部件到公共端点。选择配置"0.5 inAdapter",然后单击【确定】。按图9-33所示添加尺寸标注。

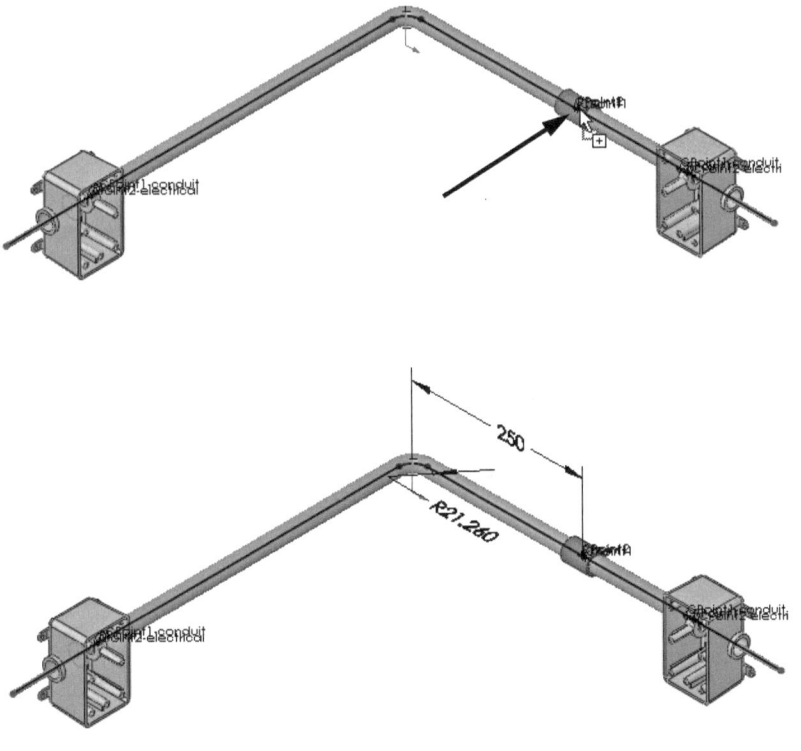

图 9-33 添加尺寸标注

步骤7 添加电线 添加"rear_feed_duplex"零部件,自动步路并使用与上一个线路相同的方法添加电线,如图9-34所示。

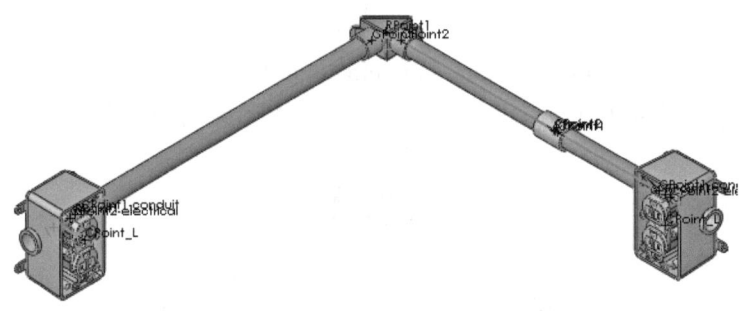

图9-34 添加电线

步骤8 保存但不关闭装配体

9.6 创建柔性电气导管

用户可以使用导管零部件和勾选【使用软管】复选框来创建柔性电气导管。该柔性选项出现在【线路属性】中。

扫码看视频

操作步骤

步骤1 压缩线路 压缩在本章前面创建的线路子装配体。

步骤2 拖放零部件 按9.2小节步骤2中的方法,拖放"pvc conduit--male terminal adapter"零部件。

步骤3 设置线路属性 在【线路属性】中勾选【使用软管】复选框,单击【确定】,如图9-35所示。

步骤4 添加第二个零部件 按9.2小节步骤4中的方法,添加第二个零部件实例。

步骤5 自动步路 单击【编辑(拖动)】,缩短两个端头末端之间的距离。单击【自动步路】,连接两个端头末端,如图9-36所示。

图9-35 设置线路属性

图9-36 自动步路

> 技巧 若勾选了【线路属性】中的【使用软管】复选框，将使用样条曲线连接两个端点。
>
> 步骤6 共享、保存并关闭所有文件

● **穿过管道和电缆槽的电气导管** 可以重复使用刚性线路几何体来创建"穿过"现有几何体的电气线路。电气接头会附加到现有线路的末端。

在本教程的后续章节中将讲解电气管道、电缆槽和HVAC（供热通风与空气调节）线路的创建知识。其基本步骤如下：

1）添加电气零部件。编辑现有的管道或电缆槽线路，在末端附近放置电气零部件。图9-37中使用的是电气设计库中的"plug-usb1"零部件。

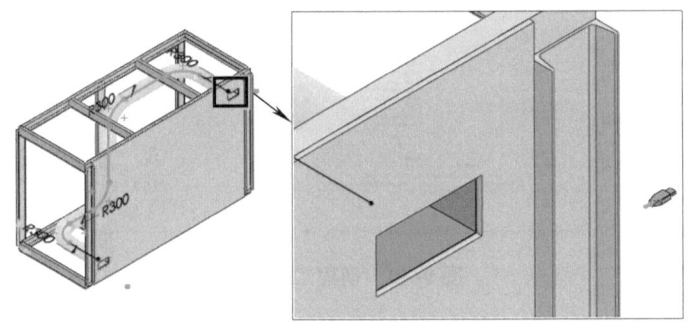

图9-37 添加电气零部件

> 提示 【线路属性】中应设置为【线束】。

2）连接线路。单击【自动步路】，连接管道或电缆槽线路的端点和两端的电气零部件，如图9-38所示。

3）添加电线或电缆。使用【编辑电线】在线路上添加电线或电缆，如图9-39所示。

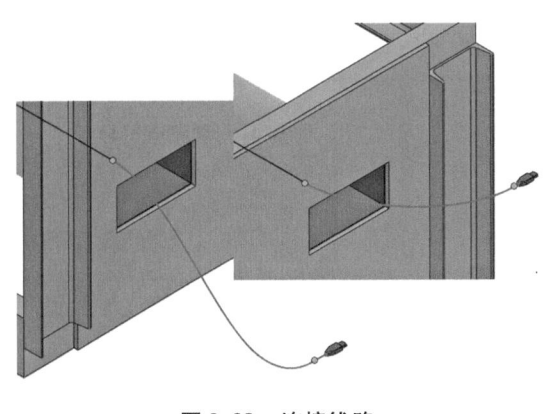

图9-38 连接线路

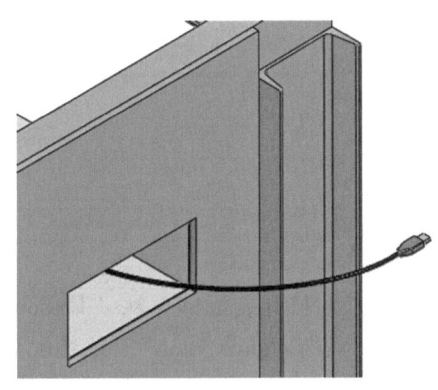

图9-39 添加电线或电缆

4）创建工程图。可以使用线路创建工程图，将管道和电气信息都包括在内，如图9-40所示。

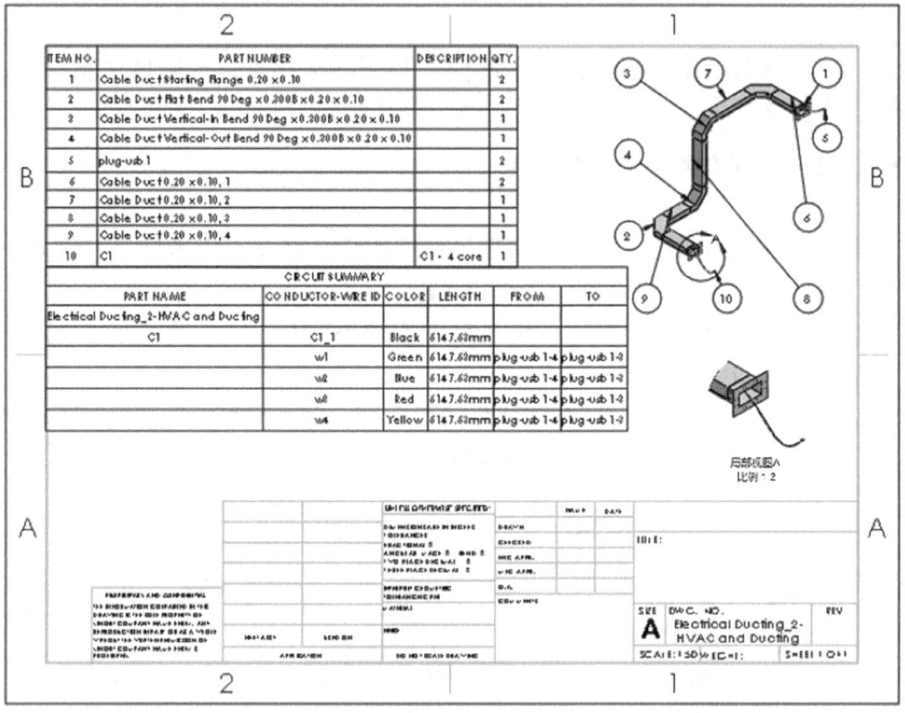

图 9-40 创建工程图

练习 9-1 创建电气导管

创建包含电气数据的刚性和柔性电气导管,结果如图 9-41 所示。

本练习将应用以下技术:
- 刚性电气导管。
- 3D 草图。
- 电气导管工程图。

单位:in(英寸)。

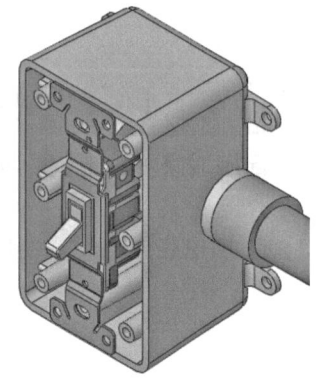

图 9-41 创建电气导管

操作步骤

步骤 1 打开装配体 从"Lesson09 \ Exercises \ electrical conduits"文件夹内打开现有的装配体"Conduit _ Lab",该装配体包含两个零部件,如图 9-42 所示。

步骤 2 创建导管线路 添加两个零部件"pvc conduit- -male terminal adapter",选择配置"0.5inAdapter"。使用弯管零件"pvc conduit elbow-90deg std radius",其配置为"PVC Conduit Elbow- -90 deg - 0.5 Sch 40"。

在零部件之间创建新线路,按图 9-43 所示添加 400mm 的尺寸标注。

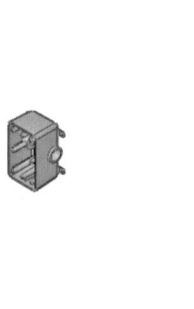
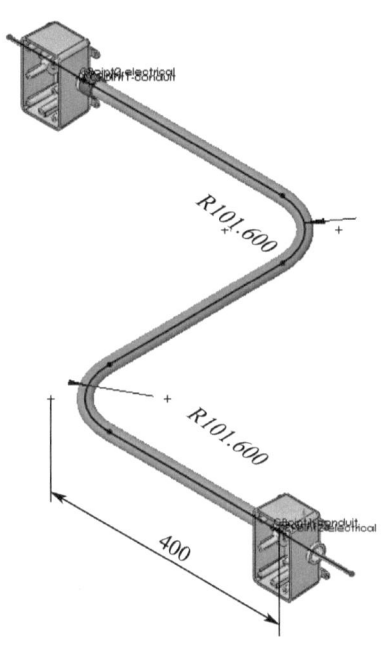

图 9-42 打开装配体   图 9-43 添加尺寸标注

- **电气线路** 向装配体中添加电气零部件和电气线路来完成电气导管线路。

步骤 3 添加零部件 使用配合参考,从文件夹"Lesson09 \ Exercises \ electrical conduits"中添加零部件"rear_feed_duplex"和"std switch",如图 9-44 所示。

步骤 4 编辑电气线路 在零部件"rear_feed_duplex"和"std switch"之间添加新线路。使用【编辑电线】从电缆库中添加一条 20g red 电线,结果如图 9-45 所示。

步骤 5 创建工程图 创建包含等轴测视图的线路子装配体工程图。右键单击工程图视图,然后单击【电气表】/【电气材料明细表】和【切割清单】,如图 9-46 所示。

添加材料明细表,选择模板"Piping BOM Template"和"bom-circuit-summary"。

步骤 6 共享、保存并关闭所有文件

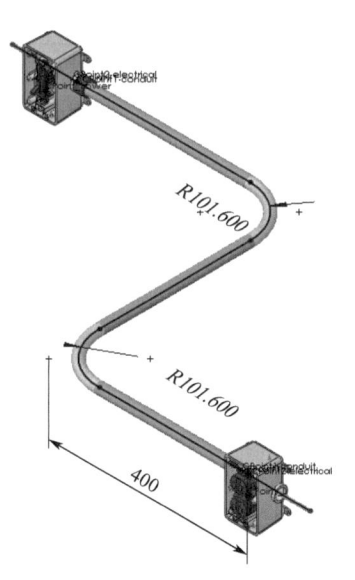

图 9-44 添加零部件

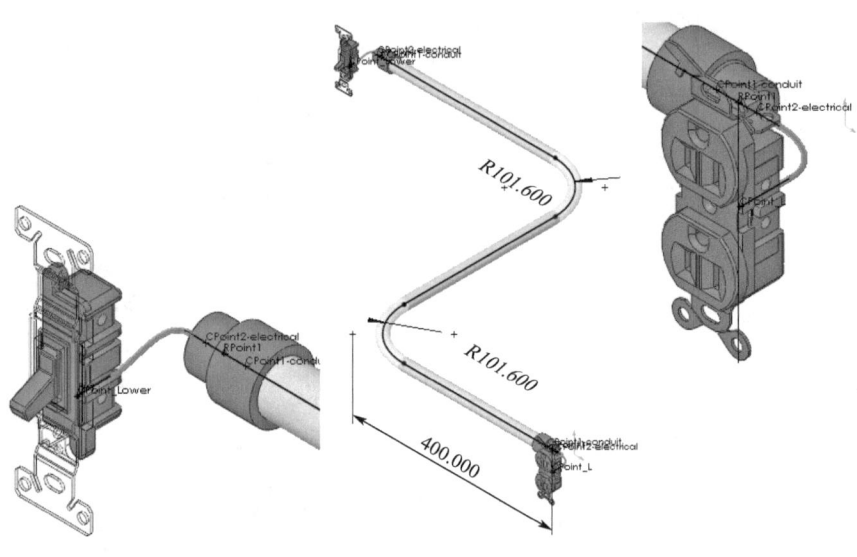

图 9-45 编辑电气线路

图 9-46 创建工程图

练习 9-2　添加电缆和编辑导管

编辑已有的电气导管线路来增加电缆,结果如图 9-47 所示。
本练习将应用以下技术:
- 编辑库。

单位:in(英寸)。

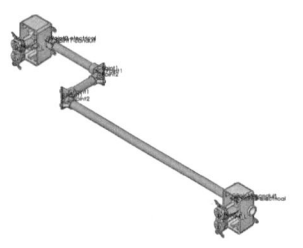

图 9-47　添加电缆和编辑导管

操作步骤

步骤 1　打开装配体　从文件夹 "Lesson09 \ Exercises \ adding cables" 中打开现有装配体 "adding cables"。

步骤 2　打开文件　使用【Routing Library Manager】中的【电缆电线库向导】打开 "cable.xml" 文件,然后将其另存为 "Student _ Cables.xml" 到本地文件夹内。

步骤 3　添加电缆　使用【电缆电线库向导】编辑 "Student _ Cables.xml" 文件,添加电缆 "Marine 12-2"(见表 9-2),该电缆包含两根芯线(见表 9-3)。

表 9-2　电缆

电缆名称	零件号	说　明	外径	SW 颜色	芯线数	最小折弯半径
Marine 12-2	M12-2	Marine, 12g, Stranded	0.165in	Blue	2	0.25in

表 9-3　芯线

名　称	大小(规格)	外　径	SW 颜色	最小折弯半径
Red 12G	12G	0.081in	Red	0.06in
Yellow 12G	12G	0.081in	Yellow	0.06in

步骤 4　编辑电线　使用【编辑电线】,选择 "Student_Cables.xml" 文件,并将该电缆应用于线路。

 提示　　注意,必须通过【步路文件位置】选择 xml 文件。

步骤 5　共享、保存并关闭所有文件

第 10 章 管 道 线 路

扫码看视频

学习目标
- 了解零部件和线路零件的不同
- 管道的正交自动步路
- 创建自定义步路装配体模板
- 添加新的线路规格模板

10.1 管道线路概述

管道线路与电气线路、电气导管和管筒线路不同。这些线路都是使用刚性管道,在线段的端点处自动创建圆角,以便在线路中添加弯管,同时使用自动步路工具和正交选项,如图 10-1 所示。

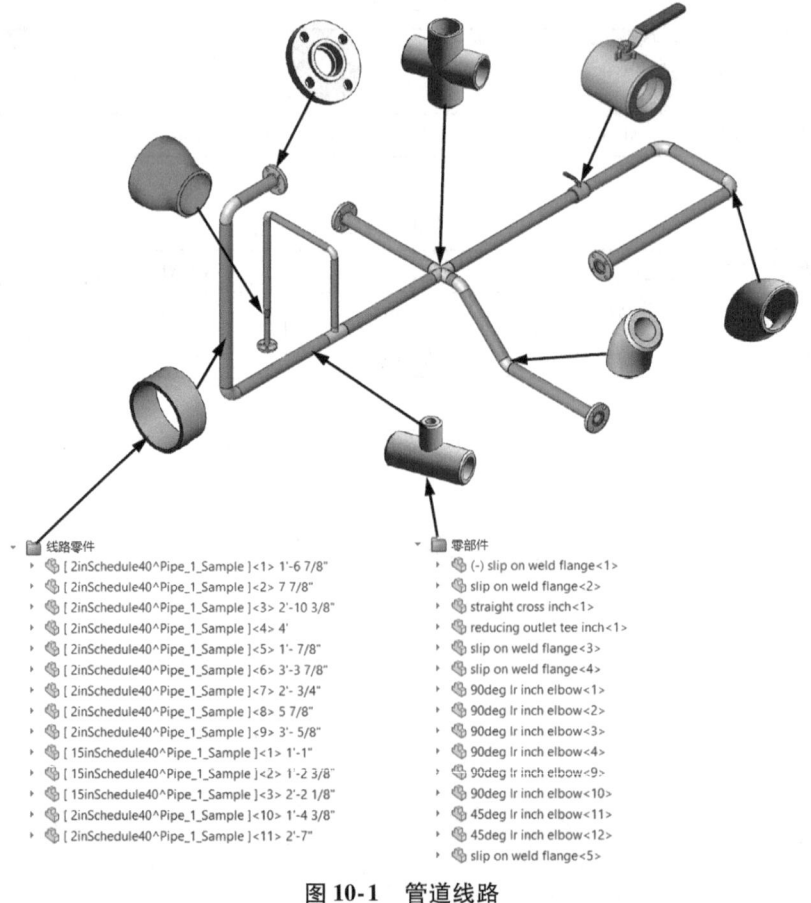

图 10-1 管道线路

10.1.1 典型管道线路

典型的管道线路由不同长度的管道零部件组成,这些管道零部件由弯管、三通、变径管和管道末端法兰连接。在 FeatureManager 设计树中,它们被分别置于"线路零件"文件夹(放置管道)和"零部件"文件夹(放置弯管、三通、变径管等)中。

10.1.2 线路草图

如图 10-2 所示,"路线 1"下的"3D 草图 1"定义了各个零部件的位置和管道的长度。

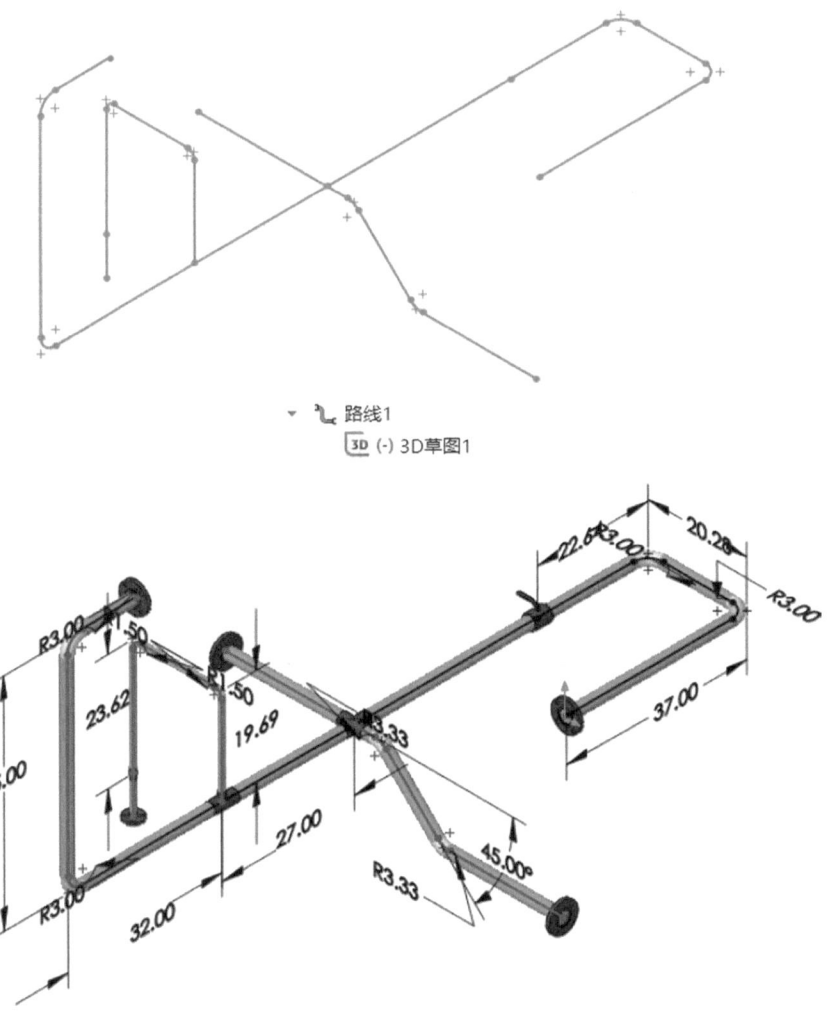

图 10-2 线路草图

10.2 管道及其零部件

管道线路使用基于直线几何体的刚性管道。除了管道之外,还有多种不同类型的零部件可以用于管道线路。

提示 和管筒线路不同，管道线路没有柔性线路。

很多零部件都有其特殊的步路特征：连接点（CPoint）和步路点（RPoint）。

10.2.1 管道

管道可放置于线路的任何部分，它们被线路中其他零部件分割成不同的长度。根据管道类型的不同，管道可以做成不同尺寸，并有不同的用途，如图10-3所示。

管道被创建为拉伸特征，因为它仅处理直线正交线路类型。

图 10-3 管道

10.2.2 末端零部件

末端零部件用在线路的起始和结束部分，一般用于连接管道线路外的设备。

法兰一般位于草图末端，但是其可以相互连接而形成线路连接。法兰包含1个连接点和1个步路点，并在连接点的位置把管道切断，如图10-4所示。

10.2.3 内部零部件

内部零部件用在线段末端，一般在线路草图的边界内。

1. 弯管 弯管放置于改变草图线方向的草图圆角上。有多种类型的弯管，常用的为90°和45°两种。弯管有2个连接点和1个步路点，并在连接点的位置把管道切断，如图10-5所示。

2. 三通 三通可以用于3条线段共用一个公共端点且为直角的位置。有相同半径和变径三通两种可供使用。三通有3个连接点和1个步路点，并在连接点的位置把管道切断，如图10-6所示。

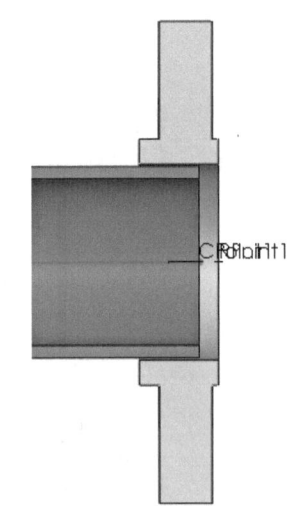

图 10-4 法兰

3. 四通 四通可以用于4条线段共用一个公共端点且为直角的位置。有相同半径和变径四通两种可供使用。四通有4个连接点和1个步路点，并在连接点的位置把管道切断，如图10-7所示。

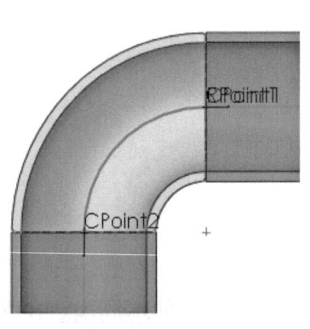

图 10-5 弯管

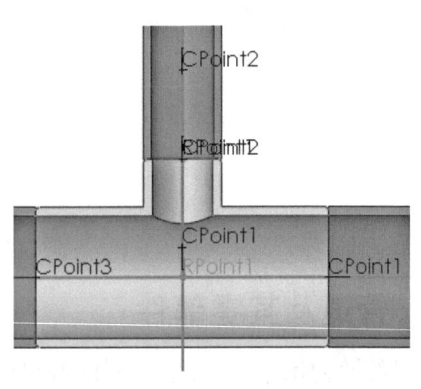

图 10-6 三通

4. 变径管 变径管可以用于 2 条线段共线并共用一个公共端点的位置。有标准和偏心变径管两种可供使用。变径管有 2 个连接点和 1 个步路点，并在连接点的位置把管道切断，如图 10-8 所示。

5. 其他类型 线路中还可以使用多种其他类型的内部零部件，包括阀门、过滤器、泵、设备、垫片和其他需要的零部件，如图 10-9 所示。设计库中包含阀门装配体，零部件和装配体都可以使用。

这些零部件在线路中一般由法兰连接。它们有 2 个连接点和 1 个步路点。变径管把管道在连接点处切断。对于装配体，它们可能还包含 ARPoint 和 ACPoint。

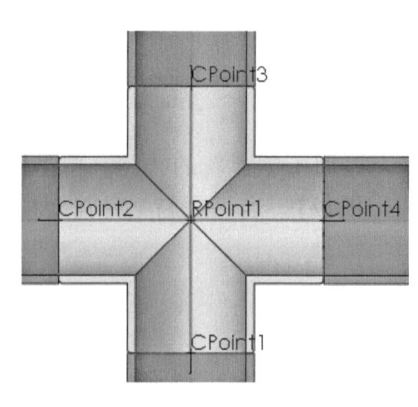 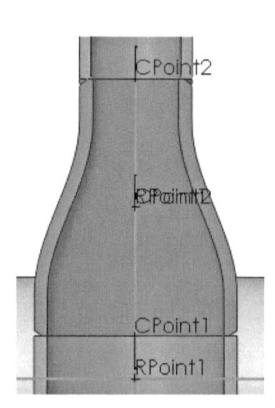 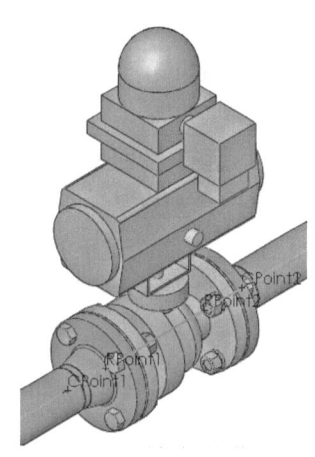

图 10-7　四通　　　　　　　　图 10-8　变径管　　　　　　　图 10-9　其他类型零部件

10.3　步路装配体模板

步路装配体模板用于线路子装配体的步路创建。默认的步路模板"routeAssembly"保存在文件夹"C:\ProgramData\SOLIDWORKS\SOLIDWORKS 2024\templates"中。用户还可以创建自定义步路模板。

 提示　　步路模板本质上和标准装配体模板不同，虽然它们的文件类型是一样的。一个标准的装配体模板是不能用于取代步路模板的。

10.3.1　创建自定义步路模板

打开默认步路模板"routeAssembly"并修改。一般能够更改的内容是【文档属性】中的【绘图标准】、【尺寸】、【单位】和【小数取整】。

操作步骤

步骤 1 打开步路装配体模板　从"C:\ProgramData\SOLIDWORKS\SOLIDWORKS 2024\templates"文件夹中打开默认步路装配体模板"routeAssembly.asmdot"。

步骤 2 修改文档属性　使用【工具】/【选项】/【文档属性】来进行修改：
- 绘图标准：【总绘图标准】= ANSI。
- 尺寸：【文本】/【字体】= Century Gothic、常规、28 点。

- 单位:【自定义】/【长度】= 英尺和英寸,【小数】= 无,【分数】= 8,单击【从圆整到最近的分数值】并单击【从 2′4″转成 2′-4″格式】。
- 小数取整:含零取整。

这将创建一个自定义英尺和英寸格式,尺寸四舍五入到最接近 1/8″的步路模板。

 提示　或者创建一个基于 MMKS 的步路装配体模板,其中 mm 的精度设置为小数点后零位。

步骤 3　另存为步路装配体模板　单击【文件】/【另存为】并重新命名为 "FT-IN_routeAssembly",关闭但不保存原文件。

10.3.2　选择步路装配体模板

一旦用户创建了一个或多个步路装配体模板,这些模板就可以用于创建新的线路。单击【工具】/【选项】/【系统选项】/【默认模板】,单击【提示用户选择文件模板】。当每次新文件需要模板时,系统都会提示用户选择文件模板。

技巧　该选项可以提示用户在任何时候创建新文件时都要选择一个模板,不管是零件、装配体还是工程图。

步骤 4　提示选择　单击【工具】/【选项】/【系统选项】/【默认模板】,并单击【提示用户选择文件模板】。

步骤 5　打开装配体　从文件夹 "Lesson10\Case Study\Piping" 中打开现有的装配体 "Piping",如图 10-10 所示。

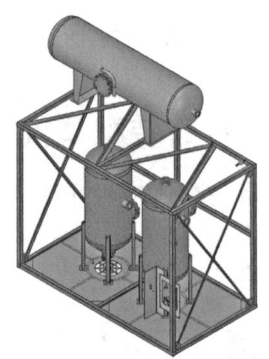

图 10-10　"Piping" 装配体

10.4　创建管道线路

管道线路通常通过将法兰连接到现有设备几何体并在它们之间自动步路来创建,用户也可以再添加其他零部件以完成线路。在本例中,将在已有的储罐和阀门之间创建线路,如图 10-11 所示。

 提示　这些线路仅用于演示多种不同的步路技术,而不是现实中的管道线路。

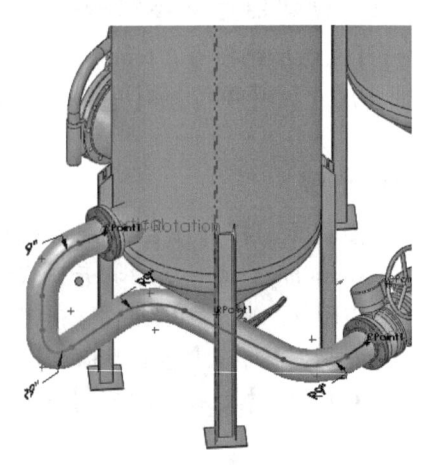

图 10-11　创建管道线路

步骤6 开始步路 在"Pump_Strainer_Valve"的法兰上添加一个"slip on weld flange",并使用配置"Slip On Flange 150-NPS6",如图10-12所示。

> 提示 仅有6in的配置显示在对话框中(如果不勾选【列出所有配置】复选框),因为系统会从零部件中自动读取合适的管道直径,如图10-13所示。

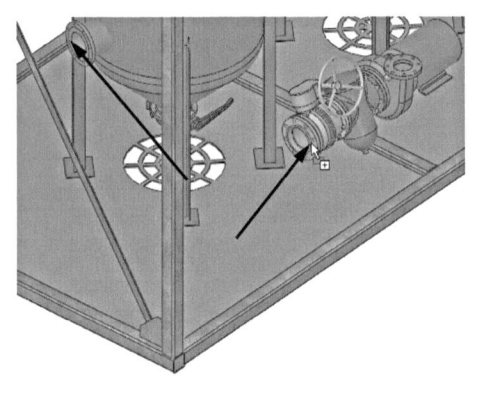

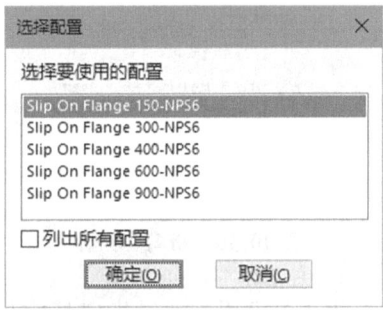

图10-12 开始步路　　　图10-13 选择配置

10.4.1 线路属性

【线路属性】用于设置创建的线路。这些设置包括用于步路的管道明细和大小以及弯管类型。

1. 线路规格 【线路规格】用于选择线路属性模板,如图10-14所示,该模板定义了尺寸范围、明细表或者自定义的弯管,从而最小化和限制创建管道线路时所需的选择。用户可以使用【Routing Library Manager】中的【线路属性】选项卡来创建线路属性模板。

> 提示 若要有选择地更改各个设置,请参考144页的"自定义设置"。

使用线路规格模板可能会导致【管道】和【折弯-弯管】选项不能使用。在本例中,不勾选【线路规格】复选框。

2. 管道 【管道】部分用于描述线路中管道的物理外形。【基本配置】通常通过直径和明细表设置管道的尺寸,如图10-15所示。

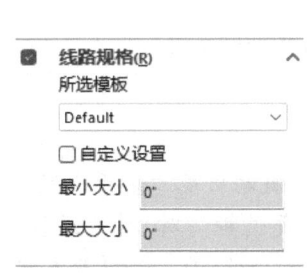

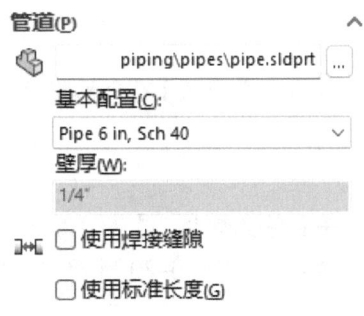

图10-14 线路规格　　　图10-15 管道

3. 折弯-弯管　【折弯-弯管】选项一般用来确定线路在直线端点处的作用。【始终使用弯管】选项会在端点处放置默认的弯管零部件,其他选择包括使用折弯和提示,如图10-16所示。

弯管的默认类型是90°弯管。如果遇到不是直角的角度,会出现对话框以提示选择一个合适的弯管。

4. 覆盖层　【覆盖层】是用于管道外部的虚拟材料,如图10-17所示。覆盖层的信息会出现在材料明细表和工程图中。

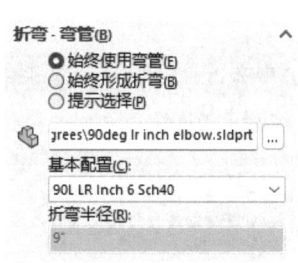

图 10-16　折弯-弯管

图 10-17　覆盖层

5. 参数　此选项可用于通过指定特定值来限制管道和管筒配置的选择,这需要在零部件的设计表中具有特定的属性,如图10-18所示。

6. 选项　【选项】用于设置步路库的路径位置和在线路草图中自动生成的管道和圆角的其他选项,如图10-19所示。

- **自定义设置**　【自定义设置】复选框用于覆盖线路规格。模板用于控制管道规格或管道大小。如果不勾选【自定义设置】复选框,选定的线路规格模板设置显示为灰色且无法更改。如果勾选【自定义设置】复选框,则可以更改线路规格模板。

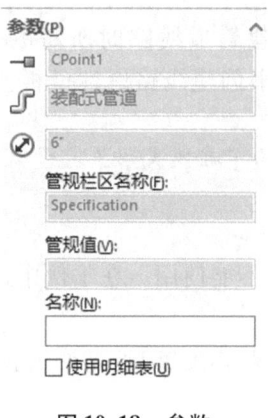

图 10-18　参数

图 10-19　选项

【自定义设置】不会根据直径差异而自动调整折弯半径。

步骤7　设置线路属性　【线路属性】会在法兰放置后自动出现,用于设置线路中管道和弯管的重要参数,如图10-20所示。不勾选【线路规格】复选框。对于【管道】,从设计库的文件夹"piping \ pipes"中选择"pipe",并选择"Pipe 6 in, Sch 40"作为【基本配置】。

对于【折弯-弯管】,从文件夹"piping \ elbows \ 90degrees"中选择"90deg lr inch elbow"。【基本配置】设置为"90L LR Inch 6 Sch40"。

勾选【选项】内的三个复选框,单击【确定】✓。

> 提示 本例中不会使用特定的线路模板。

步骤8 选择线路模板 当【线路属性】关闭时,会出现【新建 SOLIDWORKS 文件】对话框。选择"FT-IN-routeAssembly"模板。单击【确定】,如图 10-21 所示。

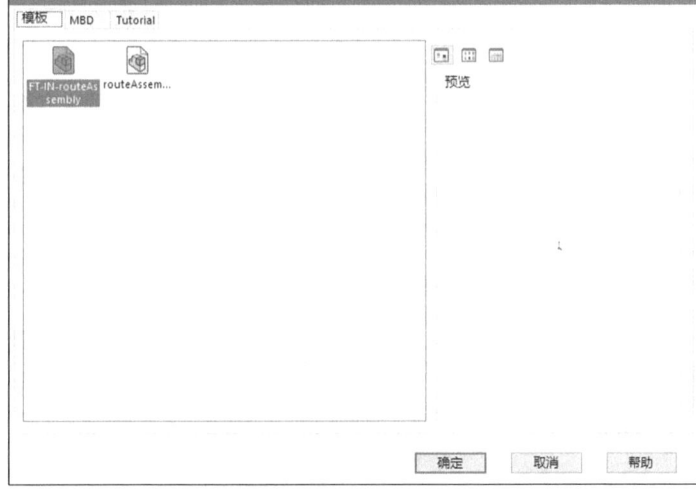

图 10-20 线路属性   图 10-21 选择线路模板

步骤9 添加法兰 添加另外一个"slip on weld flange"到"Pump_Strainer_Valve",使用相同的配置"Slip on Flange 150-NPS6",如图 10-22 所示。

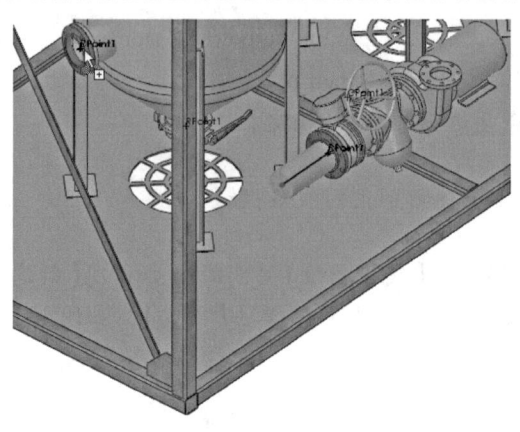

图 10-22 添加法兰

10.4.2 对管道使用自动步路

【自动步路】工具使用【正交线路】选项为管道线路创建多种解决方案。解决方案显示为临时的图形,包含了接头(本例使用法兰)之间的直线和弧线。

【交替路径】选项用于切换到其他所有可用的解决方案,如图 10-23 所示。

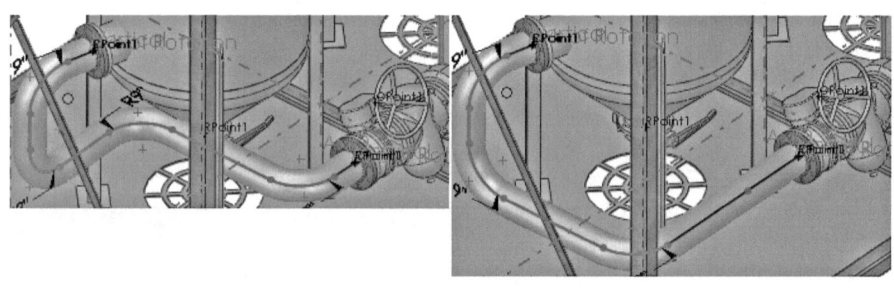

图 10-23 切换解决方案

 提示

管道必须是正交线路。

- **选择正交方案的技巧** 表 10-1 中的一些技巧可以帮助用户选择一条满意的线路。

表 10-1 选择正交方案的技巧

需考虑的因素	技巧
线路端头	线路端头之间的长度(开始和结束线路的短直线)有时会引起步路失败。拖动线路端头终点,拉长或缩短端头重新检查线路
干涉和间隙	管道和其他零部件是真实的零件,在创建线路后可以通过【干涉检查】和【间隙验证】来进行测试
弯管	弯管的数量和类型都是很关键的,注意使用非 90°弯管的解决方案
管道	管道的数量和长度要求也很关键。包含较多弯管的解决方案也会包含更多的管道。短管通常是不方便的,在某些情况下,可以通过将弯管连接到弯管来消除短管
靠近支撑几何体	在提示的支撑点附近寻找结构几何体,以增加吊(挂)架和步路后支撑
最短	通常存在最短的交替路径,其中会警告该路径是非正交的。尽管有警告,但也可以使用该解决方案

10.5 自动步路

【自动步路】工具可以自动创建线路几何体。对于管道，生成的直线可用于连接接头的短"端头"线并创建线路，线段之间会生成倒角。

知识卡片	自动步路	• CommandManager：【管道设计】/【自动步路】。 • 菜单：【工具】/【步路】/【Routing 工具】/【自动步路】。 • 快捷菜单：在视图区域单击右键，然后单击【自动步路】。

步骤 10　自动步路　单击【自动步路】并勾选【正交线路】复选框。选择开放的端点。单击【交替路径】旁边的向上箭头，系统提供了 4 种可行的解决方案。

选择【解决方案 4-Y，Z，X】并单击【确定】✓，如图 10-24 所示。

鼠标按键可用于切换和选择解决方案。单击右键可切换下一个解决方案，单击左键可接受当前的解决方案。

> 技巧：【编辑（拖动）】选项允许用户拖动线路草图几何体。

系统提供的 4 种解决方案如图 10-25 所示。

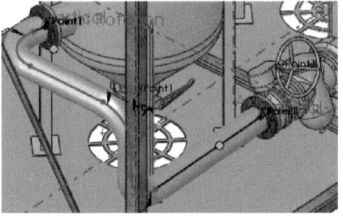 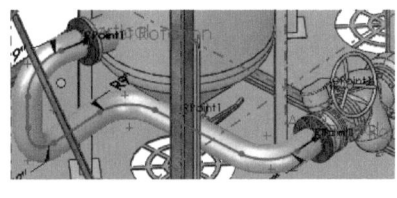

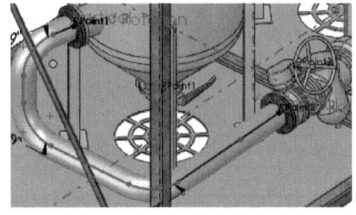 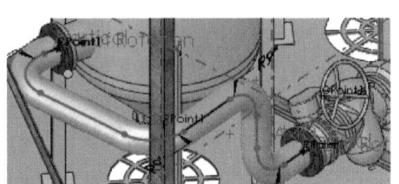

图 10-24　自动步路　　　　　图 10-25　4 种解决方案

> 提示：有些方案可能是不符合需要的，因为它们会产生非标准的弯管。如果需要，可以选择或创建这些弯管。

步骤 11　退出线路子装配体　退出线路草图和线路子装配体。保持草图为未定义状态。重命名线路子装配体为"6inch Route"，如图 10-26 所示。

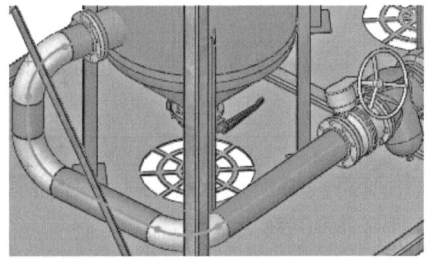

图 10-26　退出线路子装配体

10.6 线路规格模板

用户可以创建线路规格模板以预定义管道明细、尺寸范围（见图10-27a）或者弯管的选择。其被选中并应用于【线路属性】选项卡中，如图10-27b所示。

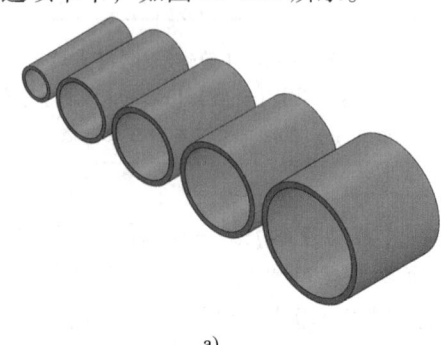

a)

b)

图10-27 线路规格模板

| 线路属性 | ● Routing Library Manager：【线路属性】。 |

使用线路规格模板也有助于选择弯管。用户可以选择多个弯管形状（45°、90°、180°）以避免必须选择所有非90°弯管。

10.6.1 创建线路规格模板

创建模板需要选择符合要求的管道和弯管零件。管道和弯管可以从【Routing Library Manager】的【管道和管筒设计数据库】中选择。

提示 用户可以使用【输入数据】选项将零部件从设计库中添加到【管道和管筒设计数据库】中。

步骤 12　打开【线路属性】选项卡　开启【Routing Library Manager】并单击【线路属性】选项卡。

步骤 13　新建模板　单击【新添】并输入名称"SCH40_ONLY"。该模板只会包含明细表为 40 的零部件。

步骤 14　选择管道　管道的选择用于确定明细表。勾选【使用明细表】复选框并浏览到【文件名称】为"pipe"、【配置名称】为"schedule 40"的任一管道，如"Pipe 1.5 in, Sch 40"，如图 10-28 所示。单击【接受零部件】。

图 10-28　选择管道

提示 明细表和文件名称的过滤器可以帮助用户进行上述选择。

步骤 15　选择默认弯管　默认弯管的选择用于确定最常用到的弯管角度。浏览到明细表为 40 的"90deg lr inch elbow"零件，如图 10-29 所示。单击【接受零部件】，并选择【始终使用弯管】。

图 10-29　选择默认弯管

步骤 16　选择自定义弯管　自定义弯管的选择用于确定下一个最常用到的弯管角度。浏览到任意的"45deg lr inch elbow"零件，如图 10-30 所示。单击【接受零部件】，并选择【始终使用弯管】。

图 10-30　选择自定义弯管

- **额外的自定义弯管**　如果额外的自定义弯管可用，则增加它们以覆盖更多的弯管类型，如单击【新添】并浏览到任意的"180deg lr inch elbow"零件。

步骤17 保存 单击【保存】，保存模板。在弹出的"线路模板成功保存"消息框中单击【确定】，并关闭【Routing Library Manager】对话框。

> 提示 使用【保存设定】选项可以将数据保存为外部文件，其类型为 sqy。

10.6.2 使用线路规格模板

创建线路规格模板需要选择符合要求的管道和弯管零件。管道和弯管是从【Routing Library Manager】的【管道和管筒设计数据库】中选择的。

  如图 10-31 所示，通过勾选【自定义设置】复选框可以覆盖设置。

  当线路有多个管道尺寸时，线路规格模板可能没有用处。

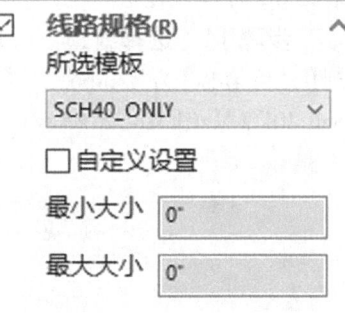

图 10-31 线路规格模板

练习 10-1 创建模板

创建自定义步路装配体模板和线路规格模板，以便在后续练习中使用。本练习将应用以下技术：
- 创建自定义步路模板。
- 线路规格模板。

单位：ft(英尺)和 in(英寸)。

1. 自定义步路装配体模板 应用英尺和英寸格式创建一个自定义步路装配体模板，并命名为"FT_IN"，使用 10.3.1 小节中指定的设置。

2. 线路规格模板 创建一个线路规格模板并命名为"SCH40"。线路规格"SCH40"中包括：
- 使用明细表：Sch 40。
- 默认弯头：90°。

> 提示 后续练习中将会用到这些模板。

练习 10-2 多条管道线路（1）

创建多条管道线路，如图 10-32 所示。
本练习将应用以下技术：
- 创建管道线路。
- 自动步路。

单位：in(英寸)。

单击【Routing 文件位置和设定】，并单击【装入默认值】，单击两次【确定】。

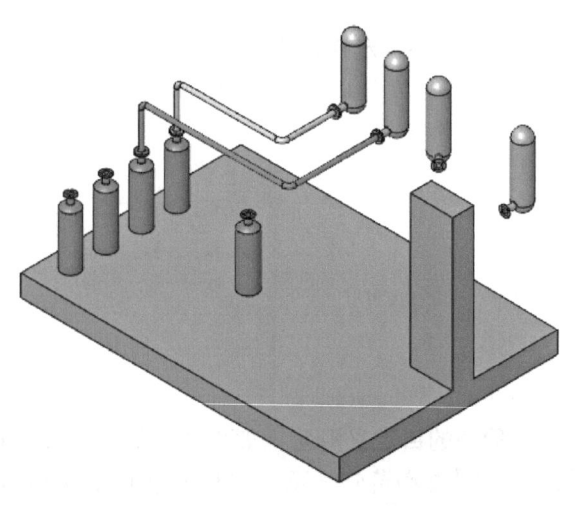

图 10-32 多条管道线路(1)

操作步骤

从"Lesson10 \ Exercises \ multiple piping routes 1"文件夹内打开现有装配体"Multiple Routes 1",通过这些零部件新建两条线路。

使用此前创建的模板来生成本练习中的线路。

- 自定义步路装配体模板:FT_IN。
- 线路规格模板:SCH40。

使用【自动步路】或者3D草图创建线路"ROUTE1"和"ROUTE2",如图10-33所示。图10-34和图10-35是两条线路的详图。

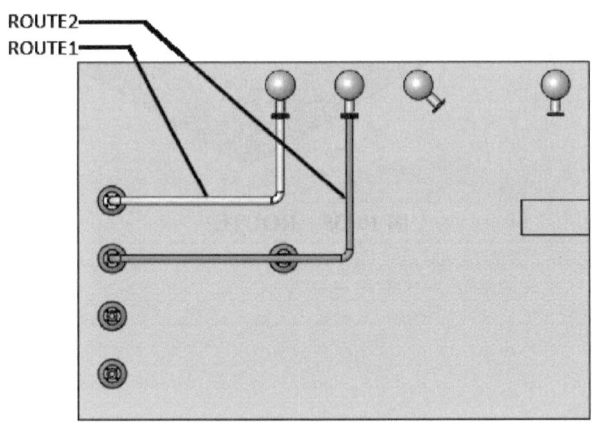

图 10-33 创建线路

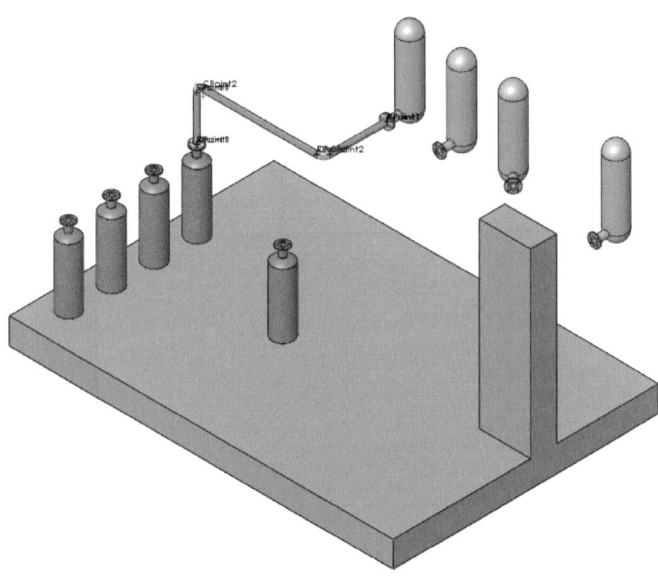

图 10-34 ROUTE1

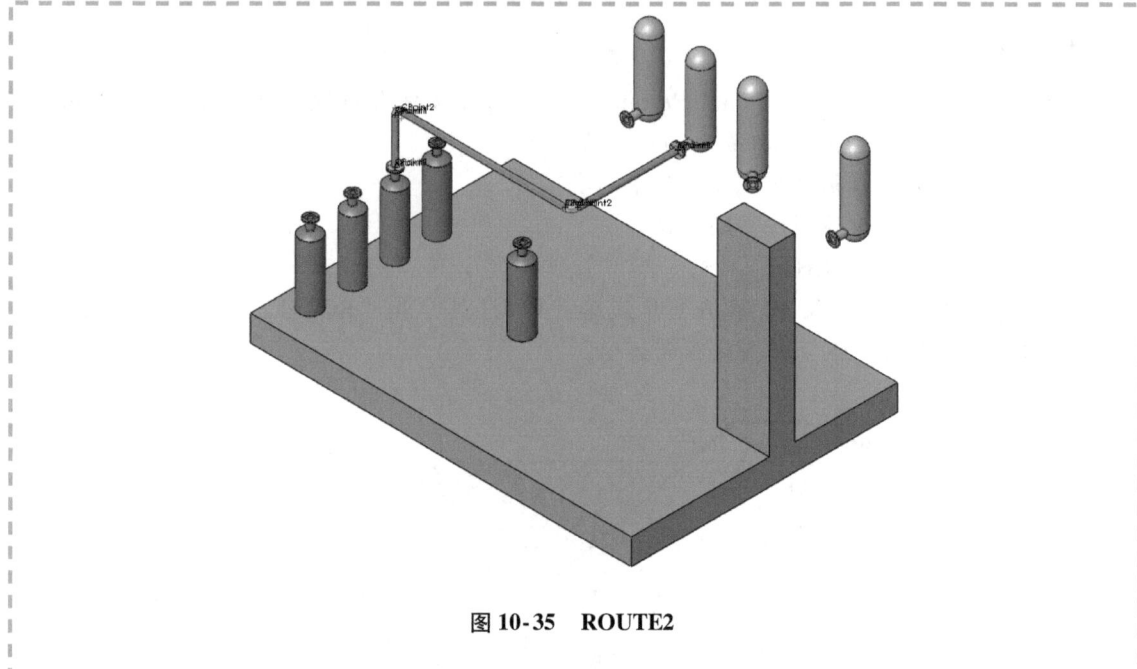

图 10-35 ROUTE2

第 11 章 高级管道线路

学习目标
- 使用 3D 草图创建线路
- 在管道线路中使用交替弯管
- 添加与线路直线相关的线路

11.1 高级管道线路概述

在第 10 章中介绍了使用自动步路创建管道线路的基本知识。有时自动步路无法提供所需的结果,在这种情况下,用户可以直接绘制 3D 线路几何体或使用现有几何体来塑造线路。此外,用户还可以使用自动步路来引导线路穿过现有的线路零部件(如立管管夹)。当然,现有的管线也可以通过编辑以进行更改和添加。

扫码看视频　　扫码看视频

操作步骤

步骤 1　打开装配体　从文件夹 "Lesson11 \ Case Study \ Piping" 中打开现有的装配体 "Piping_APR",如图 11-1 所示。

步骤 2　选择显示状态　选择显示状态为 "No Structural"。

步骤 3　添加新显示状态　添加一个新的显示状态并命名为 "Lower Tanks"。更改视图方向并隐藏高亮显示(上部)的零部件,如图 11-2 所示。

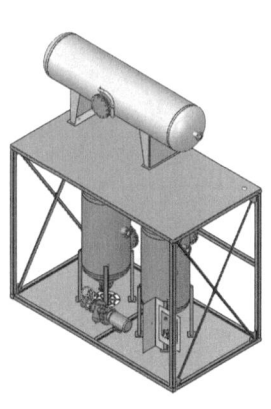

图 11-1　打开装配体

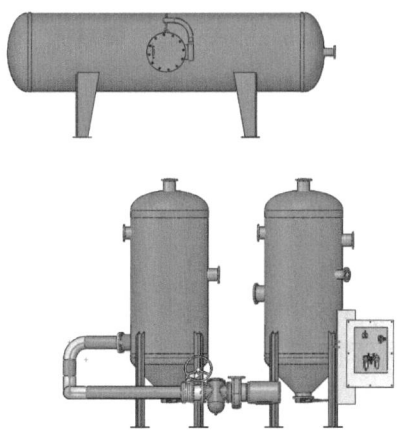

图 11-2　添加新显示状态

步骤4　开始新步路　拖放一个"slip on weld flange"零部件,并使用"Slip On Flange 150- NPS4"配置。

在【线路属性】中勾选【线路规格】复选框,选择"SCH40 _ ONLY"作为线路规格模板,如图11-3所示。此时会弹出信息:"选定了新规格并将应用。此将盖写现有线路属性。"单击【确定】。

根据线路规格的设置,4in 的管道和弯管配置会被自动选中(【管道】配置为"Pipe 4 in,Sch 40",【弯管】配置为"90L LR Inch 4 Sch40")。如图11-4所示,单击【确定】。

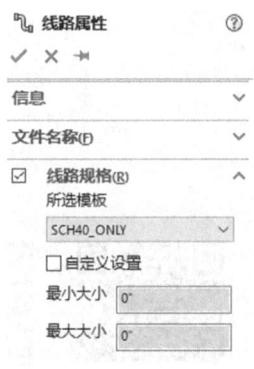
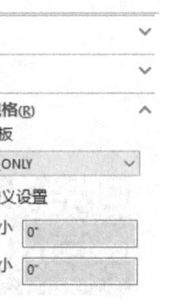

图11-3　选择模板　　　　图11-4　开始新步路

步骤5　选择线路装配体模板　选择"FT- IN_routeAssembly"模板并单击【确定】。

步骤6　添加第二个法兰　添加第二个法兰"slip on weld flange",使用相同的配置,如图11-5所示。

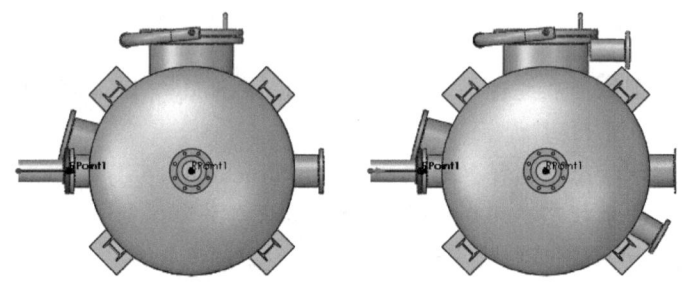

图11-5　添加第二个法兰

1. 3D 草图中的绘制引导　当在3D 草图中绘制管道线段时,可以看到水平、竖直和45°的引导线,其可用于帮助绘制草图,如图11-6所示。3D 草图绘制是步路中的一项重要技能。

> 技巧⚿　自动步路适合创建90°弯管。它不检查干涉,所以像这样的线路必须绘制。

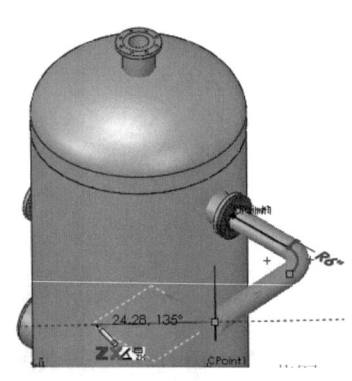

图11-6　3D 草图中的绘制引导

步骤 7 绘制带角度的引导线 从端点沿 Z 轴绘制一条直线，并绘制一个 45° 折弯，如图 11-7 所示。

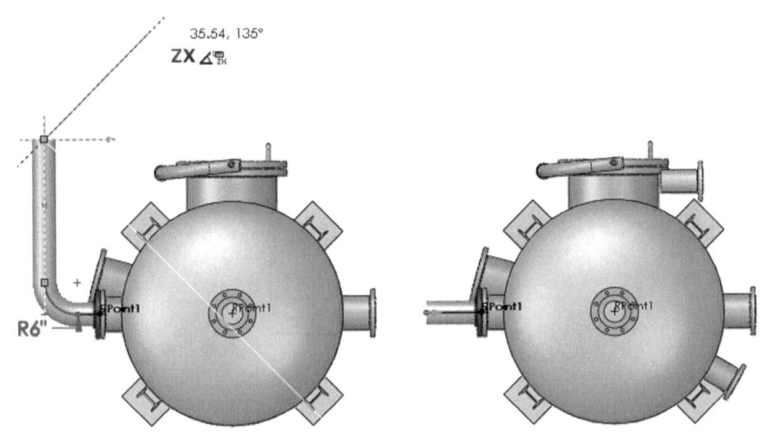

图 11-7 绘制带角度的引导线

> **提示** 为了清晰显示，6in 的线路已被隐藏。

步骤 8 绘制其他直线 绘制其他直线，如图 11-8 所示。

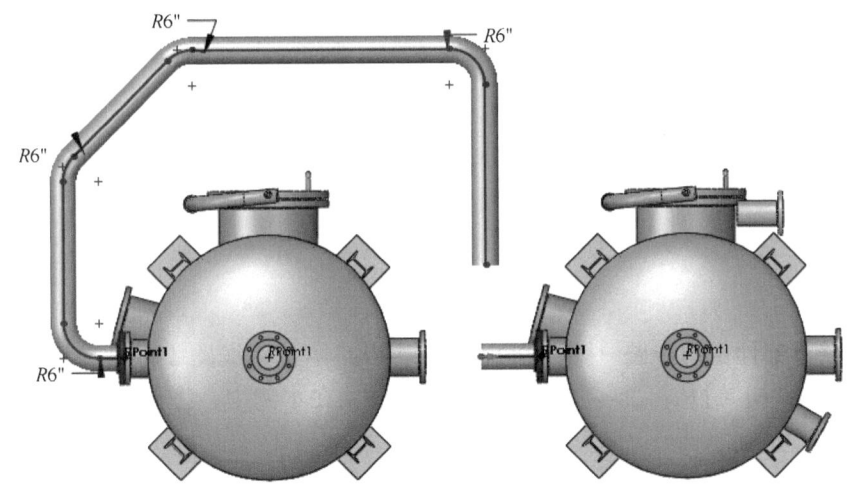

图 11-8 绘制其他直线

步骤 9 合并 合并开放的端点，并为草图标注尺寸，如图 11-9 所示。

步骤 10 放置弯管 退出线路草图和线路编辑状态。线路规格模板能够自动选择并放置 90° 和 45° 的弯管以完成步路。重命名子装配体为 "4inch Route"，如图 11-10 所示。

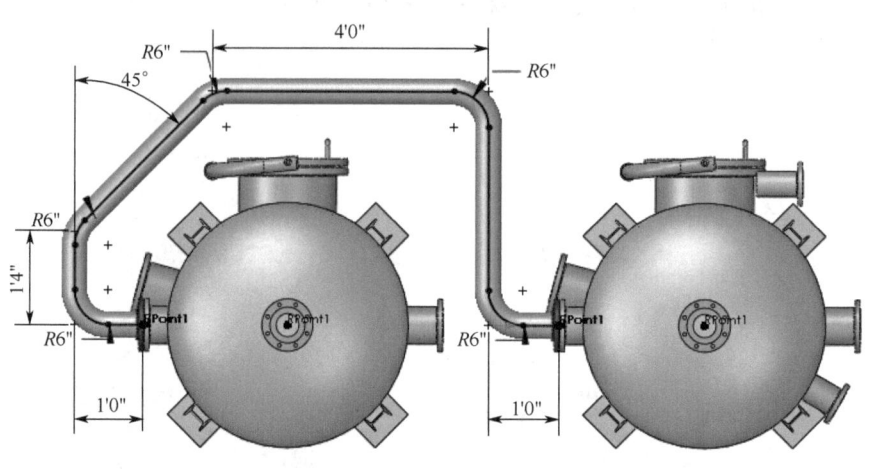

图 11-9 合并

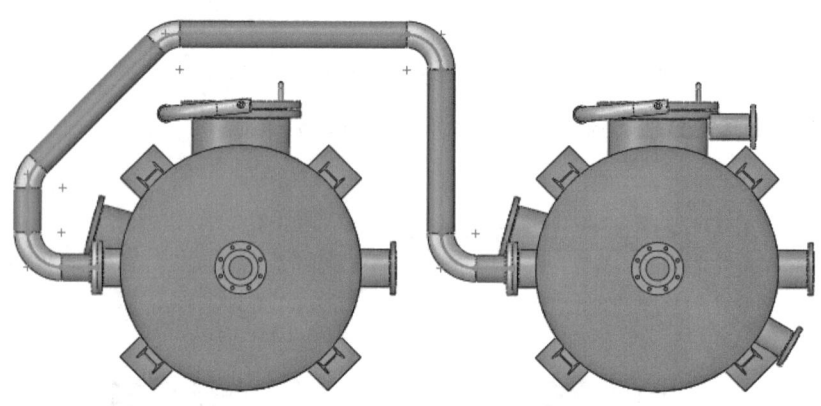

图 11-10 放置弯管

2. 使用线路零部件自动步路 用户可以在自动步路中使用线路零部件来引导和重塑线路。使用【Routing 零部件向导】从标准零件创建线路零部件。在本例中，将创建管道支撑，并用其引导线路穿过孔洞。

操作步骤

步骤1 **选择显示状态** 选择"Default"显示状态。

步骤2 **开始新的步路** 开始一个新的步路。从"C:\ProgramData\SOLIDWORKS\SOLIDWORKS 2024\design library\routing\piping\flanges"文件夹中拖放"slip on weld flange"零部件到"Vessel Horizontal-003"零部件中，如图 11-11 所示。

步骤3 **设置线路属性** 在【线路属性】中，选择"SCH40_ONLY"作为【线路规格】的【所选模板】。选择"FT-IN_routeAssembly"模板然后单击【确定】。

步骤4 拖放第二个法兰 拖放第二个"slip on weld flange"零部件到"Vessel Weldment",如图11-12所示。

步骤5 拖放零部件 从本地文件夹中拖放零部件"RISER_CLAMP"到圆孔洞上,如图11-13所示。在放置之前,可按住〈Shift〉键并使用左右箭头键来旋转管夹。

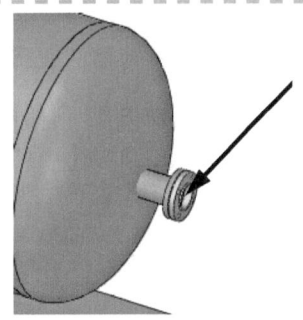

图11-11 开始新的步路

图11-12 拖放第二个法兰

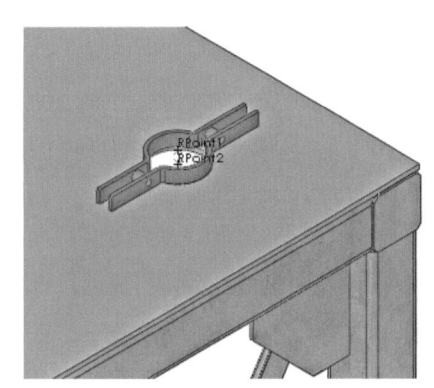

图11-13 拖放零部件

3. 多个部分中的自动步路 有些线路要求在多个部分中完成自动步路,以便可以查看所有可行的解决方案。在本例中,第一部分从法兰到线路零部件"RISER_CLAMP"步路,第二部分从线路零部件的端点到末端法兰步路,如图11-14所示。

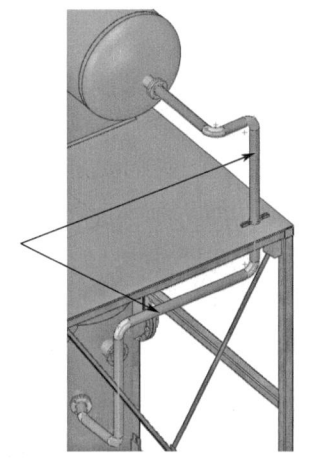

图11-14 多个部分中的自动步路

步骤6 第一部分中的自动步路 单击【自动步路】并勾选【正交线路】复选框。选择上面储罐的端点和管夹上的轴,如图11-15所示。

> 提示
> 用户可以从视图区域或弹出式 FeatureManager 中选择管夹轴。

步骤7 选择解决方案 单击【交替路径】中的向上箭头来浏览可行的解决方案。选择图 11-16 所示的方案,单击【确定】。

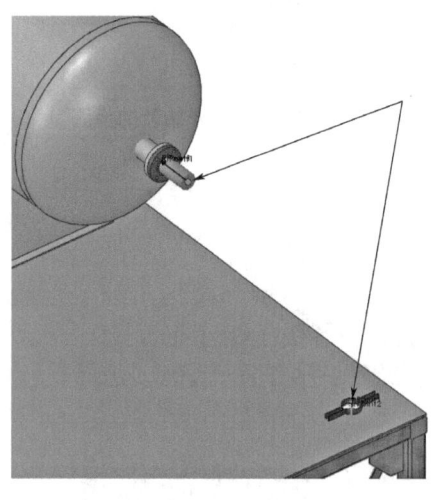
图 11-15 第一部分中的自动步路

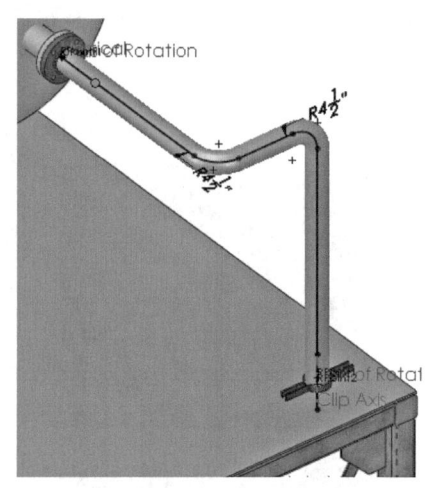
图 11-16 选择解决方案

步骤8 第二部分中的自动步路 拖动端点,如图 11-17a 所示。单击【自动步路】，选择开放的端点和解决方案,如图 11-17b 所示,单击【确定】。

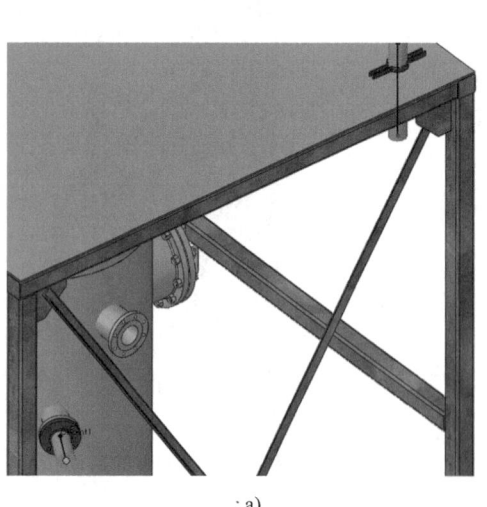
a)

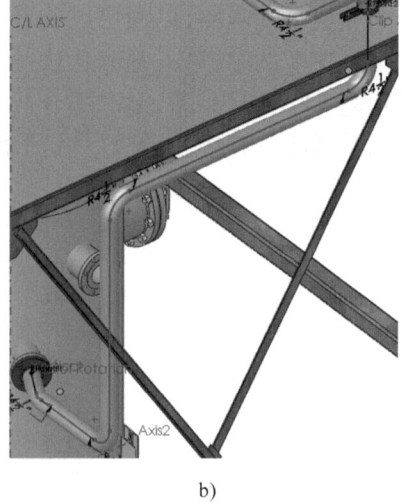
b)

图 11-17 第二部分中的自动步路

> 技巧 如果竖直的直线和管夹不相连,则在线路线段和中心线之间添加【共线】约束关系来修复,如图 11-18 所示。

步骤9 退出 退出线路草图。

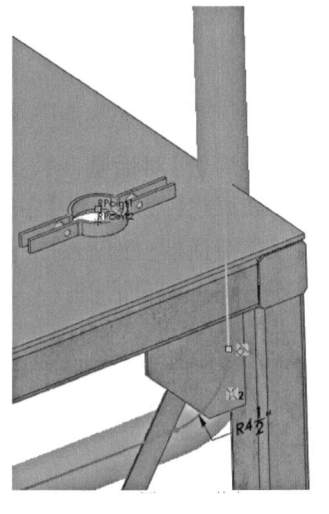

图 11-18 修复

11.2 添加交替的弯管

标准弯管是由线路规格模板或线路属性中的【折弯-弯管】选择的弯管,普遍使用的是 90°弯管。当需要交替弯管时,即不需要在线路规格模板或线路属性中选择的弯管(通常是非 90°的弯管),系统将提示用户去选择。只有退出线路草图后,才可以对线路中的每个非标准弯管执行这类操作,如图 11-19 所示。

1. 弯管选择选项 当不能使用默认值时,弯管还有其他三个选项:

• 【使用默认/交替弯管】 当【角度】值与默认值以外的其中一个弯头零件匹配时,将使用该选项。如果角度是 45°或 180°,可以通过线路规格模板从设计库中选择合适的弯管,如图 11-20 所示。

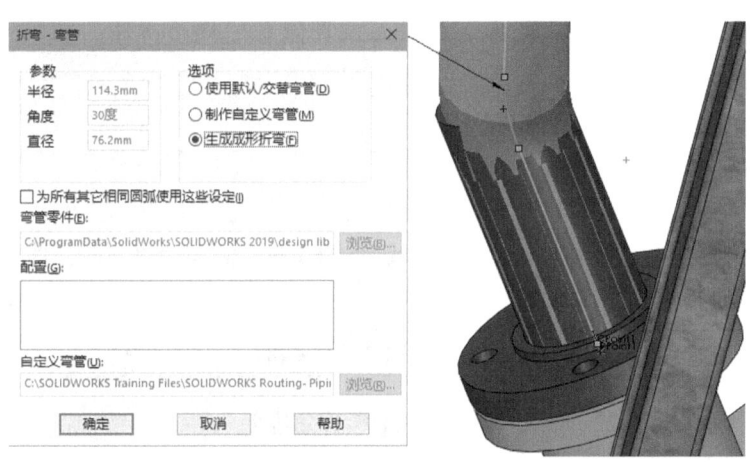

图 11-19 添加交替的弯管

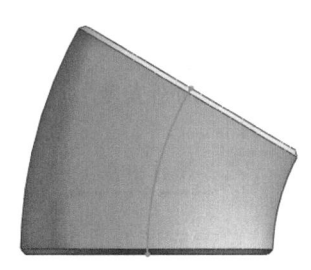

图 11-20 弯管

- 【制作自定义弯管】 使用【角度】值创建当前弯管的新配置。
- 【生成成形折弯】 在管道中创建折弯而不是弯管。

> **提示** 如果长期使用特定的弯管尺寸,最佳做法是创建文件并将其保存在设计库中。保存的弯管就可以使用【使用默认/交替弯管】选项进行选择。

2.【折弯-弯管】对话框 只有当退出与指定弯管不相同的线路草图时,该对话框才会自动打开。例如,如果在【线路属性】中选择的弯管为90°类型,当退出线路草图时,草图圆角上的45°折弯将触发该对话框。但是如果使用线路规格模板并且包含了45°的弯管,那么当选择45°的弯管时,就不会弹出该对话框。

步骤10 自定义设置 退出线路草图,在弹出的【折弯-弯管】对话框中选择【生成成形折弯】,选择【确定】,如图11-21所示。

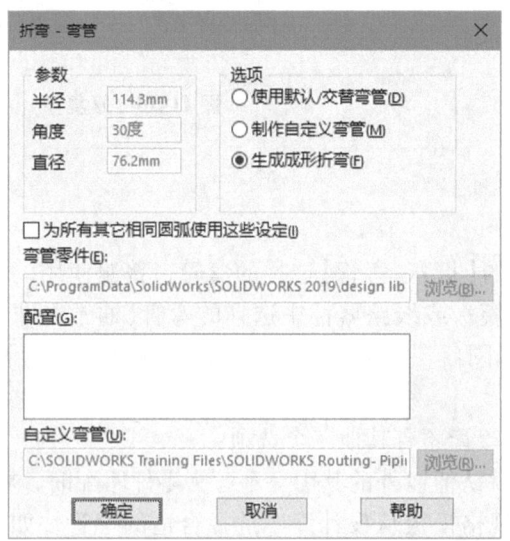

图 11-21 【折弯-弯管】对话框

> **提示** 成形的折弯是一个管道,而不是零部件。其被存储在"线路零件"文件夹内。

知识卡片	弯管角度	【弯管角度】选项允许用户将成形折弯几何体重新更改为标准管道和弯管的组合。它提供了几种替代方案。
	操作方法	• 快捷菜单:右键单击线路中的圆弧,再单击【弯管角度】

1) 单击成形弯管的圆角部分,如图 11-22 所示,然后单击【弯管角度】。
2) 查看提供的圆弧信息,如图 11-23 所示,选择一种交替弯管半径。
3) 单击【确定】,选择一种弯管来替代折弯,如图 11-24 所示。

135°

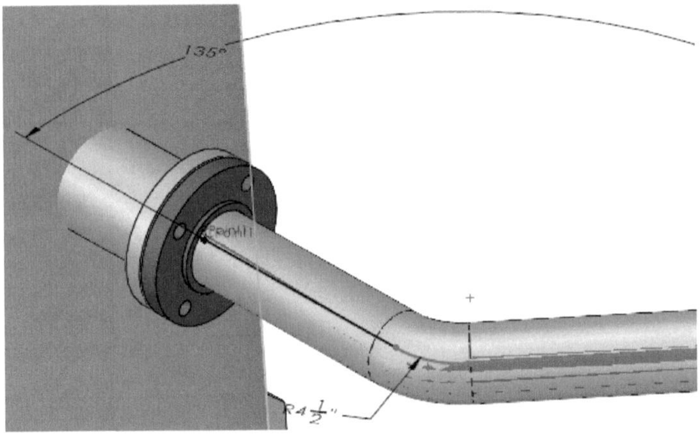

图 11-22　单击成形弯管的圆角部分

弯管角度
圆弧信息
Bend Radius : 4 1/2"　Bend Angle : 30°
选取交替弯管半径
默认弯管半径: 4 1/2"
45° elbow radius : 4 7/8"
反转弯管
确定
取消

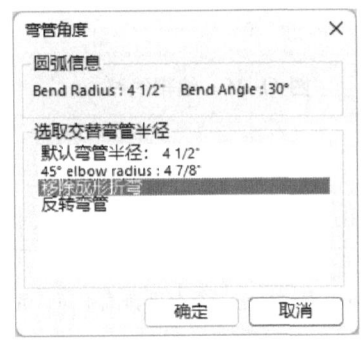

图 11-23　选择交替弯管半径

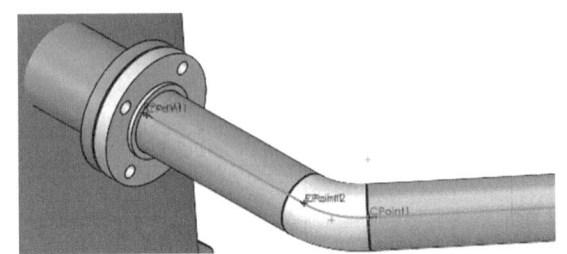

图 11-24　选择方案

步骤 11　退出子装配体　退出子装配体，并完成线路几何体，重命名为“3inch Route”。

步骤 12　展开文件夹　展开“3inch Route”线路装配体的“线路零件”文件夹，管道数据包含在 FeatureManager 设计树内，如图 11-25 所示。

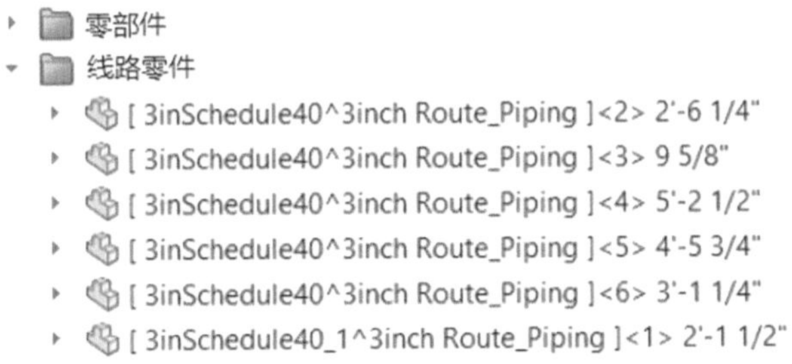

零部件
线路零件
[3inSchedule40^3inch Route_Piping]<2> 2'-6 1/4"
[3inSchedule40^3inch Route_Piping]<3> 9 5/8"
[3inSchedule40^3inch Route_Piping]<4> 5'-2 1/2"
[3inSchedule40^3inch Route_Piping]<5> 4'-5 3/4"
[3inSchedule40^3inch Route_Piping]<6> 3'-1 1/4"
[3inSchedule40_1^3inch Route_Piping]<1> 2'-1 1/2"

图 11-25　展开文件夹

11.3　编辑线路

“路线 1”特征的 3D 草图中包含了线路的图形。用户必须编辑线路草图才能更改草图几何体。

知识卡片	编辑线路	• CommandManager：【管道设计】/【编辑线路】。 • 菜单：【工具】/【步路】/【管道设计】/【编辑线路】。 • 快捷菜单：右键单击一个线路，然后单击【编辑线路】。

步骤13 编辑线路 单击【编辑线路】。当有多个线路时，选择"3inch Route^Piping_APR-1"并单击【确定】✓，如图11-26所示。

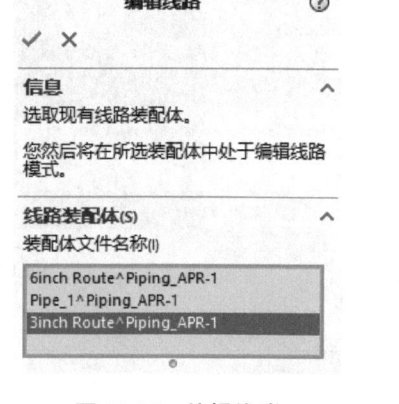

图11-26 编辑线路

11.3.1 使用沿此步路关系

【沿此步路】关系用于将管道中心线保持在一个面上。距离值提供了从面开始的偏移量。

知识卡片	沿此步路	• 【属性】PropertyManager：单击线路直线，右键单击一个基准面或平面，并单击【沿此步路】。

• **中心线尺寸设置** 中心线尺寸决定了如何在线路直线和曲面、平面、面之间进行测量。

如果勾选了【使用中心线尺寸】复选框，尺寸会出现在管道中心线处（见图11-27a）。如果不勾选该复选框，则尺寸会出现在管道外部直径处（见图11-27b）。

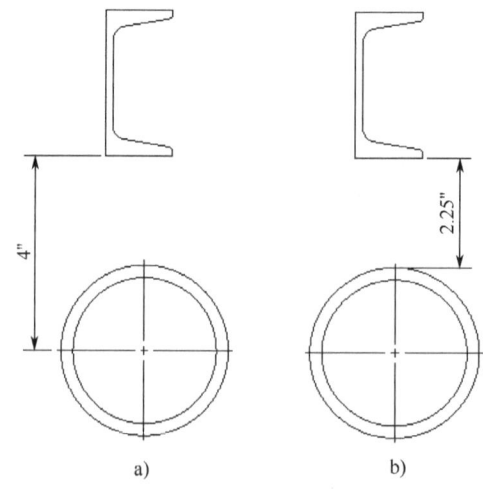

图11-27 中心线尺寸

步骤14 设置 单击【工具】/【选项】/【系统选项】/【步路】/【一般步路设定】,勾选【使用中心线尺寸】复选框。

步骤15 选择沿此步路 选择线路直线,并按住〈Ctrl〉键单击竖直方钢管的内侧面,如图11-28所示。单击【沿此步路】并设置值为2ft 6in。

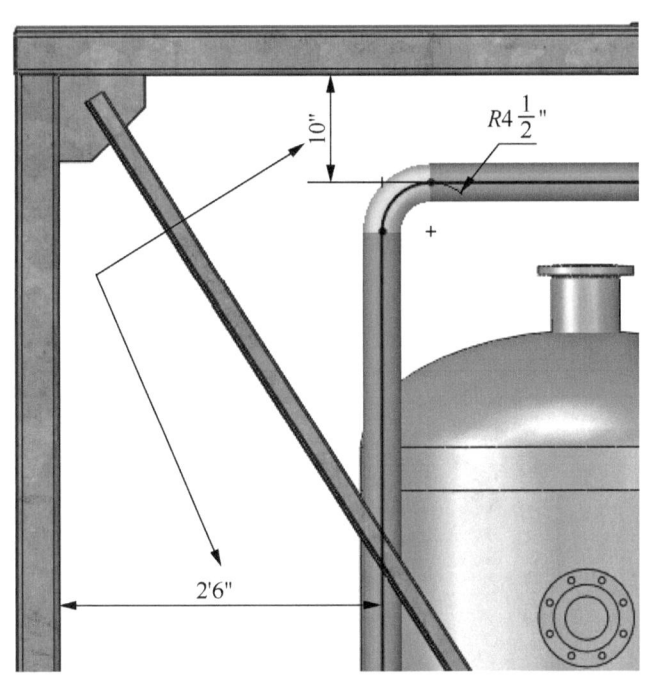

图11-28 沿此步路

对线路直线和水平方钢管内侧面进行相同操作,设置值为10in。

 提示

使用【反转尺寸】来反转尺寸的方向。

步骤16 退出 退出线路草图和线路。

11.3.2 【孤立】选项

【孤立】选项可与线路子装配体一起使用,通过使用各种参考组合和边界框来隔离线路。

| 知识卡片 | 孤立 | • 快捷菜单:右键单击FeatureManager设计树上的线路子装配体,并选择【孤立】。 |

显示和隐藏零部件的结果组合可以保存为【显示状态】,见表11-1。

表 11-1 显示和隐藏零部件的结果组合

选　项	图　形	选　项	图　形
仅限线路		线路和直接参考	
线路和次要参考		线路边界框	
线路线段边界框			

步骤 17　**孤立**　右键单击线路"4inch Route",并选择【孤立】。选择【线路边界框】。隐藏台面以清晰显示,如图 11-29 所示,不要单击【退出孤立】。

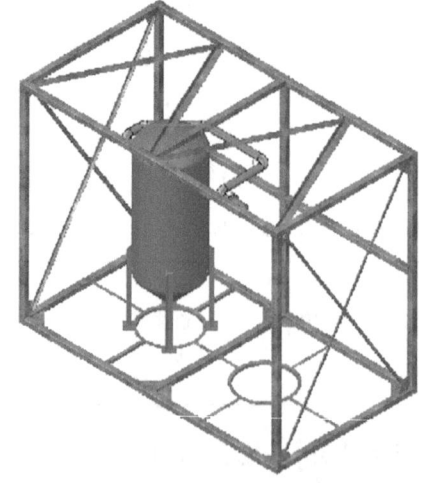

图 11-29　孤立

11.3.3 使用管道吊架

管道吊架是管道支撑的一种类型，可以作为线路从中通过的定位点或在线路完成后添加到线路中，如图 11-30 所示。吊环吊架和滚动吊架零部件在"routing\miscellaneous fittings"文件夹中。

1. 线路中的吊架 当管道吊架用来引导线路时，管道吊架会成为线路子装配体中"零部件"文件夹中的步路零部件。这与使用步路零部件自动步路时的"RISER_CLAMP"零部件的情形相似。

2. 线路外的吊架 如果在线路完成后使用管道吊架（这些吊架不引导或塑造线路的形状），则管道吊架无法利用像 RPoint 一样的步路特征。这些管道吊架不是步路零部件，只能放置于线路子装配体的外部。

在本例中，将使用吊环吊架。这种吊架通过添加螺纹杆和螺纹扣来支撑结构件下方的现有管道。使用的步骤为：

1）插入零部件到装配体。
2）使吊架和线路草图配合。
3）沿着线路移动吊架。
4）使吊架与结构体配合。
5）添加螺纹扣零部件（可选）。
6）创建螺纹杆（可选）。
7）在结构体上创建孔（装配体特征）。

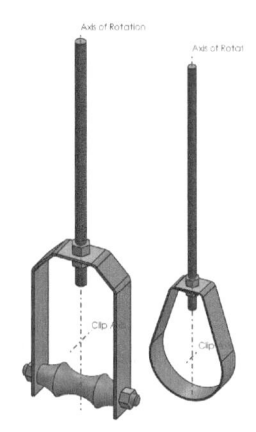

图 11-30 管道吊架

步骤18 **插入吊环吊架** 从"routing\miscellaneous fittings"文件夹中拖放一个吊环吊架"strap hanger"。选择配置"4 in"，单击【确定】，如图 11-31 所示。

步骤19 **添加配合** 将吊环吊架连接到"4inch Route"线路的一部分。设置如下：
- "Clip_Axis"与管道草图重合。
- 吊架的水平面与钢结构的底面相互平行。
- 旋转轴与角钢背面的距离为 1.09″。

步骤20 **添加其他零部件和配合** 添加"Turnbuckle_fab"和"Threaded Rod"零部件并进行配合，如图 11-32 所示。

图 11-31 插入吊环吊架

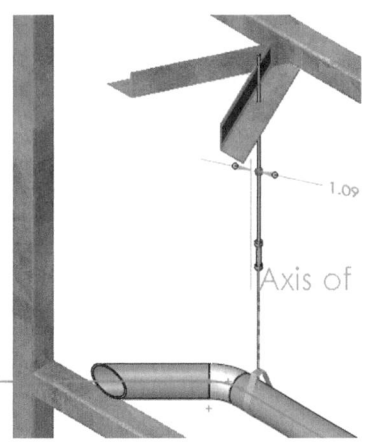

图 11-32 添加其他零部件和配合

提示　在图 11-32 中，使用剖视图以使该区域显示更加明显。

3. 孔向导　该孔是在钢材装配和焊接后添加的，因此该孔以装配体特征的形式存在于主装配体中。

步骤21　创建孔　使用【装配体特征】/【异型孔向导】创建一个【成形到面】、尺寸为 9/16in 的孔，用于螺纹杆穿过角钢。

对于【特征范围】，仅选择"Frame-2"零部件，如图 11-33 所示。

步骤22　退出孤立　单击【退出孤立】。

图 11-33　创建孔

11.4　沿已存在的几何体步路

【沿几何体的线路】自动步路方法是通过使用来自平面的偏移，沿着墙壁和设备周围进行步路，如图 11-34 所示。通过选择起始端点和一系列平面来定向和调整线路的几何形状。最终的选择也可以是端头的端点，如图 11-35 所示。

扫码看视频

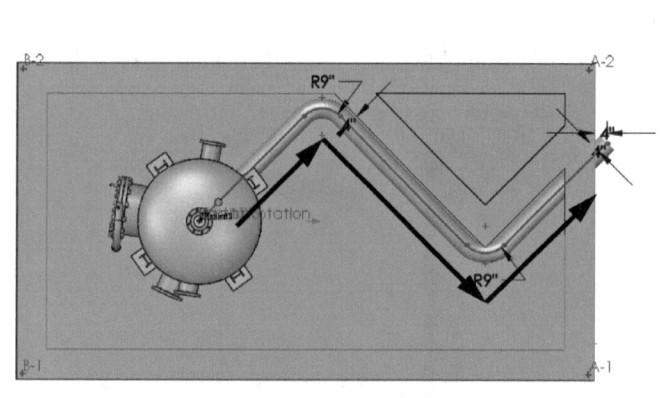
图 11-34　沿几何体的自动步路

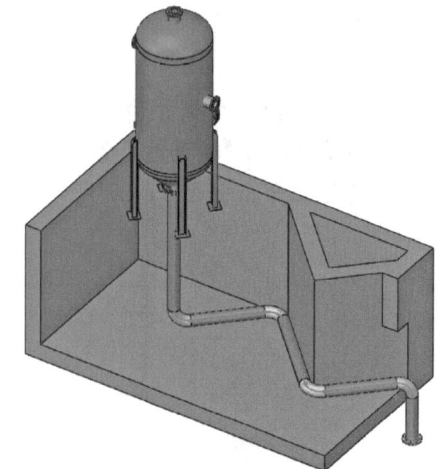
图 11-35　步路完成

- **选择平面**　用户可以通过选择装配体内部零件的平面为管道线路设置方向和大小。在图 11-36 中，选择呈角度的平面将会定义管道或管筒的走向，并提供两种长度选择。测量的距离是与所选平面垂直的偏移量。方向可以通过单击右键进行反转和单击左键进行选择。添加尺寸以定义偏移量数值。

第 11 章 高级管道线路

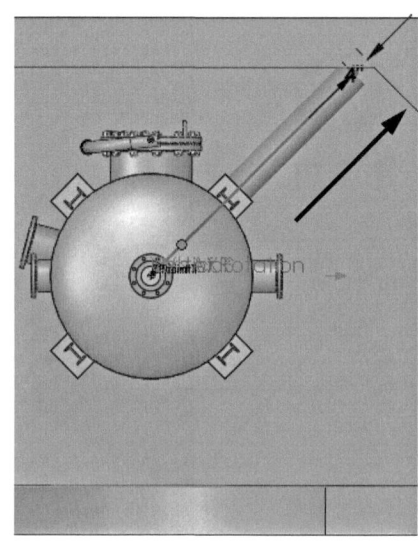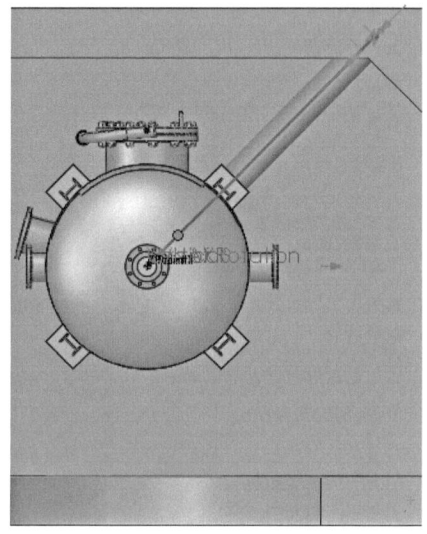

图 11-36 选择平面

> 提示 距离值是使用【为沿曲面的线路等距】中设定的数值。

| 知识卡片 | 沿几何体的线路 | ●【自动步路】PropertyManager：【沿几何体的线路】。 |

操作步骤

步骤 1 选择显示状态 在【显示状态】中选择"Drain"，其中仅包括创建线路所必需的几何体。隐藏全部已有的管路。将一个配置为"Slip On Flange 150 – NPS6"的"slip on weld flange"拖放到焊接法兰上，如图 11-37 所示。使用"SCH40_ON-LY"的线路规格模板和"FT-IN_route Assembly"步路模板。

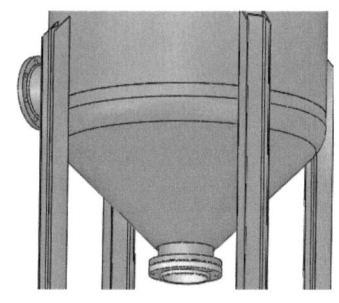

图 11-37 拖放至焊接法兰

步骤 2 自动步路 单击【自动步路】，选择【沿几何体的线路】，勾选【使用中心线尺寸】复选框，然后设置线路的等距量为 4in，选择图 11-38 所示的终点。

> 提示 【为沿曲面的线路等距】可以在每次选择之前设置为不同的值。在此例中，所有的选择将使用相同的值。

步骤 3 选择平面 如图 11-39 所示，选择底部内表面。将端点偏移至内侧，以使其不与选定面干涉。

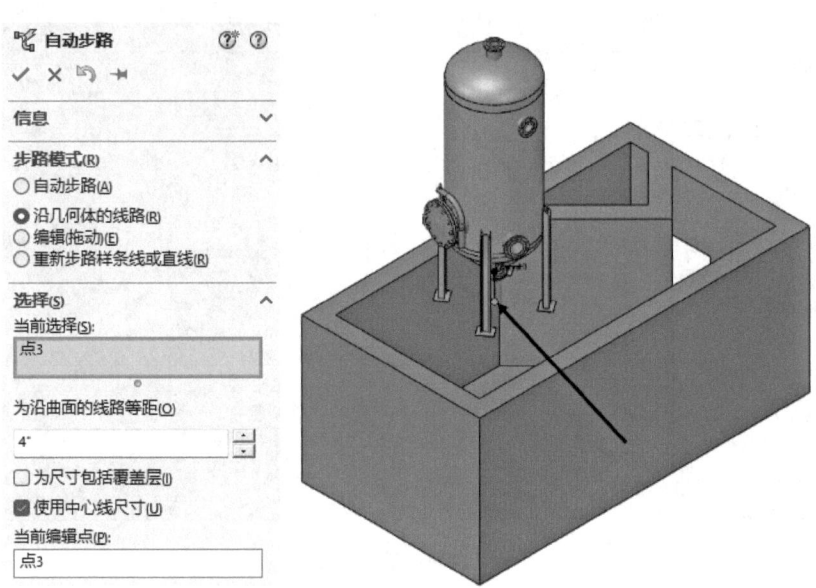

图 11-38 自动步路

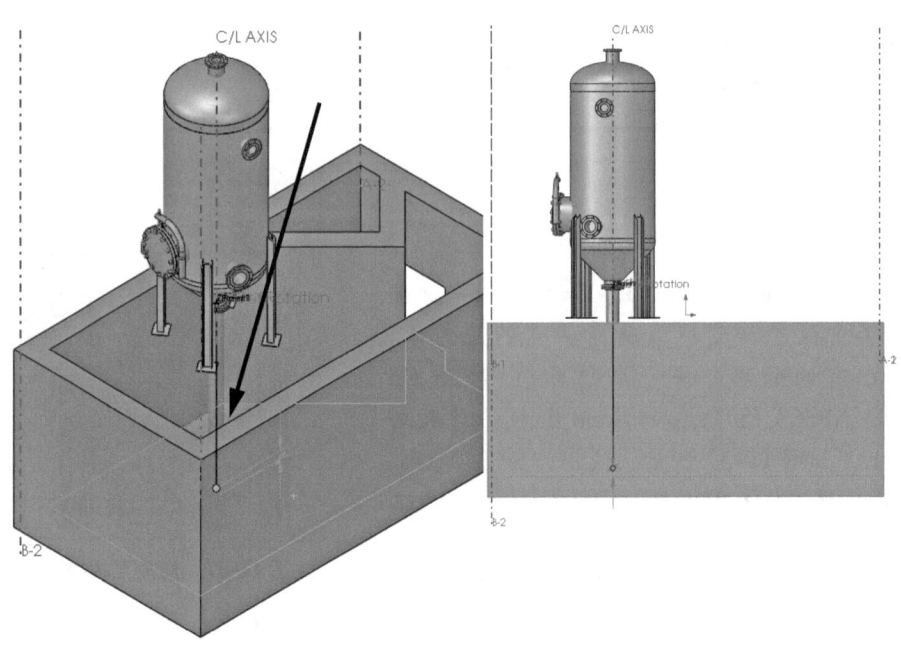

图 11-39 选择平面

步骤 4 选择呈角度平面 如图 11-40 所示,选择呈角度的平面,将端点偏移至内侧。

步骤 5 选择第二个呈角度平面 如图 11-41 所示,选择第二个呈角度平面,将端点偏移,使其能超出平面。

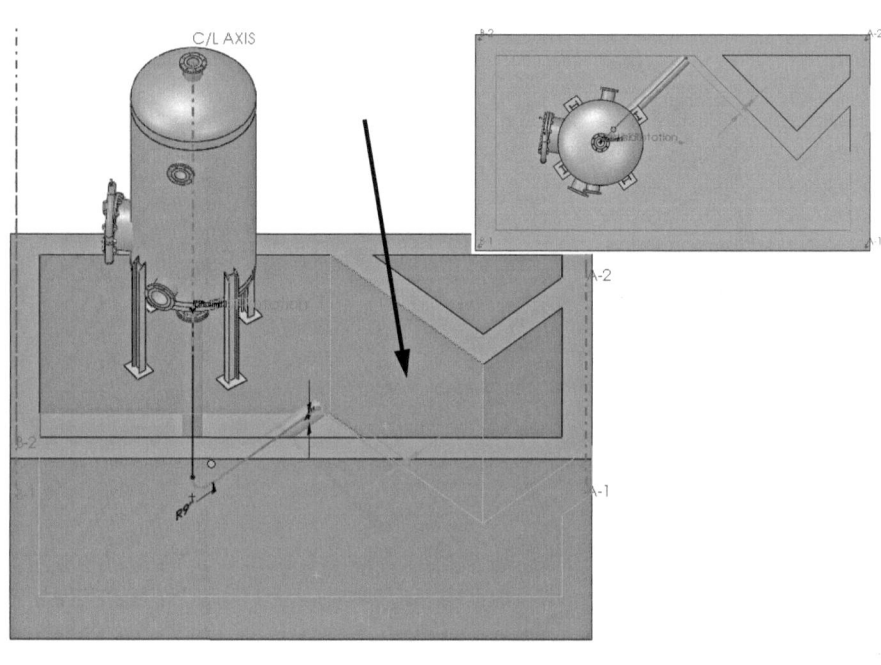

图 11-40 选择呈角度平面

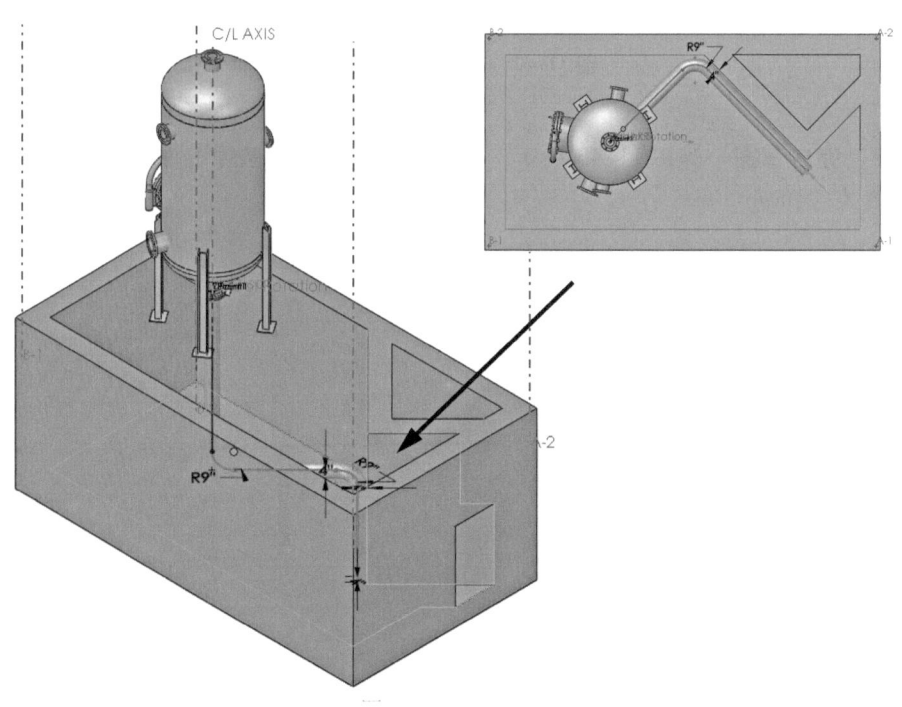

图 11-41 选择第二个呈角度平面

步骤6 选择最后的平面 如图 11-42 所示,选择通向外部的平面,将端点偏移,使其能超出所选平面。单击【确定】。

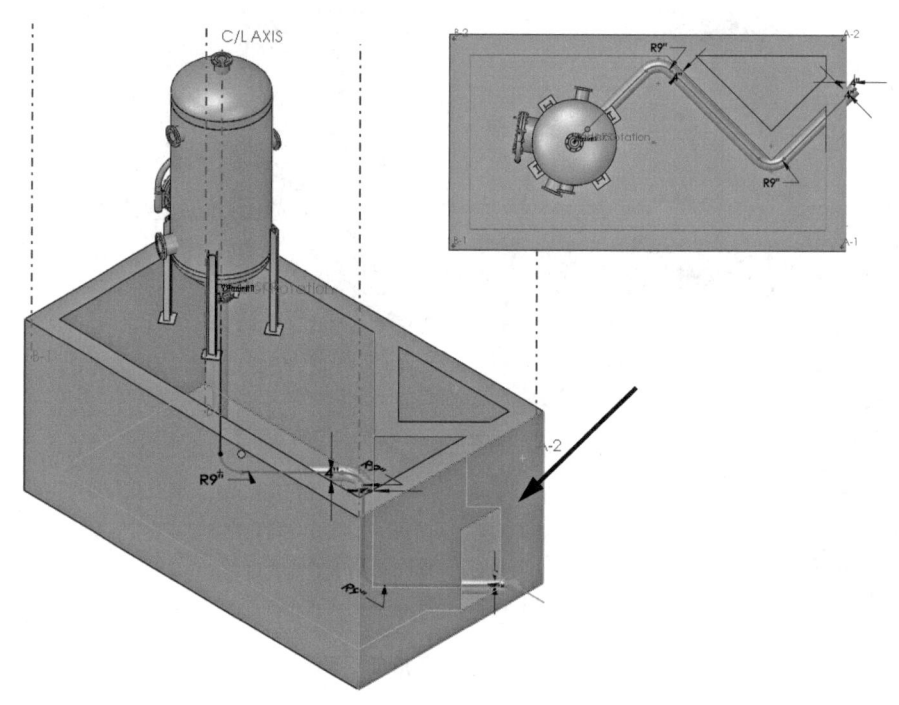

图11-42 选择最后的平面

步骤7 完成草图 如图11-43所示,添加线段、关系、尺寸和法兰来完成线路草图,将线路命名为"Drain"。

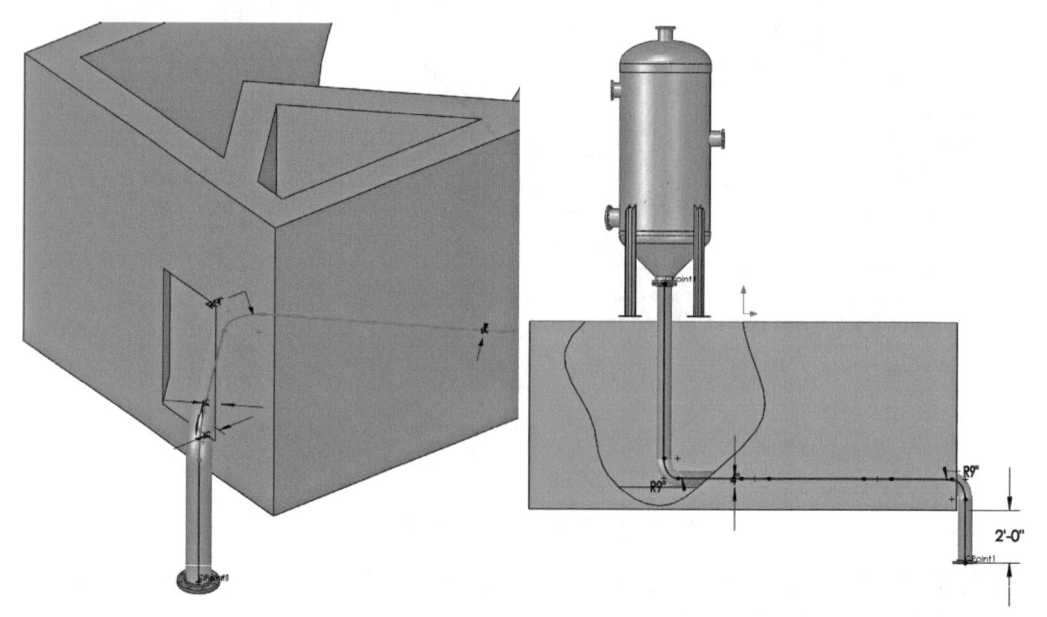

图11-43 完成草图

> 提示　偏移量尺寸并不意味着是平行关系。
>
> 步骤8　保存并关闭所有文件

练习　多条管道线路（2）

在练习10-2的基础上继续创建管道线路，如图11-44所示。

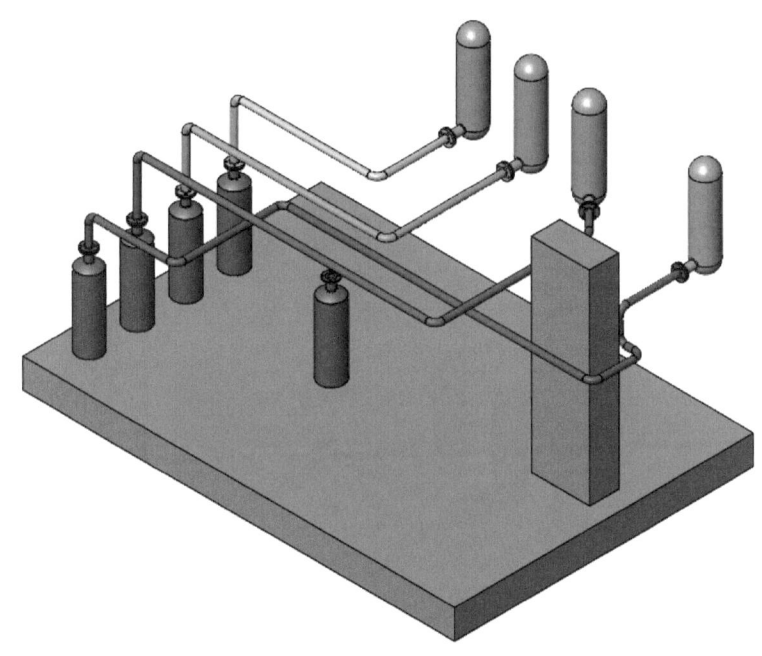

图11-44　多条管道线路（2）

本练习将应用以下技术：
- 沿已存在的几何体步路。
- 3D草图中的引导线。

单位：in（英寸）。

单击【Routing文件位置和设定】，并单击【装入默认值】，单击两次【确定】。

操作步骤

从文件夹"Lesson11\Exercises\multiple piping routes 2 lab"中打开现有的装配体"Multiple Routes 2"，通过这些零部件新建两条线路。

使用此前创建的模板来生成本练习中的线路。
- 自定义步路装配体模板：FT_IN。
- 线路规格模板：SCH40。

使用【自动步路】或者3D草图创建线路"ROUTE3"和"ROUTE4"，如图11-45所示。

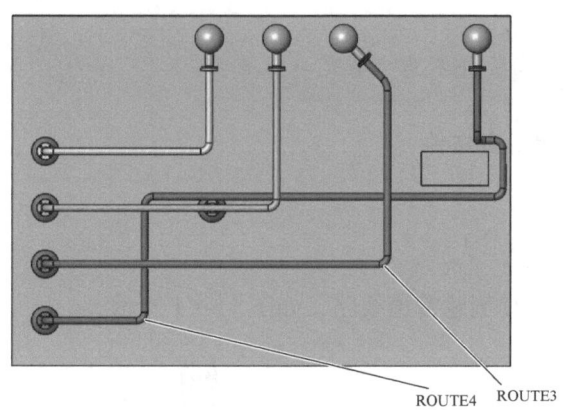

图 11-45 创建线路

ROUTE3 需要几何体和其他线路来标注尺寸，并需要使用交替的弯管，如图 11-46 所示。

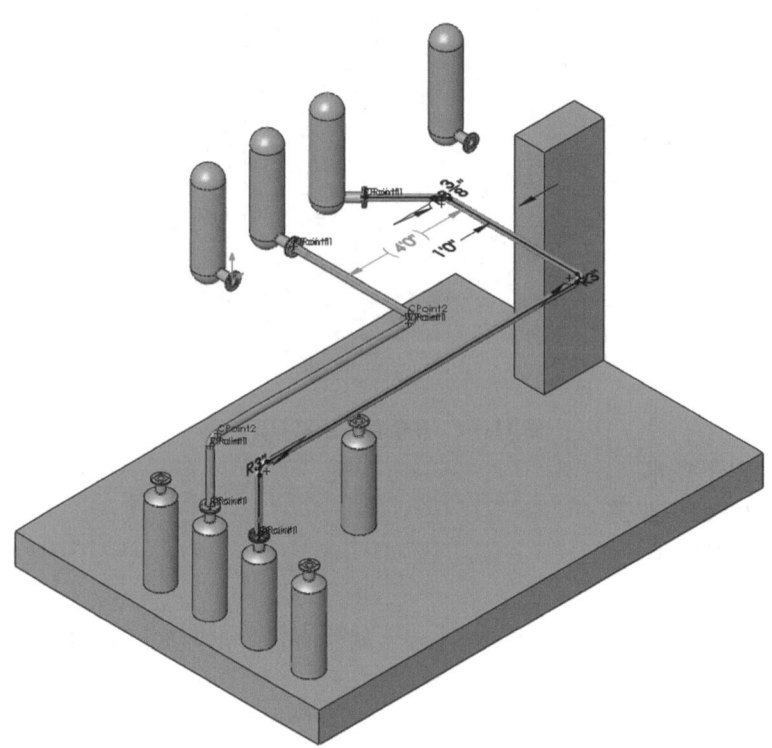

图 11-46 ROUTE3

使用 3D 草图和【沿几何体的线路】工具创建 ROUTE4。首先拖动端头并绘制一条直线，如图 11-47 所示。

使用【沿几何体的线路】工具和 4″ 的偏移值来围绕支柱进行步路，如图 11-48 和图 11-49 所示。

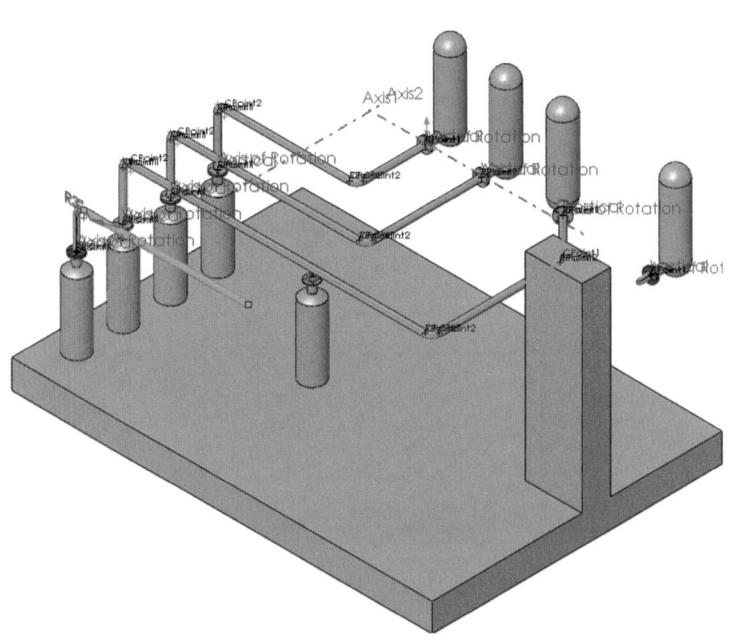

图 11-47　ROUTE4

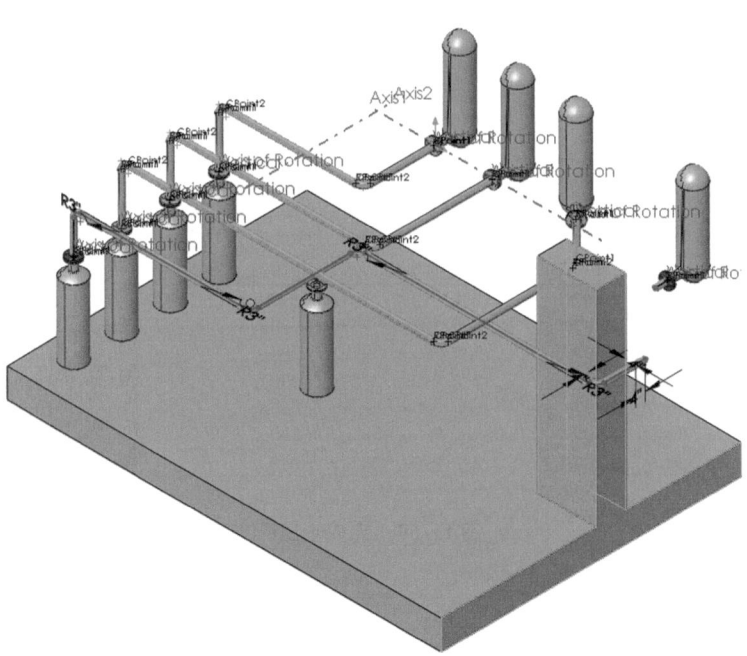

图 11-48　沿支柱周围步路

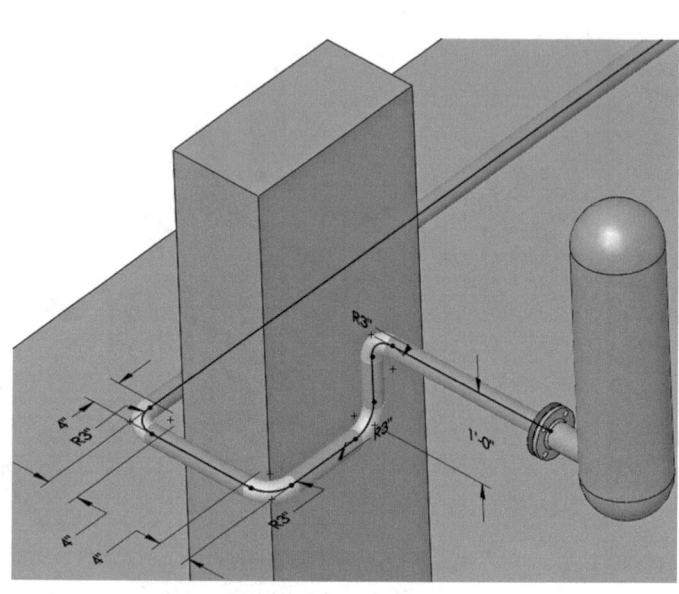

图 11-49 自动步路

添加关系和尺寸完成步路，如图 11-50 所示。

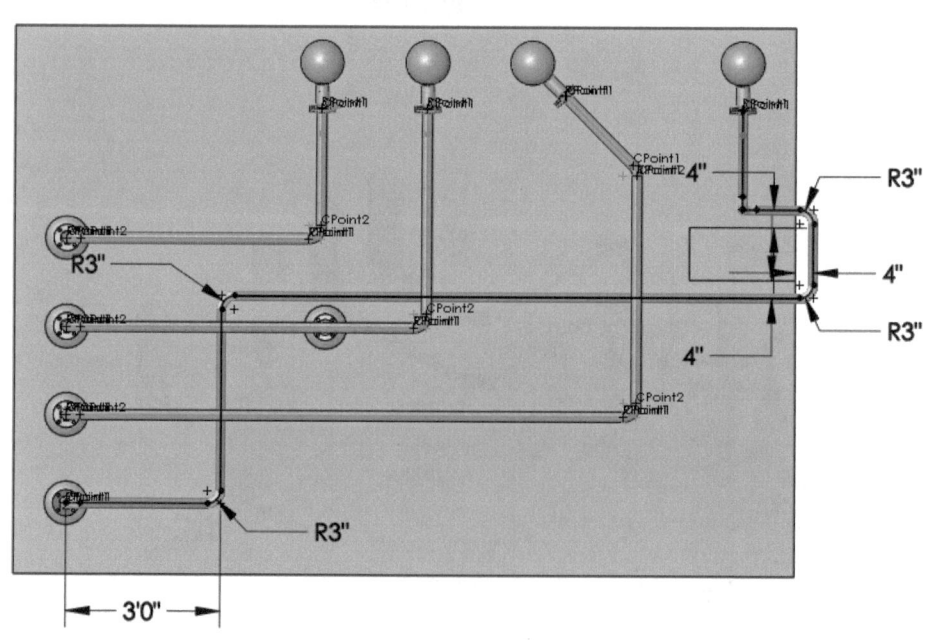

图 11-50 完成步路

- **更改** 用户可以对参考或线路几何体进行更改。打开"Pad"零部件，编辑"Boss-Extrude2"特征的草图，修改尺寸，如图 11-51 所示。这可能需要删除草图关系。

编辑线路并对线路几何体进行必要的更改，以保持与现有几何体的相同距离，如图 11-52 所示。

第 11 章　高级管道线路

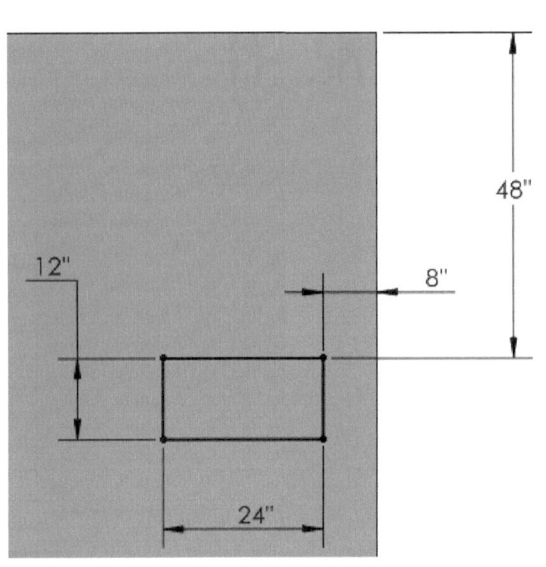
图 11-51　修改尺寸

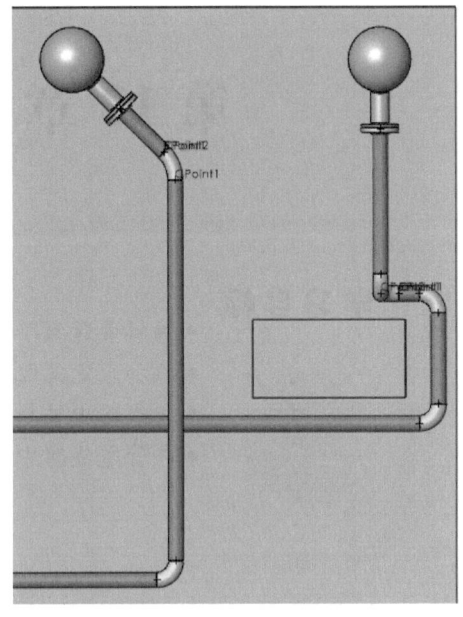
图 11-52　编辑线路

第 12 章 管 道 配 件

学习目标
- 编辑管道线路和添加管道配件
- 添加自定义配件到线路
- 在线路中替换配件
- 在管道线路中使用交替的弯管

12.1 管道配件概述

管道配件由一个庞大的线路零部件系统组成，包含四通、弯管、法兰、垫圈、支管座、变径管、三通和阀门等，如图12-1所示。用户通常可以使用拖放功能来添加这些配件。

 弯管通常在草图倒角处被自动添加到线路中。

12.2 拖放配件

标准的管道和管筒配件（如三通、四通、法兰、变径管和阀门）能够被拖放到线路中，并创建它们自己的分割点，如图12-2所示。当配件被拖放到线路直线上时，会自动完成下面几步：

扫码看视频

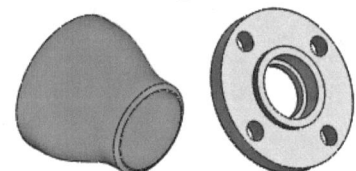

图12-1 管道配件

1）线路直线在配件放置点处被自动分割。
2）配件放置在由分割所创建的端点处。
3）配件旋转到默认的方向。

 另一种添加配件到线路的方法是使用【添加配件】命令。

1. 添加过程中旋转配件 当配件添加到装配体中时可以旋转。旋转的能力基于配件零件内部创建的几何体。

- 〈Tab〉键：按下〈Tab〉键可使配件旋转90°。
- 〈Shift〉+箭头键：当按下〈Shift〉键和左或右方向键时，配件绕旋转轴旋转。旋转角度默认按照15°增加，但用户可以通过【工具】/【选项】/【系统选项】/【步路】/【零部件旋转增量（度）】来设置。

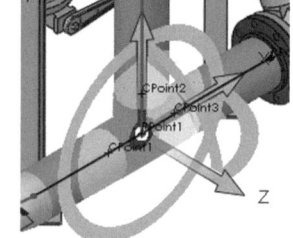

图12-2 拖放配件

- 三重轴：当放置配件时，可使用三重轴来旋转和移动。可以通过【工具】/【选项】/【系统选项】/【步路】/【使用三重轴在丢放时定位并定向零部件】来设置。

2. 放置结束后旋转配件 配件也可以在添加到装配体后旋转。
- 三重轴：右键单击配件，并单击【以三重轴移动配件】。拖动三重轴的圆环来旋转零部件。

> 提示：如果使用上面的方法旋转配件并不能提供合适的方向，请参考 12.2.3 小节。

操作步骤

步骤1 打开装配体 从"Lesson12\Case Study\Piping"文件夹中打开已经存在的装配体"Piping_PF"，选择显示状态为"No Structural"。

步骤2 拖动零部件 编辑"6inch Route"线路，从"tees"文件夹中拖动"reducing outlet tee inch"配件到直线线段(不要放下)，如图 12-3 所示。

步骤3 翻转变径三通 按〈Tab〉键切换方向，放下配件。选择配置"RTee Inch6 × 6 × 4Sch40"，将支线设为 4in，如图 12-4 所示。

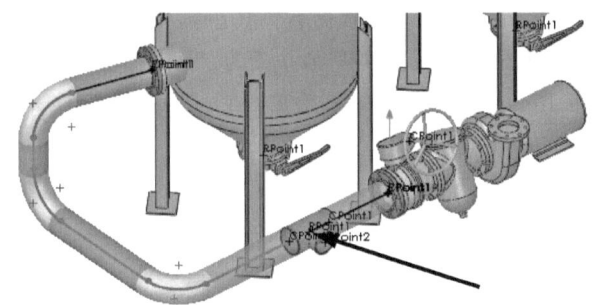

图 12-3 拖动零部件

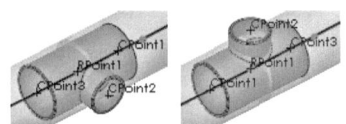

图 12-4 翻转变径三通

步骤4 自动步路 添加另一个法兰(4in)到线路并自动步路，选择图 12-5 所示的方案，添加尺寸 1ft 和 1ft 9in。

步骤5 绘制最短线路 拖放一个"straight tee inch"(4in)和另一个法兰(4in)。绘制一条垂直于两个立管的线，添加 2ft 尺寸和【相等】关系，如图 12-6 所示。线路的构成发生了变化。

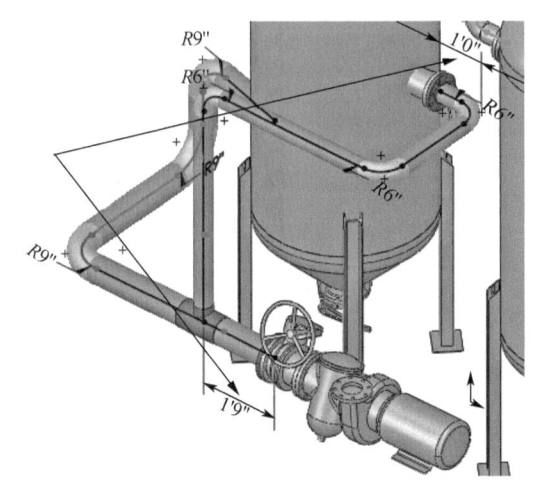

图 12-5 自动步路

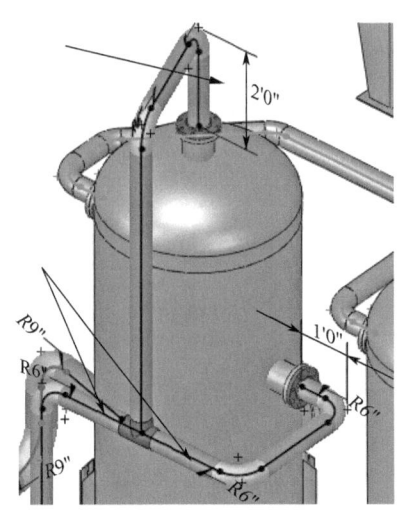

图 12-6 绘制最短线路

> **技巧** 如果草图中出现过定义错误，则可在状态栏区域中单击【过定义】并在 PropertyManager 中单击【诊断】。
>
> 将线路重命名为"6inch and 4inch Route"。

12.2.1 在线路中使用平面

参考平面可用于标注尺寸、定位管道草图几何体和将角度应用于配件。

步骤6 创建新线路 使用4in配件和"SCH40_ONLY"线路规格模板创建新线路。

选择"FT IN_routeAssembly"模板并单击【确定】。自动步路并保持未定义的线路草图。退出线路草图和线路子装配体，新线路如图12-7所示。将线路命名为"4inch Route2"。

步骤7 穿过管道草图的平面 单击【参考几何体】/【基准面】，并选择"Top Plane"平面和管道线路草图的端点，如图12-8所示，单击【确定】。重命名平面为"top_of_line"。

步骤8 编辑线路 编辑线路"4inch Route2"。选择新平面"top_of_line"和线路草图上的线。单击【在平面上】添加约束关系。

线路将保持与"6in Route"线路同样的高度，如图12-9所示。

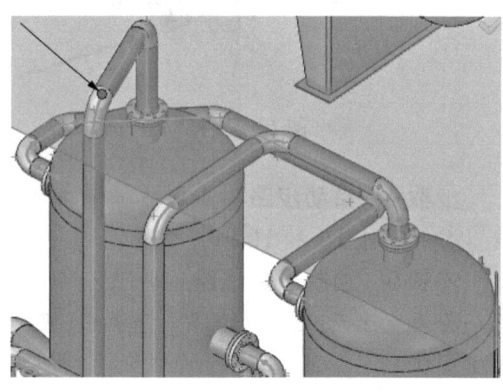

图12-8 穿过管道草图的平面

图12-7 创建新线路

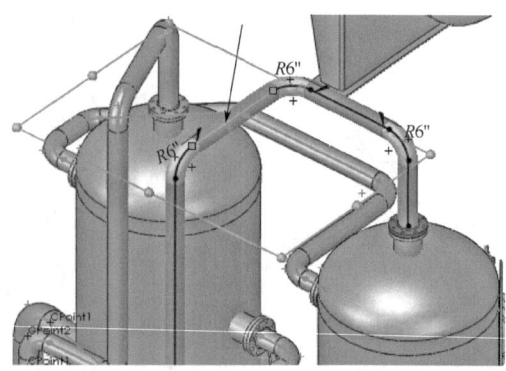

图12-9 编辑线路

12.2.2 分割线路添加配件

【分割线路】可以用来分割线路中的一条线,由此产生的 JPoint(连接点)可以使用【添加配件】或拖放来添加内部配件。

> 提示 很多配件,包括装配体配件,也可以使用拖放来添加。

> 技巧 如果使用【分割线路】分割了一条直线,并且后续不再需要,则可以使用【移除管道】来删除多余的直线。

> 知识卡片 分割线路
> - CommandManager:【管道设计】/【分割线路】。
> - 菜单:【工具】/【步路】/【Routing 工具】/【分割线路】。
> - 快捷菜单:右键单击一条线路线段,然后单击【分割线路】。

> 提示 【分割线路】和一般的分割选项(【工具】/【草图工具】/【分割实体】)是不一样的,【分割线路】是专用于线路中的。

步骤9 分割线路 编辑并分割线路,如图 12-10 所示。

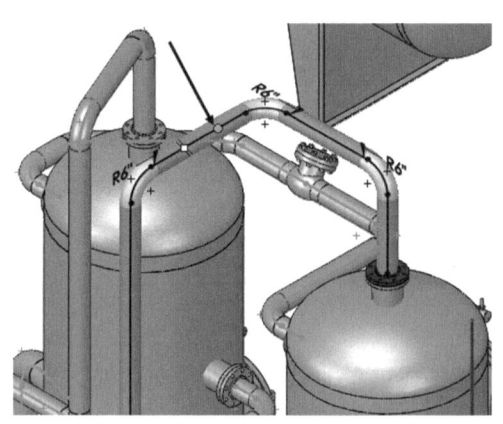

图 12-10 分割线路

12.2.3 定向内部配件

当放置三通、四通和其他线路内部配件时,有时需要添加几何体来重新设置配件的方向。在分割点上绘制一条定位配件方向的中心线(3D 草图),当拖放配件到该点时,会和该线同向。

> 提示 用户也可以使用【以三重轴移动配件】。

步骤10 绘制中心线 单击【中心线】,绘制一条成角度的直线,如图 12-11 所示。在直线和"Front Plane"之间添加【平行】几何关系。

步骤11 添加配件 从"tees"文件夹中拖放"straight tee inch"零部件到端点,如图 12-12 所示。当指向中心线时,放置它。选择配置"Tee Inch 4Sch40"。

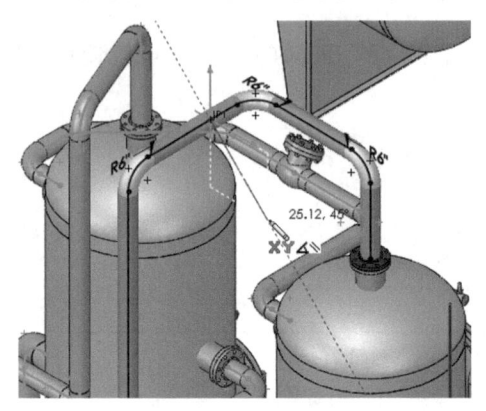
图12-11　绘制中心线

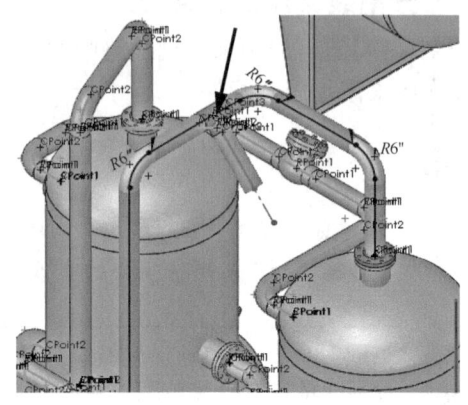
图12-12　添加配件

> 当放置三通（像任何标准配件一样）后，【列出所有配置】复选框会被重置为不勾选。这意味着只有该线路直线上使用的规格才会被列出（本例中为Schedule 40）。勾选该复选框会显示所有的尺寸和规格。

步骤12　添加约束关系　拖动中心线可看到线路线段和中心线未连接。在线路线段和中心线间添加【共线】约束关系，如图12-13所示。

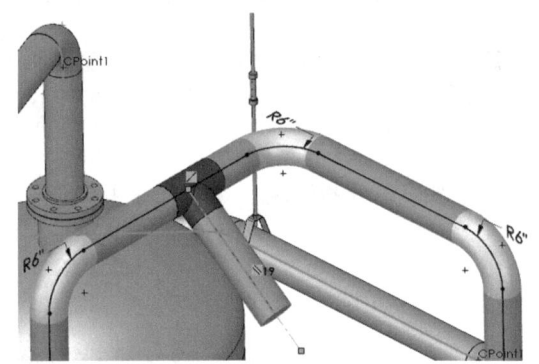
图12-13　添加约束关系

12.2.4　在相交点添加三通

用户可以拖放三通配件到两条或三条非共线的直线交点处。当已存在的线路线段与三通或侧面配件需要匹配时，请使用下面的步骤：

1）在相交点附近使用【分割线路】，如图12-14所示。
2）在分割点和线路线段之间添加【共线】几何关系，使之成为一条直线，如图12-15所示。

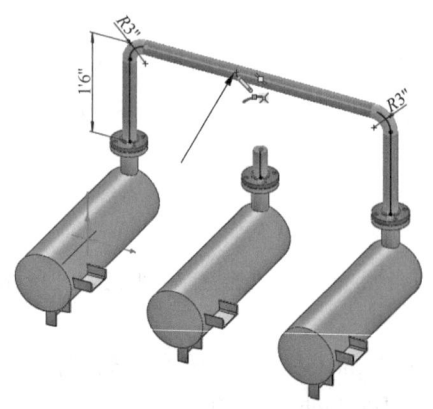
图12-14　分割线路

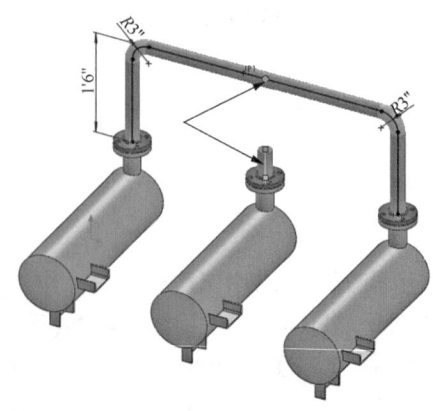
图12-15　添加【共线】几何关系

3)在分割点和线路线段端点之间添加【合并】几何关系,如图12-16所示。
4)拖放配件到端点,如图12-17所示。

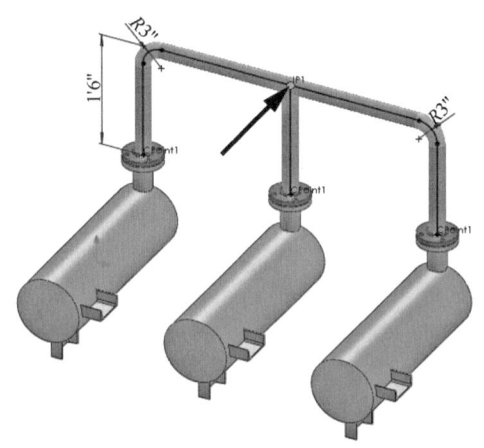

图12-16 添加【合并】几何关系

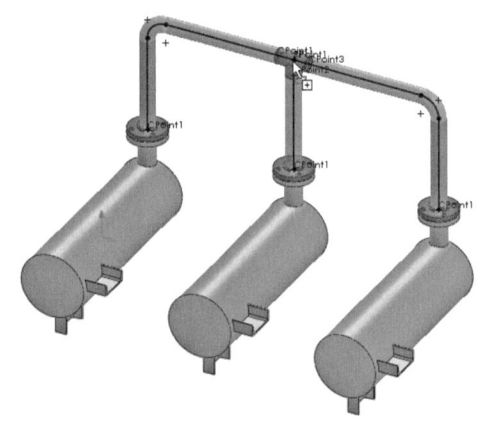

图12-17 拖放配件

12.2.5 移除管道/管筒

【移除管道】和【移除管筒】选项会使折弯或配件在合适的位置直接相互连接。该选项在【编辑线路】模式下可用,一般用于管道之间。

| 知识卡片 | 移除管道 | • 快捷菜单:右键单击线路上的线段,并选择【移除管道】。 |

 在管筒中,等效的命令是【移除管筒】。

步骤13 移除管道 右键单击短的管道并选择【移除管道】,该操作将移除管道并创建弯管和三通的连接,如图12-18所示。

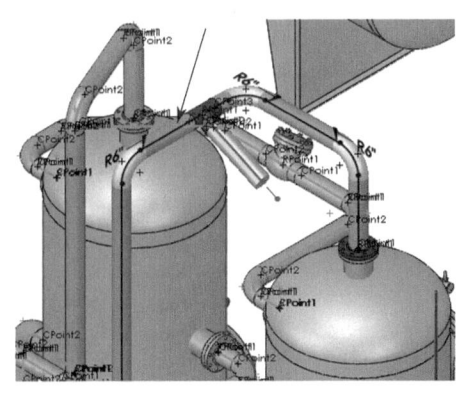
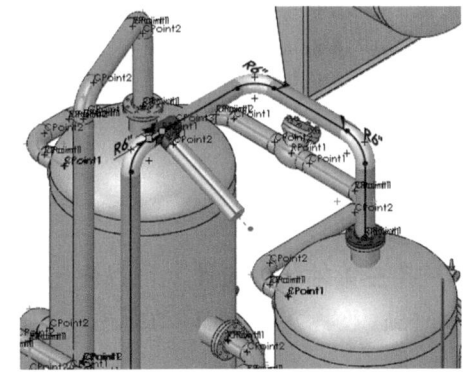

图12-18 移除管道

步骤14 自动步路 添加另一个法兰。在两个开放的端点处使用【自动步路】并选择图12-19所示的解决方案。添加尺寸135°、1ft 2in 和 2ft。

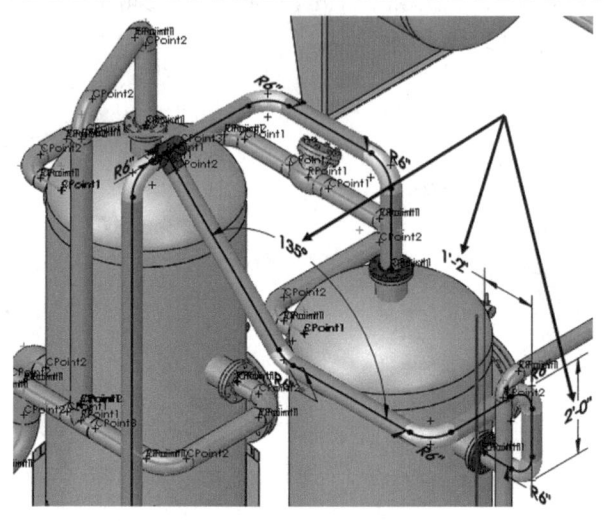

图 12-19 自动步路

1. 线路草图中的错误 如果线路草图有错，这些错误可以使用 SketchXpert 进行修复，也可以使用删除、剪裁、替换几何体等操作来修复。

1）在 SOLIDWORKS 窗口的状态栏区域（右下角）单击【过定义】或【无法找到解】，如图 12-20 所示。

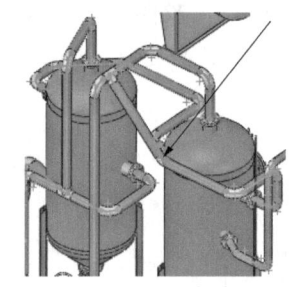

图 12-20 线路草图中的错误

2）单击【诊断】并查看提供的解决方案。移动到删除相交约束关系的方案上并单击【接受】，单击【确定】。

> 提示
>
> 如果圆角被删除，可以添加圆角以在线段之间的所有方向变化中替换它们。

步骤 15 退出线路 退出线路草图和线路子装配体。线路中包含了 90°和 45°的弯管。系统通过线路规格模板"SCH40_ONLY"自动选择了合适的弯管，如图 12-21 所示。

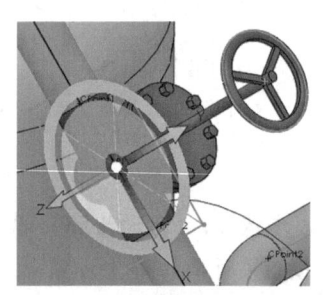

图 12-21 弯管

2. 使用三重轴旋转配件 可以使用三重轴在添加配件过程中或之后来手动旋转或移动配件，如图 12-22 所示。

图 12-22 使用三重轴旋转配件

步骤16 添加阀门 再次编辑线路。从"C:\ProgramData\SOLIDWORKS\SOLIDWORKS 2024\design library\routing\piping\valves"文件夹中拖放一个"gate valve(asme b16.34)bw-150-2500"配件。选择配置"Gate Valve(ASME B16.34)Class 150,Schedule 40,NPS 4,BW"。

步骤17 旋转阀门 使用三重轴旋转阀门,以便可以从正面轻松地操作手轮,如图 12-23 所示。

> **技巧** 如果三重轴没有自动出现,可右键单击配件后单击【以三重轴移动配件】。也可单击【工具】/【选项】/【系统选项】/【步路】/【一般步路设定】,并勾选【使用三重轴在丢放时定位并定向零部件】复选框来使三重轴自动出现。

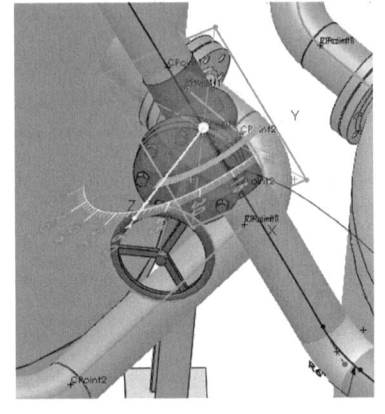

图 12-23 旋转阀门

3. 使用〈Shift〉+箭头键旋转配件 使用〈Shift〉+箭头键可以精确地旋转配件。单击【工具】/【选项】/【系统选项】/【步路】/【零部件旋转增量(度)】,设置每次旋转的角度,可以选择 1°、5°、15°、30°、45°和 90°。

步骤18 添加配件并旋转 编辑"4inch Route"线路并添加一个"swing check valve bw-150-2500"配件,选择配置"Swing Check Valve(ASME B16.34)Buttwelding Ends,Class 150,Schedule 40,NPS 4"。在消息框"是否想要缩短管道接套与配件之间的管道长度"中单击【否】。

旋转配件以偏离竖直方向 45°,如图 12-24 所示。

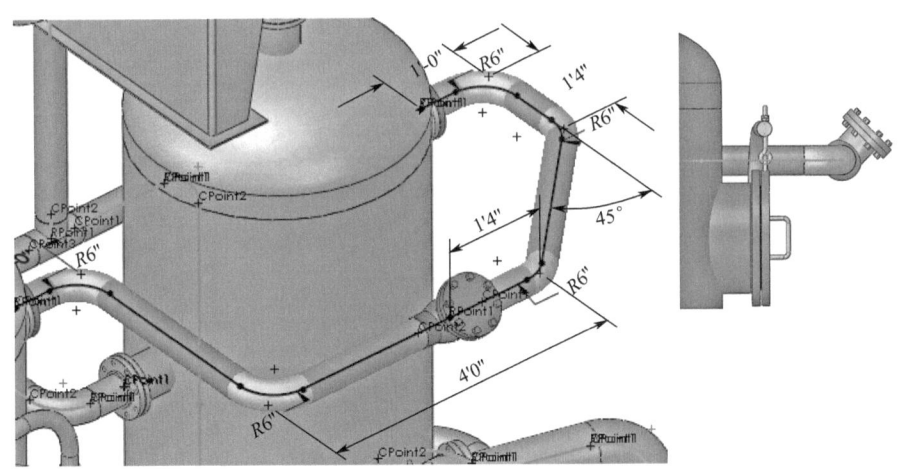

图 12-24 添加配件并旋转

步骤19 保存 退出线路和线路子装配体,保存装配体。

12.3 创建自定义配件

创建自定义零部件最佳的方法是从设计库中复制并编辑标准配件。这适用于创建类似于标准配件和具有附加几何体的配件。

在本例中,将创建一个可用作吊架的弯管,【使之独立】选项将用于获取零件的实例并制作独立的副本,如图 12-25 所示。

扫码看视频

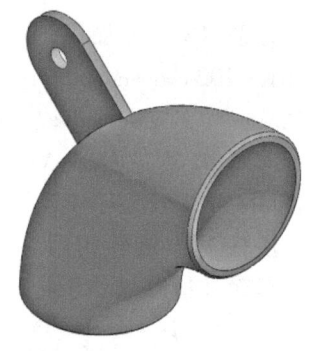
图 12-25 创建自定义配件

> 技巧🔓 这项操作适用于配件,而不适用于管道或管筒零件。

知识卡片	使之独立	● 快捷菜单:右键单击一个零部件,然后选择【使之独立】。

操作步骤

步骤1 使之独立 右键单击"90deg lr inch elbow"零部件,然后选择【使之独立】,如图 12-26 所示。在保存和替换零部件的消息中单击【确定】,将零部件命名为"Elbow_Hanger"。

步骤2 打开"Elbow_Hanger"零部件 在图形区域中右键单击零部件,并单击【打开零件】,在"Front"平面上绘制图 12-27 所示的几何图形。

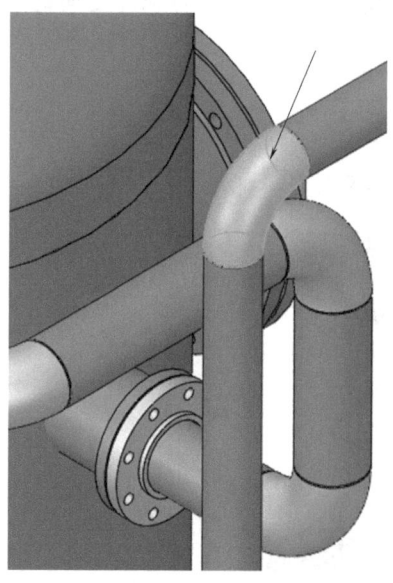
图 12-26 使之独立

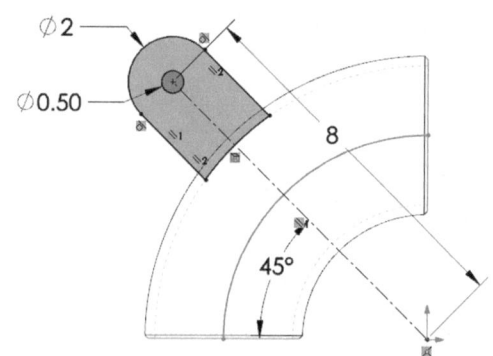
图 12-27 打开"Elbow_Hanger"零部件

步骤3 创建拉伸特征 使用草图创建一个尺寸为 0.25in 的【两侧对称】拉伸特征。改变零件的颜色,如图 12-28 所示。

提示
> 如果配件只用于一种尺寸（如此配件），则需要编辑设计表并删除活动配置以外的所有其他配置。

步骤4 保存并关闭零部件 保存并关闭"Elbow_Hanger"零部件，可以看到独立零部件的变化，如图12-29所示。

图 12-28 创建拉伸特征

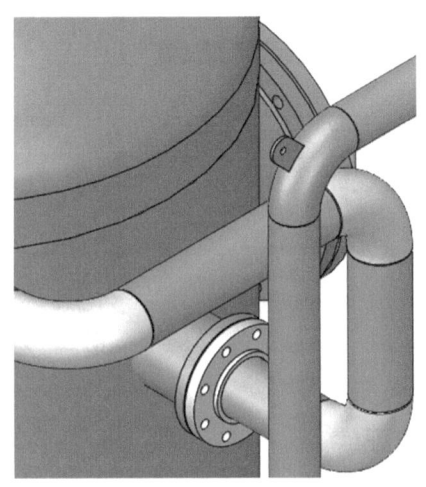

图 12-29 独立零部件的变化

12.3.1 替换管道配件

线路内的配件（如弯管）可以使用【替换配件】来进行替换。

提示
> 编辑线路并在退出线路草图之后使用【替换配件】。

知识卡片	替换配件	• 快捷菜单：右键单击配件，然后选择【替换配件】。

步骤5 选择配件 右键单击"swing check valve bw-150-2500"配件，并单击【替换配件】，如图12-30所示。

步骤6 替换配件 显示下面的信息："替换零部件可能与线路属性不匹配。在更改零部件后，请使用'零部件属性'选择匹配的配置。您可能还需要编辑线路以应用更改。"单击【确定】。

选择"globe valve(asme b16.34)bw-150-2500"作为替换零件并单击【确定】，如图12-31所示。

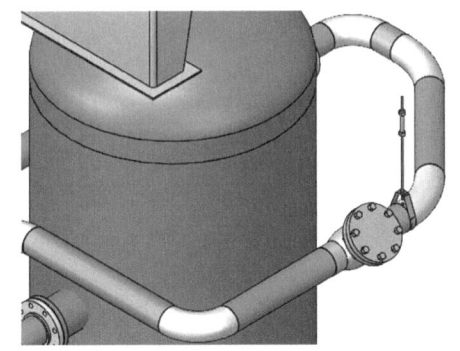

图 12-30 选择配件

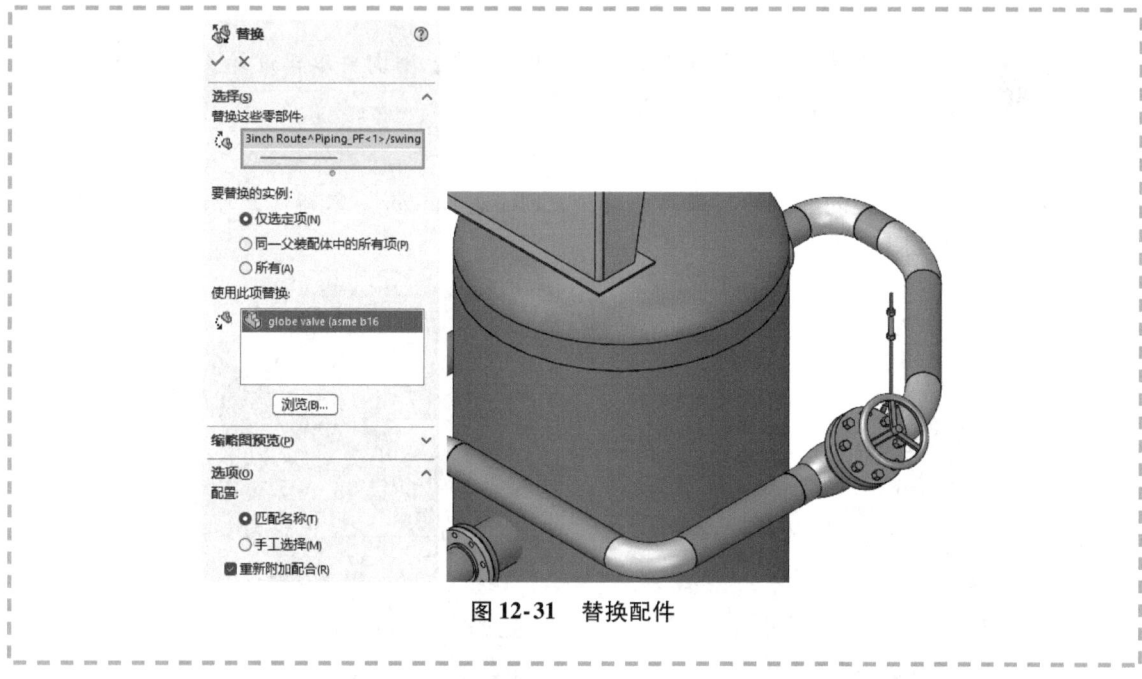

图 12-31 替换配件

12.3.2 添加配件

用户可以使用【添加配件】将配件（如三通和装配体配件）直接添加到线路中，而不需要使用设计库。【添加配件】选项在编辑线路模式时可以使用。

 添加配件
- CommandManager：【管道设计】/【添加配件】。
- 菜单：【工具】/【步路】/【管道设计】/【添加配件】。
- 快捷菜单：右键单击线路线段端点，并选择【添加配件】。

● **配件定向** 使用鼠标接受或反转配件可以为配件确定指向（与拖放配件时使用〈Tab〉键方法相似）。配件放置好后，可以使用三重轴旋转配件。

步骤7 编辑和拖动线路 单击【编辑线路】并单击"6inch and 4inch Route"线路进行编辑。将外侧线路线段拖离容器，使其大概增加30in的长度，为配件留出空间。

步骤8 分割线路 在线路上单击右键，选择【分割线路】。单击直线的中心附近来分割，JPoint"JP1"被创建，如图12-32所示。

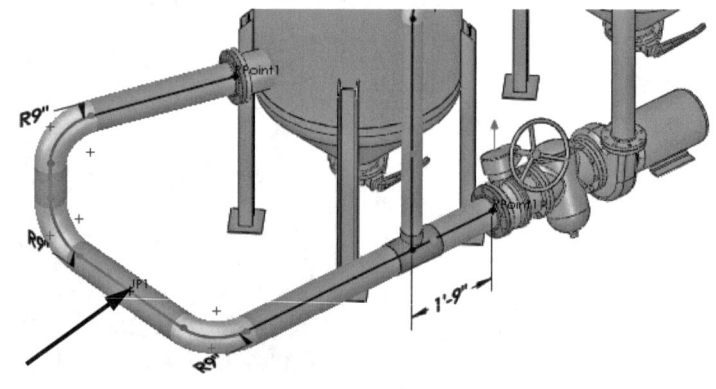

图 12-32 分割线路

步骤9 添加配件 单击端点和【添加配件】,从设计库的"routing\piping\valves"文件夹内选择并打开"gate valve(asme b16.34)bw-150-2500"配件。

单击右键可反转配件,单击左键可接受配件的默认配置,如图12-33所示。

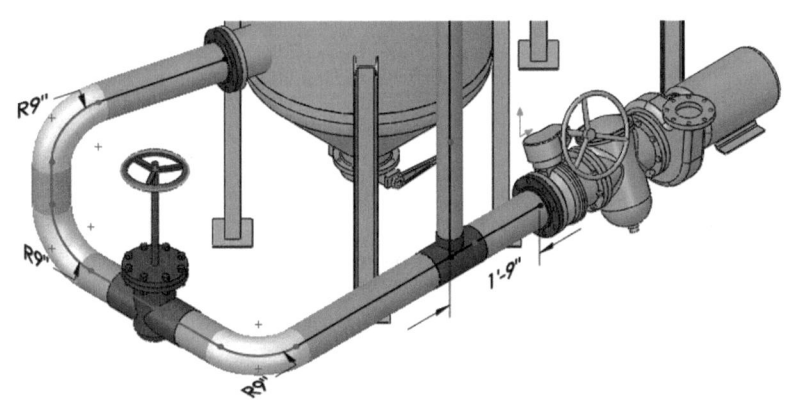

图12-33 添加配件

> 提示 有可能会出现使用现有文档的消息,单击【是】。出现另一个消息要求缩短管道长度时,单击【否】。

步骤10 完成草图 在草图中,为每一条断开的线路添加【相等】关系。添加尺寸以完全定义草图,如图12-34所示。

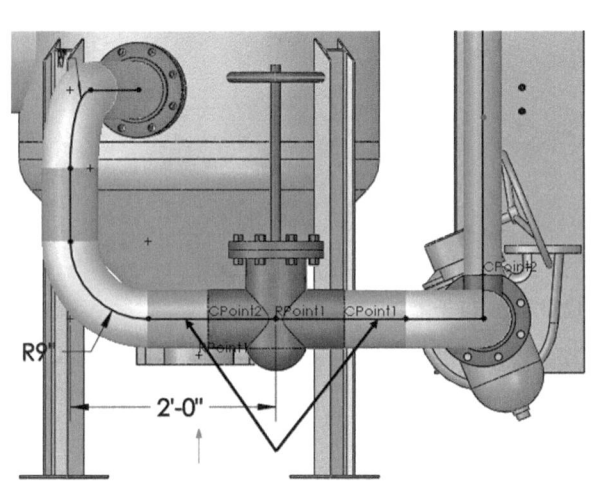

图12-34 完成草图

- **其他端点** 用户进行分割操作前,可能会注意到线上有一个蓝色的端点。这条直线还没有被分割,此蓝点是从法兰开始线路的端头线段的端点。其位于线路直线的下方,如图12-35所示。
- **干涉检查** 单独的管道、弯管或者整个线路子装配体都可以用【干涉检查】工具来检查零件之间的干涉或冲突,如图12-36所示。

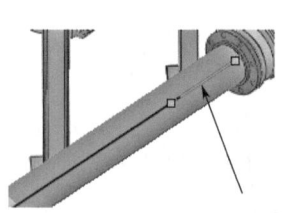
图 12-35　其他端点

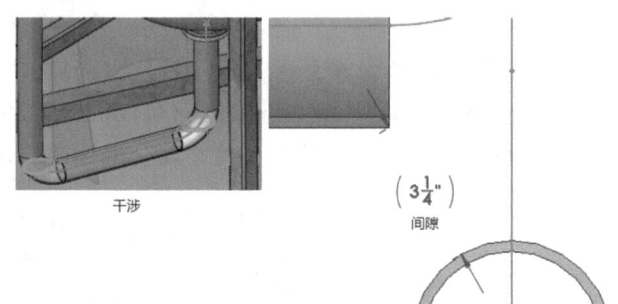
图 12-36　干涉检查

提示　【间隙验证】工具可检查未干涉零件之间的间隙。

步骤 11　检查干涉　选择"Default"显示状态。单击【干涉检查】，清除默认的所选零部件"Piping"。选择线路子装配体"6inch and 4inch Route"和零件"Plate"。管道和弯管在几个位置与零件有干涉，如图 12-37 所示。要修复此干涉，必须移动线路。

步骤 12　编辑线路　编辑线路"6inch and 4inch Route"，并删除 2ft 尺寸。在线路草图直线和钢板表面之间添加一个 3in 的【沿此步路】关系，如图 12-38 所示。

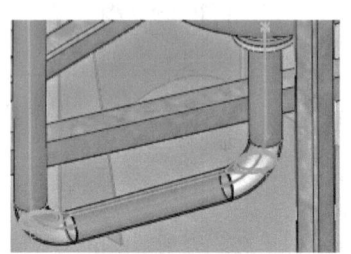
图 12-37　检查干涉

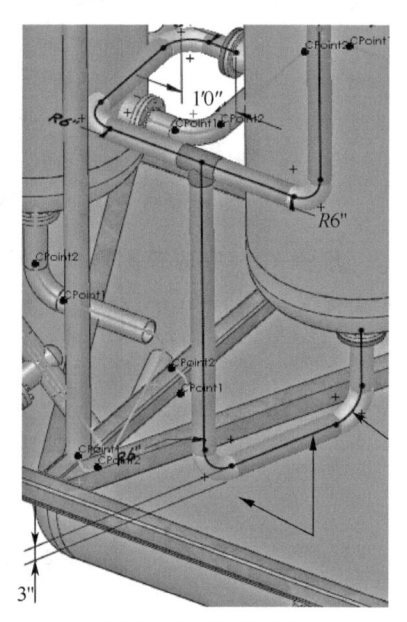
图 12-38　编辑线路

12.3.3　覆盖层

【覆盖层】用于为管道添加绝缘材料或其他覆盖物，它们可以是全长的，也可以是部分的。用户可以在同一线路上添加多个覆盖层并对其进行排序。单击【线路属性】/【覆盖层】，在创建线路时添加覆盖层，如图 12-39 所示。

扫码看视频

提示　覆盖层可以应用于电气、管道、管筒和电气导管线路。

1. 覆盖层库　标准的覆盖层文件是"coverings.xml"，可以在"C:\ProgramData\SOLIDWORKS\SOLIDWORKS 2024\design library\routing"中找到。

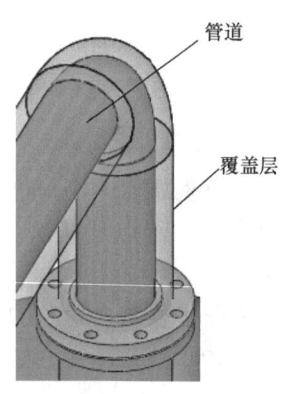
图 12-39　覆盖层

它包含的覆盖层库见表 12-1。

表 12-1 覆盖层库

覆盖层类型	覆 盖 层
Tape（胶带）	Ceramic Fiber Tape（陶瓷纤维胶带）
	Glass Fiber Tape（玻璃纤维胶带）
Rope（绳）	Ceramic Fiber Braided Rope（陶瓷纤维编织绳）
	Glass Fiber Braided Rope（玻璃纤维编织绳）
Adhesive Tape（胶粘型胶带）	PVC Electrical Tape（PVC 电工胶带）
	Lead-free PVC Electrical Tape（无铅 PVC 电工胶带）
	Heavy-duty PVC Electrical Tape（重型 PVC 电工胶带）
	Flame-retardant PVC Electrical Tape（阻燃 PVC 电工胶带）
	General Purpose 40 Micron Aluminum Tape（通用 40 微米铝带）
	Industrial Grade Double-sided PE Foam Tape（工业级双面 PE 泡棉胶带）

2. 自定义覆盖层 用户可以使用材料和厚度值创建自定义覆盖层。自定义材料可以添加到库中。

> **知识卡片**
> **自定义覆盖层**
> - CommandManager：【管道设计】/【覆盖层】。
> - 菜单：【工具】/【步路】/【Routing 工具】/【覆盖层】或【固定长度覆盖层】。
> - 快捷菜单：右键单击线路线段，然后单击【添加/编辑覆盖层】/【覆盖层】或【固定长度覆盖层】。

> 提示：使用快捷菜单仅仅影响部分线路，而其他选项将影响整个线路。

操作步骤

步骤 1 添加覆盖层 右键单击管道草图部分，如图 12-40 所示，选择【添加/编辑覆盖层】/【覆盖层】，单击【创建自定义覆盖层】并设置【厚度】为"1""。

单击【选择材料】，从 SOLIDWORKS Materials 库的"普通玻璃纤维"文件夹中选择"S-玻璃纤维"。

步骤 2 应用覆盖层 单击【应用】，添加覆盖物到【覆盖层层次】列表，单击【确定】，如图 12-41 所示。

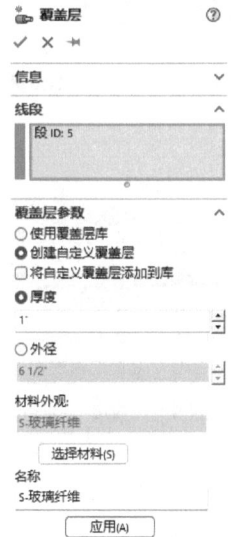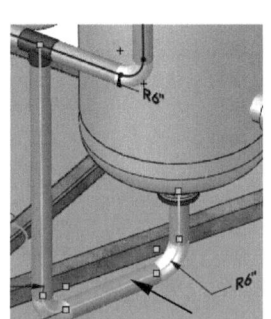

图 12-40 添加覆盖层

> 提示：覆盖层在"线路零件"文件夹中被创建为单独的零件（见图 12-42）："[Covering^6inch and 4inch Route_Piping] <1> (Default < <Default>_Display State 1 >)"。

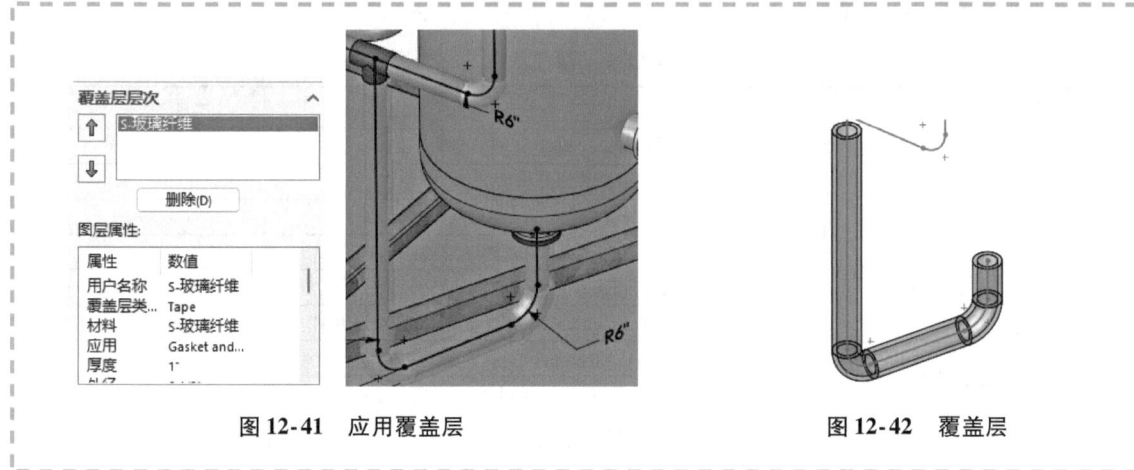

图 12-41 应用覆盖层　　　　图 12-42 覆盖层

3. 覆盖层干涉 当覆盖层被添加到管道时，增加的厚度可以包含在【沿此步路】的尺寸中或者被忽略。在尺寸属性的【其他】选项卡中可以找到【使用中心线尺寸】和【包括覆盖层厚度】选项，如图 12-43 所示。它们用于确定测量的位置和是否包括覆盖层，如图 12-44 所示。

图 12-43 【步路】选项

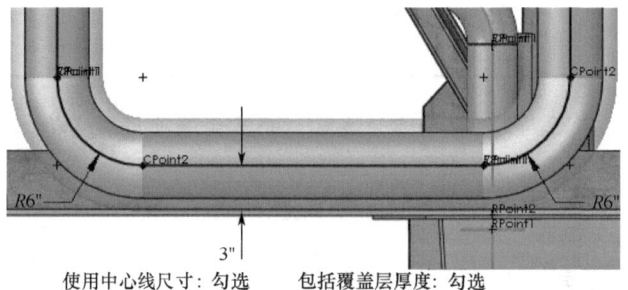

使用中心线尺寸：勾选　　　包括覆盖层厚度：勾选

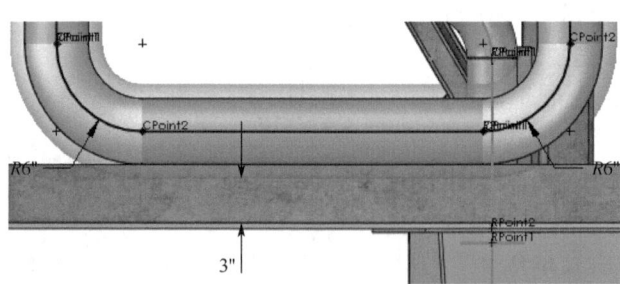

使用中心线尺寸：不勾选　　　包括覆盖层厚度：勾选

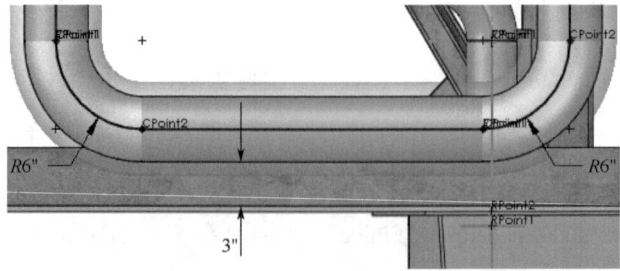

使用中心线尺寸：不勾选　　　包括覆盖层厚度：不勾选

图 12-44 覆盖层干涉

步骤 3 设置尺寸 选择【沿此步路】关系的尺寸并选择【其他】选项卡。勾选【使用中心线尺寸】和【包括覆盖层厚度】复选框。设置值为 3.5″。退出线路草图和线路子装配体,单击【确定】。

4. 验证间隙 为了找到管道配件之间最小的间隙,可使用【间隙验证】。可以设置任何最小的间隙值。重合或干涉条件也会被列举。

提示 间隙距离是在 3D 空间中测量的,如图 12-45 所示。

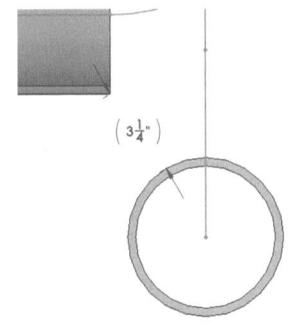

图 12-45 间隙距离

步骤 4 验证间隙 单击【间隙验证】,并设置【可接受的最小间隙】为 "0″"。选择两个管道,并单击【计算】,如图 12-46 所示。

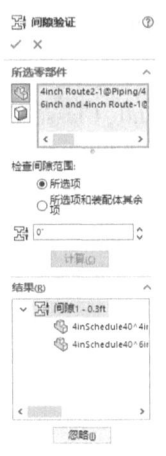
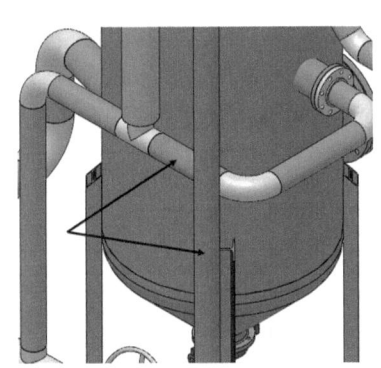

图 12-46 验证间隙

步骤 5 计算 单击【计算】并观察零部件之间的最小间隙或干涉,单击【确定】。
步骤 6 保存并关闭所有文件

练习 12-1 添加管道配件

添加管道配件,移除管道及检查间隙,如图 12-47 所示。

本练习将应用以下技术:
- 拖放配件。
- 分割线路添加配件。
- 在相交点添加三通。
- 间隙验证。

单位:in(英寸)。

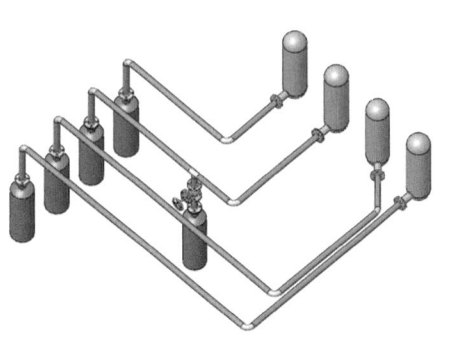

图 12-47 管道配件

操作步骤

步骤1 创建线路 从"Lesson12\Exercises\Adding Fittings"文件夹中打开"Adding Fittings"装配体。创建4条线路并添加配件,如图12-48所示。

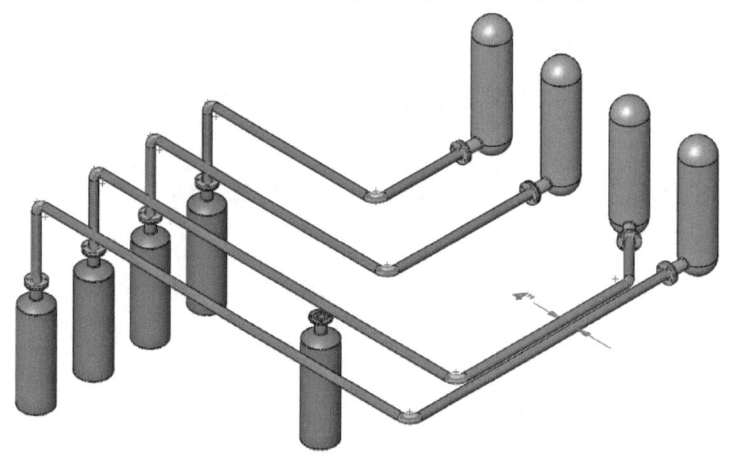

图 12-48 创建线路

步骤2 添加配件 编辑"Holding Tank"上部的线路并添加法兰、管道、三通(类型为"straight tee inch",配置为"Tee Inch 2 Sch 40")和阀门[类型为"globe valve(asme b16.34)fl-150-2500",配置为"Globe Valve(ASME B16.34)Flanged End, Class 150, NPS2, PF"],如图12-49所示。确定阀门的定位尺寸后,在阀门的每一端拖放一个"slip on weld flange"法兰。

步骤3 检查干涉和间隙 使用【间隙验证】检查弯管之间的间隙,保证至少有1in的间隙,如图12-50所示。

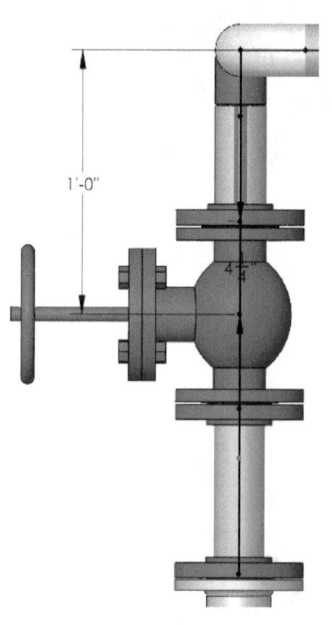

图 12-49 添加配件

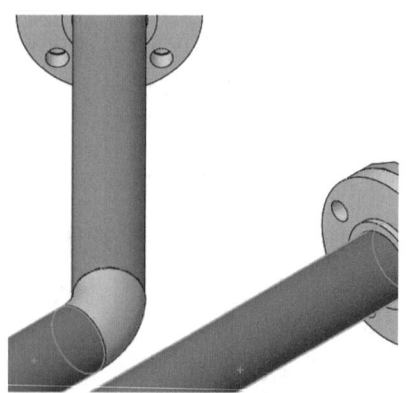

图 12-50 检查干涉和间隙

练习12-2 框架上的管道

在装配体中创建法兰到法兰的连接,并添加管道配件,如图12-51所示。添加线路吊架到线路内(可选操作)。

本练习将应用以下技术:
- 拖放配件。
- 分割线路添加配件。
- 在相交点添加三通。

单位:in(英寸)。

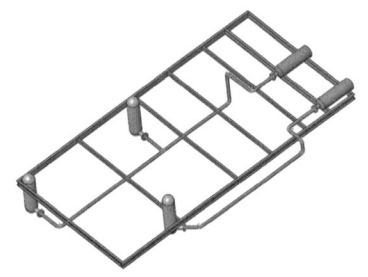

图12-51 框架上的管道

操作步骤

步骤1 打开配件 从"Lesson12\Exercises\Steel Frame"文件夹中打开"Steel Frame"装配体。

步骤2 选择框架管道零部件 选择线路所需的零部件,见表12-2。

表12-2 框架管道零部件

项 目	文 件	配 置
法兰	slip on weld flange	Slip On Flange 150-NPS 2
管道	pipe	pipe 2 in, Sch 40
弯管	90deg lr inch elbow	90L LR Inch 2 Sch40
弯管	45deg lr inch elbow	45L LR Inch 2 Sch40
三通	straight tee inch	Tee Inch 2 Sch 40

步骤3 步路 按图12-52所示创建线路。

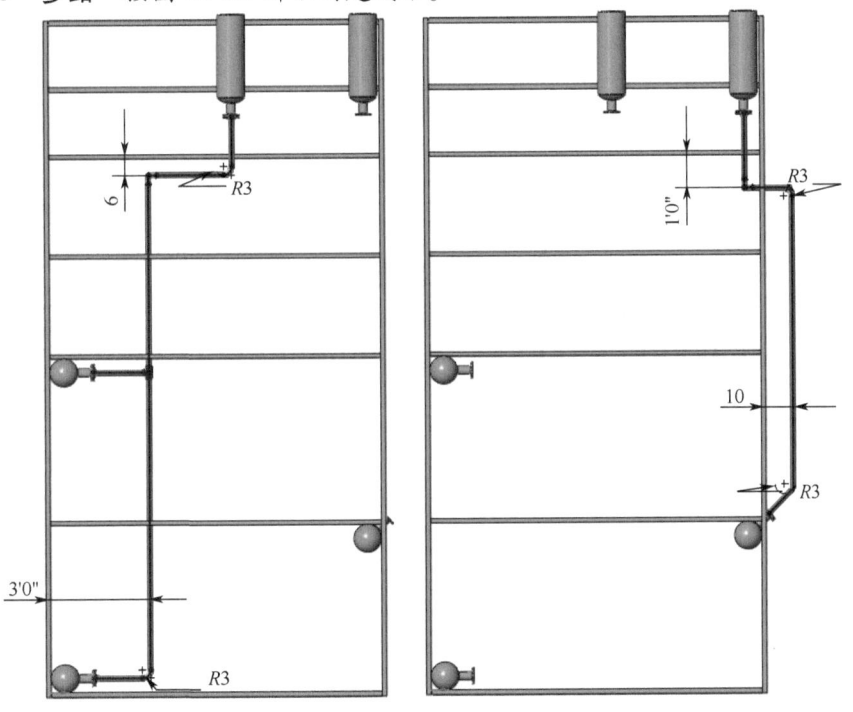

图12-52 步路

第13章 管筒线路

学习目标
- 了解管筒线路的基本知识
- 使用柔性和正交的方法步路
- 修复折弯错误
- 将管筒数据输出到外部文件
- 创建管筒线路的工程图

13.1 管筒线路概述

管筒线路使用由 3D 草图生成的管筒零件形成子装配体，该装配体包括管筒和配件。管筒可以是正交的(刚性管筒)或柔性的(软管或韧性管)，如图 13-1 所示。

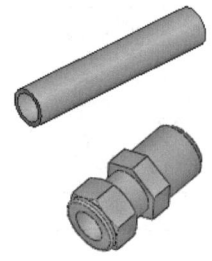

图 13-1 管筒线路

- **典型的管筒线路** 典型的管筒线路由不同长度的管筒零部件组成，这些零部件由三通、变径管连接并由配件或法兰等终止。在 FeatureManager 设计树中，这些零部件被分别放置在"线路零件"文件夹(放置管筒)和"零部件"文件夹(放置三通、变径管、配件和法兰等)中，如图 13-2 所示。

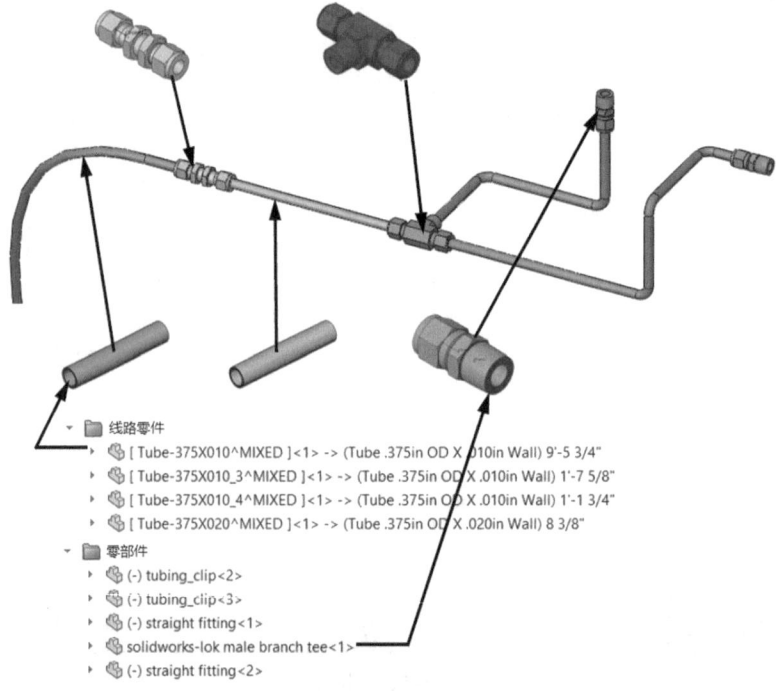

图 13-2 典型的管筒线路

技巧 管筒是使用扫描特征创建的，该特征适用于正交或柔性的线路。

13.2 管筒和管筒零部件

管筒线路使用的是基于样条曲线或直线几何形状的管筒。管筒可以和很多不同类型的零部件一起组成线路。

扫码看视频

提示 有多个选项可供柔性和正交线路使用。

许多零部件都有特殊的步路特性：连接点（CPoint）和步路点（RPoint）。

13.2.1 管筒

管筒可放置在线路的所有样条曲线、直线或圆角上。它们的长度由线路上的其他配件决定，并且根据所需的管筒类型被创建成各种尺寸和明细，如图13-3所示。

13.2.2 末端零部件

末端零部件用于开始和结束线路，一般连接到管筒线路外的其他设备。接头和法兰一般放置在草图的末端，它们包含1个连接点和1个步路点，如图13-4所示。法兰会在连接点位置把管筒切断。

图 13-3 管筒

13.2.3 内部零部件

线路内的零部件用于直线或样条曲线之间的连接处，通常在线路草图的边界内。当3条线共享一个端点并且线和线之间保持直角时，就可以使用支线和三通。这种情况下，等径和变径三通都可使用。如图13-5所示，图中共有3个连接点和1个步路点。三通在连接点位置把管筒切断。

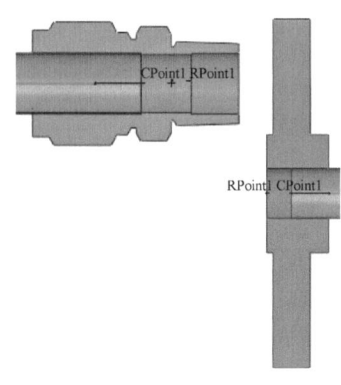

图 13-4 接头和法兰

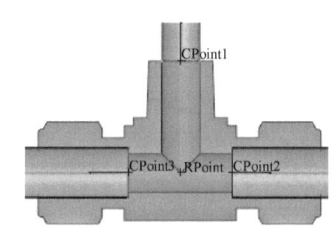

图 13-5 内部零部件

操作步骤

步骤1 Routing 文件位置和设定 单击【Routing 文件位置和设定】，然后选择【装入默认值】，单击两次【确定】。

13.3 使用柔性管筒自动步路

柔性管筒线路和电气线路非常相似，它们在3D草图中的几何体都是由样条曲线表示的。

样条曲线和接头上的短"端头"直线相连。末端的零部件可以是接头或法兰。其中，线路内的零部件包括三通和管接头。管筒线路可以使用自动步路、手动 3D 草图和沿几何体步路创建，如图 13-6 所示。

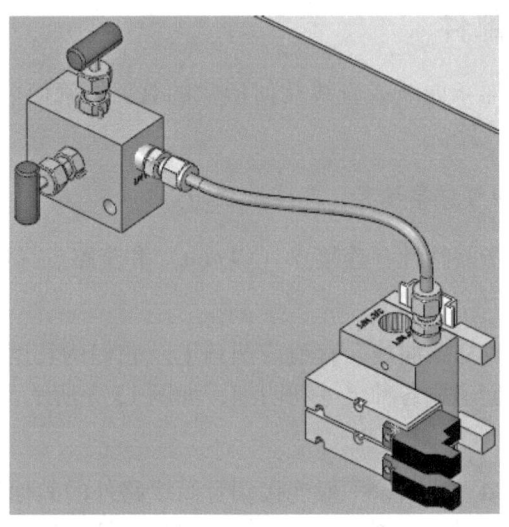

图 13-6　使用柔性管筒自动步路

步骤 2　**打开文件**　在文件夹"Lesson13\Case Study\Tubing"中打开装配体"Tubing"。

步骤 3　**拖放零部件**　从"C:\ProgramData\SolidWorks\SOLIDWORKS 2024\design library\routing\tubing\tube fittings"文件夹中拖放并使用零部件"Straight fitting"的".25 TUBE ×.25 NPT"配置，如图 13-7 所示。

在【管筒】中使用"tube-ss"，并选择【基本配置】为"Tube .250in OD ×.010in Wall"，如图 13-8 所示，勾选【使用软管】复选框并选择【中心线】，单击【确定】。

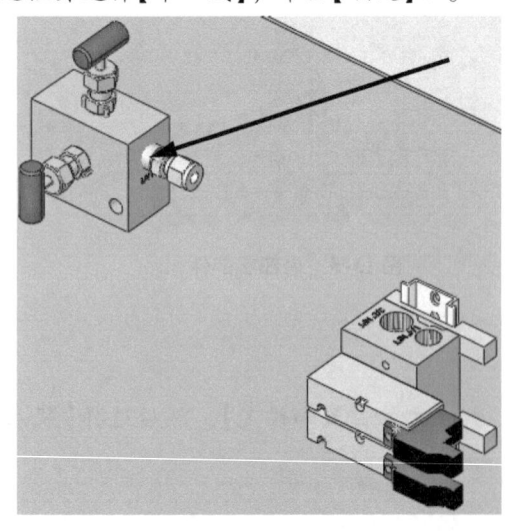

图 13-7　拖放零部件　　　　图 13-8　【线路属性】设置

步骤4 自动步路 拖放另一个配置为".25 TUBE ×.25 NPT"的零部件"Straight fitting"。单击【自动步路】,不勾选【正交线路】复选框,单击【确定】✓,如图13-9所示。

步骤5 退出 退出线路草图和线路子装配体。

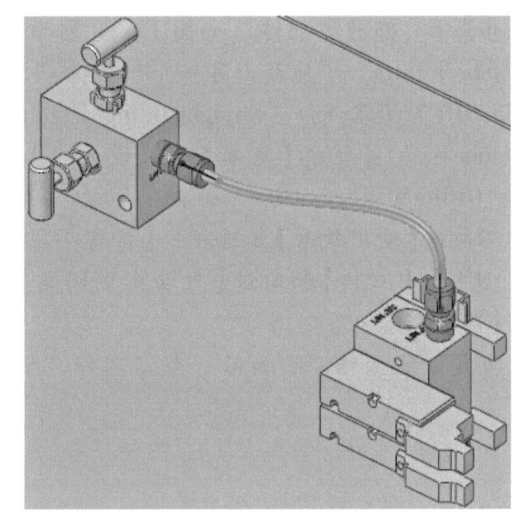

图13-9 自动步路

13.4 使用正交管筒自动步路

不勾选【使用软管】复选框创建的管筒线路,会导致与使用管道线路中的【始终形成折弯】选项生成的几何体一致。使用正交选项,线段会沿着X轴、Y轴和Z轴创建,线段之间则用草图圆角连接。有时也会出现"最短"选项(非正交)。结果是单个管筒零件弯曲成合适的形状,如图13-10所示。此类线路可以使用自动步路或手动3D草图创建。

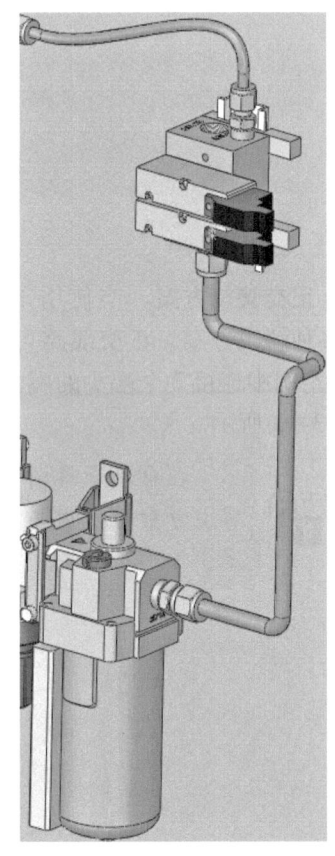

图13-10 使用正交管筒自动步路

步骤6 **拖放零部件** 如图13-11所示,从文件夹"tube fittings"中拖放出另一个配置为".38 TUBE ×.38 NPT"的零部件"Straight fitting"。选择【管筒】为"tube-ss"并将其【基本配置】设为"Tube.375in OD ×.010in Wall"。

不勾选【使用软管】复选框,【折弯半径】仍为3/8in。选择【中心线】和勾选【自动生成圆角】复选框,单击【确定】✓。

重复上述操作,添加另一个零部件"Straight fitting"。

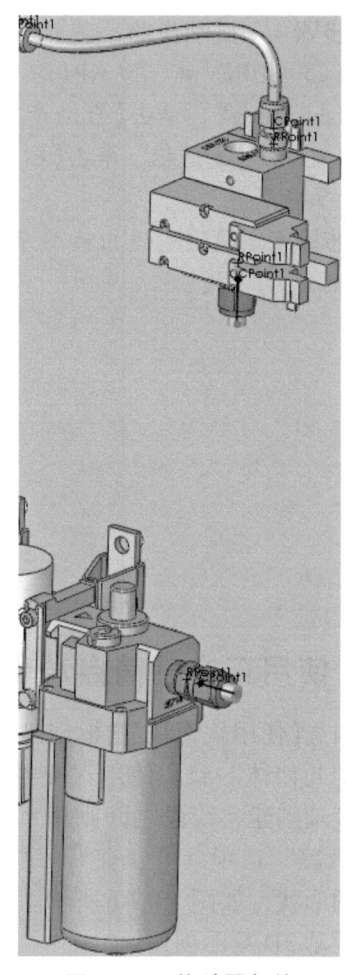

图 13-11 拖放零部件

- **正交管筒方案** 当使用正交线路来自动步路管筒时,系统会提供多种解决方案。正交线路可以沿 X 轴、Y 轴和 Z 轴移动,最终在 3D 空间中连接 2 个端头的端点,如图 13-12 所示。多种解决方案如图 13-13 所示。

> 技巧 在自动步路前,拖动端头端点使其变长。提供的解决方案将使用与管道相同的形式命名,如"解决方案3-Y、X、Z"。

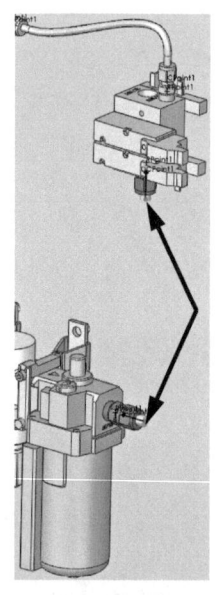

图 13-12 正交管筒方案

提示　与许多解决方案集合一样，此解决方案集合中可能包括非正交的解决方案。这些解决方案类型是有效的，但它们包含了除沿 X 轴、Y 轴和 Z 轴方向以外的步路线路。这可以在直线和折弯角度之间创建非直角的连接，如图 13-14 所示。

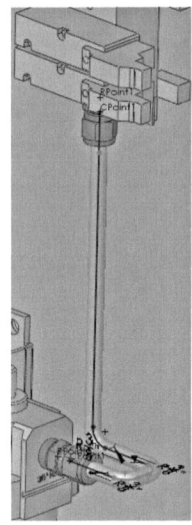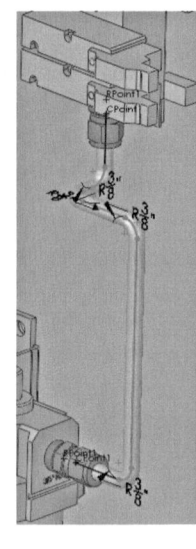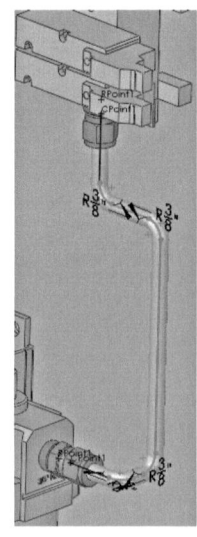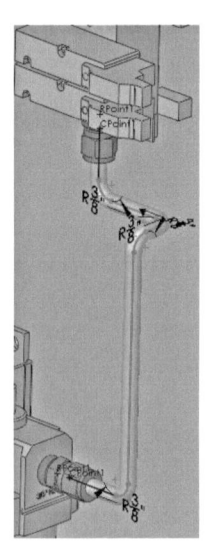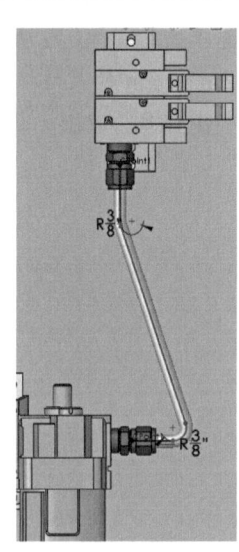

图 13-13　多种解决方案　　　　　　　　　　图 13-14　非正交的解决方案

13.5　折弯和样条曲线错误

在创建线路几何体形状时可能会发生错误。在正交线路中，折弯半径相对于管筒直径来说可能会较小；而在柔性线路中，样条曲线半径可能会较小。这两种错误情况均能够被检测和修复。

13.5.1　折弯半径较小

红色的弯曲处表明折弯半径过小，折弯半径应该大于直径，如图 13-15 所示。

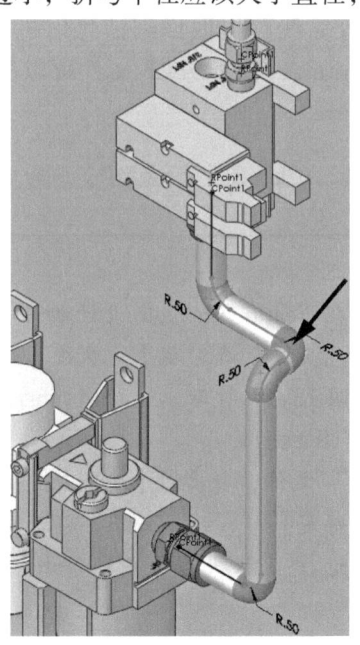

图 13-15　折弯半径较小

这时的解决方案是使用【线路属性】将【折弯半径】设置为更大的值，或者使用其他的方案。其他折弯错误可以使用【修复线路】来进行更正。

步骤7　编辑(拖动)　选择图13-16所示的解决方案并单击【编辑(拖动)】来移动几何体。在拖放后，添加2in和3in的尺寸。

步骤8　退出　退出线路草图和线路子装配体。

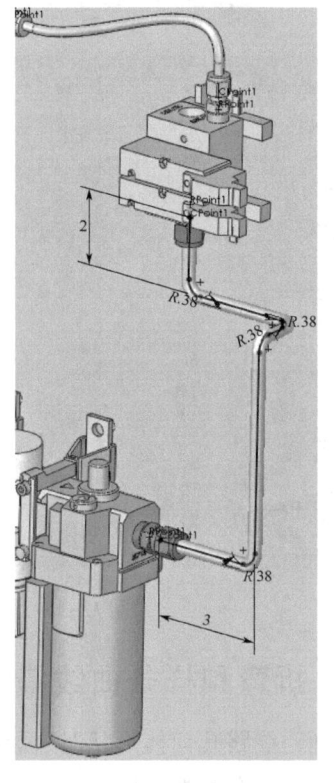

图13-16　编辑(拖动)

13.5.2　输出管道/管筒数据

【输出管道/管筒数据】可从管筒线路提取详细信息以进行制造。这些信息有多种文件格式，包括文本、PCF、html 和 eDrawings 文件。PCF 文件可以与 ISOGEN 等应用程序一起使用。

知识卡片	输出管道/管筒数据	• 快捷菜单：右键单击线路子装配体，并单击【输出管道/管筒数据】。

步骤9　输出管筒数据　在 FeatureManager 设计树中，右键单击线路 "Tube2^Tubing"，从快捷菜单中选择【输出管道/管筒数据】，单击【输出】来创建包括 html、文本、eprt 和 jpg 类型的数据文件，如图13-17所示。选择激活的配置 "Tube.375in OD×.010in Wall" 并单击【确定】，如图13-18所示。

单击列表中的 "默认.html" 文件，并单击【观阅选定的文件】，如图13-19所示。结果已列出，关闭窗口并单击【确定】。

步骤10　选择显示状态　选择显示状态为 "Default"，并隐藏已存在的封套零部件 "Valve_Clearance"。

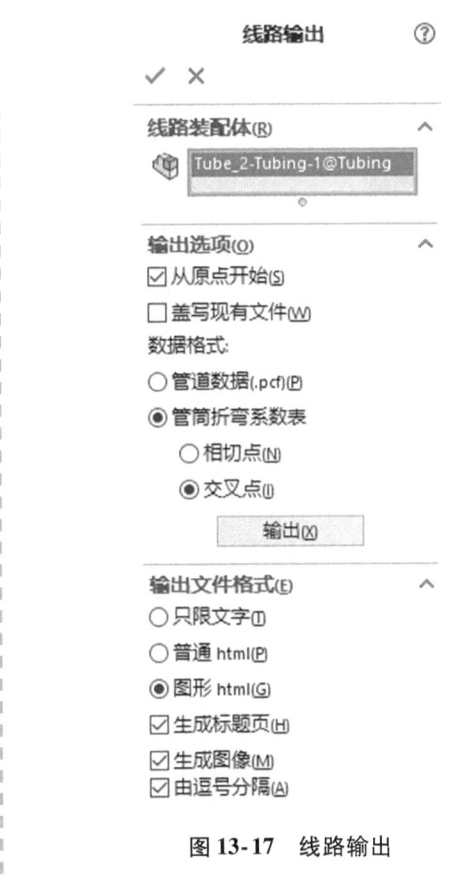

图 13-17 线路输出

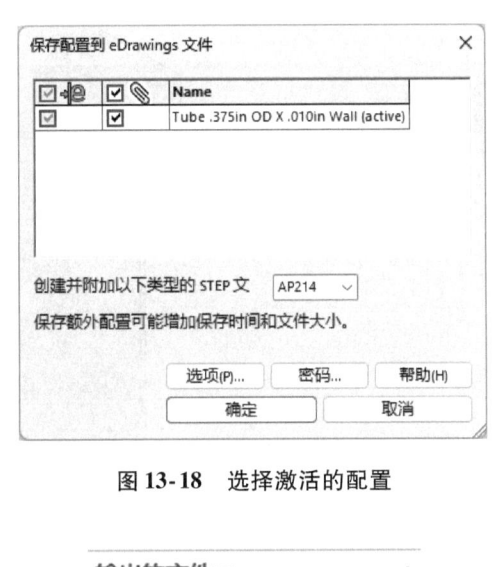

图 13-18 选择激活的配置

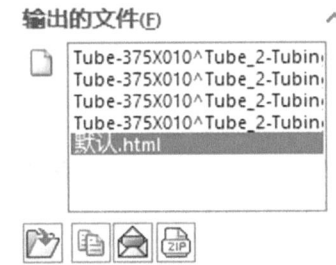

图 13-19 查看"默认.html"文件

13.5.3 使用封套表示体积

管筒和设备或管筒和管筒之间的干涉可由【工具】/【干涉检查】来检查。但是这种方法无法检查没有几何体的地方。当操作或维护设备需要一种基于体积的方法时,可以使用封套。

封套是一种参考零部件,其只在检查时存在,而不会存在于材料明细表和任何计算中。

封套是从现有零部件创建的。在【零部件属性】对话框中,单击【封套】选项。该零部件的图标将更改为 。

提示 封套也可用于批量选择零部件。

例如,一个装配体可以分成多个区域,并用封套来表示,如图 13-20 所示。

封套可以检测几何体是在封套内部、封套外部或与封套交叉。用户可以把选中的几何体隐藏、压缩或改变颜色,如图 13-21 所示。

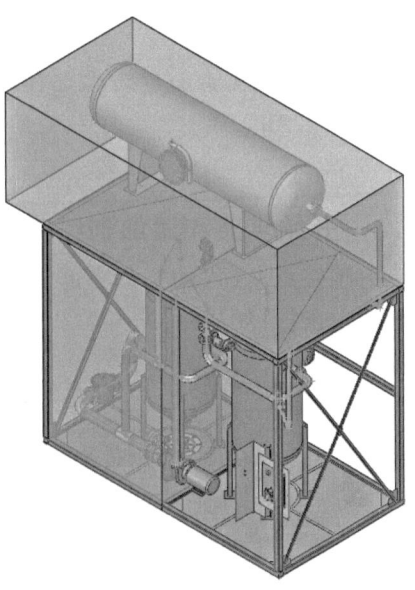

图 13-20 封套

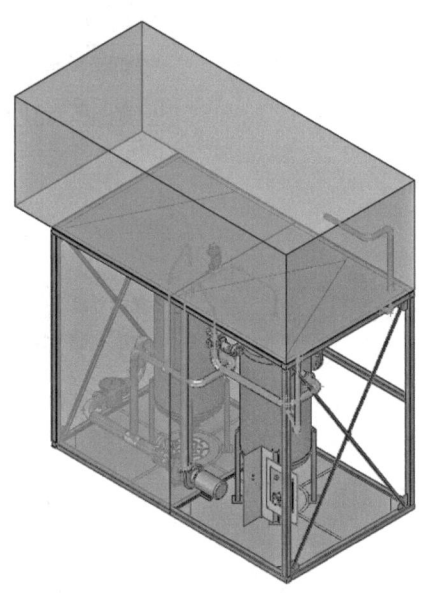

图 13-21 封套检测

步骤 11 **拖放零部件** 从"tube fittings"文件夹内拖放一个配置为".38 TUBE ×.38 NPT"的"Straight fitting"零部件到图 13-22 所示的位置。在显示的【线路属性】PropertyManager 中，单击【取消】✘。下面将开始手工步路。

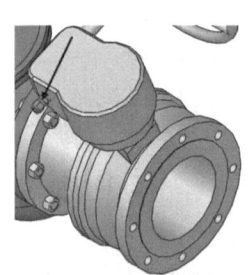

图 13-22 拖放零部件

提示 在添加步路零部件时不启动步路的另一种方法是在拖放零部件时按住〈Alt〉键。

13.5.4 开始步路和添加到线路

具有连接点（CPoint）的零部件可用于手工步路或添加线路。右键单击连接点（CPoint）特征，然后单击【开始步路】来开始新的线路，或单击【添加到线路】以继续现有的步路。

技巧 用户可以从 FeatureManager 设计树或图形中选择连接点（CPoint）。

提示 在使用【开始步路】或【添加到线路】之前请单击【视图】/【隐藏/显示】/【步路点】来显示连接点。

知识卡片	开始步路和添加到线路	• 快捷菜单：右键单击连接点，然后单击【开始步路】。 • 快捷菜单：右键单击连接点，然后单击【添加到线路】。

步骤12 开始步路 右键单击"Straight fitting"的"CPoint1",如图13-23所示,然后选择【开始步路】。

步骤13 设置线路属性 在【线路属性】中,勾选【使用软管】复选框,并把【折弯半径】设置为"1/2″"。选择"Tube .375in OD ×.010in Wall"配置的"tube-ss"零件。单击【确定】✓,如图13-24所示。把线路端头的端点从零部件中拖出,如图13-25所示。

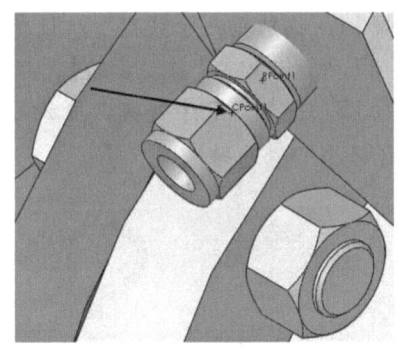

图13-23 开始步路

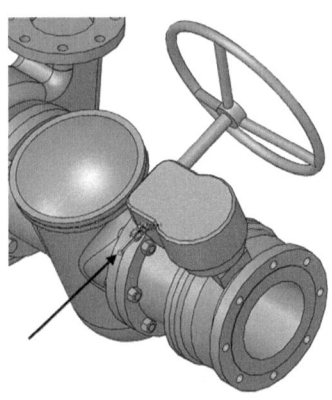

图13-24 设置线路属性　　图13-25 拖出线路端头端点

13.5.5 步路管筒穿过线夹

管筒可以穿过线夹进行步路以限制线路。线夹零部件在其内部创建了一个较小的线段,该线段沿着线夹轴(Clip Axis),并在步路点(RPoint)之间,如图13-26所示。

线夹轴包含配合参考,以便于拖放到孔特征上。样条曲线用于连接沿线路的前一个和后一个位置。

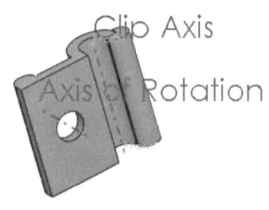

图13-26 线夹轴

 提示　　这类似于在电线或线束中使用的方法。

步骤14 拖放第一个线夹 从设计库拖放一个"Tubing_Clip"零部件到已存在的孔上，如图13-27所示。单击【自动步路】，在端点和线夹轴之间步路。

步骤15 拖放第二个线夹 拖放另一个"Tubing_Clip"到另一个已有的孔上，如图13-28所示。在端点和线夹轴之间步路。

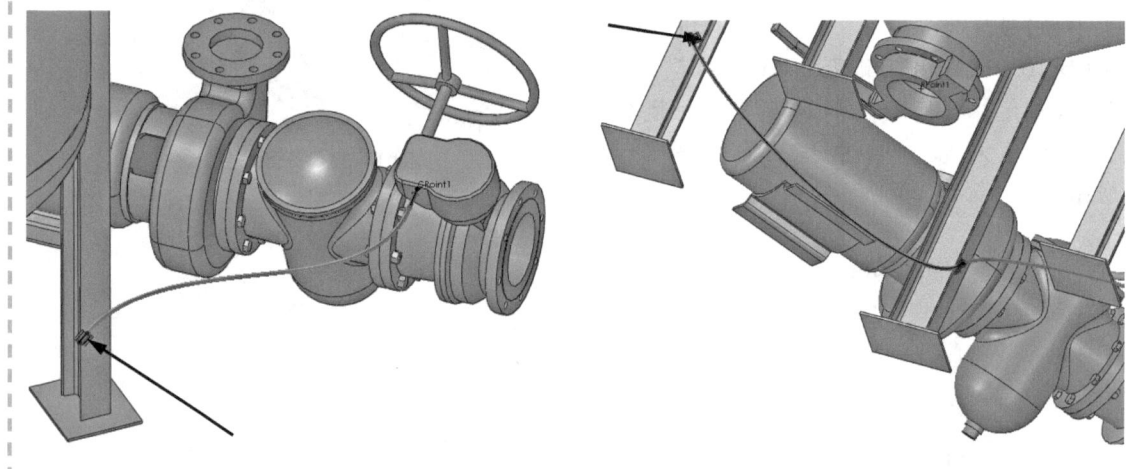

图13-27 拖放第一个线夹　　　　　图13-28 拖放第二个线夹

- **起始于点** 为了在不使用配件的情况下创建线路，可以单击【起始于点】。此工具可用在将现有的孔特征作为线路起点的情况。选择孔的圆形表面，然后单击该工具即可。
- **步路到活接头** 在本例中，线路将继续穿过"Bulkhead Union"配件。在活接头的另一侧，另一条线路将通向墙另一侧的设备，如图13-29所示。该操作需要使用【添加到线路】命令。

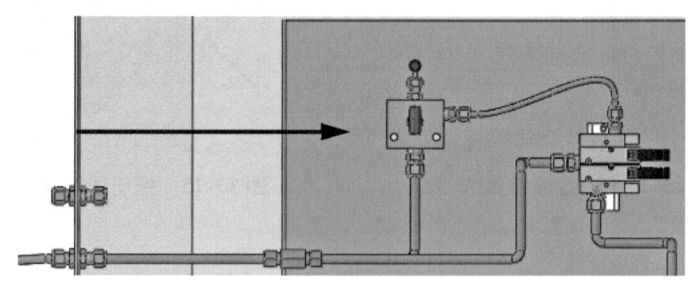

图13-29 需要连接到的设备

步骤16 添加到线路 展开零部件"Bulkhead Union<3>"。右键单击FeatureManager设计树上的特征"CPoint1"，并选择【添加到线路】。使用自动步路把连接点的端点和之前创建的线路端点连接起来，如图13-30所示。

步骤17 旋转线夹 退出线路草图。选中线夹的一条边或点，然后拖动来旋转线夹。管筒会跟随线夹角度的改变而改变，如图13-31所示。

> 技巧 这也是消除线路中"扭结"的有效方法。

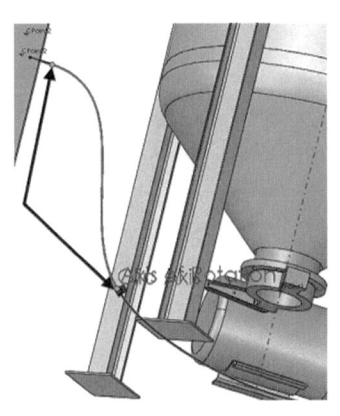
图 13-30 添加到线路

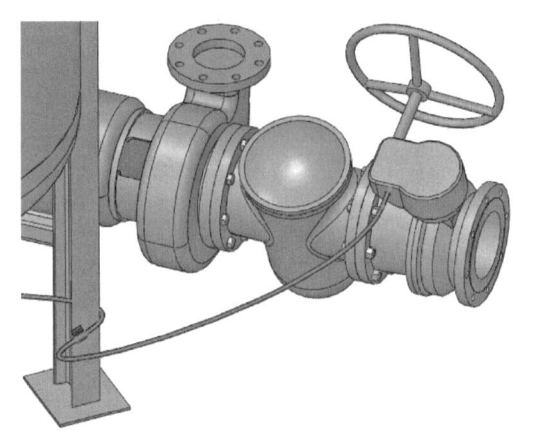
图 13-31 旋转线夹

13.5.6 修复折弯错误

折弯错误表示违反了管筒的最小折弯半径，错误区域用彩色条纹标出。有两种自动修复的方法，分别是【反转方向】和【修复线路】。

> 技巧 反转自动步路选择的线路方向、改变端头的长度、移除尺寸/关系或者改变样条曲线的形状，都可以修复折弯错误。

- **标识错误** 在自动步路完成后（在本例中，先选中右侧，再选中左轴），会弹出错误信息："此样条曲线不能生成步路零部件，因为高亮显示位置处的曲率半径太小，请编辑样条曲线。所要求的最小折弯半径为 0.250000，而当前的最小半径为 0.015702。"

分别在错误提示对话框和【线路属性】PropertyManager 中单击【确定】，如图 13-32 所示。

13.5.7 反转方向

用户可使用【反转方向】选项反转线路穿过线夹的方向，该工具在避免和修复"扭结"时非常有效，如图 13-33 所示。

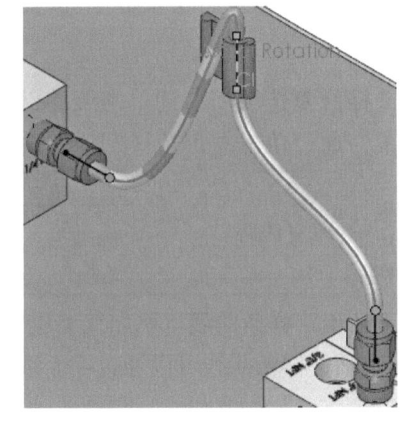
图 13-32 错误提示

> 知识卡片 反转方向
> - 快捷菜单：右键单击线夹中的直线线路段，然后单击【反转方向】。

13.5.8 修复线路

如果折弯违反了电线、电缆或管筒的最小折弯半径，该折弯在编辑线路模式下会被标记为彩色条纹。【修复线路】可以用来查找解决方案并修复此类问题。可行的解决方案显示为黄色，可单击鼠标右键或 PropertyManager 的箭头按钮来浏览可用的解决方案，如图 13-34 所示。

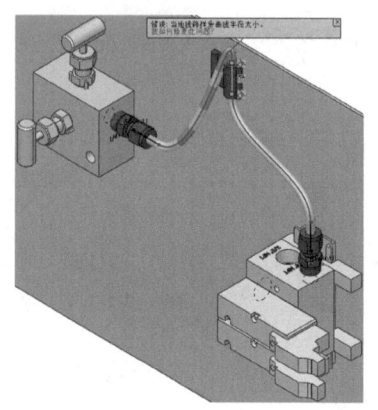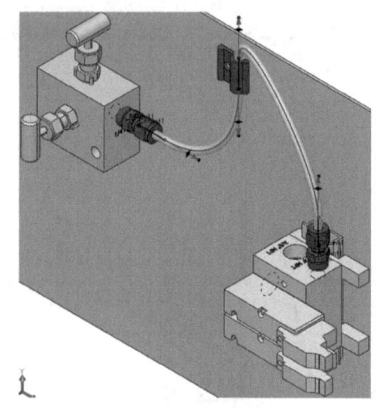

图 13-33 反转方向

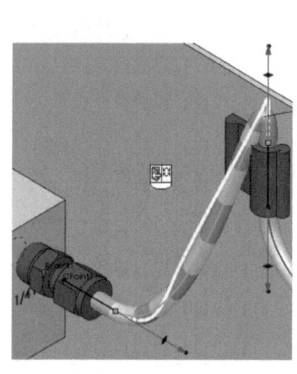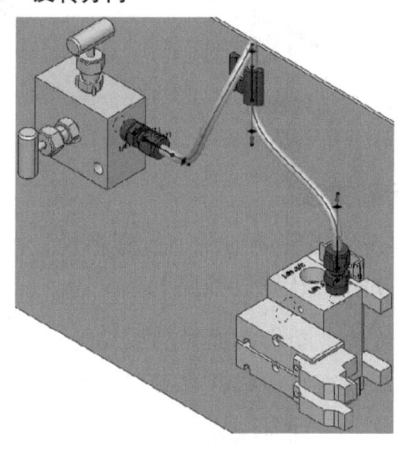

图 13-34 修复线路

- **选择修复选项** 右键单击线路线段，并选择【修复线路】。可通过单击鼠标右键切换多个解决方案，通过单击左键选择期望的解决方案。

知识卡片	修复线路	• CommandManager：【管筒】/【修复线路】。 • 菜单：【工具】/【步路】/【Routing 工具】/【修复线路】。 • 快捷菜单：右键单击线路线段，然后单击【修复线路】。

- **重新步路样条曲线** 添加线夹也可以改变线路的形状。使用【自动步路】和【重新步路样条线或直线】选项，样条曲线可以通过一个或多个线夹重新步路来改变线路的形状，如图 13-35 所示。

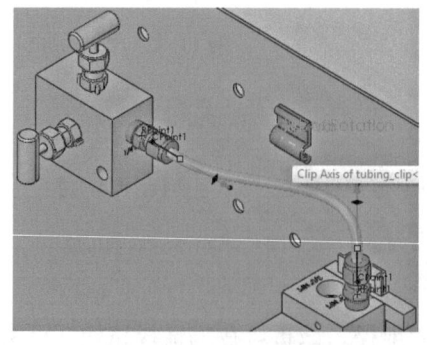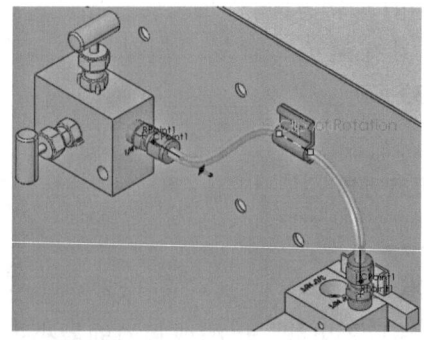

图 13-35 重新步路样条曲线

步骤18 反转 编辑线路,右键单击线夹内线路的直线段,然后单击【反转方向】。退出线路草图和线路子装配体,如图 13-36 所示。

> 技巧 通过在自动步路时选择线夹轴或在步路后使用诸如【同心】的 3D 草图关系,都可以使线路通过现有的线夹正交步路,如图 13-37 所示。

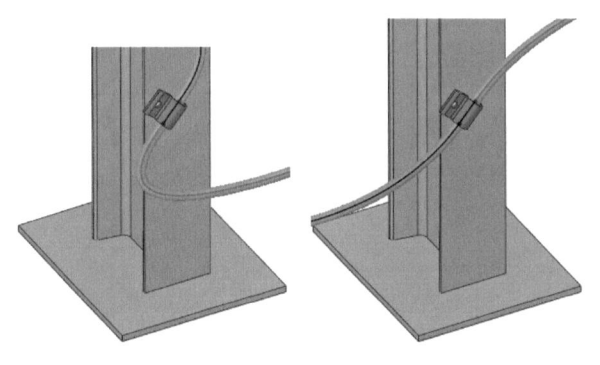

图 13-36 反转   图 13-37 线夹正交步路

13.5.9 使用封套进行选择

用户使用【使用封套进行选择】选项可以检测几何体和封套体积的接近程度,选项包括【封套内部】、【封套外部】和【与封套交叉】。

> 技巧 用户可选择【使用封套显示/隐藏】来显示或隐藏基于封套附近的几何体。

知识卡片	使用封套进行选择	● 快捷菜单:右键单击封套(在 ConfigurationManager 中),并选择【使用封套进行选择】。

步骤19 使用封套进行选择 显示封套"Valve_Clearance"。右键单击封套特征并选择【封套】/【使用封套进行选择】。勾选【封套内部】和【与封套交叉】复选框,并单击【确定】,如图 13-38 所示。

管筒和阀门被突出显示,表示该管筒和阀门与封套相交,如图 13-39 所示。

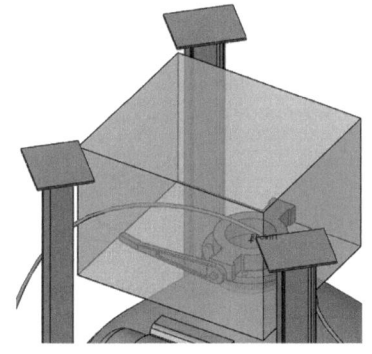

图 13-38 应用封套   图 13-39 使用封套进行选择

● **样条曲线选项** 可使用多种方法来编辑和显示样条曲线。右键单击样条曲线，从弹出的快捷菜单中选择一个或多个选项，如添加相切控制、插入样条曲线型值点、显示样条曲线控标、显示控制多边形、显示拐点、显示最小半径及显示曲率梳形图。

步骤20 **添加样条曲线型值点** 右键单击线路草图中的样条曲线，再单击【插入样条曲线型值点】。单击两个线夹之间的中心附近。使用【显示草图程序三重轴】将样条曲线拖离封套，并使用相切控制来调整样条曲线的形状，如图13-40所示。

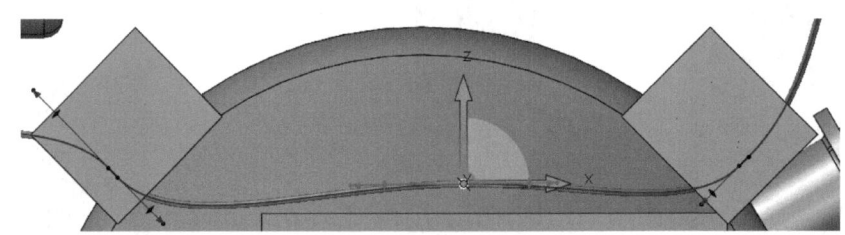

图13-40 调整样条曲线形状

步骤21 **测试封套** 退出线路和线路子装配体。再次测试封套，结果会显示线路不再与封套相交。隐藏封套。

步骤22 **开始步路** 使用"Bulkhead Union"零件的另一侧创建新的线路。右键单击零部件"Bulkhead Union <3>"的连接点"CPoint2"，然后选择【开始步路】，如图13-41所示。

步骤23 **添加配件和自动步路** 添加两个配置为".38 TUBE ×.38 NPT"的"Straight fitting"配件。单击【自动步路】并勾选【正交线路】复选框，单击图13-42所示的解决方案，添加2in尺寸以完全定义线路草图。

步骤24 **设置旋转增量** 单击【工具】/【系统选项】/【步路】/【零部件旋转增量(度)】，选择90°。单击【确定】。

步骤25 **拖放零部件** 从"tube fittings"文件夹拖放一个"solidworks-lok male branch tee"零部件，旋转到图13-43所示位置，选择"MALE BRANCH TEE-0.375T"配置。添加9in尺寸以完全定义线路。

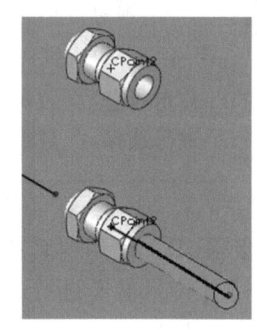

图13-41 开始步路

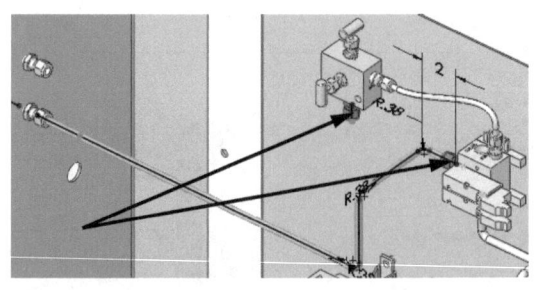

图13-42 添加配件和自动步路

步骤26 **自动步路三通** 在三通端点和端头之间自动步路,使用【正交线路】选项并选择图13-44所示的解决方案。

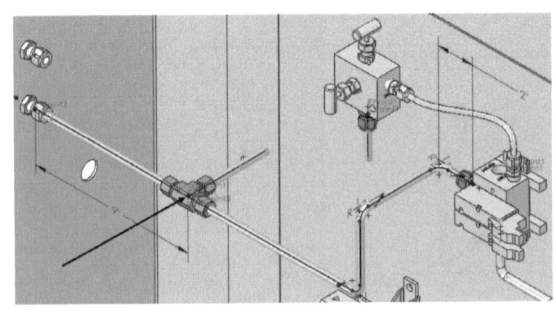
图13-43 拖放零部件

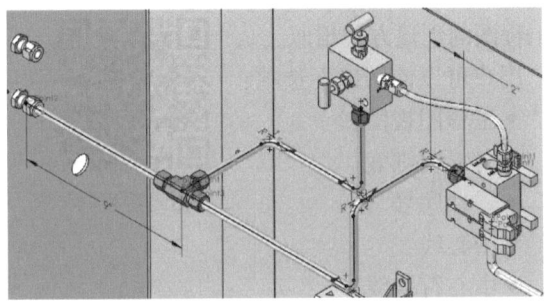
图13-44 自动步路三通

13.5.10 线路段属性

【线路段属性】用于将线路的一部分设置为与线路最初预设属性不同的属性。在本例中,管筒的一部分具有相同标称直径但厚度不同。

| 知识卡片 | 线路段属性 | • CommandManager:选择线路线段并单击【管道设计】/【线路属性】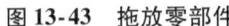。
• 快捷菜单:右键单击线路线段,并选择【线路段属性】。 |

步骤27 **设置线路段属性** 右键单击图13-45所示的线路线段,然后单击【线路段属性】。如图13-46所示,设置【管筒】为"tube-ss",【基本配置】为"Tube .375in OD × .020in Wall",单击【确定】✓。

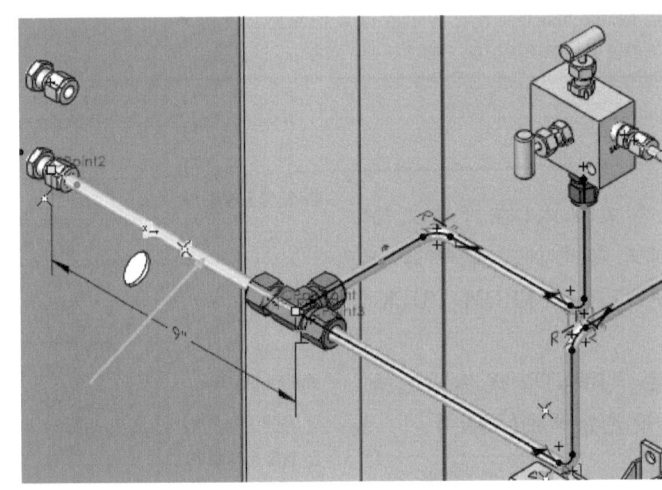
图13-45 单击线路线段

图13-46 设置线路段属性

13.6 管筒工程图

管筒子装配体可以使用 SOLIDWORKS 工程图和工具进行详细描述，线路可以是正交的或柔性的，如图 13-47 所示。这与管道工程图的创建方式相似。

用户可以使用以下选项：
- 工程图视图。
- 材料明细表。
- 零件序号。
- 中心线。
- 中心符号线。
- 尺寸。

扫码看视频

 提示 管筒线路在用于工程图前必须使用【保存装配体（在外部文件中）】保存在外部。

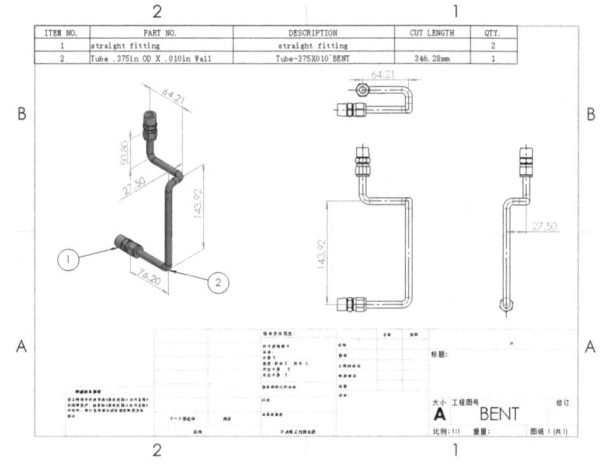
图 13-47 管筒工程图

13.6.1 重命名

右键单击线路子装配体，并选择【重新命名装配体】以重命名线路子装配体。

13.6.2 外部保存

当子装配体"[Tube_1^Tubing]"和线路零件"[Tube-250×010_1^Tube_1_Tubing]"为虚拟或内部文件时，可以进行重命名，也可以被保存到外部。当文件保存为外部文件时，名称中的中括号会被移除。

> **知识卡片**
>
> **管筒工程图**
> - CommandManager：【管筒】/【管筒工程图】。
> - 菜单：【工具】/【步路】/【软管设计】/【管筒工程图】。
> - 快捷菜单：在 FeatureManager 设计树中右键单击线路，然后单击【管筒工程图】。

操作步骤

步骤1 外部保存 使用【保存装配体（在外部文件中）】，根据类型保存管筒线路到外部文件，并命名为 "FLEX" "BENT" "TO_BULKHEAD" 和 "FROM_BULKHEAD"。

步骤2 工程图设置 右键单击 "BENT" 线路并选择【管筒工程图】。按图 13-48 所示设置并单击【确定】。

 提示 "Tubing BOM Template" 模板在本教程对应的练习文件夹中。

步骤3 创建管筒工程图 按图 13-49 所示放置视图和材料明细表。

图 13-48 工程图设置

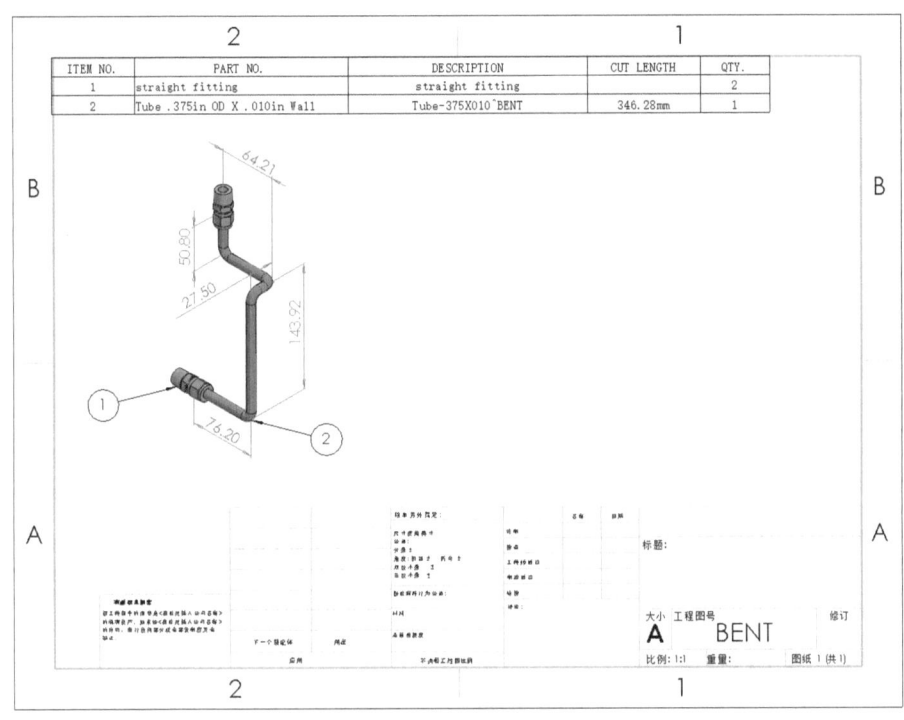

图 13-49 创建管筒工程图

步骤4 添加正交视图 使用【模型视图】创建前视图,使用【投影视图】创建上视图和右视图。为每个视图添加【中心线】,如图 13-50 所示。

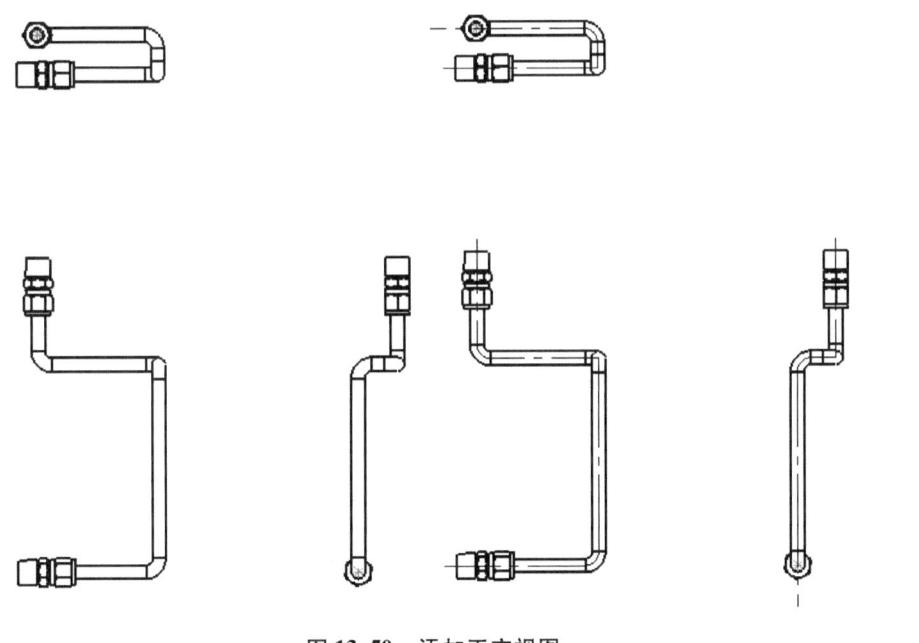

图 13-50 添加正交视图

提示 本工程图使用【第三视角】投影类型。

步骤 5 添加尺寸 在中心线之间添加尺寸，如图 13-51 所示。

步骤 6 保存并关闭所有文件

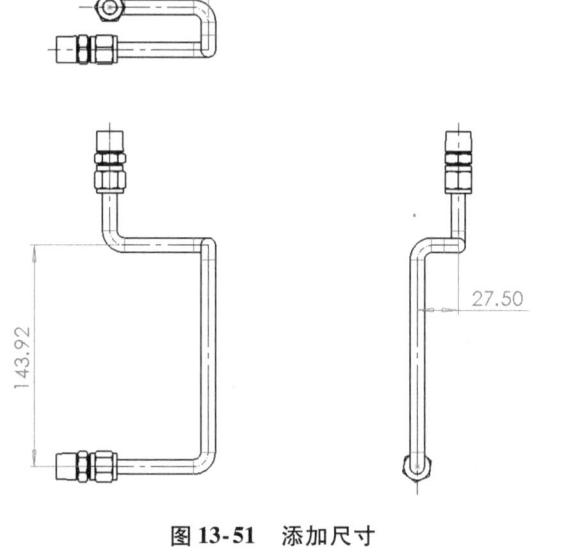

图 13-51 添加尺寸

练习 13-1 正交管筒步路

使用 tubing 库中的零部件创建多个正交管筒线路装配体，如图 13-52 所示。

本练习将应用以下技术：
- 管筒线路。
- 线路属性。
- 开始步路和添加到线路。

单位：in（英寸）。

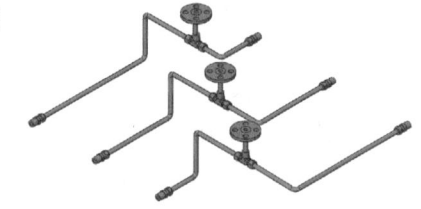

图 13-52 正交管筒步路

操作步骤

- **管筒零部件** 为该线路选择表 13-1 所列的文件和配置。

表 13-1 选择文件和配置

项 目	文 件	配 置
管筒	tube-ss	Tube .500in OD × .010in wall
三通	solidworks-lok male branch tee	MALE BRANCH TEE-0.500 T x 0.500 NPT
法兰	slip on tube flange-ss	Tube Flange 05-150

- **步路** 线路将添加到现有装配体中，该装配体中包含起始和终止线路的零部件。

步骤 1 打开装配体 从"Lesson13\Exercises\Add to Route"文件夹中打开"Tubing Lab"装配体。其中包含草图和 6 个"solidworks-lok male connector"配件，如图 13-53 所示。

步骤 2 开始步路 在"solidworks-lok male connector_7<7>"上右键单击"CPoint2"，并单击【开始步路】。

步骤3 设置线路属性 创建"Tube Route A"。选择"tube-ss"管筒,配置为"Tube .500in OD × .010in Wall",不勾选【使用软管】复选框,【折弯半径】设为0.5in。

步骤4 添加到线路 在"solidworks-lok male connector_7 <12>"上右键单击"CPoint2",并单击【添加到线路】。

步骤5 自动步路 使用正交自动步路创建线路。通过【交替路径】查看可用的解决方案。选择图13-54所示的线路方案,并命名为"Tube Route A"。

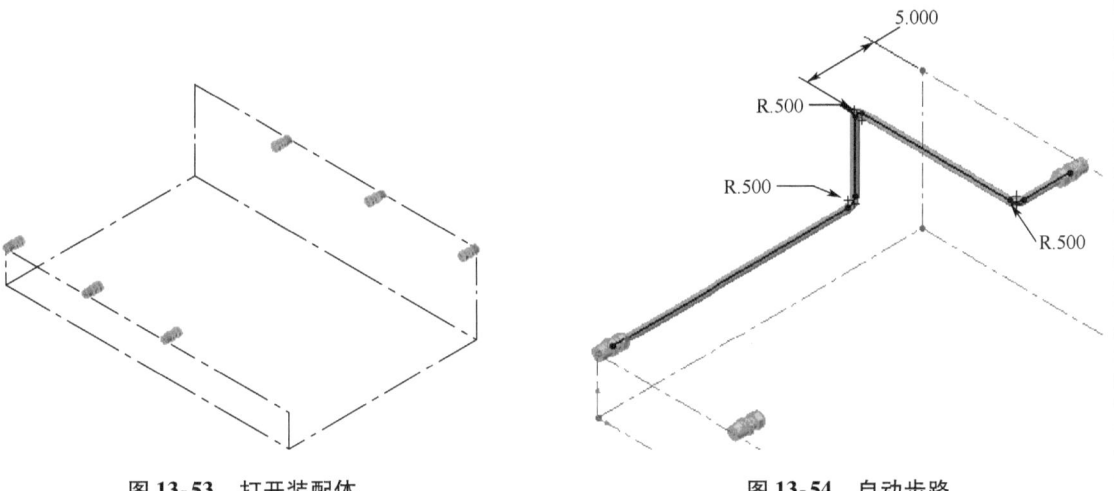

图13-53 打开装配体　　　　　　　　图13-54 自动步路

步骤6 添加第二个管筒线路 选择与第一条线路同样的设置和尺寸,向装配体中添加第二条线路"Tube Route B",如图13-55所示。

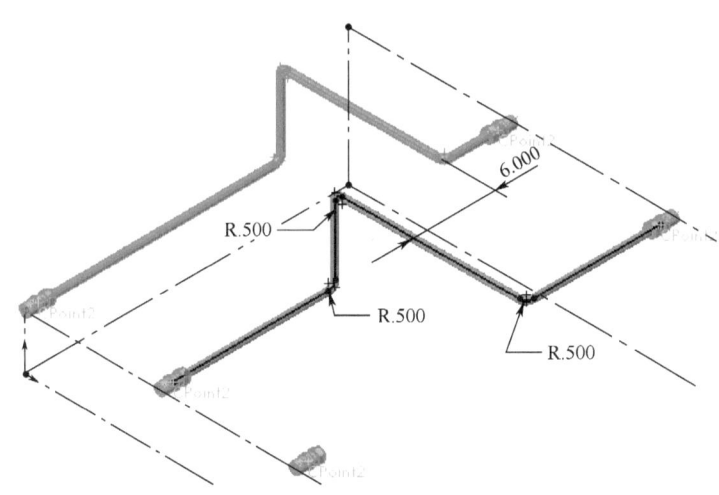

图13-55 添加第二个管筒线路

步骤7 添加第三个管筒线路 选择与第二条线路相同的设置和尺寸,向装配体中添加第三条线路"Tube Route C",如图13-56所示。

步骤8 **添加零部件** 编辑"Tube Route A"。拖放一个零部件"solidworks-lok male branch tee"到线路中,如图13-57所示。在三通直线的末端添加一个零部件"slip on tube flange-ss"。

步骤9 **添加其他零部件** 重复以上步骤,为其余两条线路("Tube Route B"和"Tube Route C")添加零部件,如图13-58所示。

步骤10 **保存并关闭文件**

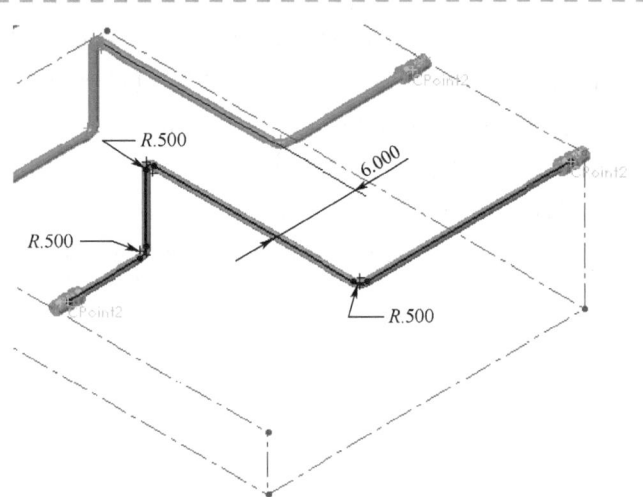

图13-56 添加第三个管筒线路

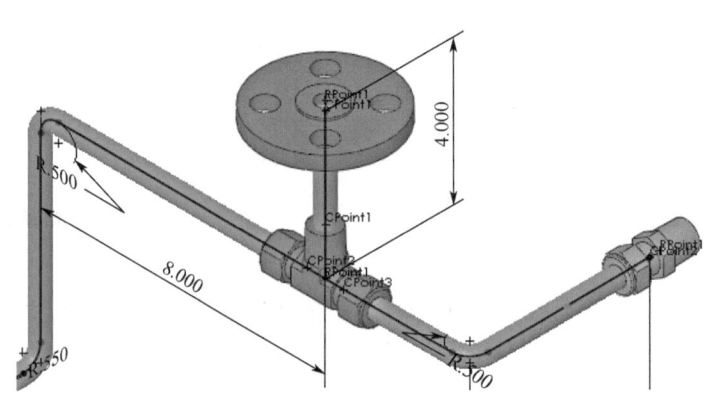

图13-57 添加零部件

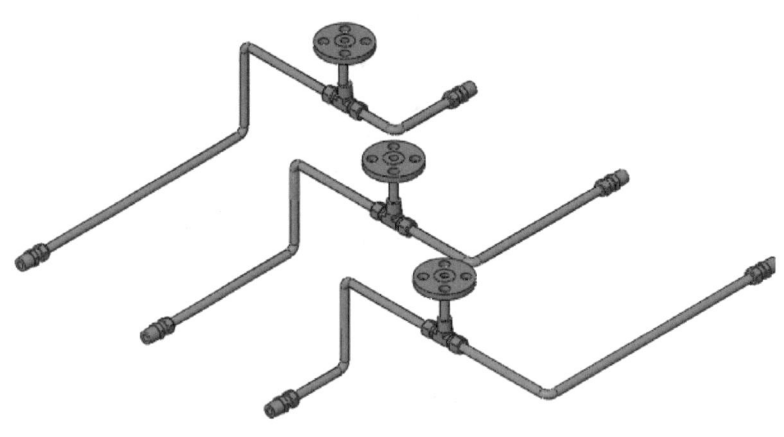

图13-58 添加其他零部件

练习13-2 柔性管筒步路

使用tubing库中的零部件和线夹创建多个柔性管筒线路装配体,如图13-59所示。

本练习将应用以下技术：
- 管筒步路。
- 开始步路和添加到线路。
- 修复线路。
- 反转方向。
- 重新步路样条线或直线。
- 使用封套进行选择。

单位：in（英寸）。

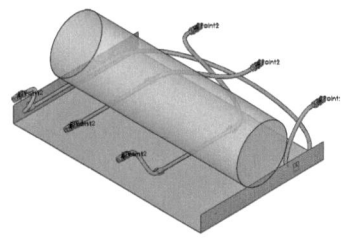

图 13-59 柔性管筒步路

操作步骤

- **管筒零部件** 为该线路选择表 13-2 所列的文件和配置。

表 13-2 选择文件和配置

项 目	文 件	配 置
管筒	tube-ss	Tube .500in OD × .010in wall
线夹	tubing_clip	6.01-12.70mm Dia

- **设置** 在【步路】设置中，不勾选【自动给线路端头添加尺寸】复选框，为所有的线路勾选【使用软管】复选框。
- **步路** 线路将添加到现有装配体中，该装配体中包含起始和终止线路的零部件，如图 13-60 所示。

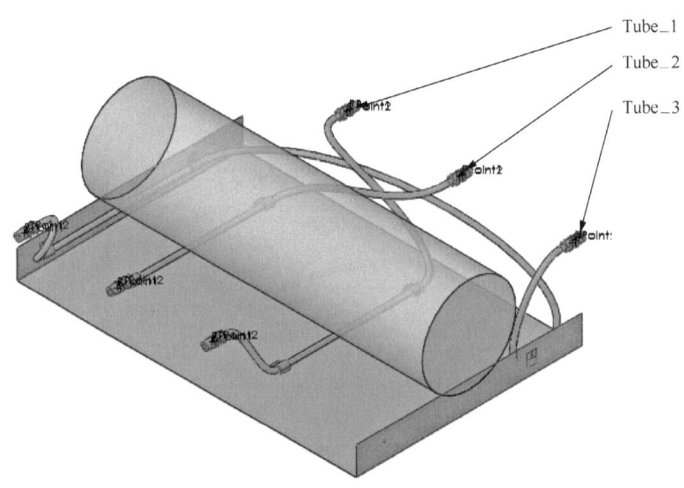

图 13-60 添加线路到装配体

步骤1 打开装配体 从"Lesson13\Exercises\Tubing Clip Lab"文件夹中打开装配体"Tubing Clip Lab"，其中包含草图和 6 个"solidworks-lok male connector"配件。

步骤2 添加"Tube_1" 使用存在的接头和"tubing_clip"零部件添加软管线路，如图 13-61 所示。

步骤3 添加"Tube_2" 使用相同的步骤添加"Tube_2"，如图 13-62 所示。

步骤4 添加"Tube_3" 穿过 3 个线夹添加"Tube_3"，如图 13-63 所示。为了显示清晰，隐藏了线路"Tube_1"和"Tube_2"。

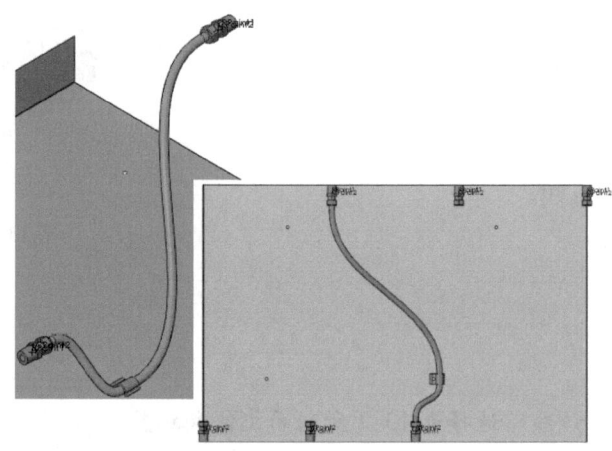

图 13-61 添加 "Tube_1"

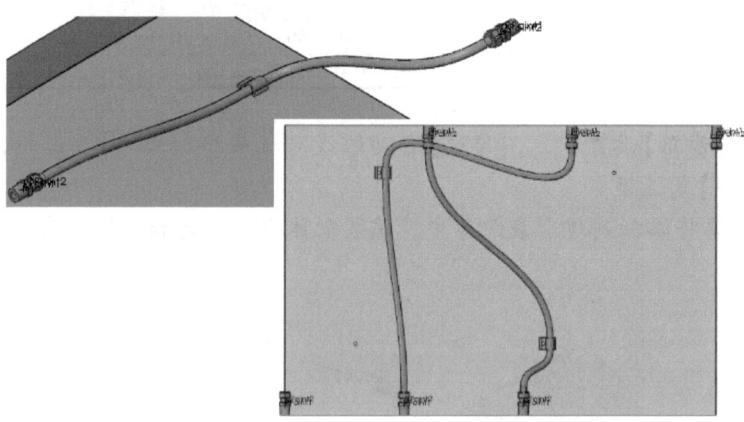

图 13-62 添加 "Tube_2"

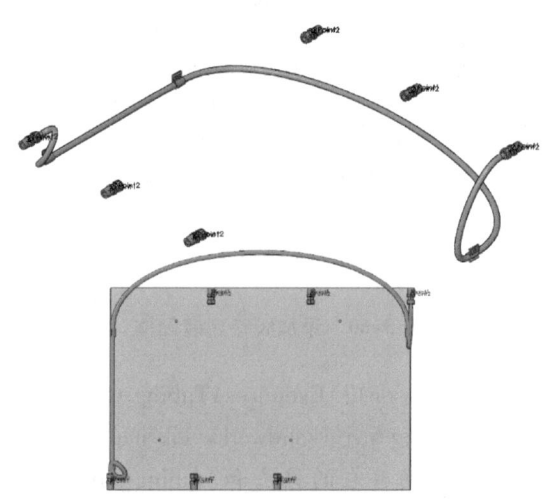

图 13-63 添加 "Tube_3"

提示 有些线夹需要旋转。另外，线路可能需要使用【反转方向】和【修复线路】。

步骤5 使用封套 显示"Cylinder Envelope"并使用【使用封套进行选择】查找所有与封套相交的线路。可能会有多于一个的相交,如图13-64所示。

步骤6 重新定位孔中心 打开"insert"零件并编辑"φ6.0(6) Diameter Hole1"特征。重新定位孔中心,如图13-65所示。

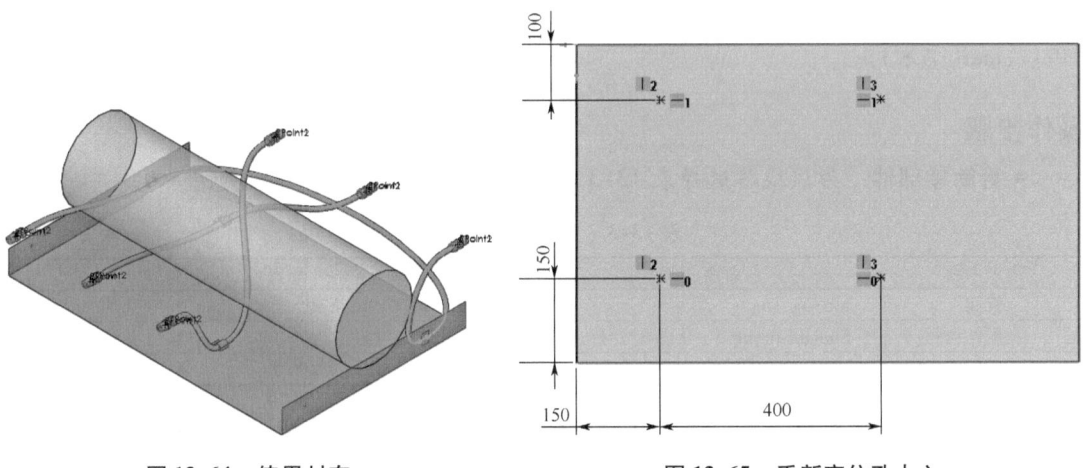

图13-64 使用封套　　　　　图13-65 重新定位孔中心

步骤7 添加线夹 在线路中添加线夹并重新步路。检查和消除封套和管筒之间以及线路各管筒之间的干涉,如图13-66所示。

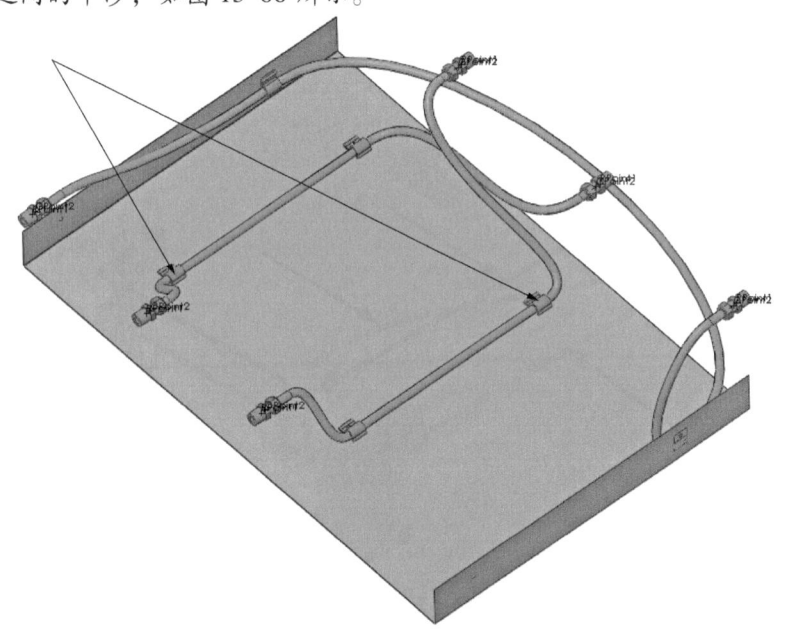

图13-66 添加线夹

> 提示　编辑线路时可能会使用【插入样条曲线型值点】命令。

步骤8 保存并关闭所有文件

练习13-3 正交和柔性管筒步路

使用正交和柔性自动步路和手动步路的方法创建多个管筒装配体,并消除所有干涉。
本练习将应用以下技术:
- 分支和三通。
- 正交管筒线路自动步路。
- 管筒工程图。

单位:mm(毫米)。

操作步骤

- **管筒零部件** 为该线路选择表13-3所列的文件和配置。

表13-3 选择文件和配置

项目	文件	配置
管筒	tube-ss	.250in OD × .010in Wall
配件	Straight fitting	.25 TUBE × .38 NPT
三通	solidworks-lok tubing branch tee	MALE BRANCH TEE-0.250 T

步骤1 打开装配体 从"Lesson13\Exercises\Orthogonal and Flexible Tubing Routes"文件夹中打开装配体"Tubing"。

步骤2 创建线路 分别创建线路"#1""#2"和"#3",如图13-67所示。

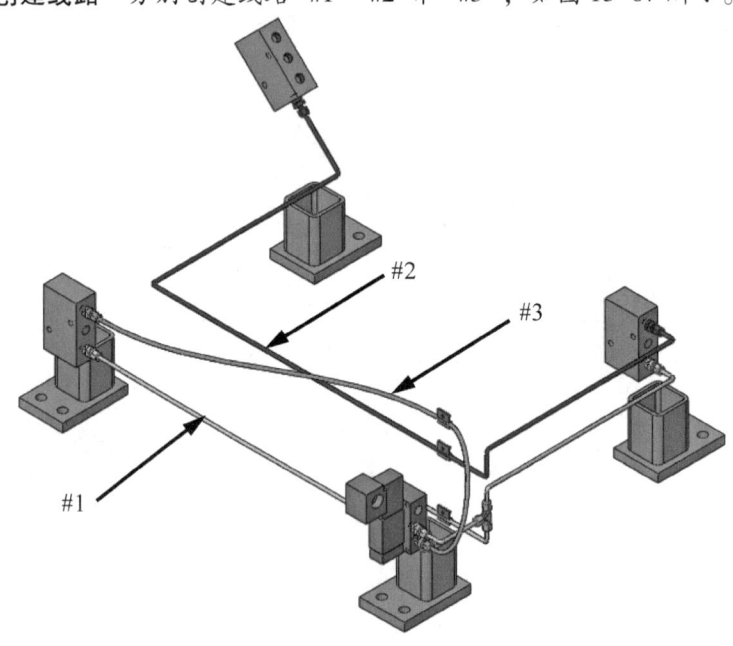

图13-67 创建线路

> **技巧** 解压缩装配体特征"Section",查看剖面装配体显示。每条线路都穿过钢结构上的线夹,在手动或自动步路的选择中包括线夹。一些线路需要在多个部分进行自动步路,一些线路需要编辑由自动步路创建的3D草图,如图13-68所示。

步骤3 创建线路"#1" 线路"#1"是一个穿过一个线夹的正交线路,添加一个 "solidworks-lok tubing branch tee",并使用3D草图进行连接,如图13-69所示。

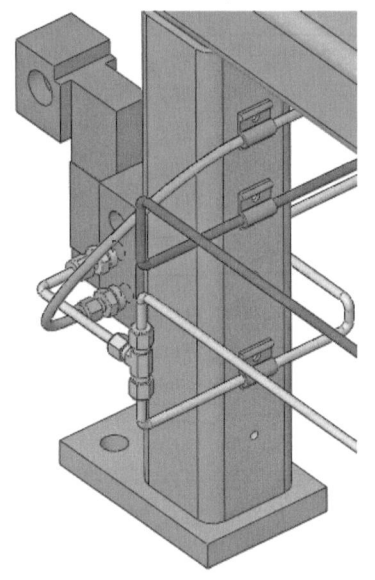

图13-68 线路显示

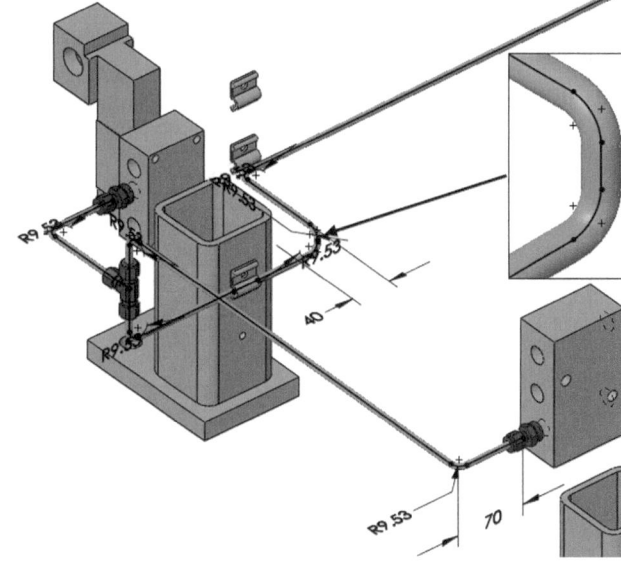

图13-69 创建线路"#1"

步骤4 创建线路"#2" 线路"#2"是一个穿过一个线夹的正交线路,如图13-70所示。

步骤5 创建线路"#3" 线路"#3"是一个穿过一个线夹的柔性线路,如图13-71所示。

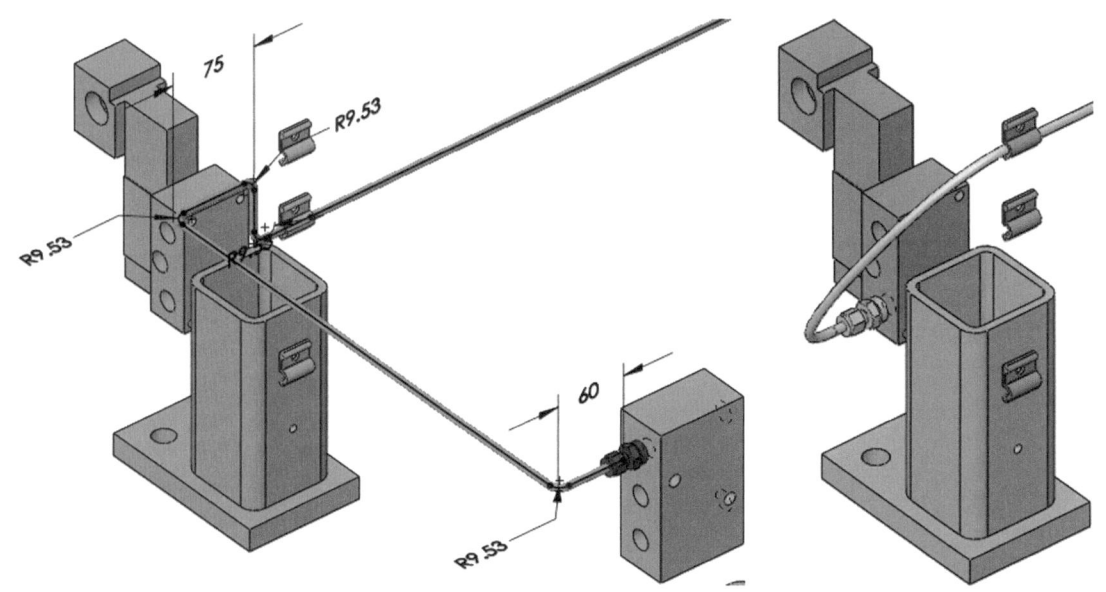

图13-70 创建线路"#2"　　　　　　　　图13-71 创建线路"#3"

步骤6 创建工程图 使用线路"#1"创建工程图,如图13-72所示。

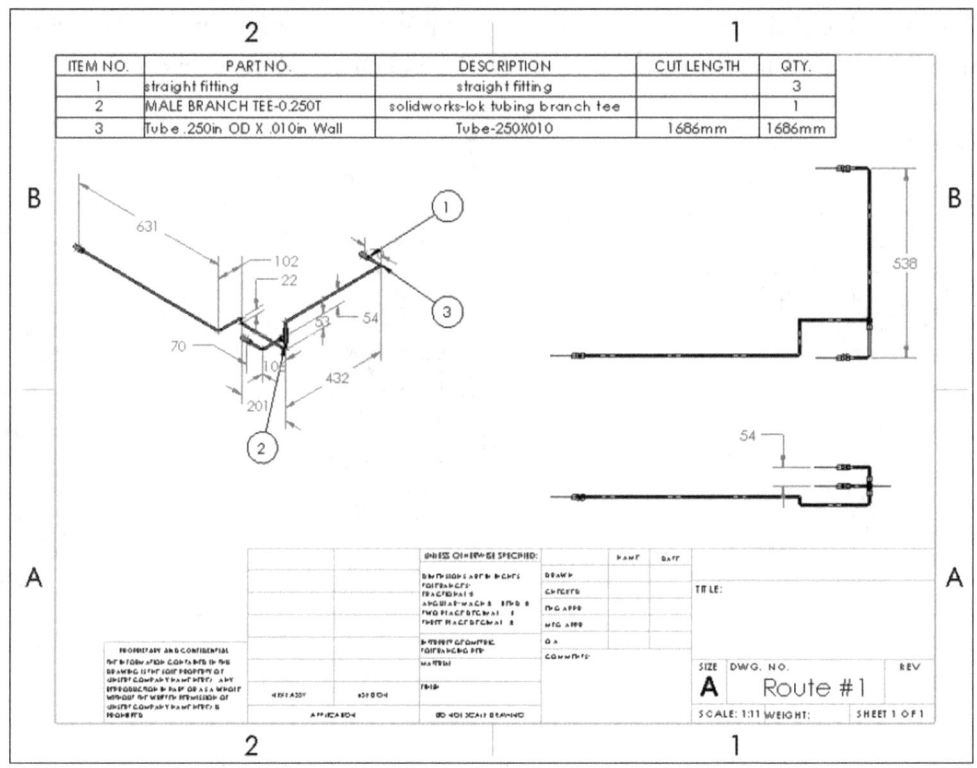

图 13-72 创建工程图

步骤 7 保存并关闭所有文件

第 14 章 更改管道和管筒

学习目标
- 更改线路直径以编辑线路
- 添加管道穿透线路
- 定义管道线轴
- 复制管道线路
- 创建法兰到法兰的连接
- 使用带螺纹的管道库
- 编辑和修改线路草图
- 使用三重轴旋转和移动配件
- 生成管道工程图

14.1 更改管道和管筒概述

本章将以管道为例介绍多种可以在完成管道后更改管道线路的操作。本章介绍的多种操作适用于管道和管筒线路。

扫码看视频

14.1.1 创建管道和管筒的步骤

创建线路的步骤同样可以用于管道和管筒，这些内容在之前的章节中已经介绍过。

操作步骤

步骤 1 **Routing 文件位置和设定** 单击【Routing 文件位置和设定】并单击【装入默认值】，单击【确定】两次。

步骤 2 **打开装配体** 从"Lesson14\Case Study\Change Route Diameter"文件夹中打开装配体"Change Route Diameter"。

14.1.2 更改线路直径

【更改线路直径】选项可以更改已有的管道或管筒线路中使用的规格或接头的直径，如图 14-1 所示。

知识卡片	更改线路直径	• CommandManager:【管道设计】/【更改线路直径】 • 菜单:【工具】/【步路】/【Routing 工具】/【更改线路直径】。 • 快捷菜单：右键单击线路线段，并选择【更改线路直径】。

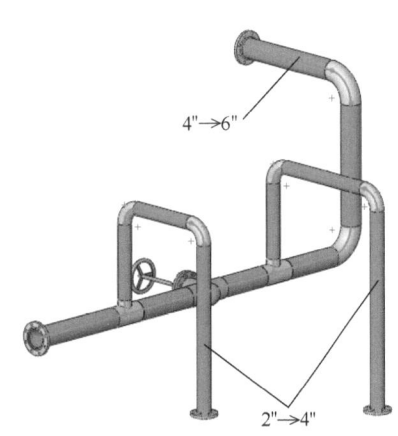

图 14-1 更改线路直径

步骤3 设置第一部分 编辑线路。单击【更改线路直径】, 然后选择图14-2所示的线路线段, 该线路部分会高亮显示。勾选【第一配件】下面的【驱动】复选框, 选择配置"Slip On Flange 150-NPS6", 在【第二配件】下选择配置"RTee Inch6×6×4Sch40", 单击【下一步】, 如图14-2所示。

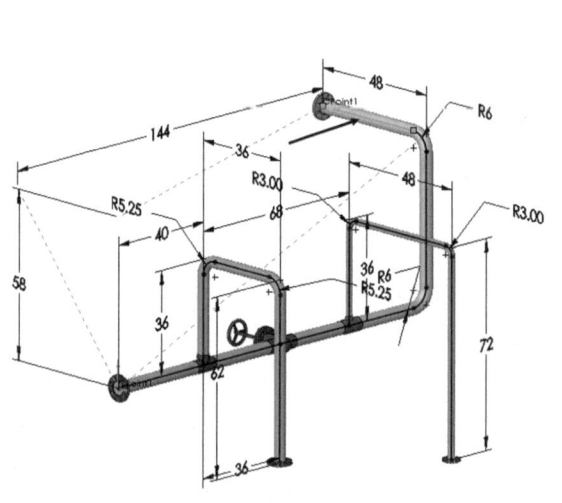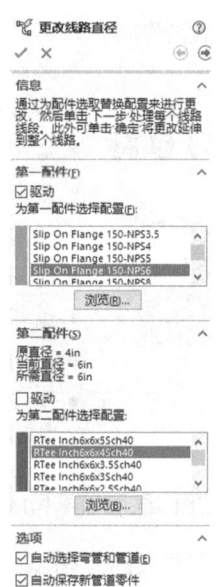

图 14-2 设置第一部分

步骤4 设置第二部分 在第二部分中, 选择"Slip On Flange 150-NPS4"作为【第二配件】的配置, 【第一配件】已经自动选择, 单击【下一步】, 如图14-3所示。

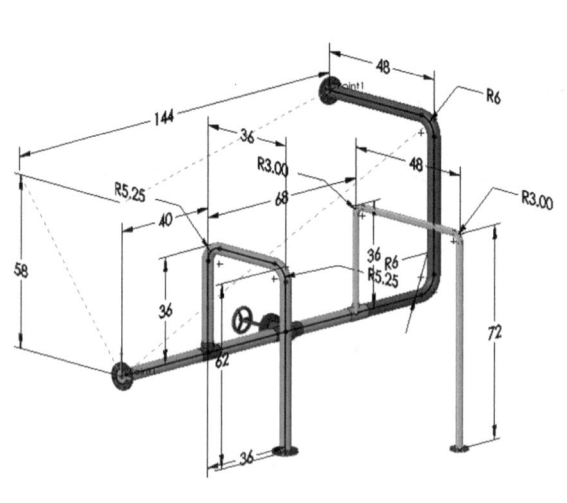

图 14-3 设置第二部分

步骤5 设置第三部分 在第三部分中, 选择"Gate Valve (ASME B16.34) Class 150, Schedule 40, NPS 6, BW"作为【第一配件】的配置, 【第二配件】已经自动选择, 单击【下一步】, 如图14-4所示。

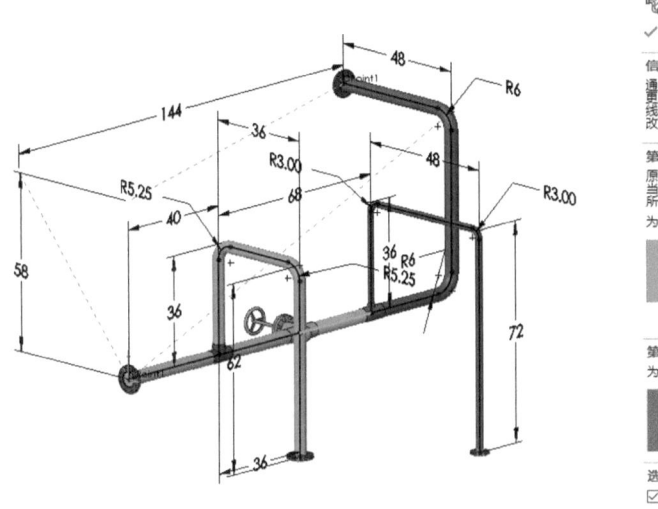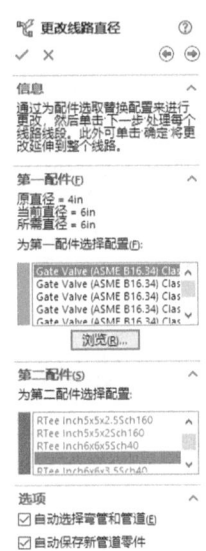

图 14-4 设置第三部分

步骤6 设置第四部分 在第四部分中，选择"RTee Inch6×6×4Sch40"作为【第一配件】的配置，【第二配件】已经自动选择，单击【下一步】，如图 14-5 所示。

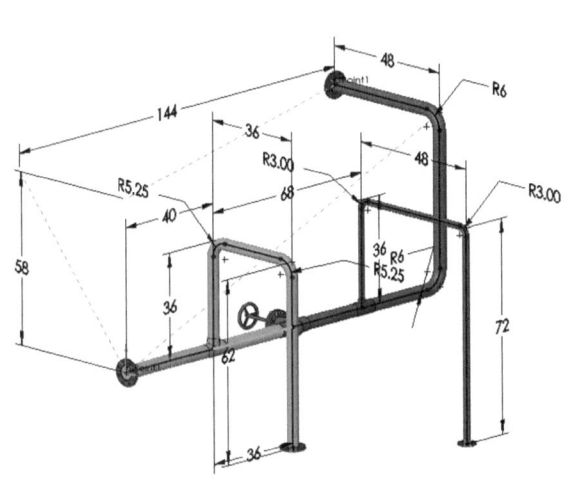

图 14-5 设置第四部分

步骤7 设置第五部分 在第五部分中，选择"Slip On Flange 150-NPS6"作为【第一配件】的配置，【第二配件】已经自动选择，单击【下一步】，如图 14-6 所示。

步骤8 设置最后的部分 在最后的部分中，选择"Slip On Flange 150-NPS4"作为【第二配件】的配置，【第一配件】已经自动选择，单击【确定】，如图 14-7 所示。

步骤9 查看结果 退出线路草图和线路子装配体，查看线路中零部件和线路零件的变化，如图 14-8 所示。

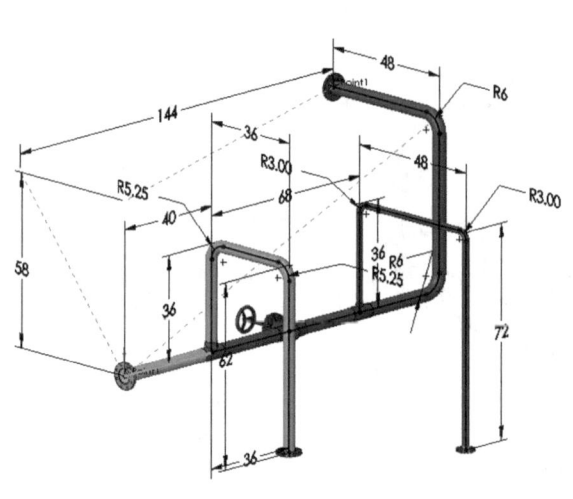

图 14-6 设置第五部分

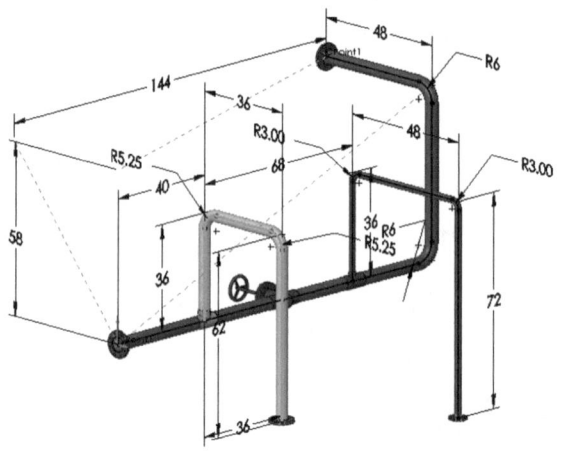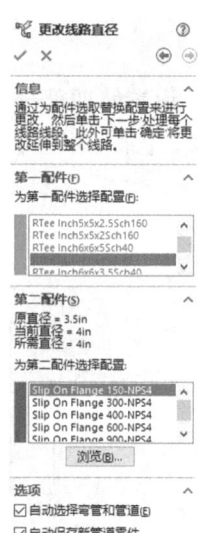

图 14-7 设置最后的部分

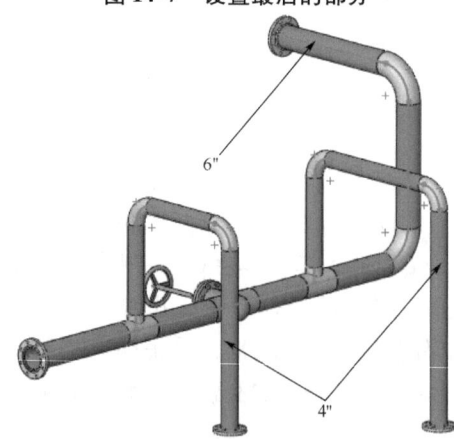

图 14-8 查看结果

- **更改尺寸和管道长度** 线路草图可以像任何其他草图一样被更改(尺寸和约束关系)。注意,管道长度和尺寸并不一致。在本例中,管道长度为 3ft3in 而不是 4ft0in,如图 14-9 所示。

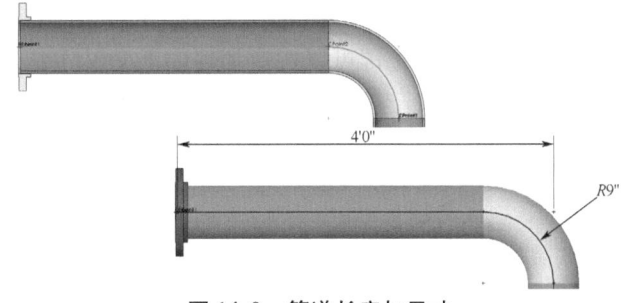

图 14-9 管道长度与尺寸

步骤 10 **设置相等约束** 编辑线路并在直线之间添加【相等】约束关系,如图 14-10 所示。

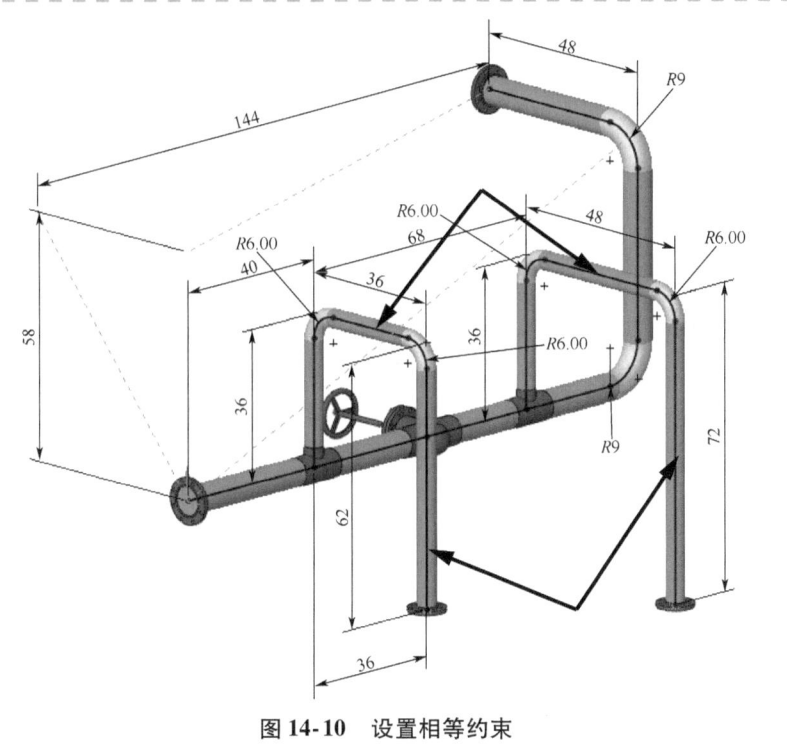

图 14-10 设置相等约束

14.1.3 关于标注线路几何体尺寸的注释

为了完全定义几何体,在 3D 草图中标注线路几何体尺寸是非常重要的。当使用【智能尺寸】工具时,有多个几何体选择选项。

1. 选择单根线 选择单根线路直线段会创建一个线性尺寸,用于测量弯管虚拟交点之间或一个端点与弯管虚拟交点之间的长度,如图 14-11 所示。

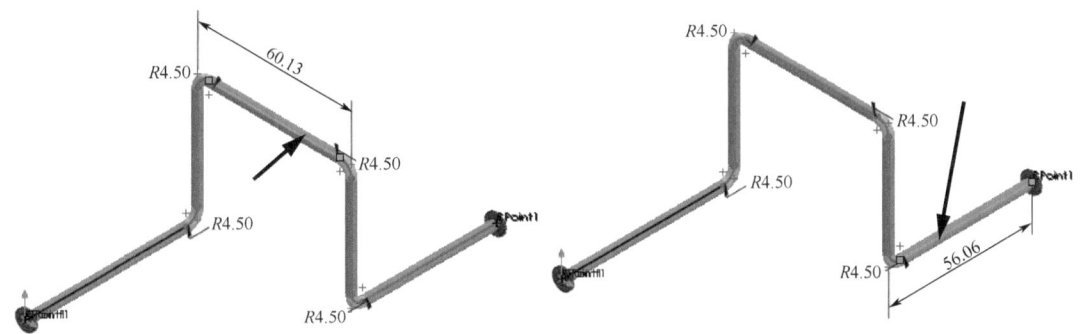

图 14-11 选择单根线

2. 选择端点 选择两个端点提供了更多的灵活性。初始尺寸是真实 3D 距离的线性尺寸。在放置尺寸之前，按〈Tab〉键可以切换到其他正交尺寸，如图 14-12 所示。

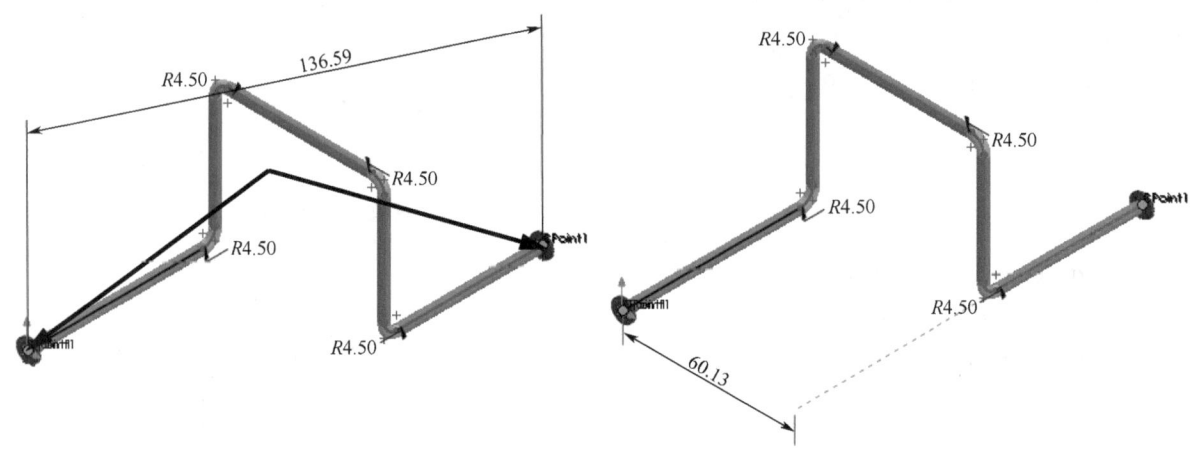

图 14-12 选择端点

3. 选择多条直线 标注角度需要选择两条线路直线线段。在放置尺寸之前，移动尺寸到其他象限，可以切换到所有四种可能的尺寸，如图 14-13 所示。

4. 标注尺寸到法兰面 可以在法兰终端面和草图几何体（如线路线段）之间标注尺寸，如图 14-14 所示。

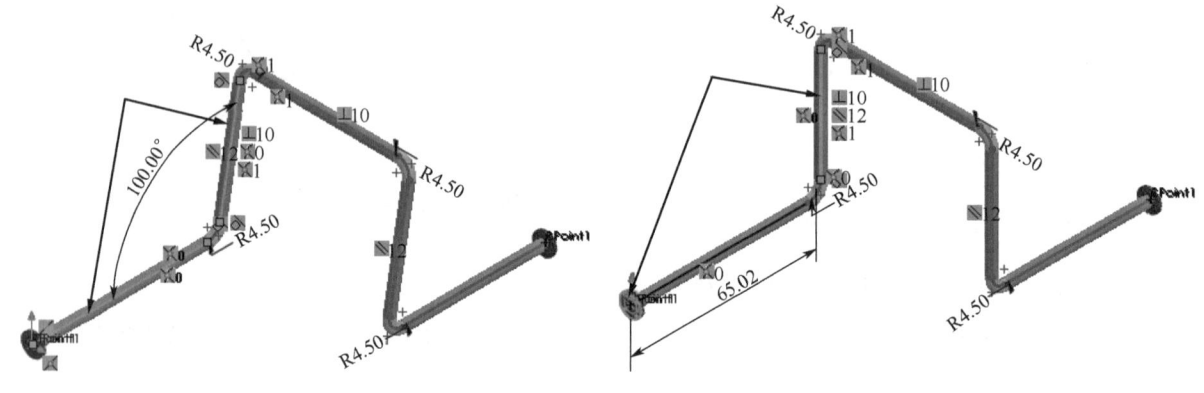

图 14-13 选择多条直线　　　　　　图 14-14 标注尺寸到法兰面

步骤 11 修复错误 因为无法找到草图的解决方案，所以会出现多种错误。在 SOLIDWORKS 窗口的下方单击 无法找到解 按钮。单击【手工修复】以显示所有潜在冲突，如图 14-15 所示，单击【取消】。删除尺寸 48in 和 72in，保留另一段管路中的尺寸，退出线路草图和线路子装配体。

> 提示　　此时可能需要强制重建，按〈Ctrl + Q〉键以执行强制重建操作。

步骤 12 查看管道 在 FeatureManager 设计树中展开线路子装配体。在"线路零件"文件夹下有三对相同长度的管道。

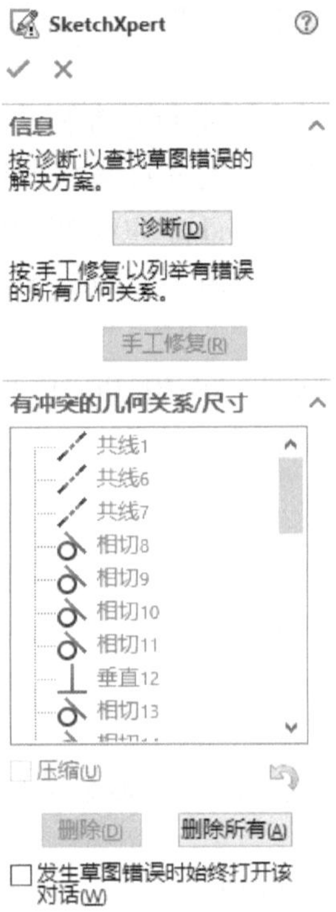

图 14-15 修复错误

14.1.4 生成自定义管道配置

【生成自定义管道配置】可以在管道或管筒长度相等但几何体形状不同的情况下创建。当在两根等长管道中的一根上使用穿透时可以使用此选项。该选项在编辑子装配体模式下可用,通常与管道一起使用。

 提示 【生成自定义管道配置】不能与【成形折弯】一起使用。

| 知识卡片 | 生成自定义管道配置 | ● 快捷菜单:右键单击管道并选择【生成自定义管道配置】或【使用标准管道/管筒配置】。 |

 提示 在选择之前,需编辑线路并退出草图状态。

● 约束草图到接头 【约束接头到草图】可以将添加到现有线路端点上的配件通过草图进行控制,并随着草图上点的移动而移动。【约束草图到接头】可以使这种约束关系反转,即通过改变配件的位置来驱动草图。该选项在编辑子装配体模式下可用,并通常与管道一起使用。

| 知识卡片 | 约束草图到接头 | ● 快捷菜单:右键单击线路零部件,并选择【约束草图到接头】或【约束接头到草图】。 |

步骤13　**退出线路草图**　编辑线路并退出线路草图，开始编辑线路子装配体。

步骤14　**生成自定义配置**　右键单击管道零部件表面（不是草图），如图14-16所示，选择【生成自定义管道配置】。

变化很细微：配置名称从"4in, Schedule 40, 2"变更为"4in, Schedule 40, 3"（之前两个是相同的，为"4in, Schedule 40, 2"）。

完整的零部件名称变成"[4inSchedule40^Pipe1_Change Route Diameter]<6>(4in, Schedule 40, 3)66in"。

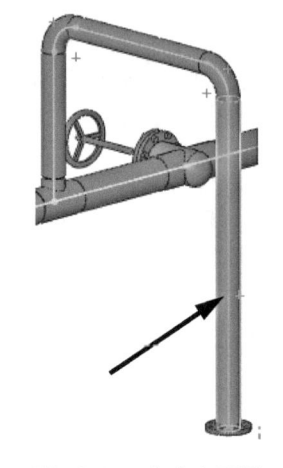

图14-16　自定义配置

14.2　管道穿透

管道穿透可以在相交的管道之间创建。两个管道会被切断。该方法在编辑线路模式下可用，并通常与管道一起使用。

此操作会在较大的（贯通的）管道上创建一个孔，然后将较小管道轮廓转化以匹配较大管道的半径。

| 知识卡片 | 管道穿透 | ● 快捷菜单：右键单击线路线段端点，并选择【穿透】。 |

> 技巧⛾　与添加内部零部件和分支线路不同，穿透不使用分割线路。添加的直线仅在已有的管道中心线和穿透管道部分的端点之间使用重合约束关系，添加尺寸就能完全定义。

步骤15　**穿透草图**　编辑线路，绘制一条直线连接现有的线路草图，仅使用重合关系约束该直线。在法兰面和线路直线段之间添加尺寸30in，在线路直线段上添加尺寸24in，如图14-17所示。

步骤16　**添加尺寸和法兰**　在直线上增加尺寸。使用【添加配件】或拖放的方式来添加一个配件"slip on weld flange"到开放的端点处，配置为"slip on weld flange 150-NPS4"，如图14-18所示。

步骤17　**穿透**　管道和连接的管道产生了干涉。右键单击连接点，选择【穿透】。该操作将管道从连接点处切断，在被连接的管道上面创建了一个匹配的孔，如图14-19所示。

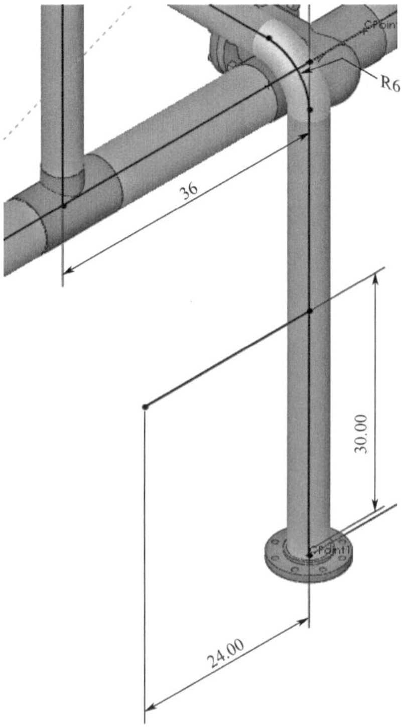

图 14-17　穿透草图 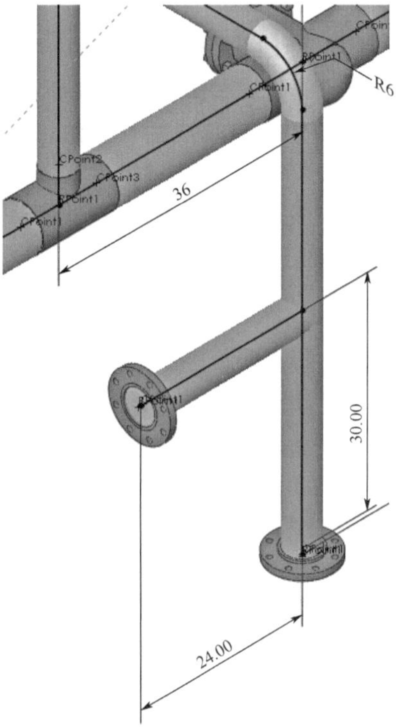　　　　　图 14-18　添加尺寸和法兰

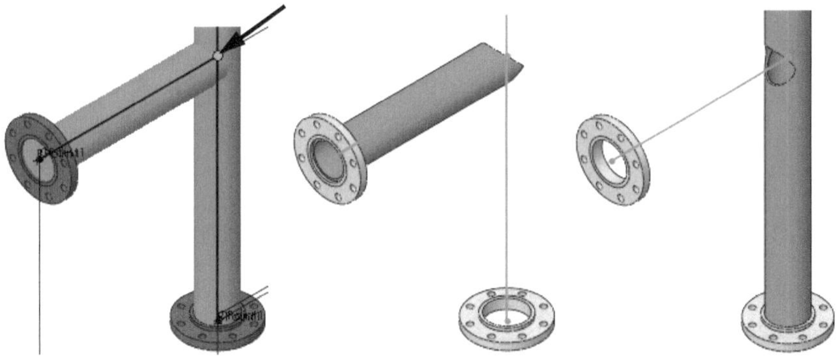

图 14-19　穿透

14.3　法兰到法兰的连接

通过将一个法兰拖放到另一个法兰上，可以在一个线路内进行法兰到法兰的连接，它们的大小将会自动匹配。

法兰到法兰的连接可以在线路中，也可以在线路之间，如图 14-20 所示。

扫码看视频

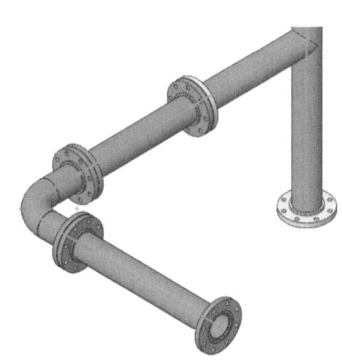

图 14-20　法兰到法兰的连接

操作步骤

步骤1 新建线路 通过拖放一个配置为"Slip On Flange 150-NPS2"的"slip on weld flange"到已有的法兰上面,创建新的线路,如图14-21所示。

步骤2 添加末端法兰 通过拖放或者【添加配件】的方式添加另外一个同类型的法兰到线路的另外一端,并标注尺寸,如图14-22所示。

步骤3 完成线路 添加更多的法兰和直线以完成此线路,如图14-23所示。退出线路草图和线路子装配体,重命名线路为"Flange_Flange",并保存在外部。

图14-21 新建线路

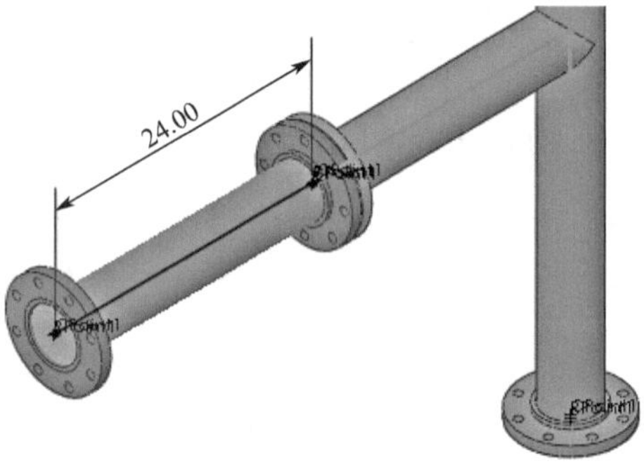

图14-22 添加末端法兰

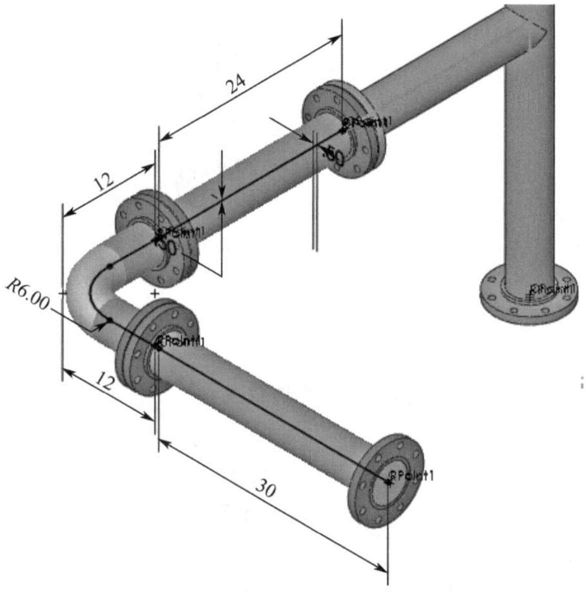

图14-23 完成线路

14.4 管道短管

【定义短管】选项可以用于创建和命名管道线路的预制部分。这可以包含管道、配件和法兰。每个短管包含一个名称、短管线段和短管零部件。当使用管道工程图时可以使用完整的短管。

| 定义短管 | ● 菜单:【工具】/【步路】/【管道设计】/【定义短管】。|

步骤4 打开线路子装配体 打开线路子装配体"Flange_Flange",如图14-24所示。

步骤5 定义短管 单击【定义短管】并选择线路直线段作为【短管线段】。管道两端的法兰被自动选中作为【短管零部件】,单击【确定】✓,如图14-25所示。

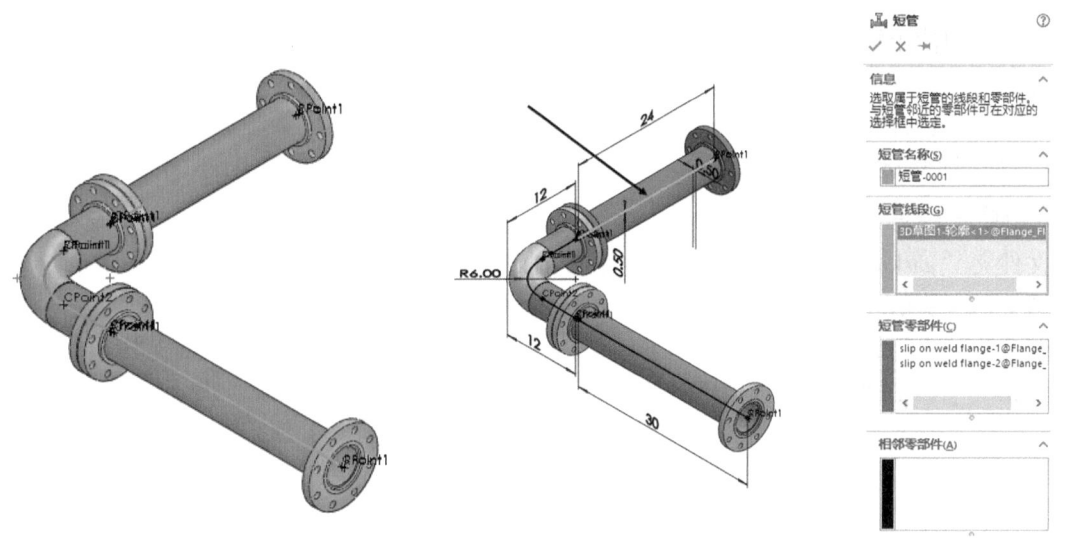

图 14-24 打开线路子装配体　　　　　图 14-25 定义短管

 可以选择其他线路直线段作为【相邻零部件】。

步骤6　展开文件夹　展开文件夹"短管-0001",它包含了在定义时被选中的管道和法兰,如图 14-26 所示。

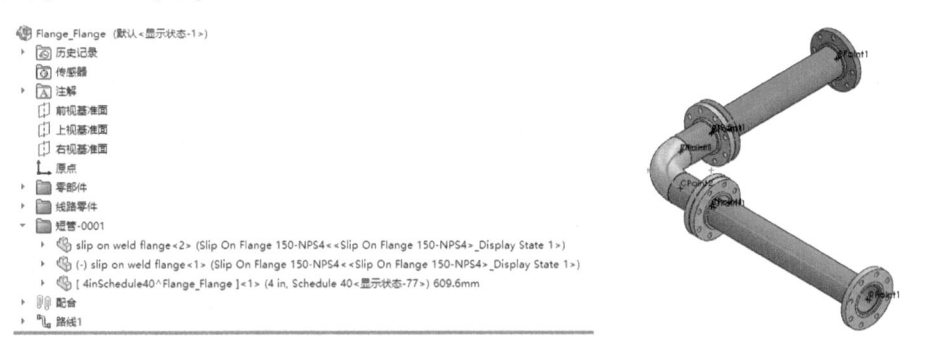

图 14-26 展开文件夹

步骤7　添加短管　使用相似的步骤,添加短管"短管-0002"和"短管-0003",如图 14-27 所示。

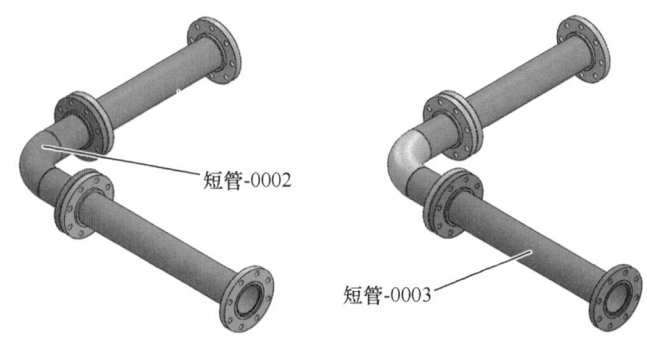

图 14-27 添加短管

步骤8　保存并关闭子装配体

14.4.1 工程图中的短管

在工程图中使用短管数据,其名称的显示状态是自动创建的,这些显示状态可以在工程图视图中选择使用。

在本例中,包含所有短管的整个线路子装配体列为"显示状态-1",如图14-28所示。

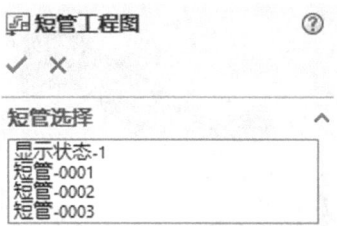

图14-28 工程图中的短管

14.4.2 使用垫片

从文件夹"gaskets"中把垫片零部件拖放到两个法兰之间,如图14-29所示。垫片隔开法兰并出现在材料明细表中。

在两个法兰之间放置垫片的步骤如下:

1)拖放一个法兰到端点,如图14-30所示。

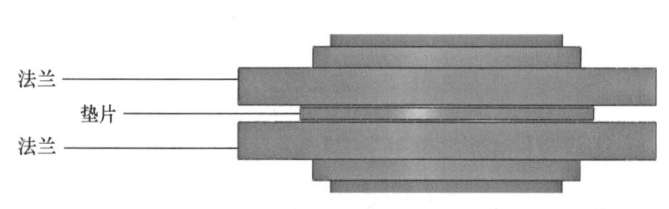

图14-29 使用垫片

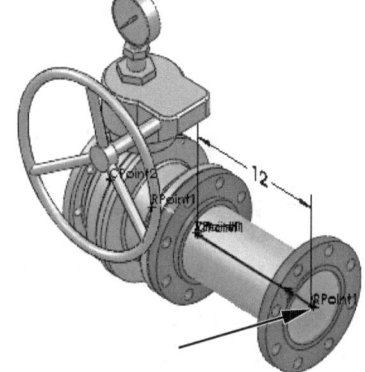

图14-30 拖放法兰

2)拖放垫片到法兰,在【选择配置】对话框中将显示适合管道尺寸的一系列配置,如图14-31所示。

3)拖放另一个法兰,如图14-32所示。

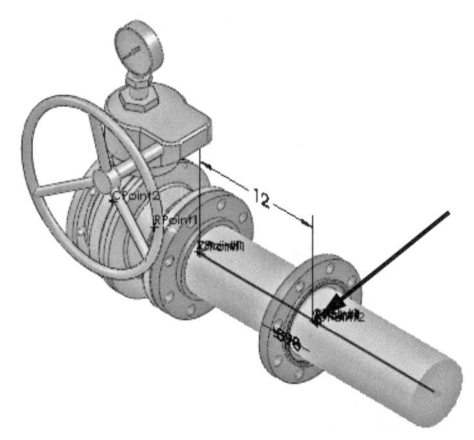

图14-31 拖放垫片

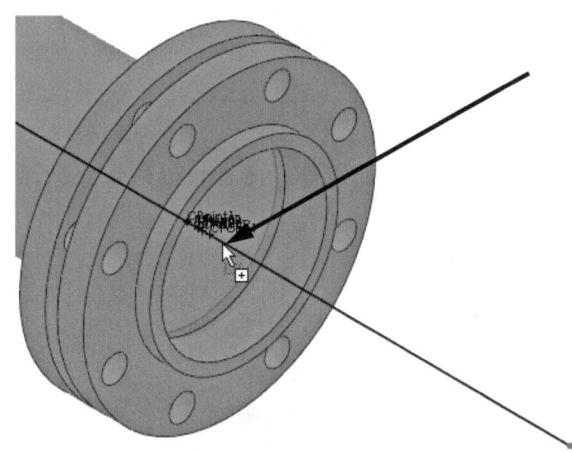

图14-32 拖放另一个法兰

14.5 复制线路

线路子装配体可以复制和重用,以避免重复创建相同几何体,如图14-33所示。装配体的阵列特征也可以被使用。

扫码看视频

> 技巧
> 如果使用线路的多个副本，那么编辑原始的线路将使其他的副本自动发生变化。用户不能只编辑复制线路中的一个实例。

1. 配合线路 配合复制的线路与使用标准的子装配体略有不同。用户可能已经注意到，线路中唯一的配合是法兰和外部几何体的连接。管道、弯管和其他的零部件是和线路草图"配合"的。当配合线路时，草图几何体和基准面都是可选的。

2. 浮动线路装配体 为了在线路几何体的面之间创建配合，其中一个线路装配体必须被浮动以避免过定义。如果需要，SOLIDWORKS 将提示用户浮动线路装配体。

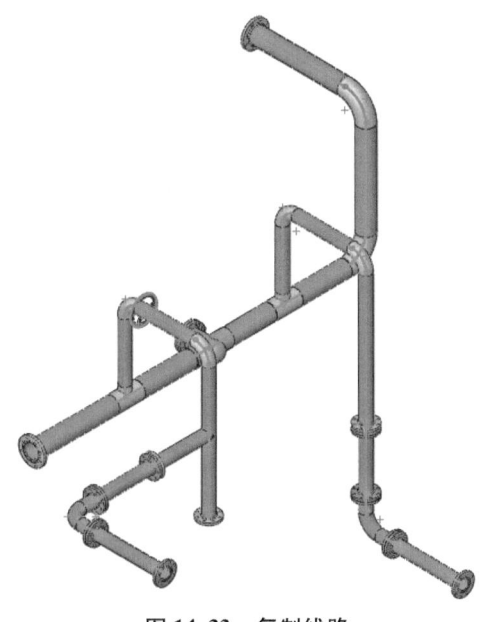

图 14-33 复制线路

操作步骤

步骤1 复制线路 返回到"Change Route Diameter"装配体，按住〈Ctrl〉键，将"Flange_Flange"线路拖入装配体中，如图 14-34 所示。

步骤2 添加重合配合 选择不同线路的直线添加【重合】配合，如图 14-35 所示。

步骤3 添加平行配合 选择复制线路的上视基准面和装配体的前视基准面，添加【平行】配合，如图 14-36 所示。

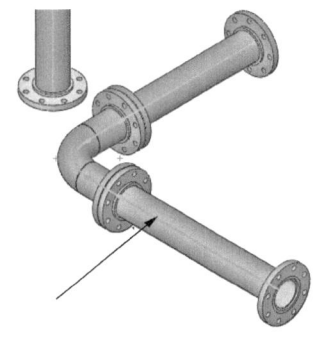

图 14-34 复制线路

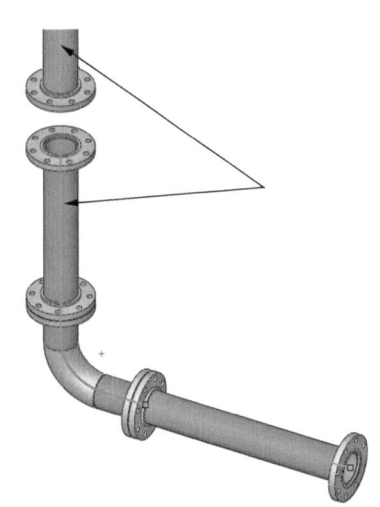

图 14-35 添加重合配合

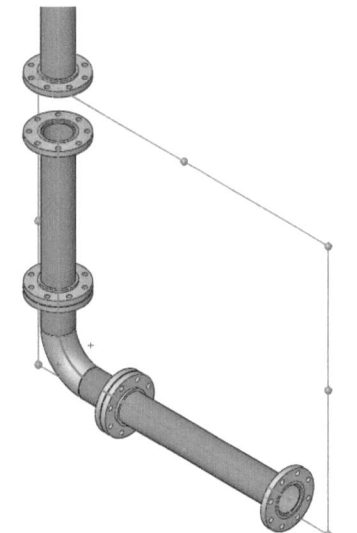

图 14-36 添加平行配合

步骤4 为配合选择 选择下面法兰的面，然后选择上面法兰的面，如图14-37所示。在两个法兰面之间添加1in的【距离】配合。

> 提示 接头和配件可以使用配合进行重新定位。自动删除关联的对齐草图关系可以避免无解的草图。

步骤5 更改尺寸 编辑任一"Flange_Flange"线路，将尺寸30in改为68in，如图14-38所示。退出线路草图和线路子装配体。

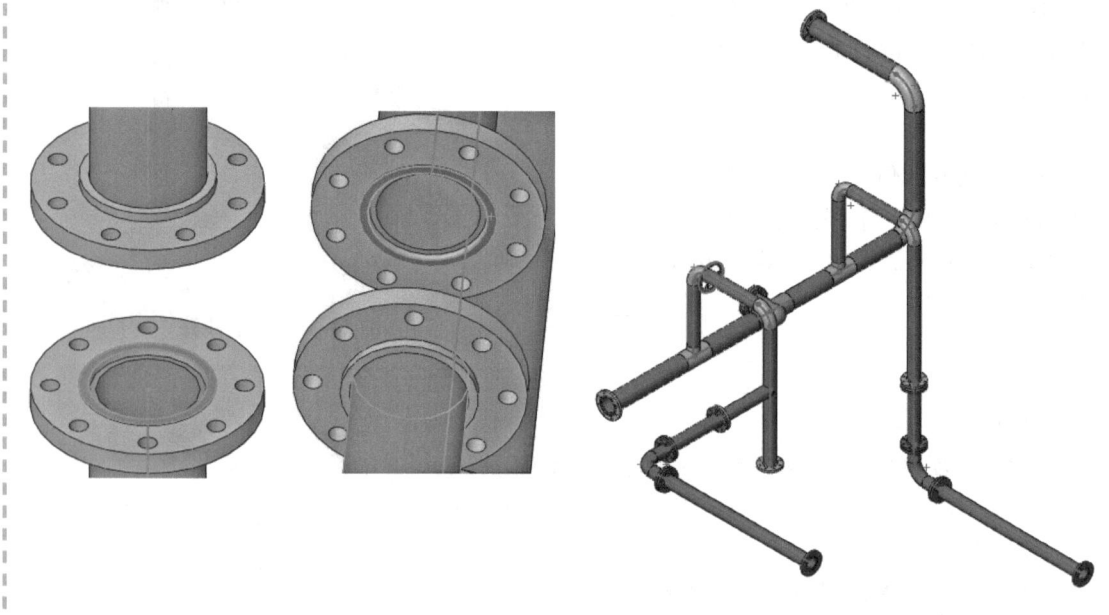

图14-37 为配合选择　　　　图14-38 更改尺寸

步骤6 保存并关闭所有文件

14.6 添加斜度

用户可以使用引力平面、起点和斜面值在一个或多个现有管道部分中添加斜度。该值是以提升高度除以管道段起点和结束点之间运行距离的比率值（例如 1 Unit: 30 Units）或角度值，如图14-39所示。

扫码看视频

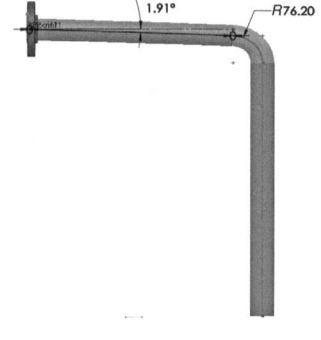

- **编辑和删除斜度** 若要改变或删除已经添加的斜度，可以右键单击斜线，然后选择【编辑斜度】或【移除斜度】。

图14-39 添加斜度

| 知识卡片 | 添加斜度 | • CommandManager：【管道设计】/【添加斜度】。
• 菜单：【工具】/【步路】/【管道设计】/【添加斜度】。 |

> 提示 在线路中任何限制（尺寸和关系）都不能阻止添加斜度。

操作步骤

步骤1　打开装配体　在文件夹"Lesson14\Case Study\Slope"中打开装配体"Slope"。

步骤2　选择斜面部分　单击【添加斜度】,如图14-40所示,选择线路中的直线作为【斜面线段】,选择上视基准面作为【引力平面】,如果有必要可以反转方向。选择直线上的端点作为【起点】,然后单击【确定】✓。

步骤3　添加尺寸　在构造线和原点上添加尺寸以完全定义草图,如图14-41所示。

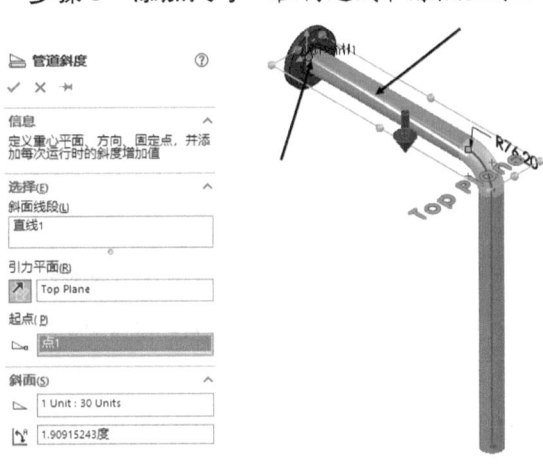

图14-40　选择斜面部分　　　　图14-41　添加尺寸

步骤4　创建工程图　创建管道工程图。可以使用【ROUTE PROPERTY】/【斜度】将"斜度"作为材料明细表中的一列,如图14-42所示。也可以通过右键单击管道,然后选择【注解】/【管道斜度】和方向,来添加管道的斜度注释。

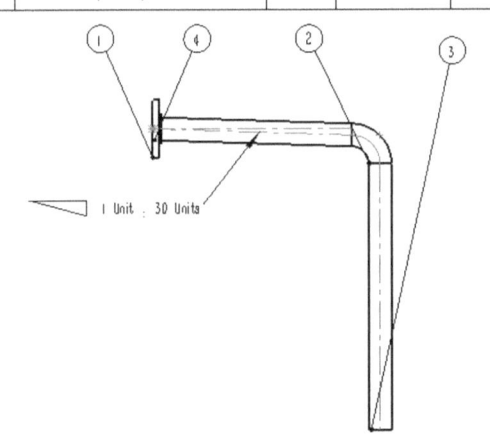

图14-42　创建工程图

14.7 编辑管道线路

使用标准的草图技术,可以通过编辑现有管道和管筒来改变线路的形状和添加配件,如图 14-43 所示。在 3D 草图中,用户可以删除、剪裁和绘制草图几何体。

扫码看视频

14.7.1 使用带螺纹的管道和配件

本例使用的 threaded fittings(npt)库包含螺纹管道和螺纹配件,如图 14-44 所示。它们可以在"routing\piping\threaded fittings(npt)"文件夹中找到。

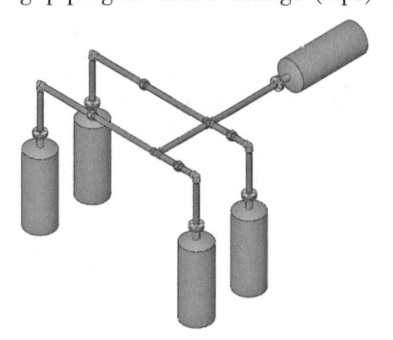

图 14-43 编辑管道线路

图 14-44 使用带螺纹的管道和配件

操作步骤

步骤 1 Routing 文件位置和设定 单击【Routing 文件位置和设定】并选择【装入默认值】,单击两次【确定】。

步骤 2 打开装配体 从"Lesson14\Case Study\Editing Pipe Routes"文件夹中打开装配体"Edit_Route",如图 14-45 所示。

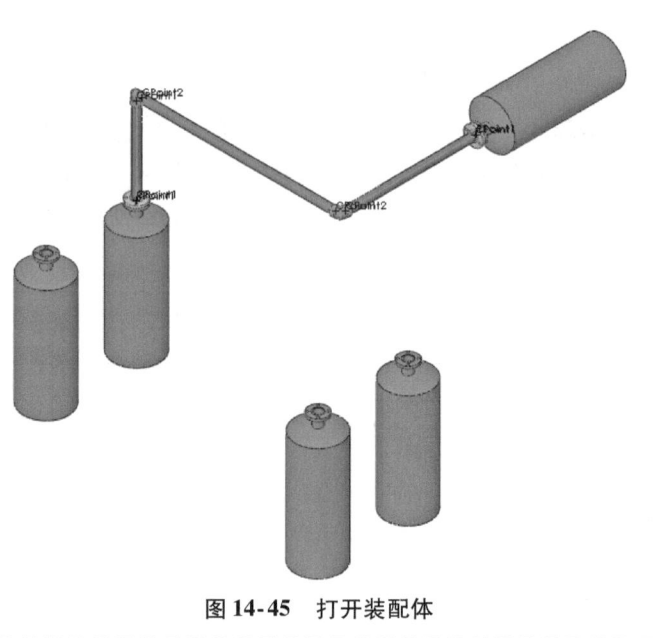

图 14-45 打开装配体

14.7.2 删除和编辑线路几何体

线路几何体包括线路草图几何体和零部件,可以从线路中编辑或删除。可能会出现草图错误,但可以使用标准的草图编辑技术修复这些错误。

1. 删除线路草图几何体 单击【编辑线路】,选择几何体并按下〈Delete〉键,草图是一个 3D 草图。

提示

因为弯管草图包含圆弧和点,所以框选比直接选取更好。两者都必须删除。

2. 删除线路零部件　单击【编辑线路】并退出草图，选择线路零部件，按下〈Delete〉键。

> **技巧** 可以通过删除弯管草图几何体来删除弯管。对于其他零部件，可以直接删除零部件。

步骤3　**删除弯管**　单击【编辑线路】，从左到右框选弯管，如图14-46所示，单击右键然后选择【删除】。圆角几何体和尺寸被删除了。

步骤4　**添加四通**　出现错误标记"错误丢失弯管"。从"piping\threaded fittings (npt)"文件夹中拖放一个"threaded cross"零部件到端点处。选择"CLASS 2000 THREADED CROSS, 1.50 IN"配置，如图14-47所示。

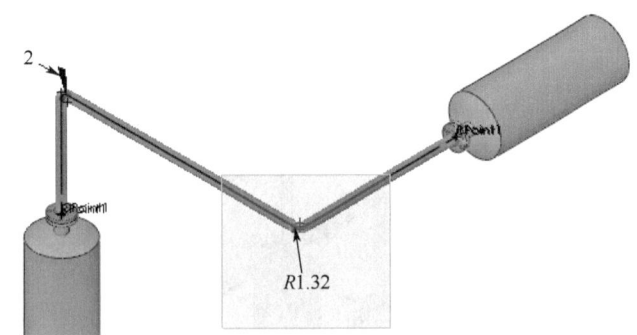

图14-46　删除弯管

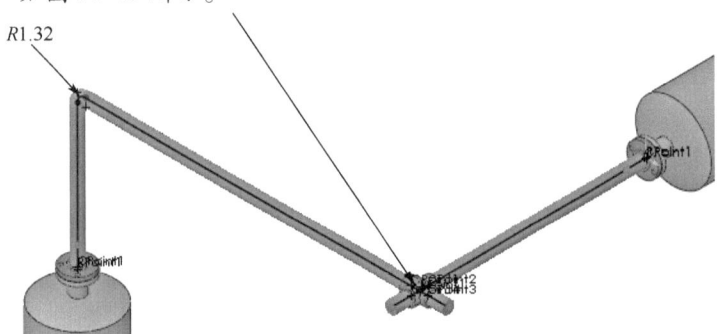

图14-47　添加四通

步骤5　**添加法兰**　添加另外三个名为"slip on weld flange"的法兰零部件，配置为"Slip On Flange 150-NPS1.5"，如图14-48所示。

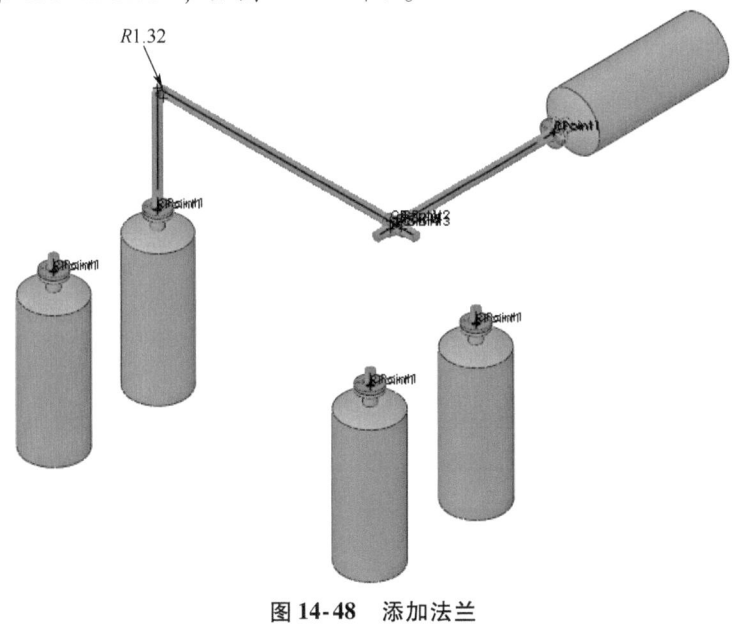

图14-48　添加法兰

> **技巧** threaded fittings(npt)库不包含任何法兰,需要从"piping\flanges"文件夹中选择法兰。

步骤6 自动步路 在图14-49所示的两个端点之间添加自动步路,并使用图中所示的解决方案。

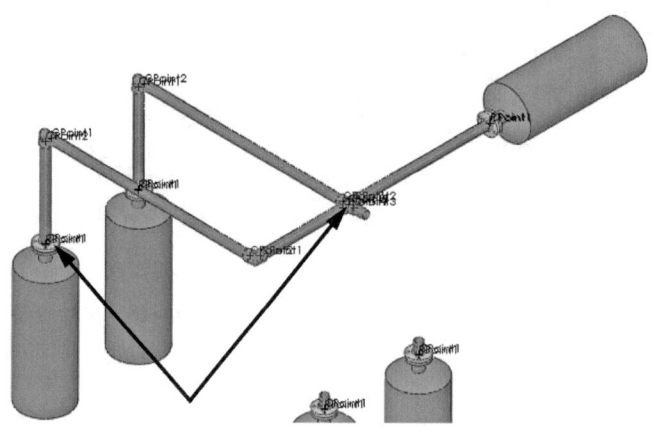

图14-49 自动步路

步骤7 删除弯管和添加配件 使用步骤3中的方法,选择并删除弯管。拖放一个"threaded tee"零部件到端点。若有必要,按〈Tab〉键反转配件。选择"CLASS 2000 THREADED TEE, 1.50 IN"配置,如图14-50所示。

步骤8 步路 在两个端点之间步路,如图14-51所示。

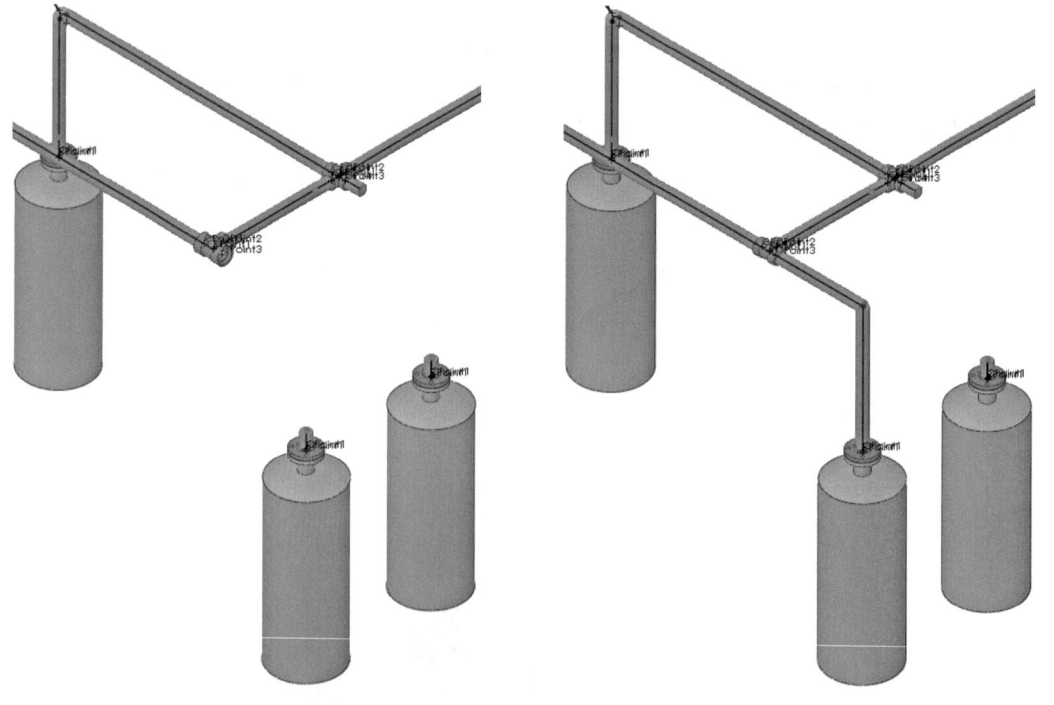

图14-50 删除弯管和添加配件　　　　　图14-51 步路

步骤9 添加草图圆角 对于最后一部分，拖动开放的端点，并在直线之间添加半径为1in的圆角，如图14-52所示。

> **提示** 如果没有勾选【自动生成草图圆角】复选框，则需要手动将半径合理的圆角添加到公共端点。

步骤10 选择弯管 退出线路草图，弹出【折弯-弯管】对话框。当遇到非标准的弯管时，将使用相同对话框。该对话框出现的原因是使用了与默认值不同的圆角半径。选择同样的弯管（"threaded elbow-90deg"）和配置（"CLASS 2000 THREADED ELBOW, 1.50 IN"）作为默认的弯管，单击【确定】。

步骤11 拖放零部件 编辑线路并拖放四个"threaded union"零部件，配置为"CLASS 3000 THREADED UNION, 1.50"，如图14-53所示。退出线路草图和线路子装配体。

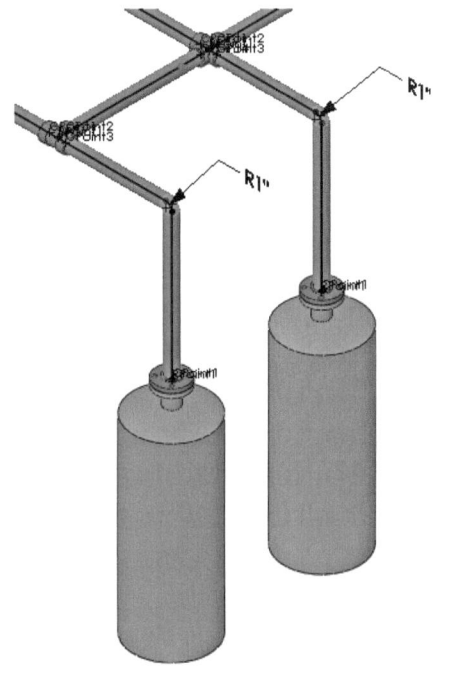

图14-52 添加草图圆角

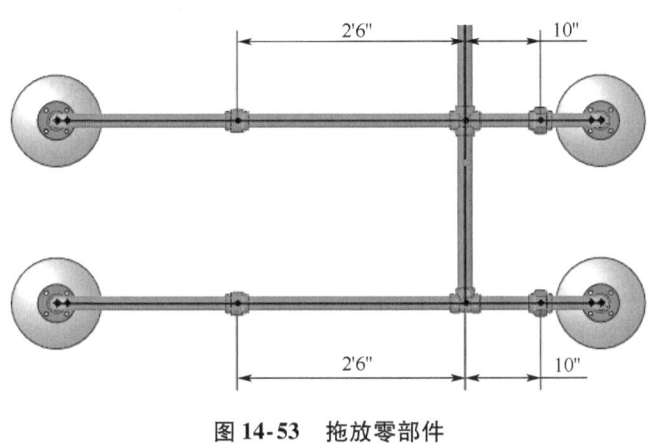

图14-53 拖放零部件

14.8 对障碍物的编辑

当使用线路连接设备时，障碍物是较为常见的。它们可能是其他线路、钢板、混凝土或者其他无关的设备。在一些情况下，最简单的解决方案可能是移动或旋转配件以生成必要的间隙。

- **使用封套表示障碍物** 封套可以用来表示和线路相干涉的设备，它可以是现有的零件或是使用标准草图和特征工具创建的新封套。在本例中，封套所表示的障碍物是加热管道中工作的立管，如图14-54所示。

14.8.1 使用三重轴移动配件

除了可以使用三重轴旋转配件外，也可以使用它沿着标准三重轴的箭头方向移动配件，如图14-55所示。移动配件会使它们偏离线路，仅可通过引导线连接。

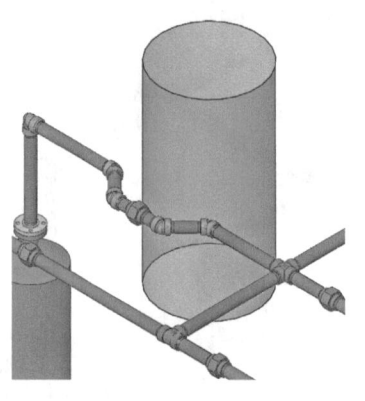

图 14-54 使用封套表示障碍物

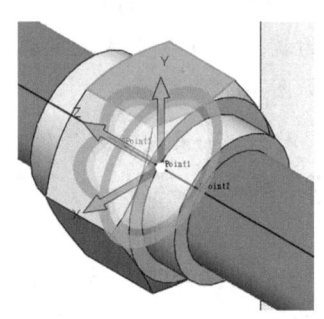

图 14-55 使用三重轴移动配件

步骤 12 移动配件 显示封套"Cylinder"。编辑线路,右键单击"threaded union"的一个表面并选择【以三重轴移动配件】,使用箭头拖动配件,如图 14-56 所示,单击【确定】。

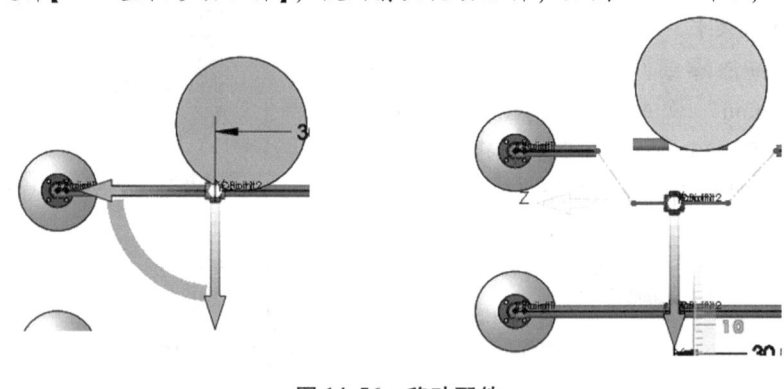

图 14-56 移动配件

14.8.2 使用引导线

移动配件会导致引导线连接到原始线路的部分"中断"。引导线定义了在线路中的连接,提供了如何建立连接的选项,如图 14-57 所示。

 提示 可通过切换【显示引导线】选项来查看线路中的引导线。

14.8.3 引导线选项

引导线选项用于获取临时图形并使其生成真实的线路直线。引导线可以被转换、合并或者连接到现有的线路直线中,见表 14-1。

图 14-57 使用引导线

表 14-1 引导线选项

选项	图示	选项	图示
在【自动步路】中,线路引导线以黄色虚线表示		【将引导线转换到线路】:选择一条或多条线路引导线并单击	

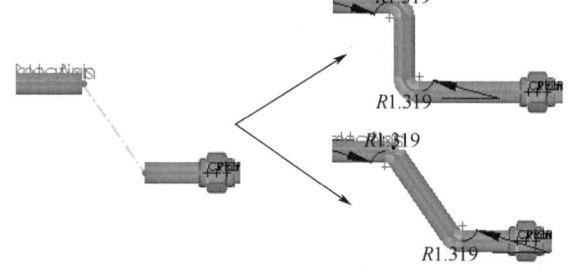

> 提示：线路引导线仅出现在【自动步路】PropertyManager 中。

> 知识卡片　引导线
> • 【自动步路】PropertyManager：选择【引导线】。

步骤13　选择引导线　单击【自动步路】，并选择【引导线】，选择一条引导线并单击【将引导线转换到线路】，如图14-58所示。

步骤14　编辑解决方案　单击鼠标右键来切换选项，使用鼠标左键选择角度选项，如图14-59所示。对第二条引导线重复以上操作，并单击【确定】，如图14-60所示。

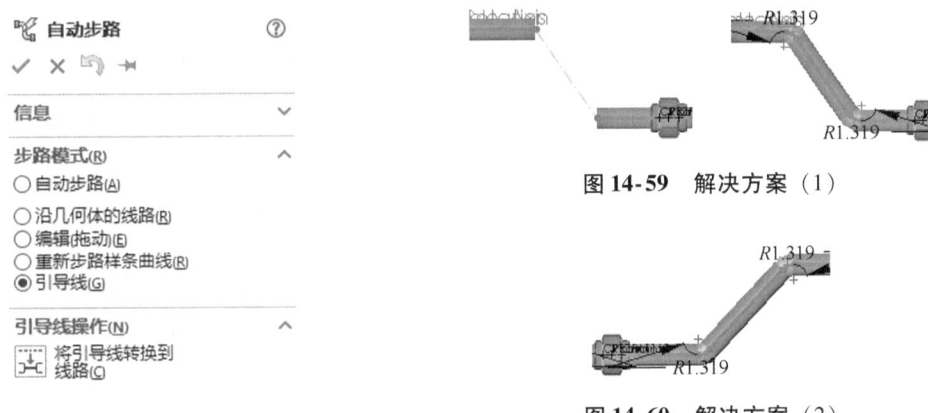

图 14-58　选择引导线

图 14-59　解决方案（1）

图 14-60　解决方案（2）

步骤15　添加尺寸和关系　添加尺寸和关系来完全定义草图，如图14-61所示。在四个地方添加交替弯管"threaded elbow-45deg"，配置为"Class 2000"。

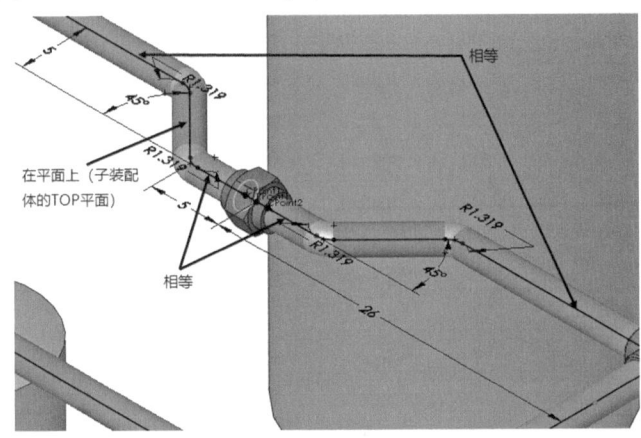

图 14-61　添加尺寸和关系

步骤16　保存并关闭所有文件

● **配合冲突**　在编辑时，可能会出现消息："为步路配件使用配合将删除线路约束或中断线路，是否要继续修改草图？"单击【是】，将创建配合并删除冲突的约束；单击【否】，将创建配合并保留冲突的约束。

14.9 管道工程图

使用 SOLIDWORKS 工程图的选项和【管道工程图】工具来制作管道子装配体的详细工程图。

扫码看视频

14.9.1 管道工程图概述

【管道工程图】工具可以创建带有尺寸和零件序号的管道线路等轴测视图,其中包含材料明细表。

- **工程图中的管道短管** 如果要创建管道短管工程图,在【短管工程图】对话框中有一个【短管选择】选项,该选项可以用来选择特定的短管或所有的零部件。

在材料明细表中,包含一个属性名称为"短管参考"的列类型,如图14-62所示。

14.9.2 工程图工具

除管道工程图之外,还可以使用许多标准的工程图工具,包括:

- 工程图视图。
- 中心线。
- 中心符号线。
- 尺寸。

项目号	零件号	数量	切割长度	短管参考
1	Slip On Flange 150-NPS2	1		短管-0001
2	90L LR Inch 2 Sch40	1		短管-0002
3	2 in, Schedule 40, 2	1	706.55mm	短管-0003
4	Pipe 2 in, Sch 40	1	519.75mm	短管-0004

图 14-62 材料明细表

使用标准 SOLIDWORKS 工具可以在工程图上详细说明管道线路。工程图视图、材料明细表、零件序号、中心线、中心符号线和尺寸都能被用于创建管道工程图,如图14-63所示。

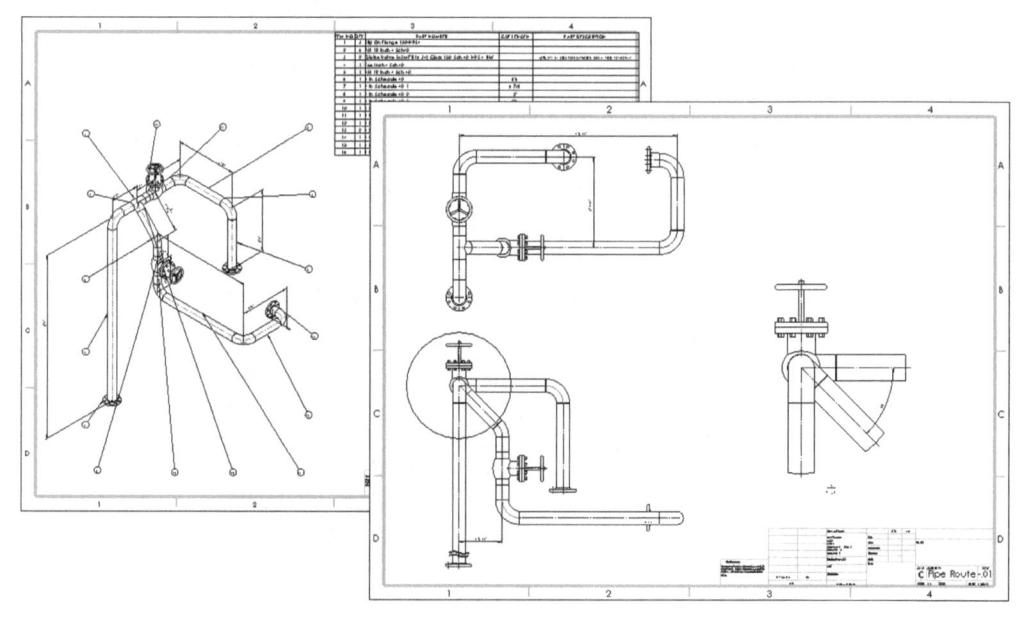

图 14-63 管道工程图

> **提示** 要在工程图中使用管道必须先将其保存在外部文件中。

知识卡片

管道工程图
- CommandManager:【管道设计】/【管道工程图】。
- 菜单:【工具】/【步路】/【管道设计】/【管道工程图】。
- 快捷菜单:在 FeatureManager 设计树上右键单击一个线路并选择【管道工程图】。

操作步骤

步骤1　Routing 文件位置和设定　单击【Routing 文件位置和设定】并选择【装入默认值】，单击两次【确定】。

步骤2　打开装配体　从"Lesson14\Case Study\Piping Drawings"文件夹中打开装配体"Piping Drawing"，如图 14-64 所示。

步骤3　创建管道工程图　单击【管道工程图】，并使用"c-landscape"模板创建工程图。勾选【管道设计材料明细表模板】复选框并从本教程的练习文件夹中选择"Piping BOM Template.sldbomtbt"，勾选【包括自动零件序号】和【显示线路草图】复选框，如图 14-65 所示，单击【确定】。

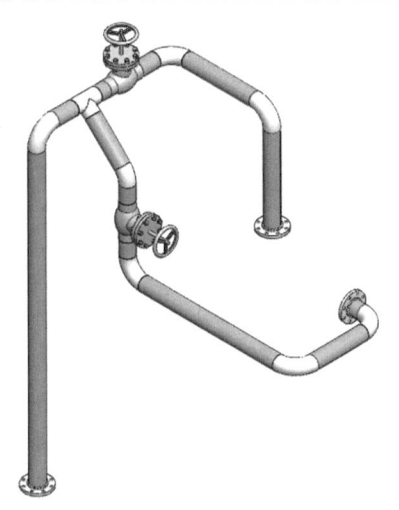

图 14-64　打开装配体

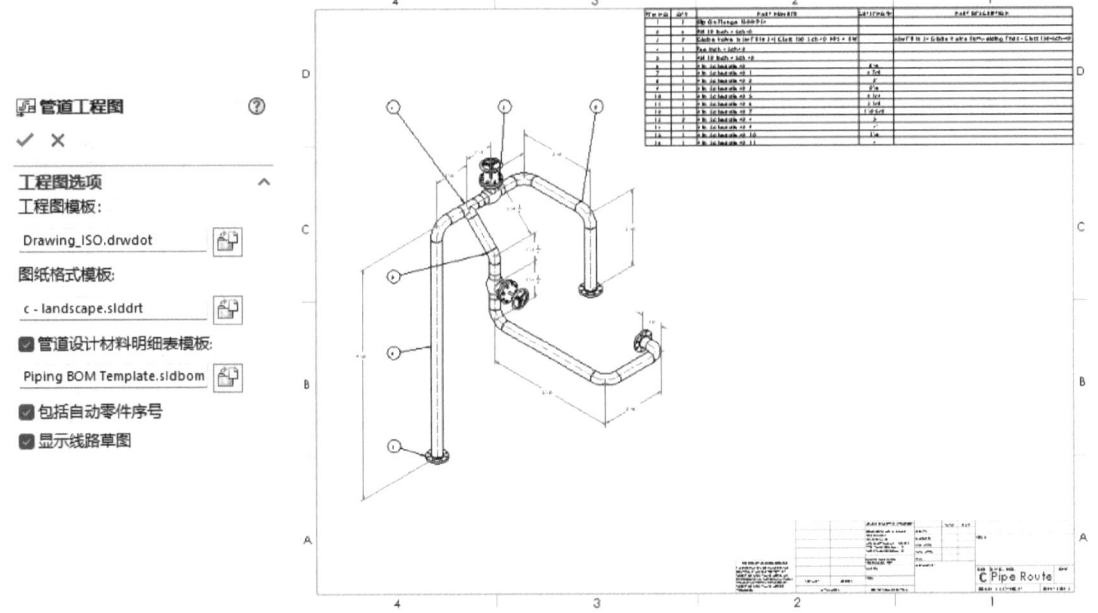

图 14-65　创建管道工程图

> 提示　线路子装配体"Pipe Route"处于打开状态。

步骤4　设置材料明细表　单击材料明细表，按图 14-66 所示设置选项。设置【材料明细表类型】为【仅限零件】，并勾选【在材料明细表中只显示线路设计零部件】、【按相同直径和安排将管道或管筒分组】和【在材料明细表中显示单位】复选框，单击【确定】。

> 提示　勾选【按相同直径和安排将管道或管筒分组】复选框将计算所有"4 in, Schedule 40"管道的长度并在"QTY"列中显示。

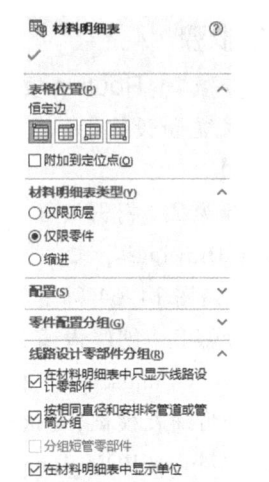

图 14-66 设置材料明细表

步骤 5 返回到线路子装配体 如图 14-67 所示，返回到已存在的线路子装配体"Pipe Route"中。右键单击管道（不是草图几何体），然后选择【零部件属性】。

步骤 6 添加文本 在【零部件参考】中输入"Standpipe"，如图 14-68 所示，单击【确定】。

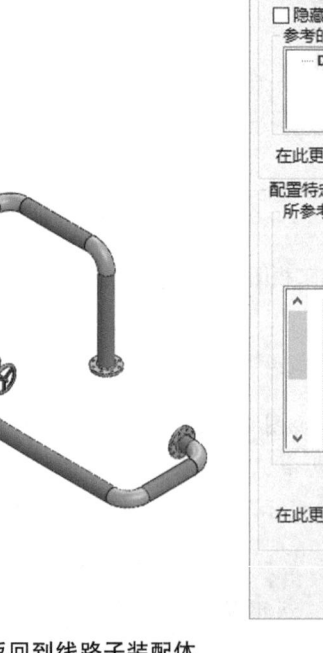

图 14-67 返回到线路子装配体

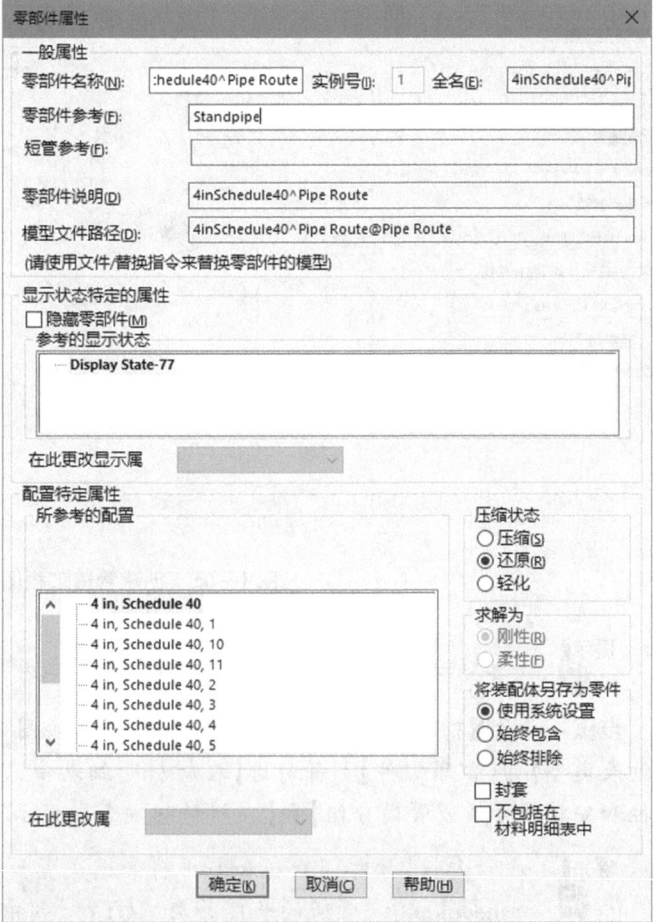

图 14-68 添加文本

步骤7　返回到工程图　返回到工程图。右键单击"CUT LENGTH"列并单击【插入】/【右列】，增加列类型"零部件参考"到材料明细表中，如图14-69所示，不勾选【按相同直径和安排将管道或管筒分组】复选框。

步骤8　新建图纸　单击【添加图纸】来添加一张新的工程图图纸，设置尺寸【比例】为"1:10"，【投影类型】为"第三视角"。

步骤9　添加视图　使用【模型视图】来添加一个前视图，使用【投影视图】创建上视图，如图14-70所示。

步骤10　添加断裂视图　单击前视图，选择【断裂视图】。使用水平断裂，设置【缝隙大小】为"0.1″"，【折断线样式】为【曲线切断】，如图14-71所示。

步骤11　添加中心线和中心符号线　添加【中心线】和【中心符号线】到视图中，如图14-72所示。

CUT LENGTH	零部件参考	PART DESCRIPTION
		ASME B16.34 Globe Valve Buttwelding Ends - Class 150-Sch-40
8'6"	Standpipe	
6 7/8"		
2'		
2'6"		
6 1/4"		
3 1/8"		
1'2 5/8"		
5"		
4'		
1'6"		
4"		

图14-69　添加列类型

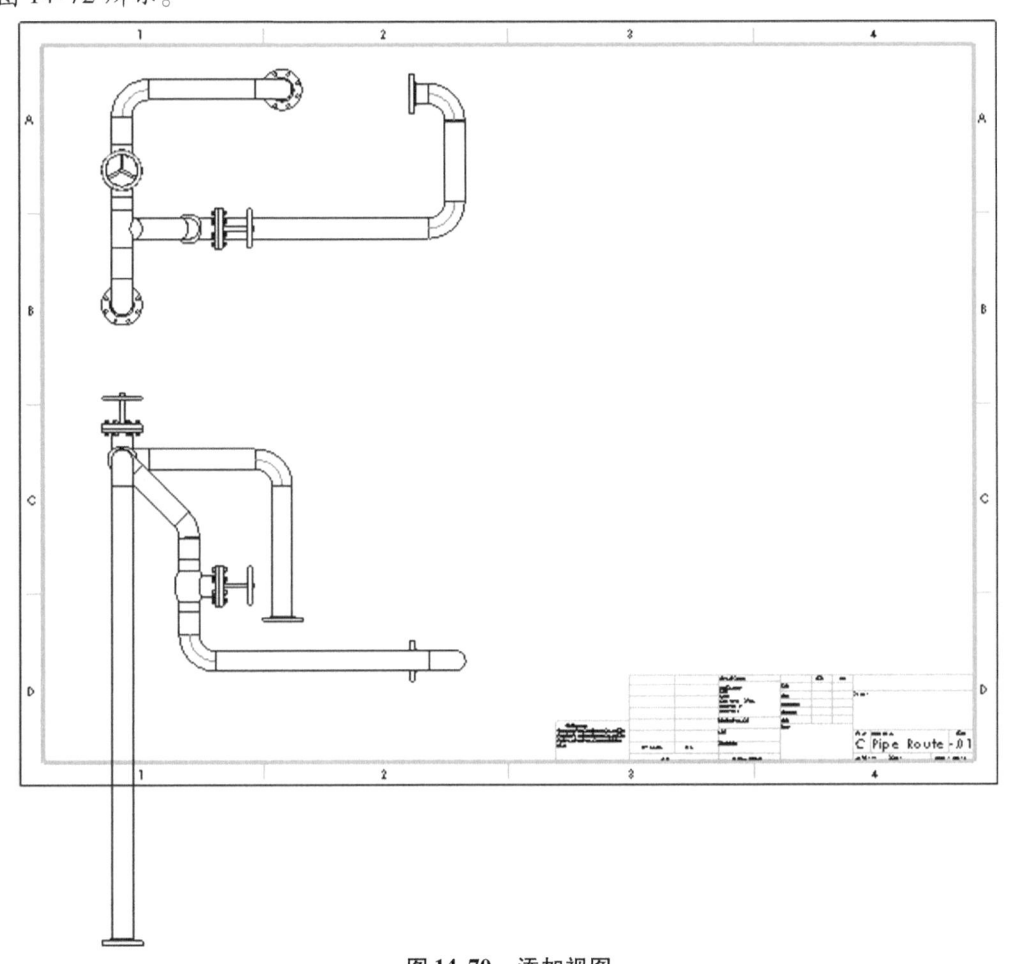

图14-70　添加视图

技巧 可以使用【选择视图】选项将中心线添加到整个视图。

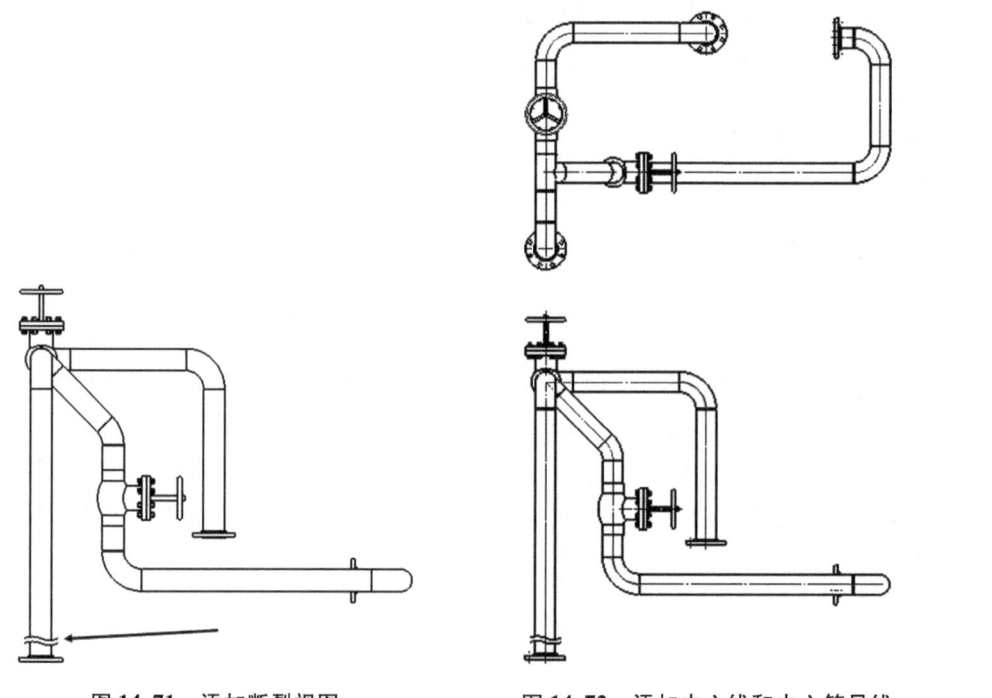

图 14-71　添加断裂视图　　　　图 14-72　添加中心线和中心符号线

步骤 12　添加局部视图　单击【局部视图】_{CA}，添加图 14-73 所示的局部视图，将局部视图放在右边。

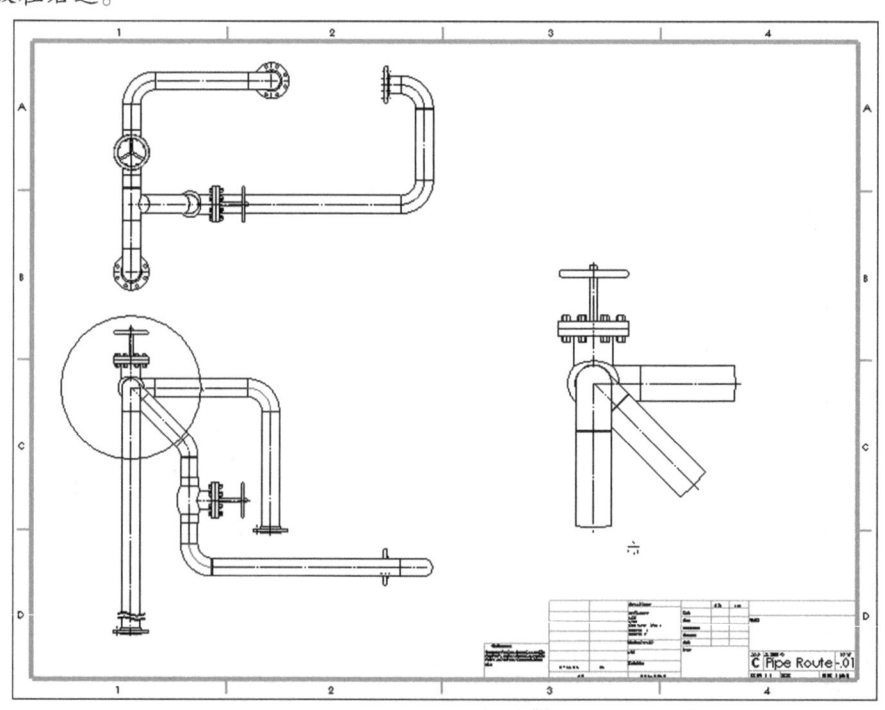

图 14-73　添加局部视图

步骤13 添加尺寸 添加尺寸，如图14-74所示。

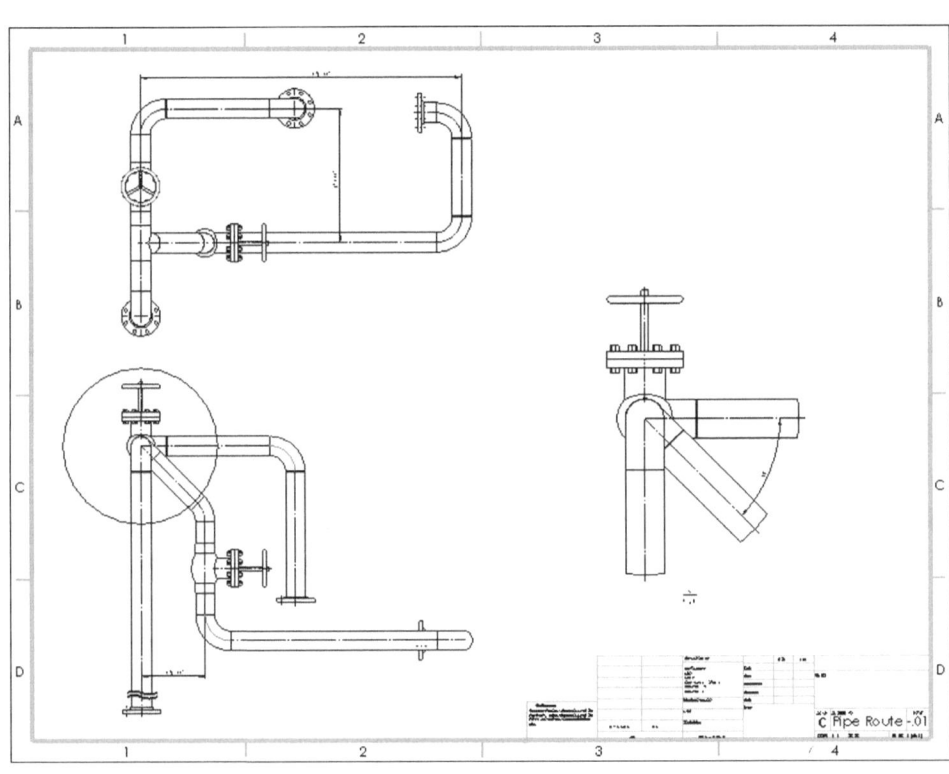

图14-74 添加尺寸

步骤14 保存并关闭所有文件

练习14-1 创建和编辑螺纹管道线路

使用 threaded piping 库零件创建和编辑线路装配体，如图14-75所示。

本练习将应用以下技术：
- 更改管道和管筒。
- 编辑管道线路。
- 使用带螺纹的管道和配件。
- 删除和编辑线路几何体。
- 使用三重轴移动配件。
- 管道工程图。

单位：in（英寸）。

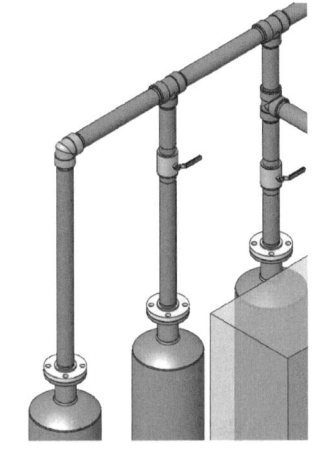

图14-75 创建和编辑螺纹管道线路

操作步骤

- **螺纹管道零部件** 为线路选择如下文件和配置，见表14-2。

表 14-2 螺纹管道零部件

项　目	文件	配置
管道	threaded steel pipe	Threaded Pipe 2 in, Sch 40
配件	slip on weld flange	Slip On Flange 150-NPS2
	Threaded elbow-90deg	CLASS 2000 THREADED ELBOW, 2.00 IN
	threaded tee	CLASS 2000 THREADED TEE, 2.00 IN
	threaded union	CLASS 3000 THREADED UNION, 2.00
	threaded cross	CLASS 2000 THREADED cross, 2.00 IN
	sw3dps-1_2 in ball valve	Default
	threaded half coupling	CLASS 300 COUPLING, 2.00 IN

步骤 1　打开装配体　从文件夹"Lesson14\Exercises\threaded piping routes lab"中打开已有的装配体"threaded piping routes lab"。

按以下步骤在两组容器之间创建线路。

步骤 2　创建线路　使用多种类型零部件（如"slip on weld flange""Threaded elbow-90deg""threaded union"和"threaded tee"）创建线路，包括45°角连接处的管道穿透，如图14-76所示。

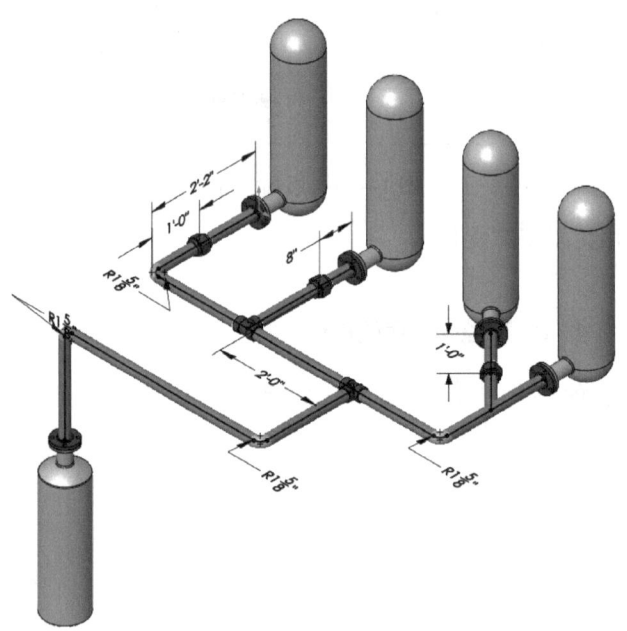

图 14-76　创建线路

步骤 3　添加到线路　将更多零部件添加到线路，如图14-77所示。

步骤 4　自动步路连接两部分　删除一个"Threaded elbow-90deg"零部件，并用一个"threaded tee"零部件替换。使用自动步路连接两部分，并添加尺寸，如图14-78所示。保存所有文件。

下面将编辑线路以更改连接的几何体。

步骤 5　删除弯管草图几何体　删除两个弯管的草图几何体，如图14-79所示。

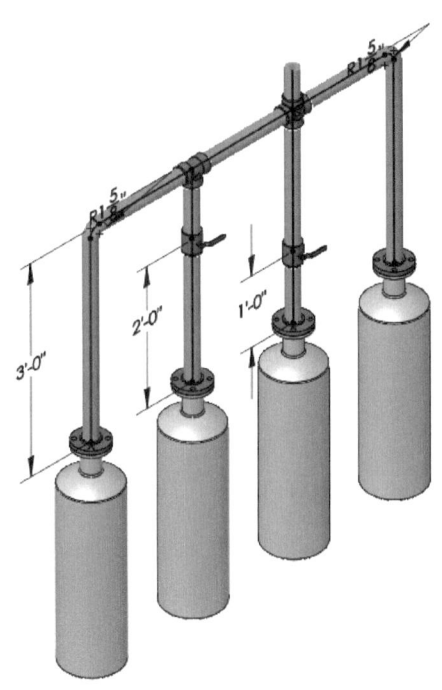

图 14-77 添加到线路

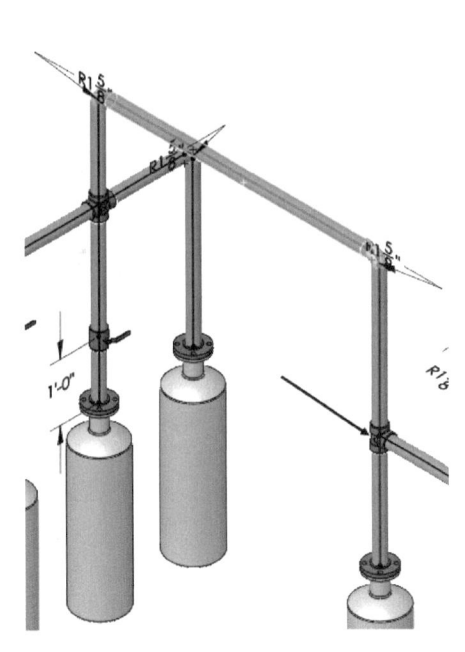

图 14-78 自动步路连接两部分

步骤6 删除零部件 退出线路草图并删除"threaded tee"和"threaded cross"零部件,如图 14-80 所示。

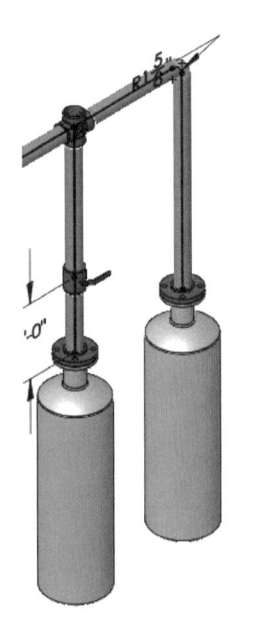

图 14-79 删除弯管草图几何体

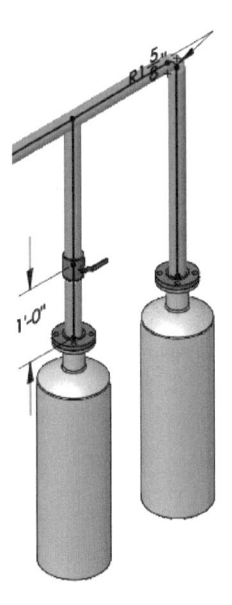

图 14-80 删除零部件

步骤7 添加三通 单击【编辑线路】并添加"threaded tee"和"threaded half coupling"零部件,如图 14-81 所示。

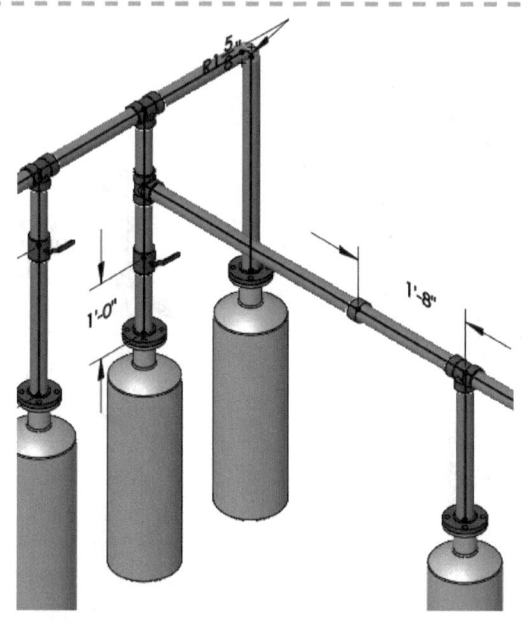

图 14-81 添加三通

步骤 8 创建管道工程图 创建管道工程图,包含等轴测视图、尺寸、零件序号和材料明细表,如图 14-82 所示。

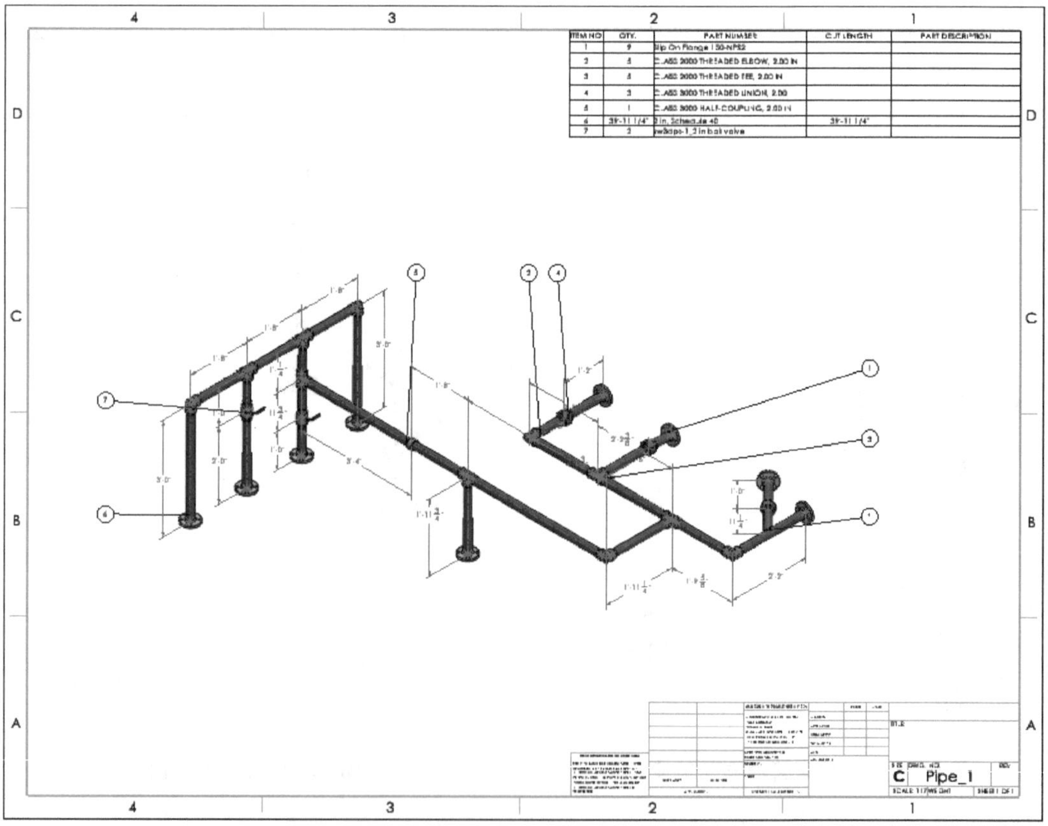

图 14-82 创建管道工程图

步骤9 显示封套 显示已存在的封套"Obstruction",如图 14-83 所示。

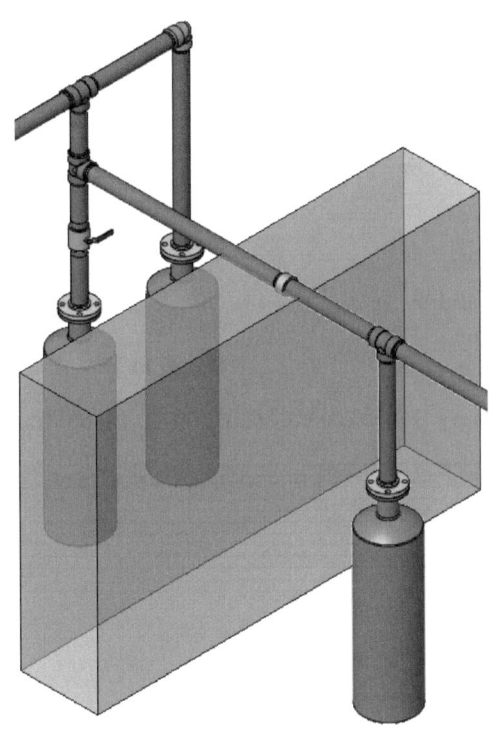

图 14-83 显示封套

步骤 10 移动配件 使用三重轴移动"threaded union"配件以避开封套,使用引导线、尺寸和关系完成草图,如图 14-84 所示。

  提示 螺纹接头位于两个弯管之间的中心位置。

步骤 11 保存并关闭所有文件

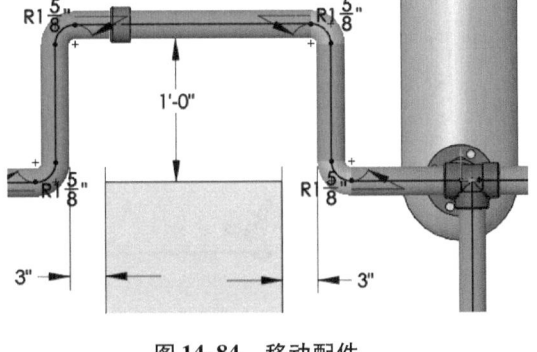

图 14-84 移动配件

练习 14-2 使用管道短管

创建管道短管并在管道工程图中使用它们。
本练习将应用以下技术:
- 管道短管。
- 工程图中的短管。
- 管道工程图。

单位:mm(毫米)。

操作步骤

步骤1　打开管道短管　从"Lesson14\Exercises\Spools"文件夹打开已存在的装配体"Pipe Spools"。

步骤2　创建管道短管　使用高亮显示的几何体创建管道短管"短管-1"和"短管-2",如图14-85所示。

步骤3　创建管道工程图　使用"显示状态-1""C-ansi-Portrait"模板和"Piping BOM template"模板创建管道短管工程图。修改材料明细表,添加"Spool reference"列并添加短管视图,如图14-86所示。

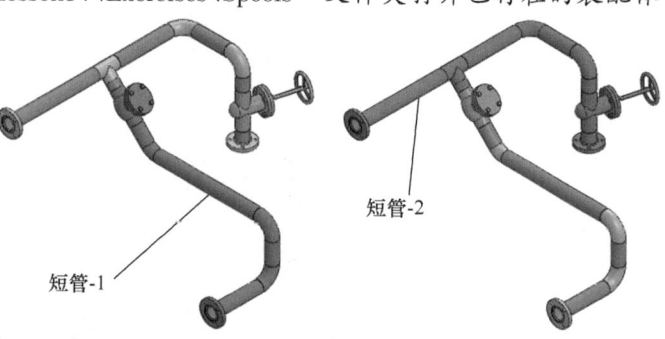

图14-85　创建管道短管

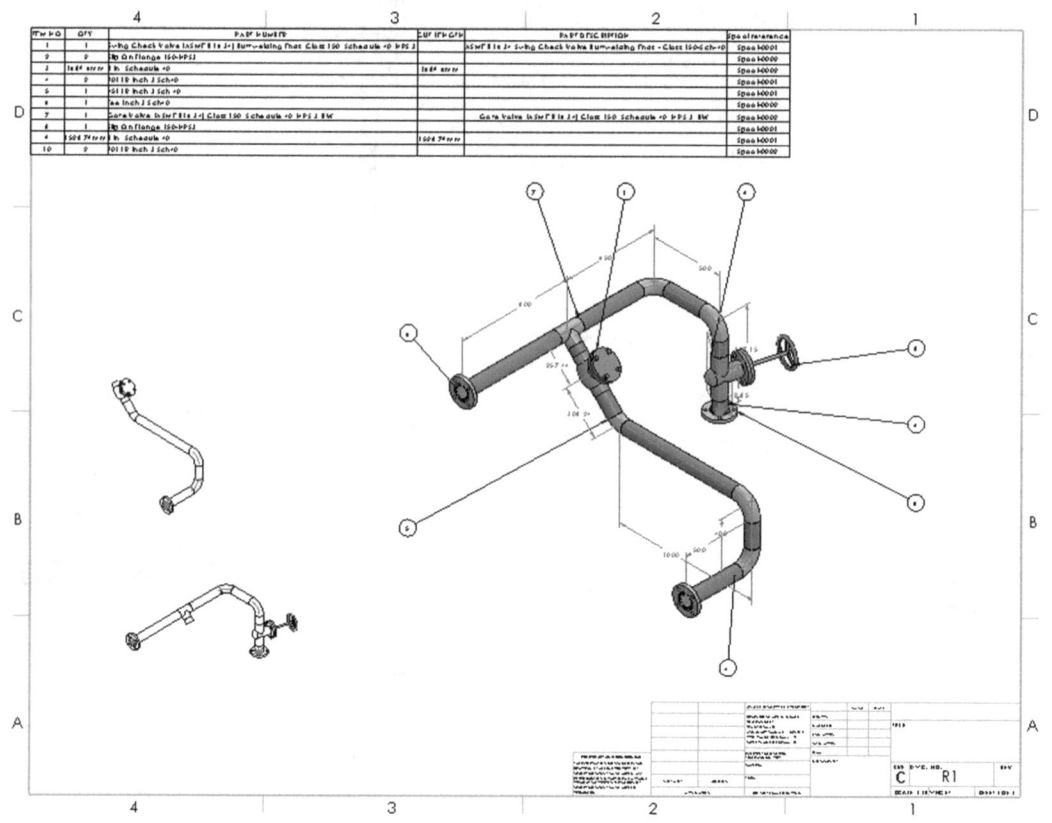

图14-86　创建管道工程图

> 技巧：在工程图视图的【显示状态】选项中选择短管。

步骤4　保存并关闭所有文件

第 15 章 创建步路零部件

学习目标
- 创建接头和弯管零件
- 理解步路点在设计库零件中的功能
- 理解线路零部件所需的配置特定属性
- 生成管筒和管道零件库,包括弯管和线路零部件装配体,如阀门

15.1 步路库零件

本章将介绍步路库零件,这些零件包括 SOLIDWORKS 安装时自带的零件、练习文件中的例子、网上下载的以及用户自己创建的零件。

> 提示　设计库中显示的图标是从最后保存库特征或零件时的图像中自动获取的,可以是阴影图或线框图,在保存前最好保持等轴测视图方向和合适的大小缩放以获得良好的观察效果。

15.2 库

SOLIDWORKS 提供的设计库零件和装配体中包括常见的软管、电线、硬管以及相关的配件。

如果需要获取供应商提供的更多线路零部件信息,请访问 www.3dcontentcentral.com 或者使用设计库。其他网络资源提供的以 SOLIDWORKS 或其他通用格式存储的零件,可由 SOLIDWORKS 步路模块准备后直接使用。

1. 管道库(见表 15-1)

表 15-1　管道库

位置	C:\ProgramData\SOLIDWORKS\SOLIDWORKS 2024\design library\routing\piping			
项目	名称和图形			
管道	Pipe	—	—	—
弯管	compound_elbow	compound_elbow_metric	—	—

（续）

位置	C:\ProgramData\SOLIDWORKS\SOLIDWORKS 2024\design library\routing\piping			
项目	名称和图形			
45°弯管	45°LR Inch	45°LR Metric	45°3R Inch	—
90°弯管	90°LR Inch	90°LR Metric	90°SR Inch	90°3R Inch
180°弯管	180deg 3r inch elbow	180deg lr inch elbow	180deg sr inch elbow	—
三通管	Reducing Outlet Tee Inch	Straight Tee Inch	—	—
法兰	Socket Weld Flange	Slip On Weld Flange	Welding Neck Flange	—
垫圈	gasket	—	—	—

(续)

位置	C:\ProgramData\SOLIDWORKS\SOLIDWORKS 2024\design library\routing\piping			
项目	名称和图形			
接套	barrel nipple	close nipple	hex nipple	hose nipple
	weld nipple	—	—	—
四通	Straight Cross Inch	Reducing Outlet Cross Inch	Straight Cross Metric	—
变径管	Reducer	Eccentric Reducer	—	—
设备	Pumpwater_booster	Pump-centrifugal-1	base example	Sample-tank-01
	Sample-tank-05	Sample-tank-07	Sample-tank-08	Sample-tank-13
	Sample-tank-14	tank_model	nozzle（提示：管嘴"nozzle"是库零件）	—

(续)

位置	C:\ProgramData\SOLIDWORKS\SOLIDWORKS 2024\design library\routing\piping			
项目	名称和图形			
阀门	angle valve(asme b114.34)bw-150	balloon_series_f_valves_w_hwheel-g	balloon_series_f_valves_w_hwheel	fisher-v200-6 in
	gate valve(asme b114.34)bw-150-	gate valve(asme b114.34)fl-150-	globe valve(asme b114.34)bw-150-	globe valve(asme b114.34)fl-150-
	sw3dps-1_2 in ball valve	swing check valve bw-150-2500	swing check valve fl-150-2500	—

2. 螺纹管库(见表15-2)

表15-2 螺纹管库

位置	C:\ProgramData\SOLIDWORKS\SOLIDWORKS 2024\design library\routing\piping\threaded fittings(npt)			
项目	名称和图形			
管道	threaded steel pipe	—	—	—

（续）

位置	C:\ProgramData\SOLIDWORKS\SOLIDWORKS 2024\design library\routing\piping\threaded fittings（npt）			
项目	名称和图形			
弯管	threaded elbow-45deg	threaded elbow-90deg	—	—
三通、斜三通和四通	threaded tee	threaded lateral	threaded cross	—
耦合和联管节	threaded coupling	threaded halfcoupling	threaded union	—
变径管及端盖	threaded reducer	threaded cap	—	—

3. 管筒库（见表15-3）

表15-3 管筒库

位置	C:\ProgramData\SOLIDWORKS\SOLIDWORKS 2024\design library\routing\tubing			
项目	名称和图形			
管筒线夹	tubing clip	—	—	—
管筒	tube-ss	—	—	—

（续）

位置	C:\ProgramData\SOLIDWORKS\SOLIDWORKS 2024\design library\routing\tubing			
项目	名称和图形			
法兰	slip on tube flange-ss	—	—	—
管筒配件（接头）	solidworks-lok male pipe weld connector	solidworks-lok male connector	Straight fitting	—
管筒接头（三通）	solidworks-lok tubing branch tee	solidworks-lok male branch tee	—	—
三通	tee-ss	—	—	—

4. 装配体配件库（见表15-4）

表15-4 装配体配件库

位置	C:\ProgramData\SOLIDWORKS\SOLIDWORKS 2024\design library\routing\assembly fittings			
项目	名称和图形			
三通管	assembly fitting	assembly fitting without acp	—	—
阀门	2in control valve	—	—	—

5. 电缆槽库（见表 15-5）

表 15-5　电缆槽库

位置	C:\ProgramData\SOLIDWORKS\SOLIDWORKS 2024\design library\routing\electrical\cable tray			
项目	名称和图形			
电缆槽	cable tray 90 deg elbow	cable tray cross	cable tray end fitting	cable tray reducer
	cable tray	cable tray tee	—	—

6. 电子管道库（见表 15-6）

表 15-6　电子管道库

位置	C:\ProgramData\SOLIDWORKS\SOLIDWORKS 2024\design library\routing\electrical\electrical\electrical ducting			
项目	名称和图形			
电子管道	cable duct starting flange	cable duct	cable duct 45 deg elbow	cable duct 90 deg elbow
	cable duct cross	cable duct eccentric reducer	cable duct ending flange	cable duct reducer
	cable duct tee	—	—	—

7. 其他配件库（见表15-7）

表15-7 其他配件库

位置	C:\ProgramData\SOLIDWORKS\SOLIDWORKS 2024\design library\routing\miscellaneous fittings			
项目	名称和图形			
其他配件	roller hanger	strap hanger	—	—

8. HVAC方管库（见表15-8）

表15-8 HVAC方管库

位置	C:\ProgramData\SOLIDWORKS\SOLIDWORKS 2024\design library\routing\hvac			
项目	名称和图形			
HVAC方管	hvac duct end	hvac duct	hvac 45deg bend	hvac 90deg bend
	hvac corner	hvac cross	hvac reducer	hvac tee
	hvac vertical corner	hvac vertical tee	—	—

9. HVAC圆管库（见表15-9）

表15-9 HVAC圆管库

位置	C:\ProgramData\SOLIDWORKS\SOLIDWORKS 2024\design library\routing\hvac\round ducting			
项目	名称和图形			
HVAC圆管	air vent	hvac round duct 45deg elbow	hvac round duct 90deg elbow	hvac round duct cross

（续）

位置	C:\ProgramData\SOLIDWORKS\SOLIDWORKS 2024\design library\routing\hvac\round ducting			
项目	名称和图形			
HVAC 圆管	hvac round duct end	hvac round duct tee	hvac round duct	hvac round eccentric reducer
	hvac round reducer	hvac square-round	—	—

15.3 创建步路库零件

步路库零件可在需要的时候创建，包括普通类型（如管道、弯管）零件和不能用【Routing 零部件向导】创建的装配体配件。

15.4 管道和管筒零部件

用户可以创建管道和管筒零部件以用于管道或管筒线路。当步路时，它们会沿着创建的 3D 草图长度。尺寸、草图和特征的特定名称对于确保将完成的零部件识别为线路零部件非常重要。

- **管道和管筒零部件对比** 虽然管道和管筒使用相似的草图，但是两者零部件的创建方式是不同的。管道使用拉伸特征，而管筒使用扫描特征，如图 15-1 所示。管道仅沿直线步路，因此使用拉伸特征。管筒可以沿直线、圆弧或样条曲线路径步路，因此需要使用扫描特征。

图 15-1 管道和管筒零部件对比

 旋转特征不用于创建管道或管筒零部件。

15.5 复制步路零部件

通常创建新步路零部件的最佳方法是复制相似的现有步路零部件并对其进行编辑以满足使用要求。对于管道和管筒零部件更是如此，因为它们大多数是标准型号，如图 15-2 所示。用户可以复制和重命名钢管以开始创建 pvc 管道。同样的道理，铝管也可用于制造铜管。

扫码看视频

许多现有的零部件具有适用于所有可能尺寸和规格的配置。用户应删除不需要的配置。在创建新零部件之前，还要检查"SOLIDWORKS 内容"文件夹。

编辑可以是较为复杂的（如更改几何图形），也可以是

图 15-2 复制步路零部件

简单的（如更改配合参考）。有关简单更改编辑的示例，请参考16.2小节。

- **使用复制和编辑创建管道** 管道零部件包含同心圆，这些同心圆被拉伸以形成几何体，如图15-3所示。它们并不像配件一样包含连接点或步路点。在工程图材料明细表中使用时，管道信息显示为"零件号"，如图15-4所示。

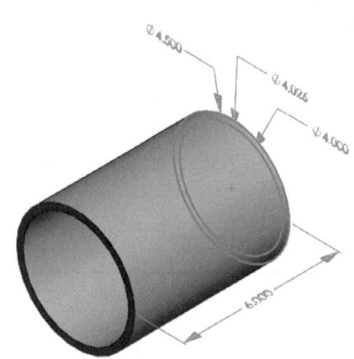

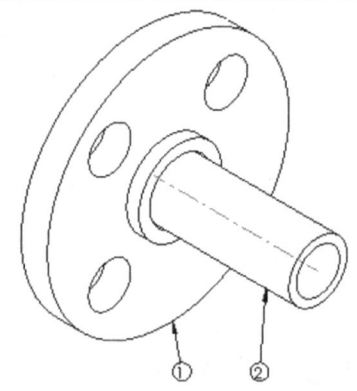

图15-3 管道零部件　　　　　　　　　　图15-4 材料明细表中的管道信息

操作步骤

步骤1 打开零件 从"design library\routing\piping\pipes"文件夹内打开标准管道零件"pipe"，如图15-5所示。

步骤2 复制零件 使用【另存为副本并打开】选项将文件另存为"PVC pipe"，并保存在"design library\routing\piping"文件夹内。

步骤3 选择配置 使"Pipe 0.5 in, Sch 40"配置处于激活状态。

图15-5 打开零件

步骤4 编辑设计表 编辑设计表，删除以下配置之外的所有配置：

- Pipe 0.5 in, Sch 40。
- Pipe 0.75 in, Sch 40。
- Pipe 1 in, Sch 40。
- Pipe 1.25 in, Sch 40。

步骤5 编辑管道识别符号单元格 编辑"$prp@Pipe Identifier"列的单元格，在所有单元格中添加前缀，如图15-6所示。

步骤6 编辑其他单元格 编辑"$prp@Weightperfoot"和"Length@Extrusion"单元格，如图15-7所示。

C
$prp@Pipe Identifier
PVC,0.5 in, Schedule 40
PVC,0.75 in, Schedule 40
PVC,1 in, Schedule 40
PVC,1.25 in, Schedule 40

I	J
$prp@Weightperfoot	Length@Extrusion
0.16	5
0.21	5
0.32	5
0.43	5

图15-6 编辑管道识别符号单元格　　　　图15-7 编辑其他单元格

步骤7 保存和退出 保存设计表并退出，单击【确定】以删除设计表中不再使用的配置。

步骤8 编辑材料 单击【编辑材料】，更改并为所有配置选择"PVC 僵硬"，如图15-8所示。

步骤9 保存 保存并关闭"PVC pipe"，关闭原始的管道文件而不保存。

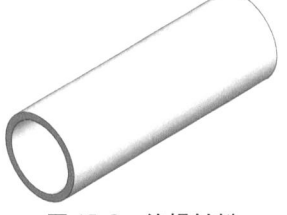

图15-8 编辑材料

提示 用户也可以使用【Routing 零部件向导】来创建管道和管筒零部件。

15.6 零部件类型

很多线路所需的零部件都可以通过【Routing 零部件向导】来创建，表15-10~表15-13按步路类型显示了零部件类型。

提示 所有零部件都包含设计表和零件属性选项。

1. 管道（见表15-10）

表15-10 管道

零部件类型	步路功能点（最少）		用到的特殊几何参数	配合参考
	连接点	步路点		
装配体配件（阀门）	1 ACPoint	1 ARPoint	竖直（基准轴）	有
装配体配件（末端法兰）	1 ACPoint	1 ARPoint	旋转轴和竖直（基准轴）	有
装配体配件（设备）	1 ACPoint	0	无	有
装配体配件（其他配件）	1 ACPoint	1 ARPoint	竖直（基准轴）	有
四通	4	1	无	无
变径四通	4	1	无	无
弯管	2	1	圆弧弯管、折弯半径@圆弧弯管和折弯角度@圆弧弯管	无
末端法兰	1	1	旋转轴和竖直（基准轴）	有
垫片	2	1	无	无
挂架	0	2	线夹轴和旋转轴	有
加强管接头	1	0	加强管接头轴、对齐轴、管道草图、外径@管道草图和分支管道的外径@管道草图	有
其他配件（耦合/联合和视镜）	2 或更多	1	竖直（基准轴）	无
其他配件（顶端盖、过滤器/滤网和其他配件）	1	1	旋转轴和竖直（基准轴）	无
管道	0	0	管道草图、草图过滤器、内径@管道草图、外径@管道草图、名义直径@草图过滤器、拉伸和长度@拉伸	无
偏心变径管	2	0	竖直（基准轴）	无

(续)

零部件类型	步路功能点（最少）		用到的特殊几何参数	配合参考
	连接点	步路点		
标准变径管	2	1	无	无
支架	0	2	线夹轴和旋转轴	有
三通	3	1	无	无
阀门（截止阀、闸阀、蝶阀、球阀、检查阀、普通阀）	2或更多	1	竖直（基准轴）	无
接套（筒形接套、封闭接套、六角接套、软管接套、焊接接套）	2	1	无	无

> 提示 所有零部件类型都可以使用配置/设计表、属性和SKey描述。

2. 其他零部件（见表15-11）

表15-11 其他零部件

零部件类型	步路功能点（最少）		用到的特殊几何参数	参考配合
	连接点	步路点		
设备	1或更多	0	无	有
混合体（三通接头）	3	1	无	无
混合体（转换接头）	2	1	无	无
混合体（其他）	1或更多	1	无	有

3. 管筒（见表15-12）

表15-12 管筒

零部件类型	步路功能点（最少）		用到的特殊几何参数	参考配合
	连接点	步路点		
转换接头	2	1	竖直（基准轴）	无
装配体配件（阀门、末端法兰、设备、其他配件）	参考表15-10			
四通	4	1	无	无
末端法兰	1	1	旋转轴和竖直（基准轴）	有
垫片	2	1	无	无
挂架	0	2	线夹轴和旋转轴	有
其他配件（耦合/联合、视镜、顶端盖、过滤器/滤网和其他配件）	2或更多	1	竖直（基准轴）	无
偏心变径管	2	0	竖直（基准轴）	无
标准变径管	2	1	无	无
三通	3	1	无	无
管筒	0	0	管道草图、草图过滤器、内径@管道草图、外径@管道草图、名义直径@草图过滤器和薄壁扫描	无
阀门（截止阀、闸阀、蝶阀、球阀、检查阀、普通阀）	2或更多	1	竖直（基准轴）	无

4. 用户自定义(表15-13)

表15-13 用户自定义

零部件类型	步路功能点(最少)		用到的特殊几何参数	配合参考
	连接点	步路点		
横截面：矩形	每个横截面包括以下零部件类型：装配体配件、四通、管道/主干、偏心变径管、弯管、末端法兰、垫片、挂架、其他配件、变径管、变径四通、支架和三通。有关每种类型的详细信息，请参考表15-10			
横截面：圆形				

15.7 配件零部件

用户可以使用标准模型工具创建配件零部件以用于线路。这些配件零部件可以是非标准的管道/管筒、弯管、法兰或变径管。在本例中，将使用【Routing 零部件向导】中的【其他配件】和【耦合/联合】选项来创建通用接头。

扫码看视频

操作步骤

步骤1 Routing 文件位置和设定 单击【Routing 文件位置和设定】选项卡，单击【装入默认值】，单击两次【确定】。

步骤2 打开零件和草图 从文件夹"Lesson15\Case Study"中打开已有零件"Coupling"。编辑草图，使几何体和尺寸如图15-9所示，退出草图。

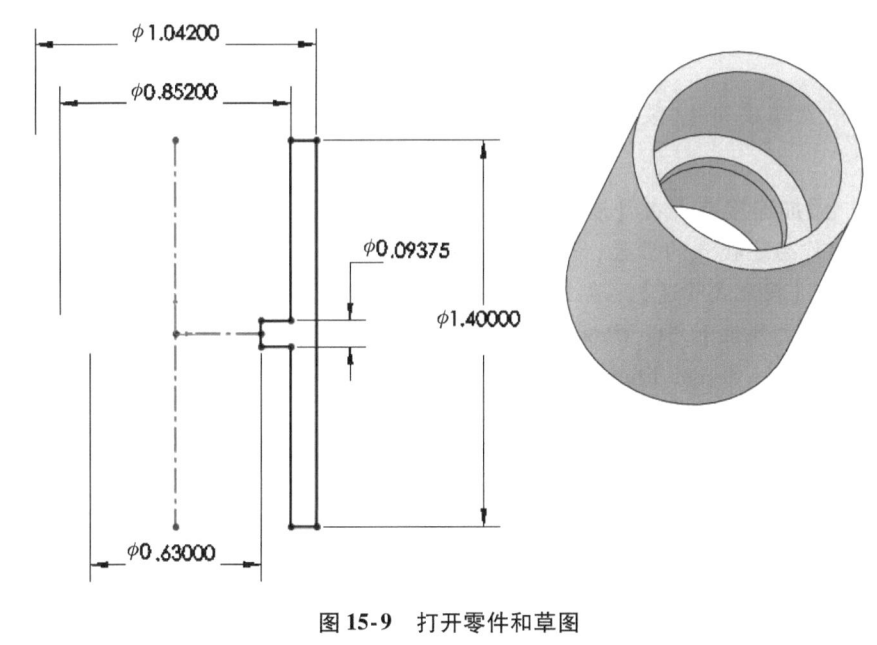

图15-9 打开零件和草图

- **使用【Routing 零部件向导】** 使用【Routing 零部件向导】可以创建多种类型的管道零部件，包括接头、四通、端部法兰和三通等。

知识卡片	所需几何体	在零件中创建的几何体将会应用于【所需几何体】列表中,被识别的几何体包括用以确定方向的轴。
	操作方法	• 【Routing Library Manager】:【Routing 零部件向导】。

步骤3 设置线路类型 单击【Routing 零部件向导】,设置【线路类型】为【管道设计】/【其他配件】/【耦合/联合】,单击【下一步】。

15.8 Routing 功能点

Routing 功能点包括连接点(CPoint)和步路点(RPoint),用来定义线路的细节。它们是创建步路库零件的基本组成部分。

15.8.1 连接点

连接点(一般称 CPoint)在配件中是必须存在的,如弯管、三通管、四通管和其他配件。它们用来确定线路的终点以及线路进入配件或接头的方向。此外,连接点还用于指定公称直径和线路类型。

 提示 管道零部件的【线路类型】是【装配式管道】,管筒零部件的【线路类型】是【管筒】。

15.8.2 步路点

步路点(一般称 RPoint)在配件中也是必须存在的,如弯管、三通管、四通管和线路线夹。它们被用来将配件放置在 3D 草图线路的端点上,或者在线夹内帮助定义软管线路的路径。

 提示 线路零部件(装配式管道和管筒)不包含步路点。

步骤4 添加连接点 在【连接点】处单击【添加】按钮,在零件中单击内面,使用圆形边线的中心作为连接点的位置,如图 15-10 所示。

设置类型为【装配式管道】,单击【选择管道】并选择文件"PVC pipe",文件位于"C:\ProgramData\SOLIDWORKS\SOLIDWORKS 2024 \ design library \ routing \ piping"文件夹中。

选择"Pipe 0.5 in, Sch 40"作为【基本配置】,单击两次【确定】。在相反方向添加另一个连接点。

提示 用户也可以为多面配件添加连接。

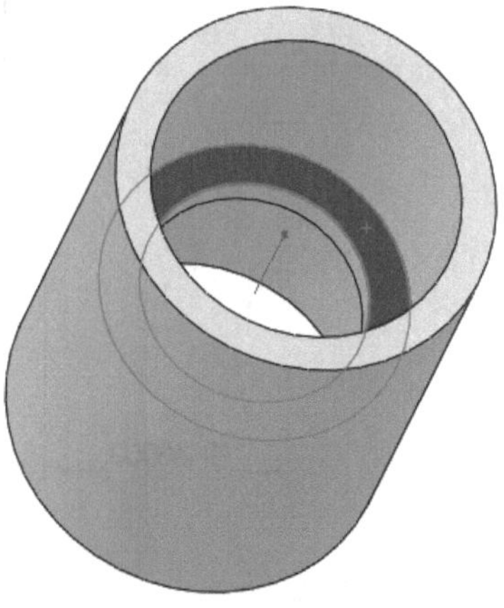

步骤5 添加步路点 在零件的原点添加一个步路点,如图 15-11 所示,单击【下一步】。

步骤6 添加轴 单击【添加】按钮来添加基准轴,单击【新建】。如图 15-12 所示,单击【两平面】并单击上视基准面(Top Plane)和前视基准面(Front Plane),单击【确定】,单击【下一步】。

图 15-10 添加连接点

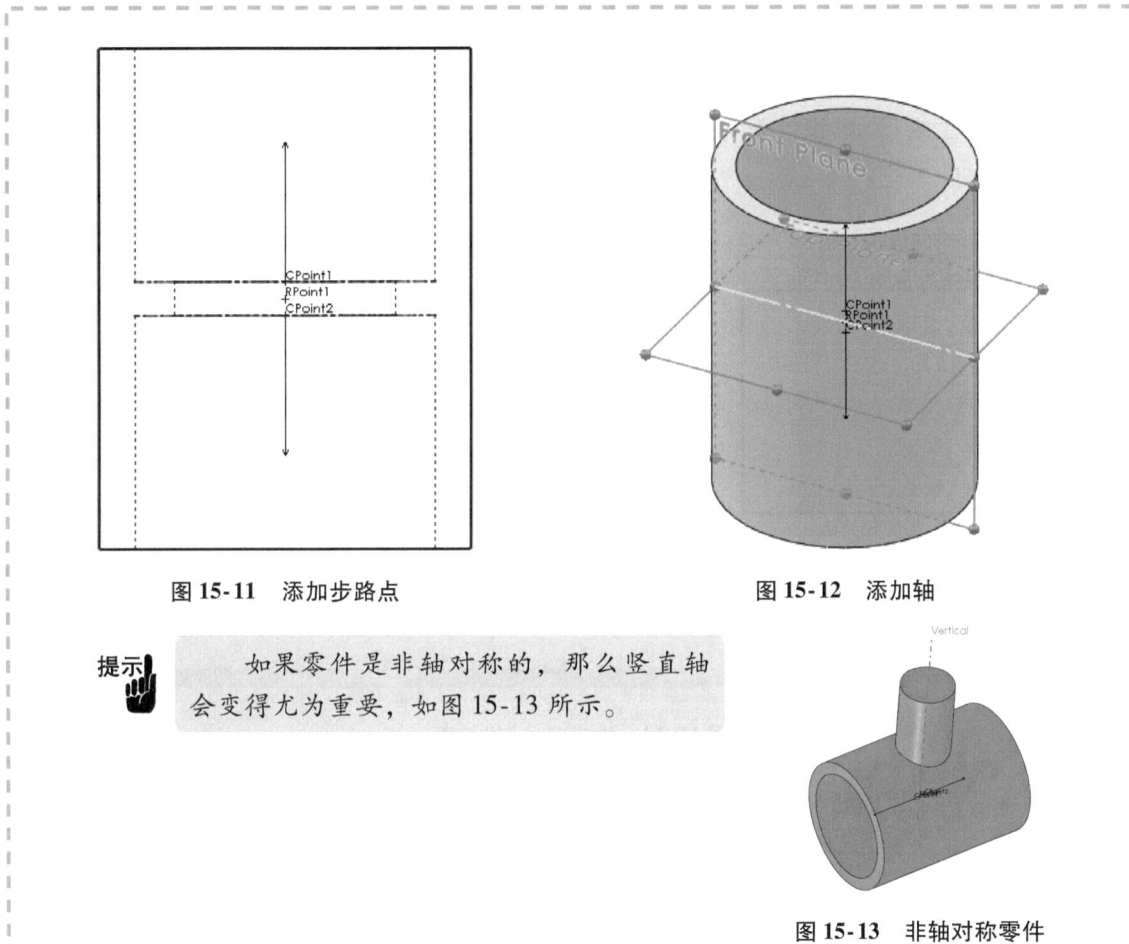

图 15-11 添加步路点　　　图 15-12 添加轴

> 提示　如果零件是非轴对称的，那么竖直轴会变得尤为重要，如图 15-13 所示。

图 15-13 非轴对称零件

15.9 步路几何体

步路几何体可检查零件中特殊几何体（如轴线）的状态，并将结果用不同颜色表示：必有但缺少的用红色表示；可选但缺少的用蓝色表示；已有的用绿色表示。

步骤 7　**步路几何体检查**　通过检查，在零件中能够找到一个必需的几何体——轴线。

15.10 零件有效性检查

零件有效性检查可检查零件是否缺少步路几何体，如连接点和步路点。

步骤 8　**零件有效性检查**　没有连接点和步路点遗失，不要单击【下一步】。在零件窗口中单击。

- **Excel 设计表**　Excel 设计表用于生成表示零部件不同大小和规格的多个配置。通过这种方式，一个零部件可用于表示该零部件的所有可能变化。

本例中的零件不包含 Excel 设计表，因此第一步是创建 Excel 设计表，然后就可以在零件或【Routing 零部件向导】中编辑它。

技巧 如果该零部件仅用于表示一个尺寸，则 Excel 设计表不是必需的。

步骤 9　生成 Excel 设计表　在零件中使用这些尺寸创建 Excel 设计表，如图 15-14 所示。关闭 Excel 设计表。

	A	B	C	D	E	F	G	H
1	Design Table for: PVC_Coupling							
2		直径@连接点1	直径@连接点2	ConnLength@Sketch1	ConnGap@Sketch1	ConnOD@Sketch1	ConnID@Sketch1	PipeID@Sketch1
3	0.5 in, Sch 40, Coupling	0.5	0.5	1.4	0.09375	1.042	0.852	0.63
4	0.75 in, Sch 40, Coupling	0.75	0.75	1.8	0.09375	1.29	1.064	0.834
5	1.0 in, Sch 40, Coupling	1	1	1.84	0.09375	1.53	1.33	1.059
6	1.25 in, Sch 40, Coupling	1.25	1.25	1.97	0.09375	1.91	1.667	1.392
7								

Sheet1

图 15-14　生成 Excel 设计表

提示 完成的 Excel 设计表保存在 “Worksheet in Union” 文件中，用户可以将其复制到零件设计表中。

15.11　设计表检查

设计表检查可以打开已有的 Excel 设计表并查找需要的参数，参数基于步路零部件类型，缺少的参数以红色显示并带有【添加】按钮，已有参数可以删除。

提示 如果在零件中不存在 Excel 设计表，可以跳过此步。

步骤 10　设计表检查　返回到【Routing Library Manager】窗口并单击【下一步】，所需的设计表参数如图 15-15 所示。

所需的设计表参数:

状态	名称	类型
添加	$PRP@名义管道大小	列标题
添加	直径@连接点1	列标题
添加	规格@连接点1	列标题
添加	直径@连接点2	列标题
添加	规格@连接点2	列标题

图 15-15　设计表检查

步骤 11　添加参数　单击 “$PRP@名义管道大小” 左侧的【添加】按钮。

显示提示信息：“您想创建新列标题或选取一个现有列标题？”单击【新建】。

显示提示信息：“$PRP@名义管道大小 列标题成功添加到 Excel 设计表中。”单击【确定】。

为剩余参数重复上述步骤。

提示　将参数添加为列标题不会填充它们下面的单元格，必须手动填写。

步骤 12　打开设计表　单击【打开设计表】，显示提示信息：“您想在新窗口中编辑表格吗？”单击【是】。在三个新的列标题下添加文本，如图 15-16 所示。

	A	B	C	D	E	F	G	H	I	J	K	L
1	Design Table for: PVC_Coupling											
2		直径@连接点1	直径@连接点2	ConnLength@Sketch1	ConnGap@Sketch1	ConnOD@Sketch1	ConnID@Sketch1	PipeID@Sketch1	$PRP@名义管道大小	规格@连接点1	规格@连接点2	
3	0.5 in, Sch 40, Coupling	0.5	0.5	1.4	0.09375	1.042	0.852	0.63	0.5	Sch 40	Sch 40	
4	0.75 in, Sch 40, Coupling	0.75	0.75	1.8	0.09375	1.29	1.064	0.834	0.75	Sch 40	Sch 40	
5	1.0 in, Sch 40, Coupling	1	1	1.84	0.09375	1.53	1.33	1.059	1	Sch 40	Sch 40	
6	1.25 in, Sch 40, Coupling	1.25	1.25	1.97	0.09375	1.91	1.667	1.392	1.25	Sch 40	Sch 40	
7												

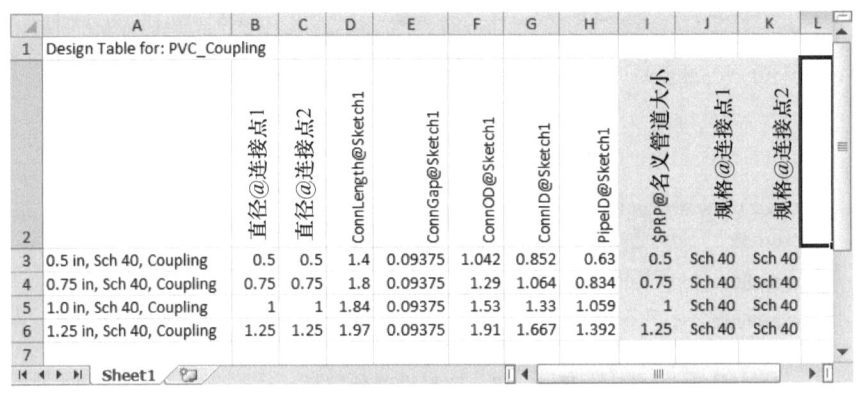

图 15-16　打开设计表

保存并关闭 Excel 设计表，单击【下一步】。

15.12　零部件属性

【零部件属性】用于在线路零部件中添加文件属性。某些特殊线路属性会自动添加。

15.12.1　配置属性

【配置属性】部分用于创建【配置特定】的文件属性，如图 15-17 所示。

	属性名称	类型	数值 / 文字表达	评估的值
1	RoutingTerminalBlockComponent	是或否	No	No
2	Nominal Pipe Size	文字	0.5	0.5
3	<键入新属性>			

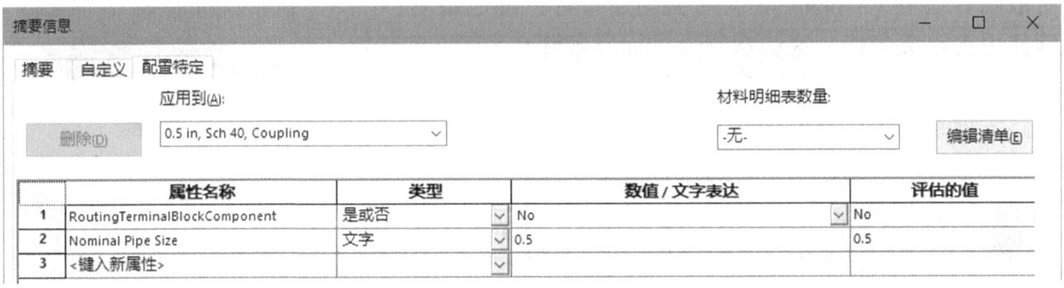

图 15-17　配置属性

15.12.2　文件属性

【文件属性】部分用于创建自定义的文件属性。

提示　属性创建完成后，可以使用【文件】/【属性】查看和编辑。

步骤13 **查看零部件属性** 对话框中列出了当前零部件的属性，如图15-18所示，单击【下一步】。

图15-18 查看零部件属性

步骤14 **保存** 单击【下一步】，设置名称为"Generic PVC Union"，单击【保存到库】保存到文件夹"design library\routing\piping"中，单击【保存(S)&完成】，在每个提示框中单击【是】。

15.13 弯管零部件

弯管零部件在管路需要改变方向时使用，它可以在管路创建的过程中自动创建，如图15-19所示。

一般当管道呈90°和45°相交时会创建弯管，其他角度通常使用自定义弯管，这些弯管通过标准弯管产生。

像管道一样，尺寸、草图和特征的命名对于识别已完成的零部件是否为管路零件来说是十分重要的。

在下例中，将会创建一个普通弯管步路零件。

扫码看视频

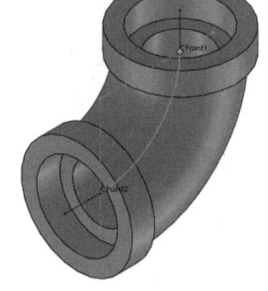
图15-19 弯管零部件

提示 管筒线路不会自动添加弯管，但是用户可以手动添加。

操作步骤

步骤1 **打开零件** 从"Lesson15\Case Study"文件夹中打开零件"Elbow"。

步骤2 **开始Routing零部件向导** 单击【Routing零部件向导】选项卡，然后单击【管道设计】线路类型，再选择【弯管】并单击【下一步】。

步骤3 添加连接点 通过选择面添加第一个连接点,如图15-20所示。设置类型为【装配式管道】。在【选择管道】中选择"PVC pipe",配置为"Pipe 0.5 in, Sch 40",单击【确定】。重复以上步骤,创建另一个连接点。

> 提示 单击【视图】/【隐藏/显示】/【步路点】以查看连接点符号。

步骤4 添加步路点 显示"ElbowArc"草图,在草图中的点位置添加步路点,如图15-21所示,单击【下一步】。

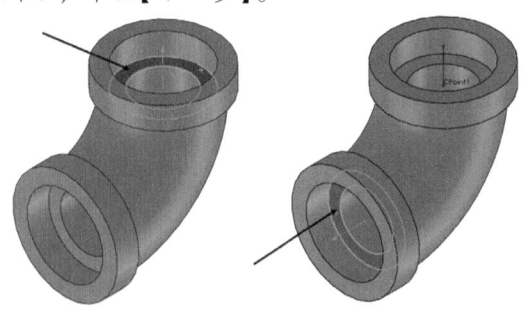
图15-20 添加连接点

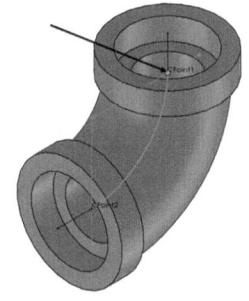
图15-21 添加步路点

步骤5 设置步路几何体 所需的步路几何体(包括草图和尺寸)都已经出现,单击两次【下一步】。

步骤6 创建Excel设计表 单击【插入】/【表格】/【Excel设计表】和【自动生成】,添加图15-22所示的数据,单击【下一步】。

	A	B	C	D	E	F	G	H	I	J	K	L
1	Design Table for: PVC Elbow-90											
2		BendAngle@ElbowArc	BendRadius@ElbowArc	Diameter@Route	ID@Route	HubOD@Sketch3	HubLength@HubA	PipeOD@Sketch4	Diameter@CPoint1	Diameter@CPoint2	$PRP@SWcompartno	
3	0.5in, Sch 40, PVC	90	0.871	1.05	0.6	1.197	0.247	0.5	0.5	0.5	Elbow, 0.5in, Sch 40, PVC	
4	0.75in, Sch 40, PVC	90	1.037	1.29	0.8	1.458	0.275	1.05	0.75	0.75	Elbow, 0.75in, Sch 40, PVC	
5	1.0in, Sch 40, PVC	90	1.198	1.583	1.03	1.771	0.3	1.315	1	1	Elbow, 1.0in, Sch 40, PVC	
6	1.25in, Sch 40, PVC	90	1.409	1.95	1.36	2.135	0.3125	1.66	1.25	1.25	Elbow, 1.25in, Sch 40, PVC	

图15-22 创建Excel设计表

单击【Routing零部件向导】中的【下一步】。

> 提示 用户可以在"Lesson15\Case Study"文件夹中找到该设计表的完成版本,即"Worksheet in Elbow"。

步骤7 设计表检查 添加红色显示的必要参数作为新列,编辑表格并填写单元格数据,如图15-23所示。

步骤8 重命名 将草图"Sketch2(Sweep1)"重命名为"Route",这将更改表格。单击【下一步】。

> 提示 如果已经存在"Diameter@Route"参数,则不需要将其添加为新列。

	A	B	C	D	E	F	G	H	I	J	K	L	M	N	O
1	Design Table for: Elbow														
2		BendAngle@ElbowArc	BendRadius@ElbowArc	Diameter@Route	ID@Route	HubOD@Sketch3	HubLength@Boss-Extrude1	PipeOD@Sketch4	Diameter@CPoint1	Diameter@CPoint2	$PRP@Swbompartno	$PRP@Nominal Pipe Size	Specification@CPoint1	Specification@CPoint2	
3	0.5in, Sch 40, PVC	90	0.871	1.05	0.6	1.197	0.247	0.874	0.5	0.5	Elbow, 0.5in, Sch 40, PVC	0.5	Sch 40	Sch 40	
4	0.75in, Sch 40, PVC	90	1.037	1.29	0.8	1.458	0.275	1.05	0.75	0.75	Elbow, 0.75in, Sch 40, PVC	0.75	Sch 40	Sch 40	
5	1.0in, Sch 40, PVC	90	1.198	1.583	1.03	1.771	0.3	1.315	1	1	Elbow, 1.0in, Sch 40, PVC	1	Sch 40	Sch 40	
6	1.25in, Sch 40, PVC	90	1.409	1.95	1.36	2.135	0.3125	1.66	1.25	1.25	Elbow, 1.25in, Sch 40, PVC	1.25	Sch 40	Sch 40	
7															

图 15-23 设计表检查

步骤 9 配置特定属性 零部件属性页面出现，单击【下一步】。

步骤 10 添加到设计库 单击【保存到库】，将该零件命名为"Generic PVC Elbow"并添加到文件夹"design library\routing\piping"中。单击【保存（S）& 完成】。

步骤 11 创建线路 为了测试零部件，使用已经创建的步路零件创建新的装配体和新的 0.75in 线路，如图 15-24 所示。使用到的步路零件有：

- PVC pipe。
- Generic PVC Elbow。
- Generic PVC Union。

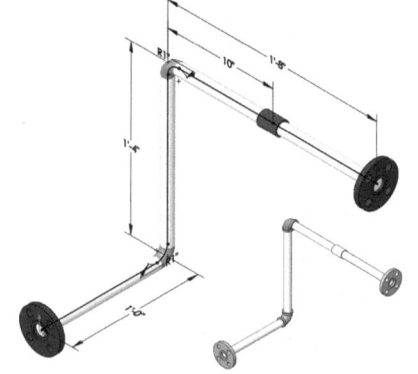

图 15-24 创建线路

步骤 12 保存 保存但不关闭装配体文件。

15.14 阀门零部件

阀门是可以由类似于装配体的零件几何体创建的配件零部件。阀门可以像配件零部件一样拖放到线路中，也可使用【添加配件】命令。在本例中，将使用【Routing 零部件向导】的【阀门】和【球形阀】选项创建一个球阀。有关阀门的参考，请查看"routing\piping\valves"文件夹。

 提示 如果配件将连接到线路中的法兰上，可能需要匹配的法兰几何体和配合参考。

15.14.1 装配体步路零部件

当使用装配体创建步路零部件时，需要装配体级别的连接点，包括 ACPoint 和 ARPoint。它们为装配体提供了作为步路配件零件时的连接点方式，并应用于现有的连接点和步路点。

扫码看视频

操作步骤

步骤 1 打开零件 从文件夹"Lesson15\Case Study"中打开"PVC Ball Valve"零件，如图 15-25 所示。在 Excel 设计表中包含了用于 0.5in 线路和 0.75in 线路的配置。

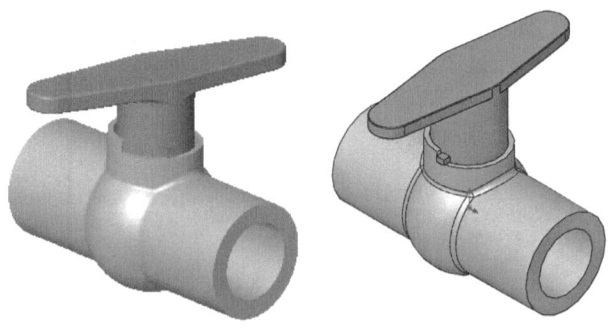

图 15-25 打开零件

步骤 2 启动 Routing 零部件向导 单击【Routing 零部件向导】,设置线路类型为【管道设计】/【阀门】/【球形阀】,单击【下一步】。

步骤 3 添加步路点 使用图 15-26 所示的面和原点添加两个连接点和一个步路点。

步骤 4 选择配置 连接点适用于较小直径的配置。由于两种配置都具有相同的连接点设置,因此必须编辑较大直径的配置。激活"Valve Body, PVC, 0.75in, Sch40"配置。

步骤 5 编辑连接点 单击"CPoint1",然后单击【编辑特征】。单击【选择管道】,在【基本配置】中选择"Pipe 0.75 in, Sch 40",单击两次【确定】。对"CPoint2"重复操作,然后单击【下一步】。

> 提示 这是替代创建 Excel 设计表的方法。

步骤 6 添加轴 单击【添加】和【新建】按钮。选择【两平面】并单击"PVC Ball Vale"的前视基准面和右视基准面,如图 15-27 所示,单击【确定】,单击【下一步】。

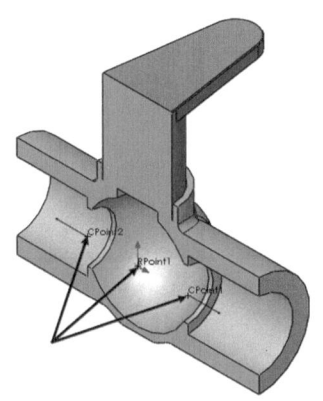

图 15-26 添加步路点

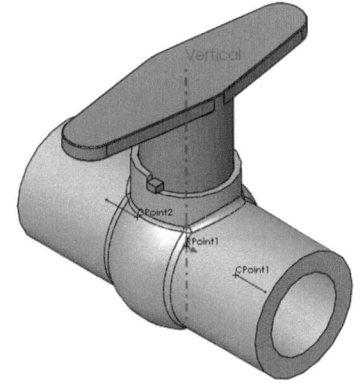

图 15-27 添加轴

步骤 7 添加几何体属性 配合参考不是必需的,必要的线路几何体已经存在并可以添加属性,单击两次【下一步】。

步骤 8 添加列标题 将"\$ prp@ Nominal Diameter"作为新列添加到表格中,编辑设计表并在空单元格中输入"0.5"和"0.75",单击两次【下一步】。

步骤 9 添加到设计库 使用"PVC Valve"名称,单击【保存到库】,将步路配件添加到文件夹"design library\routing\piping"中,单击【保存(S)&完成】,如图 15-28 所示。

步骤10 测试 在管路中添加"PVC Valve",如图15-29所示。

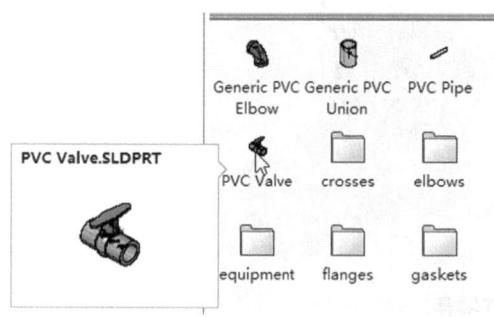

图15-28 添加到设计库

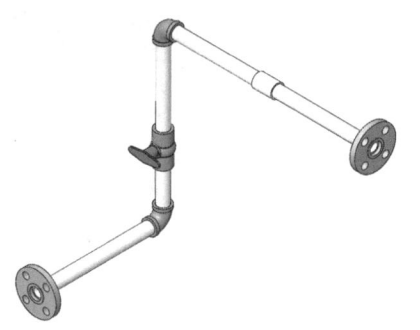

图15-29 测试

步骤11 保存并关闭所有文件

15.14.2 设备

设备是连接到线路但在线路外部的几何体,如图15-30所示。设备包含泵、储罐和其他存储设备。设备的关键是与线路的连接,这些连接包含几何体(如法兰连接的管嘴部件)和连接点。

扫码看视频

> 提示 设备包含的细节可以根据需要而定。通常情况下,连接是必不可少的,但也可以添加更详细的几何体来检查与线路、结构体或其他设备之间的间隙或干涉。

1. 添加管嘴 管嘴库可以用来将法兰和管道添加到任意零件中,如图15-31所示。库零件需要平面和草图来定向与定位几何体。

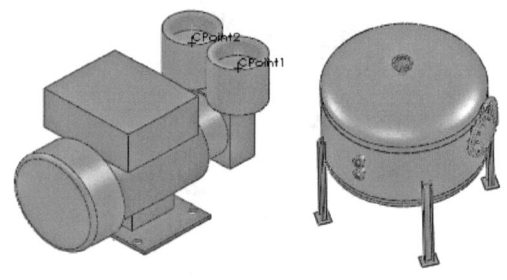

图15-30 设备

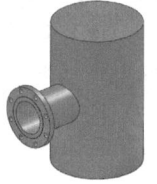

图15-31 添加管嘴

> 提示 管嘴不包含连接点和配合参考。

操作步骤

步骤1 打开零件 从"Lesson15\Case Study"文件夹中打开零件"Modified_Tank"。

步骤2 绘制直线 在右视基准面上绘制直线,尺寸为800mm,如图15-32所示。退出草图。

步骤 3　拖放　从"piping\equipment"文件夹中拖放"nozzle"到右视基准面，如图15-33所示。选择配置为"3inchClass 150"，然后单击【草图实体】和【Sketch Point1】，单击【确定】。

步骤 4　生成连接点　单击【生成连接点】，添加一个【装配式管道】的连接点，从文件夹"piping\pipes"中选择"pipe"，配置为"Pipe 3 in, Sch 40"，如图15-34所示，单击【确定】。

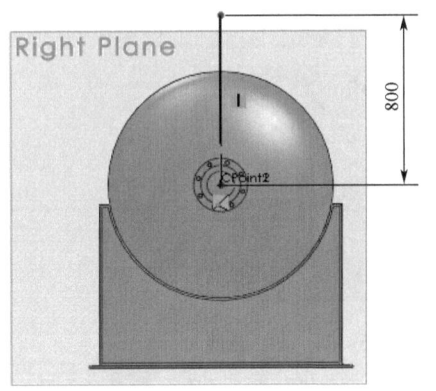
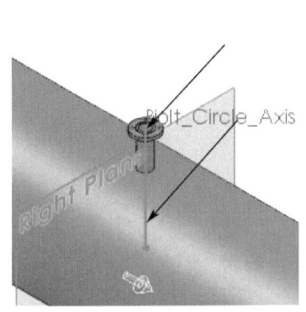
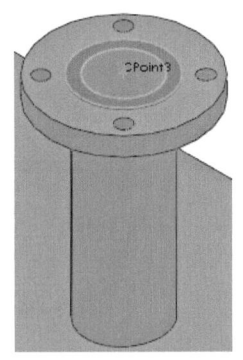

图15-32　绘制直线　　　图15-33　拖放　　　图15-34　生成连接点

步骤 5　保存零件

2. 设备配合参考　配合参考对于线路中的设备非常有用。有两种类型的配合参考，用于在装配体中放置设备和在设备中放置法兰。

1）放置设备。设备可以通过使用一个 one sided（仅主要参考）配合参考来放置，如圆形边线或参考坐标系。

> **技巧**　当具有参考坐标系的设备零件被拖放到装配体零件中的现有参考坐标系后，它们会配合在一起。

2）对齐轴。勾选【对齐轴】复选框将旋转零件以对齐坐标系并完全约束零部件，如图15-35所示。不勾选【对齐轴】复选框将会在坐标系之间创建重合配合，但不会完全约束零部件。

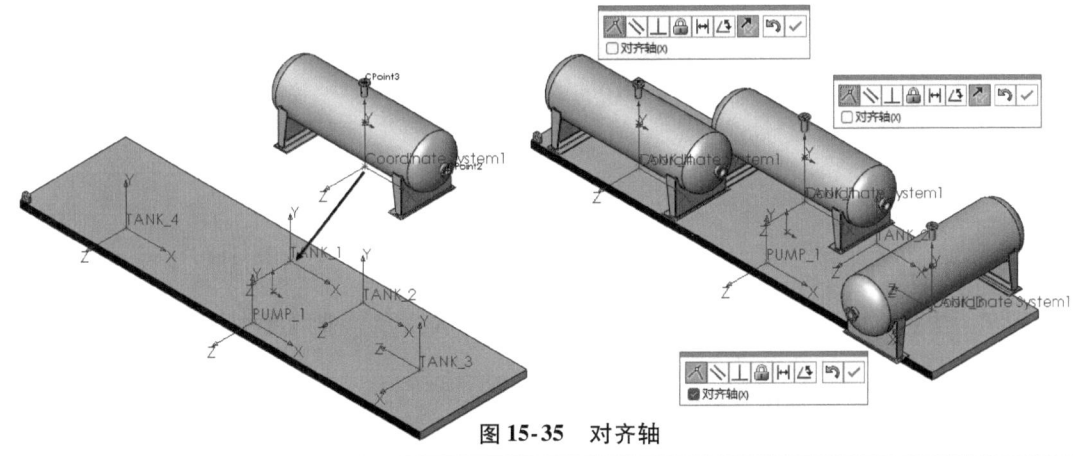

图15-35　对齐轴

> **提示**　如果使用了设备放置配合参考，它应该首先创建并位于文件列表的顶部，如图15-36所示，可以使用默认名称。

3）法兰连接。法兰使用 double sided（多个参考）配合参考连接设备，如图 15-37 所示。典型的法兰配合参考可以使用下面这些参考：

- 平面使用【重合】和【反向对齐】。
- 圆柱面使用【同心】和【任何】。

> 技巧⚬ 使用不同类型的配合（one sided 和 double sided），对于区分配合参考的不同用途非常重要。

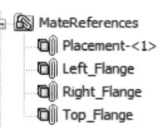

图 15-36 创建配合参考

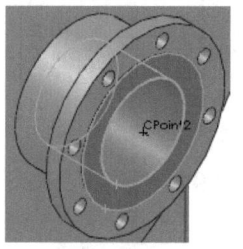

图 15-37 法兰连接

步骤 6 添加参考坐标系 显示"Sketch1"草图，然后单击【插入】/【参考几何体】/【坐标系】，如图 15-38 所示。选择中心线的交点，单击【确定】✓，隐藏"Sketch1"。

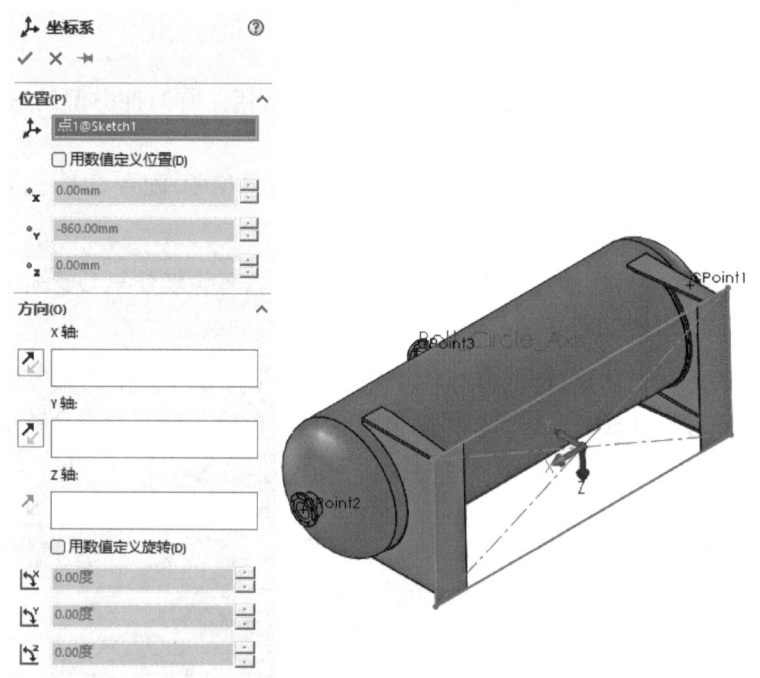

图 15-38 添加参考坐标系

步骤 7 法兰连接 添加一个配合参考到管嘴以连接法兰。使用图 15-39 所示的面和设置，创建主要参考和第二参考。

对剩余的所有管嘴进行同样操作。

> 提示☞ 通过添加配合参考，可以直接从连接点或通过法兰附件启动线路。

步骤 8 保存零件 使用当前的名称，保存零件到文件夹"routing\piping\equipment"。

步骤9 **打开装配体** 从"Lesson15\Case Study"文件夹中打开装配体"Placement",显示坐标系。

步骤10 **拖放实例** 拖放实例"Modified_Tank"到装配体中。选择配合的坐标系标签并添加【重合】配合,如图15-40所示。

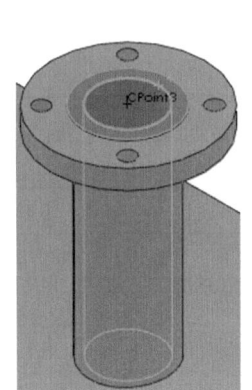

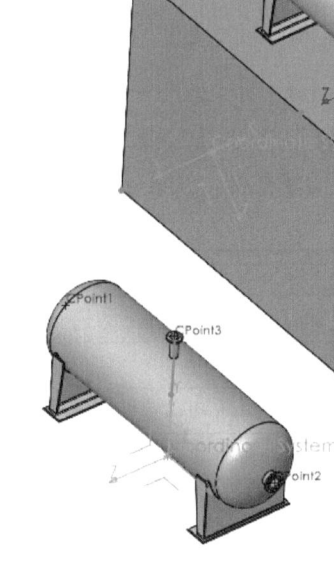

图15-39 法兰连接　　　　　　　　　　　　图15-40 拖放实例

提示　选择配合的坐标系标签,而不是选择轴或平面符号。

步骤11 **添加其他实例** 添加另外两个"Modified_Tank"实例到装配体,然后使用相同的配合类型来配合它们,如图15-41所示。

步骤12 **创建线路** 添加5in的法兰、三通和管道来创建线路,如图15-42所示。

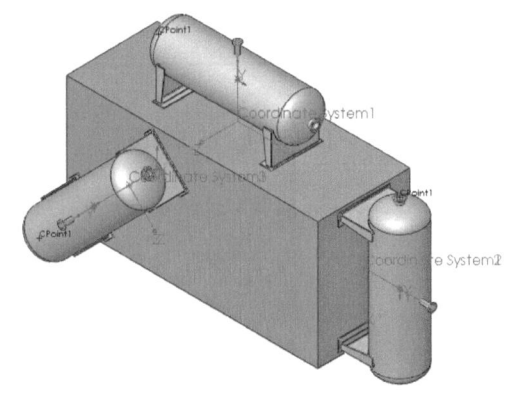
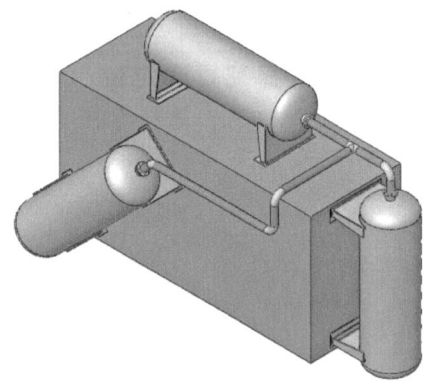

图15-41 添加其他实例　　　　　　　　　　图15-42 创建线路

步骤13 **保存并关闭所有文件**

练习 创建和使用设备

创建并添加设备到管道线路,如图 15-43 所示。
本练习将应用以下技术:
- 设备。
- 添加管嘴。

单位:in(英寸)。

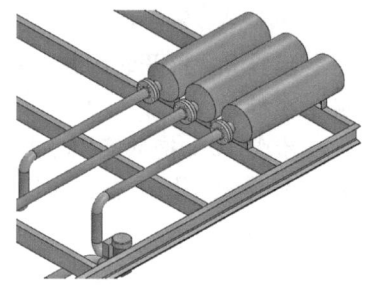

图 15-43 创建和使用设备

操作步骤

- **管道零部件** 从表 15-14 中的文件和配置中选择线路所需要的零部件。

表 15-14 管道零部件

项目	文件	配置
法兰	slip on weld flange	Slip On Flange 150-NPS2
管道	pipe	pipe 2 in, Sch 40
弯管	90deg lr inch elbow	90L LR Inch 2 Sch40
弯管	45deg lr inch elbow	45L LR Inch 2 Sch40
三通管	straight tee inch	Tee Inch 2 Sch 40
阀门	globe valve(asme b16.34) fl-150-2500	Globe Valve(ASME B16.34) Flanged End, Class 150, NPS 2, RF

- **创建设备** 从"equipment"文件夹找到"HORIZONTAL FEED TANK"需要的额外库特征"nozzle","tank"必须放在装配体内。

步骤 1 打开零件 从"Lesson15\Exercises"文件夹中打开零件"HORIZONTAL FEED TANK"。

步骤 2 创建草图 在图 15-44 所示的右视基准面上创建草图,添加构造线和尺寸,退出草图。

步骤 3 添加库特征 从"equipment"文件夹中拖放库特征"nozzle"到右视基准面。

步骤 4 选择配置和定位 从列表中选择"2inchClass 150"配置,选择草图实体和草图点,如图 15-45 所示。

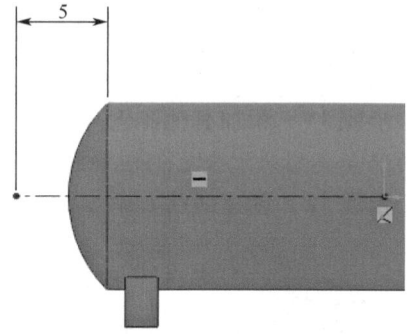

图 15-44 创建草图

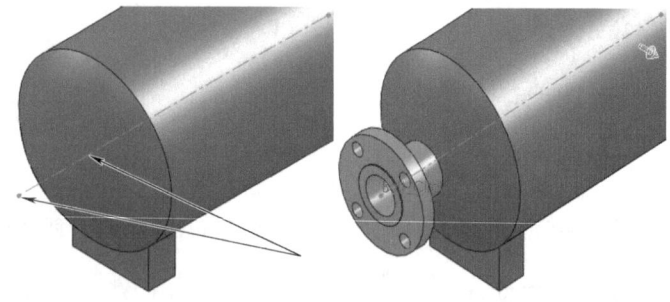

图 15-45 选择配置和定位

步骤5 **添加配合参考** 为零部件添加配合参考。

步骤6 **打开零件** 从"Lesson15\Exercises"文件夹中打开零件"Steel Frame for Lab",通过单击【文件】/【从零件/装配体制作装配体】创建一个装配体。

放置"HORIZONTAL FEED TANK"和"VERTICAL TANK"零部件到装配体并配合它们,如图15-46所示。

> 技巧⚡ 使用零部件阵列来创建第二个和第三个"HORIZONTAL FEED TANK"零部件。

步骤7 **拖放零部件** 从文件夹"equipment"中拖放三个"pump_water_booster"零部件,如图15-47所示。

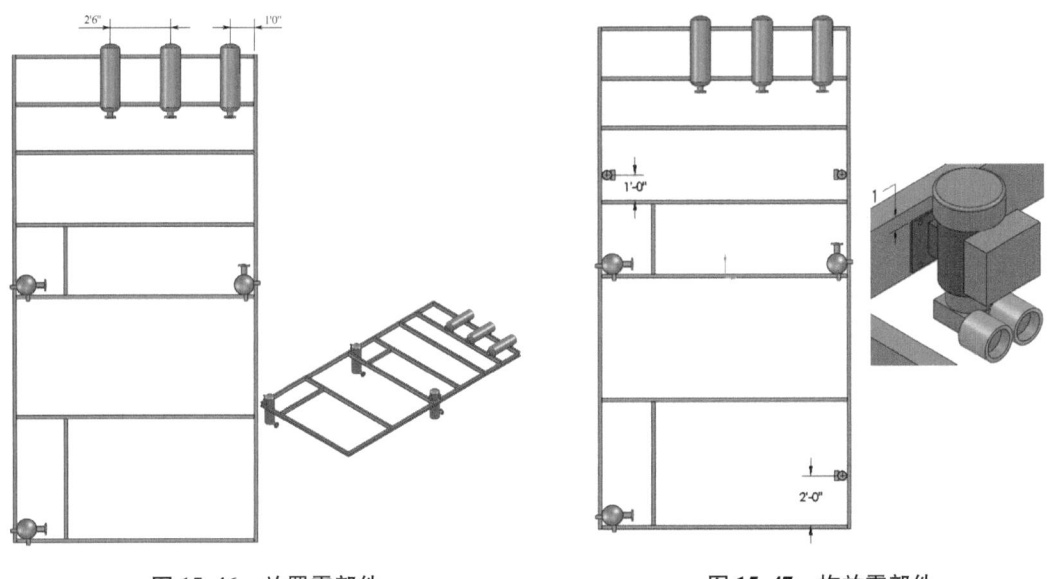

图15-46 放置零部件　　　　图15-47 拖放零部件

步骤8 **创建线路A** 使用泵和【添加到线路】命令来创建线路A,如图15-48所示。

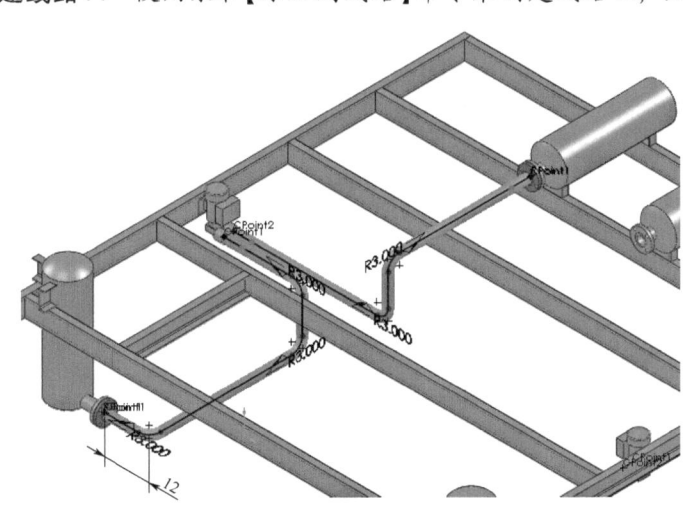

图15-48 创建线路A

步骤9 创建线路 B 使用【移除管道】创建线路 B,如图 15-49 所示。

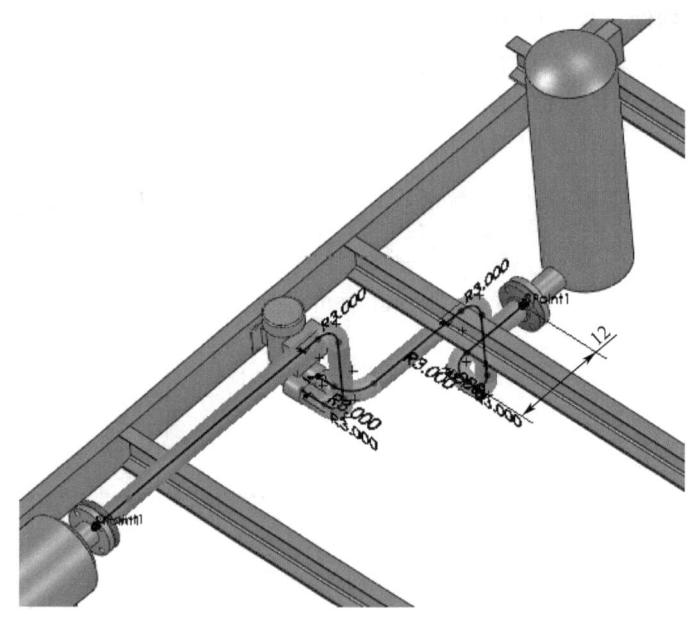

图 15-49 创建线路 B

提示 一个管道到管道的连接是必需的。

步骤10 创建线路 C(见图 15-50)

步骤11 编辑阵列特征 编辑阵列特征,更改"HORIZONTAL FEED TANK"零部件间隔为 12in,并重建文档,如图 15-51 所示。

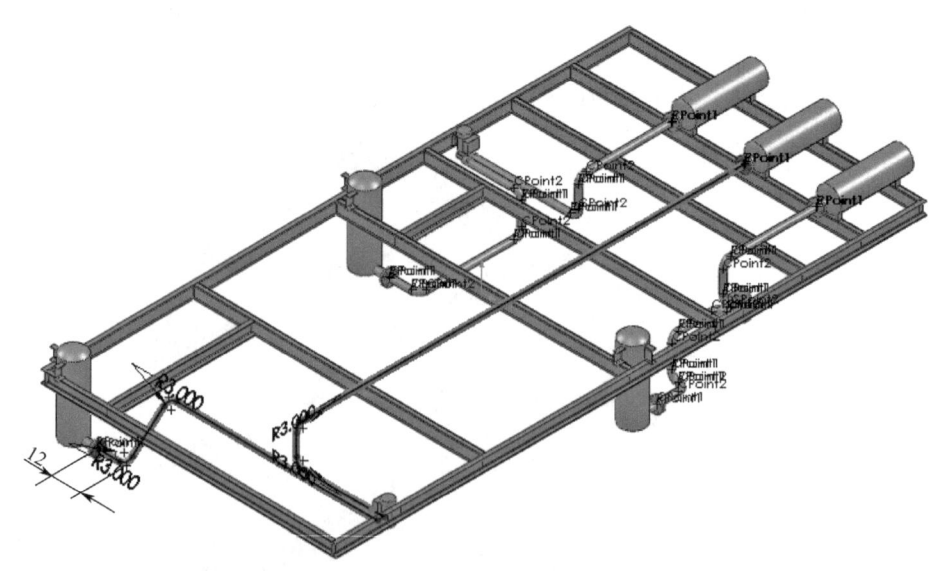

图 15-50 创建线路 C

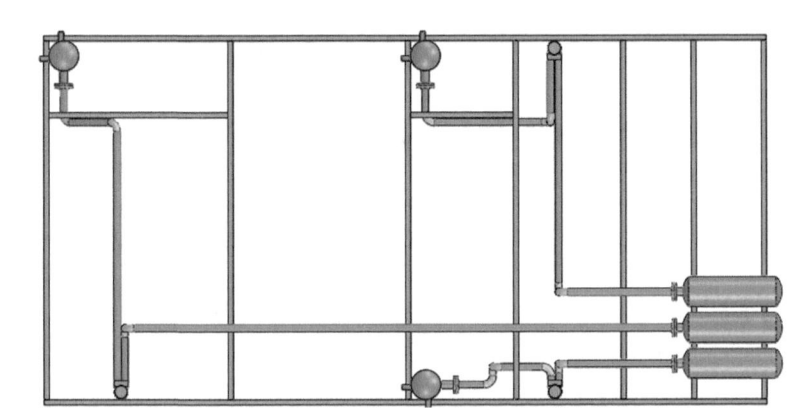

图 15-51　编辑阵列特征

步骤 12　保存并关闭所有文件

第 16 章 电子管道、电缆槽和 HVAC 线路

扫码看视频

学习目标

- 了解用于创建电子管道、电缆槽和 HVAC 线路的零部件
- 创建电子管道线路
- 创建电缆槽线路
- 创建 HVAC 线路

16.1 电子管道、电缆槽和 HVAC 线路概述

电子管道、电缆槽和 HVAC 零部件用于创建类似于管道和管筒的特定线路类型，如图 16-1 所示。

16.1.1 电子管道、电缆槽和 HVAC 零部件

电子管道、电缆槽和 HVAC 线路使用类似于管道和管筒的线路零部件。以电子管道为例，其有末端零部件（法兰）、线路零部件（电缆槽）和内部零部件（弯管），如图 16-2 所示。一些内部零部件是自动创建的，如弯管。其他零部件必须将其拖放到位，如三通和四通等。所有线路零部件都是基于 3D 草图线路放置和成形的。

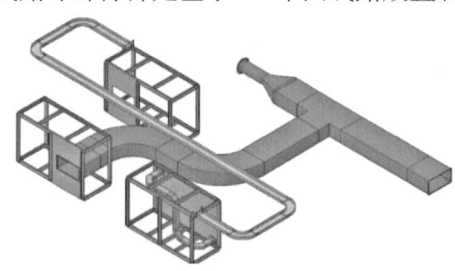

图 16-1 电子管道、电缆槽和 HVAC 线路

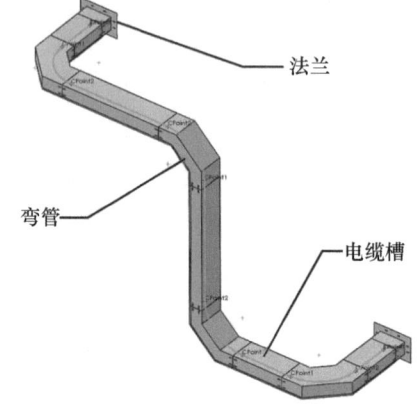

图 16-2 电子管道线路

提示　与管道和管筒一样，电子管道零部件的长度是基于其他零部件（如弯管）的位置而生成的。电子管道的线路长度会在 FeatureManager 设计树中列出，如图 16-3 所示。

图 16-3 电子管道的线路长度

1. 电子管道　电子管道线路用于在建筑中传输绝缘电气电缆。这些线路采用封闭式的薄壁矩形。零部件为具有重叠盖板的封闭通道形状,如图 16-4 所示。零部件的端部包括成对的槽形孔,以用于连接到相邻的管道。许多电子管道零部件由通道和盖板两个实体组成,如图 16-5 所示。

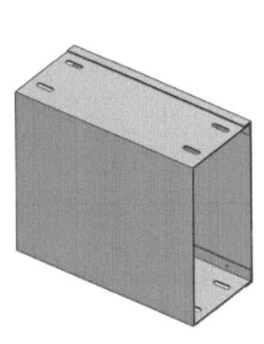

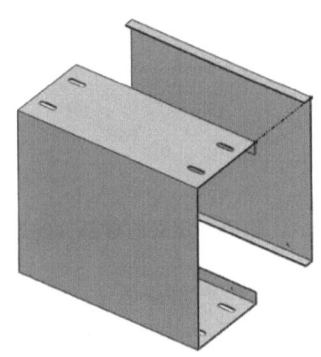

图 16-4　电子管道　　　　　　　　　　　图 16-5　通道和盖板

2. 电缆槽　电缆槽线路也用于在建筑中传输绝缘电气电缆。这些线路采用开放式的薄壁矩形,零部件为开放形状,如图 16-6 所示。零部件的端部包括成对的槽形孔,以用于连接到相邻的电缆槽。

3. HVAC　供热通风与空气调节(HVAC)线路用于在建筑内输送空气。这些线路采用封闭式的薄壁矩形或圆形形状,如图 16-7 所示。

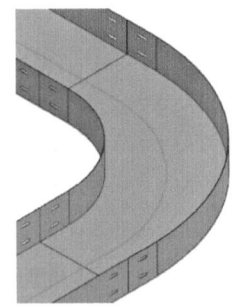

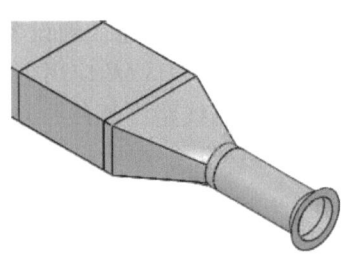

图 16-6　电缆槽　　　　　　　　　　　图 16-7　HVAC 线路

16.1.2　矩形和圆形零部件

电子管道、电缆槽和 HVAC 线路中使用的零部件通过使用特定连接点或 CPoint 属性来标记,其中的类型和子类型都有助于确定线路。

1. 电子管道和电缆槽连接点　电子管道和电缆槽线路零部件具有相同的连接点类型,如图 16-8 所示,但它们分别具有不同的子类型,见表 16-1。

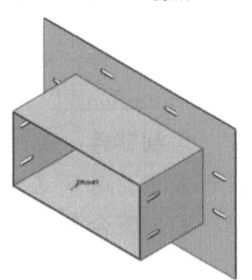

图 16-8　电子管道和电缆槽线路零部件的连接点

表 16-1　电子管道和电缆槽线路零部件连接点对比

线路类型	连接点类型	子类型	参数
电子管道	电气	管道/主干	选择电缆管道
电缆槽	电气	电缆槽	选择电缆槽

2. HVAC 和用户定义的连接点　在 HVAC 和用户定义的零部件中的连接点具有相同的类型和子类型,并包括用户定义的数据,如图 16-9 所示。两者连接点的对比见表 16-2。

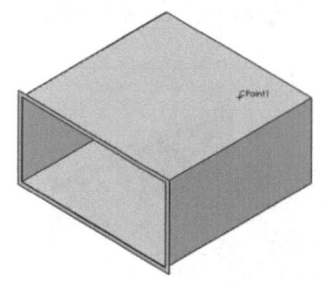

表 16-2　HVAC 和用户定义的连接点对比

线路类型	连接点类型	线路类型名称	横截面	参数
HVAC	用户定义	HVAC 管道	矩形或圆形	选择 HVAC 管道或 HVAC 圆形管道
用户定义	用户定义	用户定义	矩形或圆形	从零件或高度和宽度中选择

图 16-9　HVAC 和用户定义的零部件的连接点

> 提示　如果用户添加了自定义的线路类型,则可以使用 CommandManager 中的【用户定义的线路】选项卡来操作它们。该选项卡内包含许多与【管道设计】和【管筒】选项卡相同的工具,如图 16-10 所示。

图 16-10　【用户定义的线路】选项卡

16.1.3　修改步路库零件

与在管道中的法兰一样,端部零部件通常包含配合参考,以便于它们可以在装配体中连接到设备,如图 16-11 所示。对于电子管道、电缆槽和 HVAC 应用中使用的法兰也是如此。

在本例中,将复制线路零部件,并修改现有的配合参考以适应特定的线路类型。

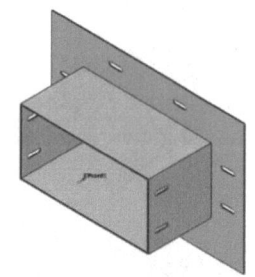

图 16-11　端部零部件

操作步骤

步骤 1　打开零件　从 "design library\routing\electrical\electrical ducting" 文件夹内打开 "cable duct starting flange" 零件。

步骤 2　复制零件　使用【另存为副本并打开】选项,将副本零件保存到 "design library\routing" 文件夹内,并命名为 "modified cable duct starting flange"。

步骤 3　添加配合参考　编辑默认的配合参考并使用【重合】和【反向对齐】,如图 16-12 所示。

步骤 4　保存　保存零件 "modified cable duct starting flange"。

步骤 5　复制步路零件　从本地文件夹 "Lesson16\Case Study" 复制 "modified cable tray starting flange" 和 "modified hvac starting flange" 零件到 "design library\routing" 文件夹。

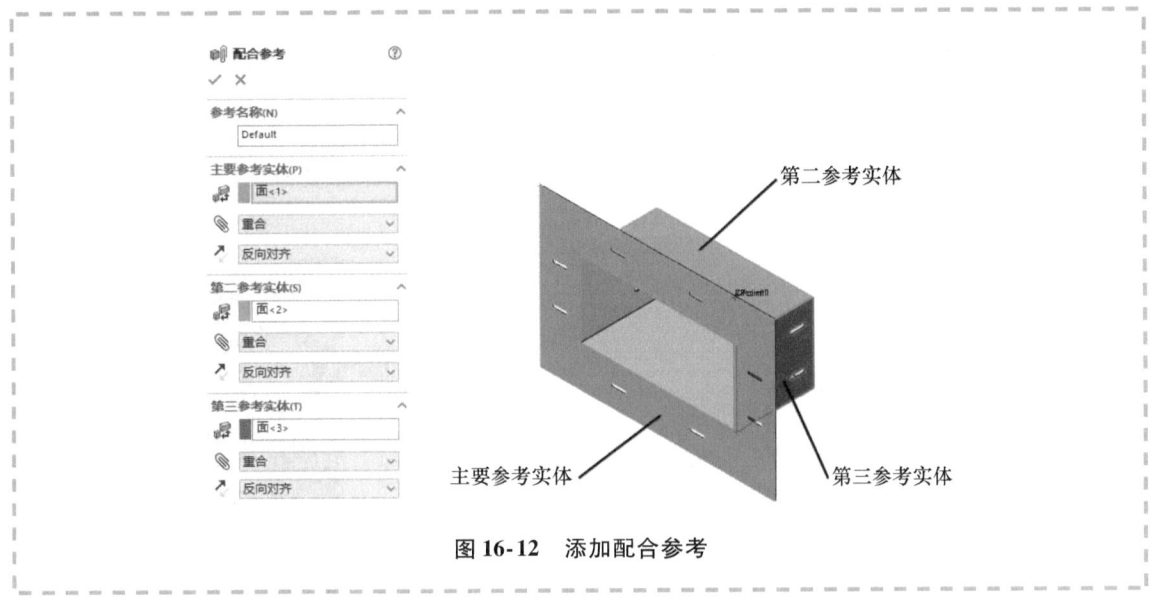

图 16-12 添加配合参考

16.2 电子管道线路

用户可以使用"electrical\electrical ducting"文件夹中的法兰、弯管、三通、四通、变径管和电缆管道来创建电子管道线路,如图 16-13 所示。

基本的电子管道零部件包括法兰、弯管和电缆管道,如图 16-14 所示。

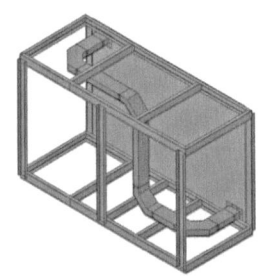 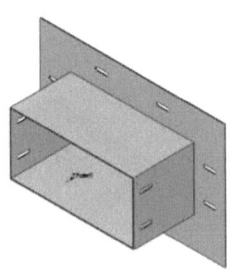 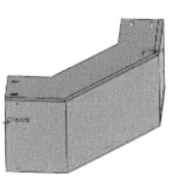 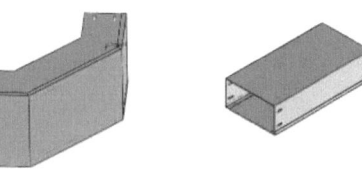

图 16-13 电子管道线路　　　　　　　图 16-14 法兰、弯管和电缆管道

电子管道有多种配置,范围从"Cable Duct 0.10×0.10"到"Cable Duct 0.30×0.15",其单位为 m。管道的横截面如图 16-15 所示。

 提示　用户应注意避免线路扭曲,而导致零部件无法正确匹配的情况,如图 16-16 所示。用户也可以使用配置来解决某些匹配问题。

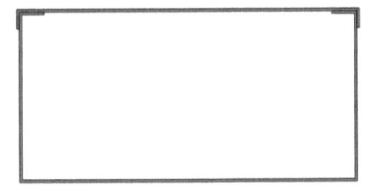 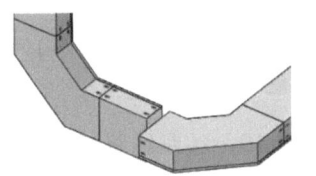

图 16-15 管道的横截面　　　　　　　图 16-16 零部件未正确匹配

步骤6 打开装配体 从"Lesson16\Case Study\HVAC and Ducting"文件夹内打开"HVAC and Ducting"装配体文件,如图16-17所示。

步骤7 拖放零部件 缩放视图以显示"Frame〈1〉"零部件。将"modified cable duct starting flange"零部件拖放到下方孔上,如图16-18所示,选择配置为"Cable Duct Starting Flange 0.20×0.10"。

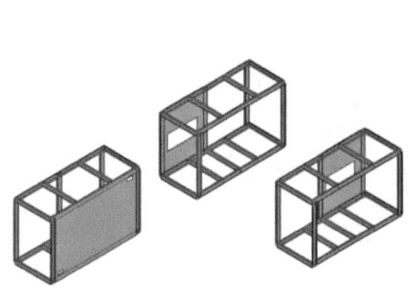

图16-17 打开装配体

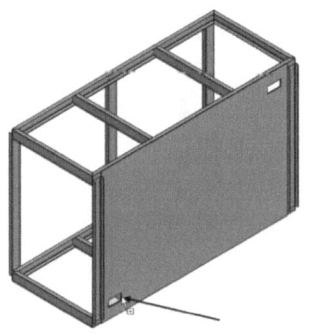

图16-18 拖放零部件

步骤8 设置线路属性 保持线路的默认设置,如图16-19所示,单击【确定】✓。

步骤9 拖放第二个法兰 拖放第二个"modified cable duct starting flange"零部件到上方孔上,并使用相同的配置。将端点向外拖动到大约600mm处,如图16-20所示,以便允许添加弯管。

图16-19 设置线路属性

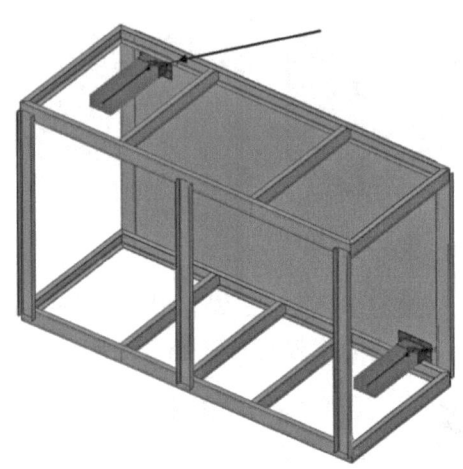

图16-20 拖放第二个法兰

> **提示** 【自动步路】可与电子管道、电缆槽和HVAC线路中的正交矩形截面一起使用。

步骤10 绘制线路并添加尺寸 绘制线路并添加尺寸以完成线路,如图16-21所示。退出线路并返回到编辑顶层装配体。

步骤11 完成步路 完成的线路包含直线电缆管道和弯管的线路零件。右键单击图16-22所示的弯管,再单击【在当前位置打开零件】。

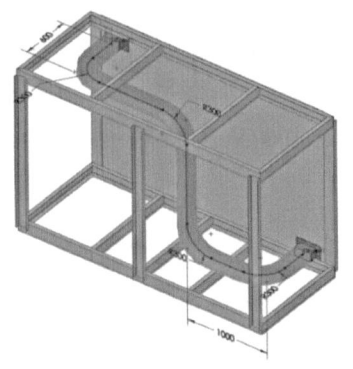

图16-21 绘制线路并添加尺寸

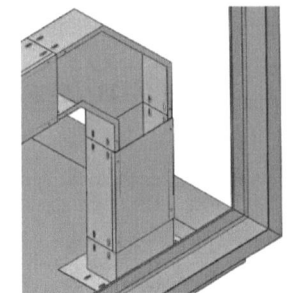

图16-22 完成步路

步骤12 隐藏实体 该零部件是一个多实体零件。隐藏盖体并返回到装配体,如图16-23所示。

提示 许多电子管道零部件是类似于弯管的多实体零件。

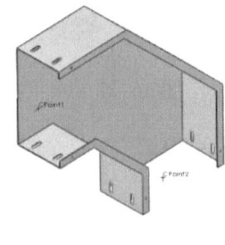

图16-23 隐藏实体

16.3 电缆槽线路

用户可以使用"electrical/cable tray"文件夹中的法兰、弯管、三通、四通、变径管和电缆托架等创建电缆槽线路,如图16-24所示。

基本的电缆槽零部件包括法兰、弯管和电缆管道,如图16-25所示。

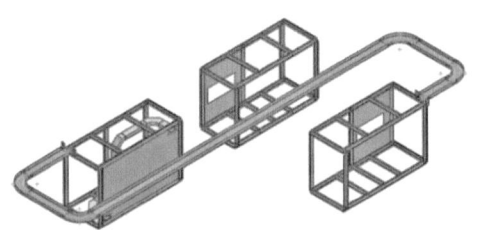

图16-24 电缆槽线路

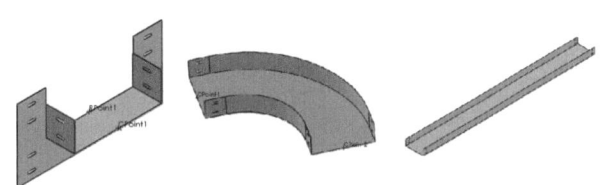

图16-25 基本的电缆槽零部件

电缆槽有多种配置,范围从"Cable Tray 0.10×0.075×0.0015"到"Cable Tray 0.75×0.15×0.0015",其单位为m。电缆槽的横截面如图16-26所示。

- **步路零部件方向** 弯管可能有多个方向,如用户通过改变配置可以以下三种方式定位该电缆槽弯管。配置描述了方向,并包含在零件中。

图16-26 电缆槽的横截面

> **提示** 电子管道和电缆槽具有用于不同方向的相似配置。

1) 水平折弯。配置为"90D×0.450B×0.300×0.100-Horizontal'90 Deg Horizontal Bend 0.300×0.100'",如图16-27所示。

2) 竖直内侧折弯。配置为"90D×0.450B×0.300×0.100-Vertical-Inside'90 Deg Vertical Inside Bend 0.300×0.100'",如图16-28所示。

3) 竖直外侧折弯。配置为"90D×0.450B×0.300×0.100-Vertical-Outside'90 Deg Vertical Outside Bend 0.300×0.100'",如图16-29所示。

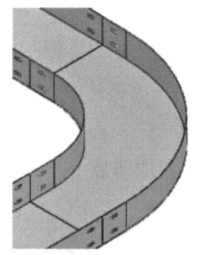  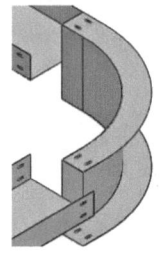

图16-27 水平折弯　　　图16-28 竖直内侧折弯　　　图16-29 竖直外侧折弯

> **提示** 在编辑线路模式下无法更改零部件的配置。

步骤13　拖放法兰　切换到等轴测视图。将"modified cable tray starting flange"零部件拖放到"Frame"零部件上,如图16-30所示。在装配体中其将捕捉到配合参考。

步骤14　设置线路属性　选择电缆槽的配置为"Cable Tray 0.30×0.100×0.0015",单击【确定】。选择弯管的配置为"Cable Duct Flat Bend 90Deg×0.350B×0.30×0.10",如图16-31所示,单击【确定】。

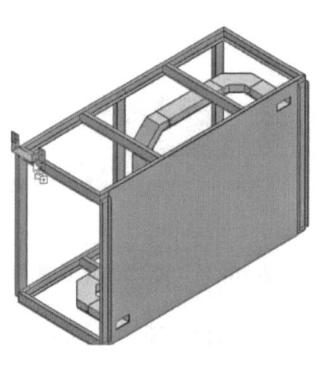 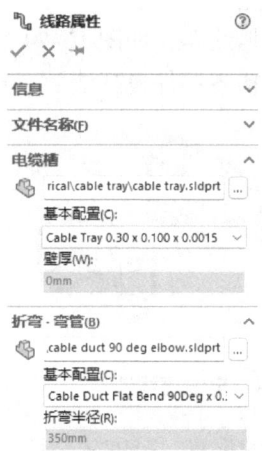

图16-30 拖放法兰　　　　　　　图16-31 设置线路属性

步骤15　拖放第二个法兰　拖放第二个"modified cable tray starting flange"零部件到图16-32所示的位置,并使用步骤14中的相同配置。

步骤 16 绘制草图 绘制线段并添加尺寸以完成线路,如图 16-33 所示。

步骤 17 选择零部件 退出线路并返回到编辑顶层装配体。展开线路子装配体,从"线路零件"文件夹中选择电缆槽零部件,如图 16-34 所示。零部件的长度会在 FeatureManager 设计树中列出。

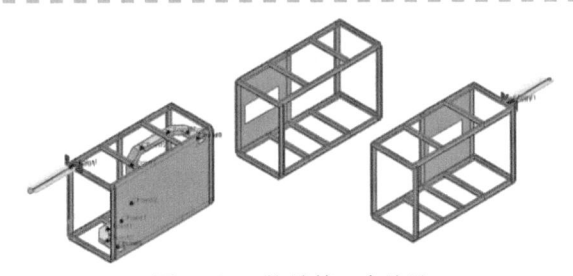

图 16-32 拖放第二个法兰

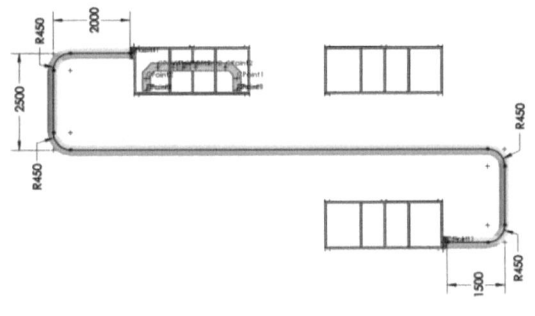

图 16-33 绘制草图

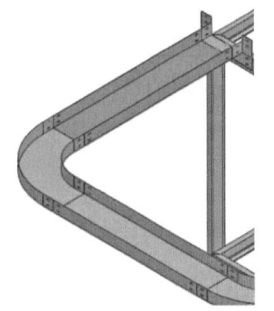

图 16-34 选择零部件

16.4 HVAC 线路

用户可以使用"hvac"文件夹中的法兰、弯管、三通、四通、变径管和电缆托架等创建矩形 HVAC 线路;圆形 HVAC 线路使用来自"hvac/round ducting"文件夹的相似线路零部件,如图 16-35 所示。

16.4.1 零部件

基本的 HVAC 矩形管道零部件包括法兰、弯管和 HVAC 管道,如图 16-36 所示。

基本的 HVAC 圆形管道零部件包括相似的组件,如图 16-37 所示。

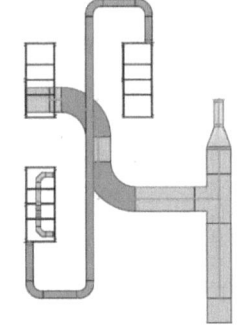

图 16-35 HVAC 线路

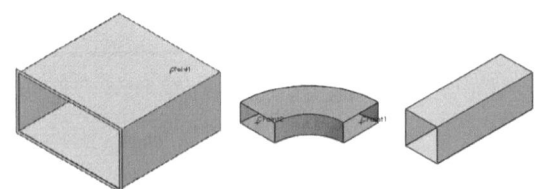

图 16-36 基本的 HVAC 矩形管道零部件

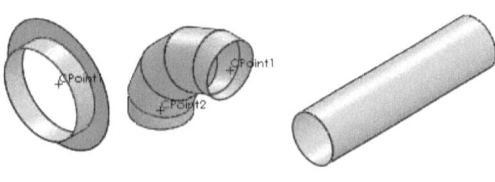

图 16-37 基本的 HVAC 圆形管道零部件

HVAC 矩形管道是薄壁件,其有多种配置可供选择,范围从"Rectangular Duct 0.5×0.5×0.002"到"Rectangular Duct 2.0×2.0×0.002",其单位为 m。方形管道也包括在该分类中,如图 16-38 所示。

HVAC 圆形管道也是薄壁件,其有多种配置可供选择,范围从"Round Duct 0.25 DIA×0.002"到"Round Duct 1.75 DIA×0.002",其单位为 m。圆形管道的横截面如图 16-39 所示。

 提示 　　当弯管的半径空间不足时,会产生斜接折弯,如图 16-40 所示。

图 16-38　方形管道的横截面

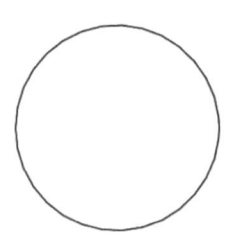
图 16-39　圆形管道的横截面

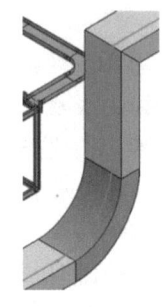
图 16-40　斜接折弯

16.4.2　覆盖层

用户可以在 HVAC 和电子管道中添加覆盖层,如图 16-41 所示,其应用方法与管道相同。

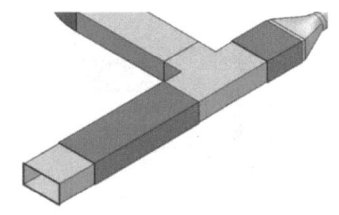
图 16-41　覆盖层

步骤 18　拖放法兰　拖放"modified hvac starting flange"零部件到图 16-42 所示的位置,选择"Rectangular Duct End 1.0×0.5×0.002"配置并单击【确定】✓。在【线路属性】中,使用"Rectangular Duct 1.0×0.5×0.002"作为基本配置。在【折弯-弯管】中选择"hvac 90deg bend"零件,并使用"Horizontal Bend 1.0×0.5×0.002 at 90 Deg"作为基本配置,单击【确定】✓。

步骤 19　绘制 3D 草图　绘制线段并添加尺寸以完成线路,如图 16-43 所示。

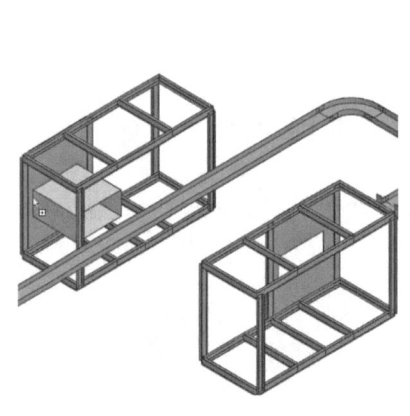
图 16-42　拖放法兰

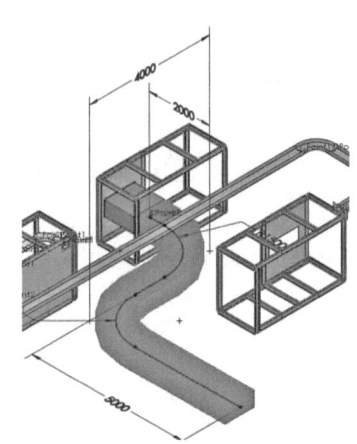
图 16-43　绘制 3D 草图

16.4.3　线路内管道零部件

线路内管道零部件（如三通、四通和变径管等）可以拖放到线路中,如图 16-44 所示。与管道和管筒一样,它们可以放在现有的线路内或线路的终点上。

 提示　〈Tab〉键可用于反转方向。

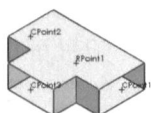 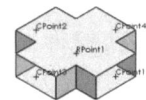 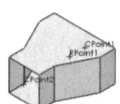
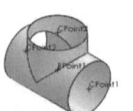 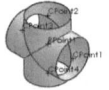 

图 16-44　线路内管道零部件

步骤20　**添加三通**　拖放一个"hvac tee"零部件到开放的端点,如图16-45所示。选择"Tee 1.0×0.5×1.0×0.5"配置并单击【确定】✓。

步骤21　**结束**　对端头线段进行尺寸标注。拖放一个"hvac duct end"零部件到端点,并选择"Rectangular Duct End 1.0×0.5×0.002"配置,如图16-46所示,单击【确定】✓。

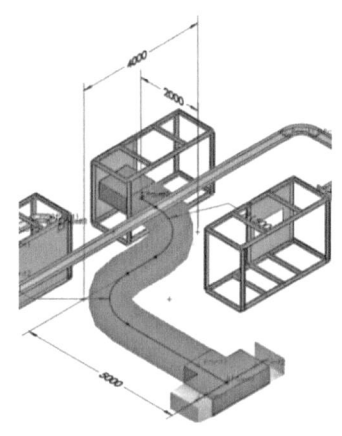

图16-45　拖放三通

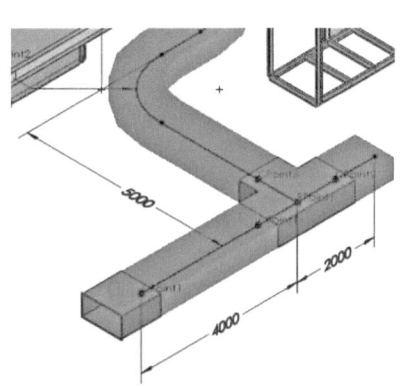

图16-46　结束

16.4.4　转换为圆形 HVAC 线路

用户可以使用具有矩形或圆形横截面的零部件来创建 HVAC 线路。这需要一个过渡零部件"hvac square-round",如图16-47所示。该零部件有两个连接点:一个设置在矩形横截面,另一个设置在圆形横截面。

图16-47　过渡零部件

步骤22　**拖放过渡零部件**　从"round ducting"子文件夹中拖放一个"hvac square-round"零部件到开放的端点,如图16-48所示。选择"Square_Round 1.00×0.50 to 0.40 DIA"配置并单击【确定】✓。

步骤23　**设置线路段属性**　向圆形管道的过渡需要不同的零部件。在【线路段属性】中,从"round ducting"子文件夹中选择如下附加零部件:

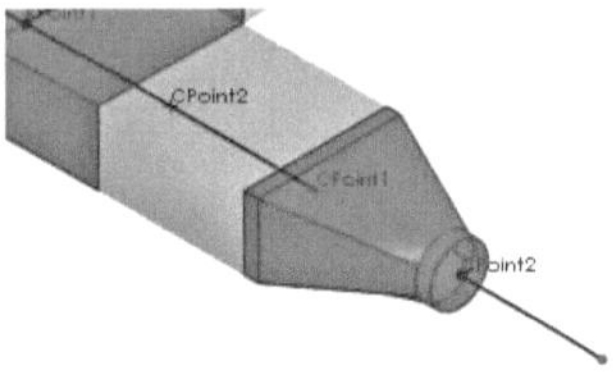

- 【HVAC Ducting】:"hvac round duct"。
- 【基本配置】:"Round Duct 0.40 DIA×0.002"。
- 【折弯-弯管】:"hvac round duct 90deg elbow"。
- 【基本配置】:"Round Duct 90Deg Elbow 0.40DIA×0.60R"。

如图16-49所示,单击【确定】✓。

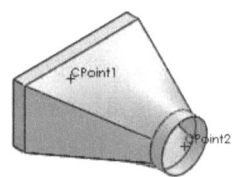

图16-48　拖放过渡零部件

步骤24　**结束**　拖放一个"hvac round duct end"零部件到开放的端点处,添加尺寸以完全定义草图,如图16-50所示,单击【确定】。

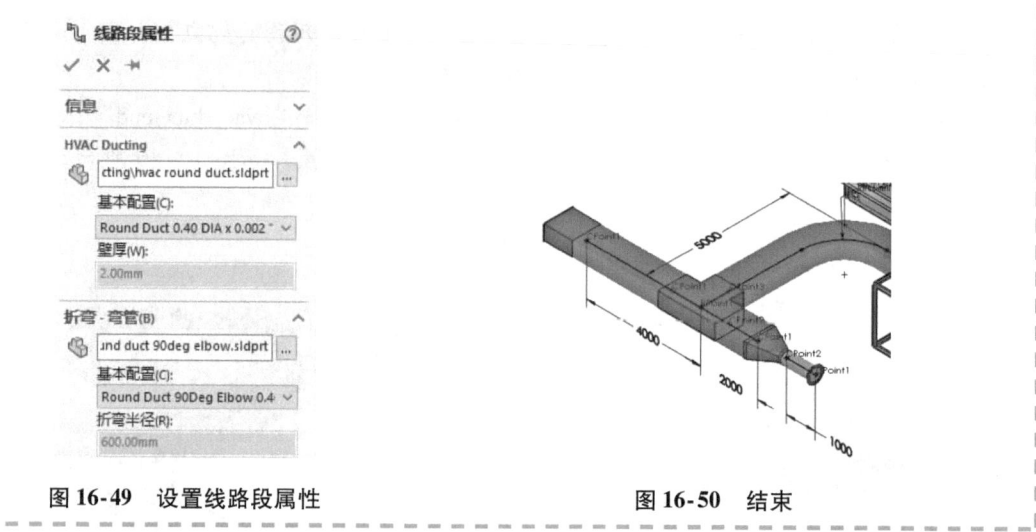

图 16-49 设置线路段属性　　　　图 16-50 结束

16.4.5 HVAC 和管道工程图

用户可以从电子管道、电缆槽或 HVAC 线路创建工程图。材料明细表可以包含零部件描述，直线长度可以单独列出或作为总计列出。

> **提示** 与管道或管筒不同，在电子管道、电缆槽和 HVAC 线路中没有生成工程图的图标。

步骤 25　外部保存　将线路分别命名为"Electrical Ducting""Cable Tray"和"HVAC Ducting"，使用【保存装配体（在外部文件中）】将三个线路的子装配体保存到外部文件。

步骤 26　创建工程图　打开"Electrical Ducting"线路子装配体，并单击【从零件/装配体制作工程图】，选择需要的工程图模板。本例中使用 A 尺寸工程图。

步骤 27　创建材料明细表　使用"Piping BOM Template"模板创建材料明细表，结果如图 16-51～图 16-53 所示。

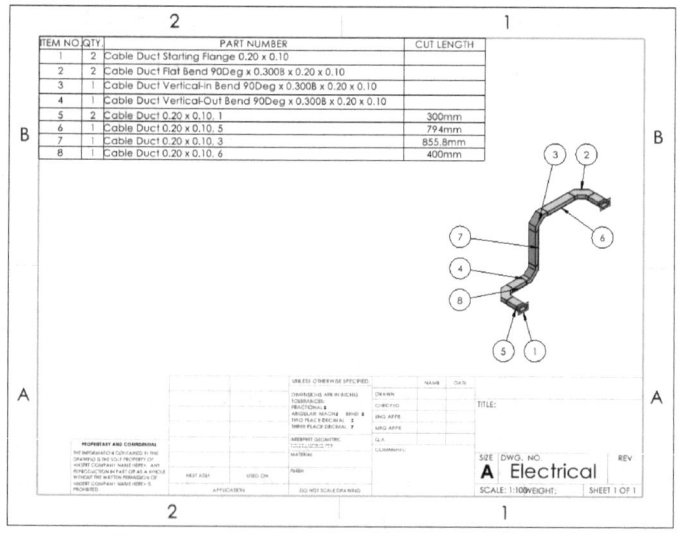

图 16-51　"Electrical Ducting"线路工程图

第 16 章 电子管道、电缆槽和 HVAC 线路

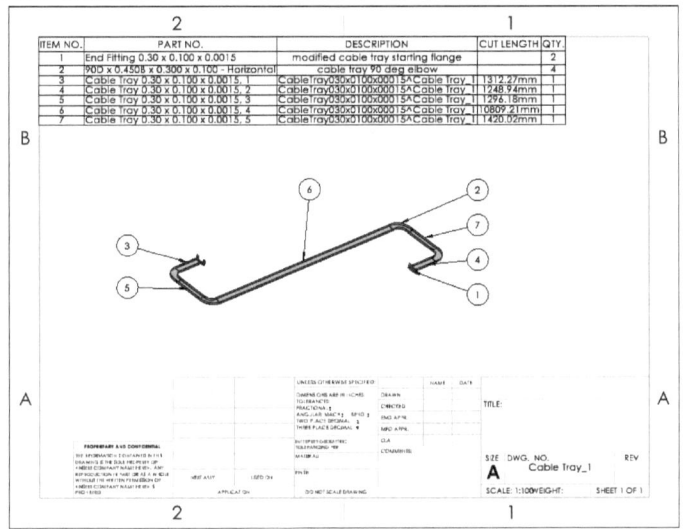

图 16-52 "Cable Tray" 线路工程图

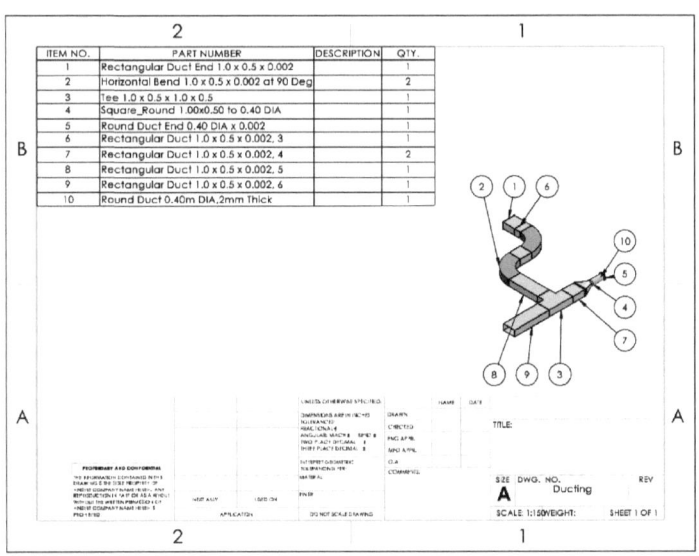

图 16-53 "HVAC Ducting" 线路工程图

步骤 28 保存并关闭所有文件

练习 创建电子管道线路

使用电子管道零部件创建线路,如图 16-54 所示,然后创建该线路的工程图。

本练习将应用以下技术:
- 电子管道、电缆槽和 HVAC 线路。
- HVAC 和管道工程图。

单位:mm(毫米)。

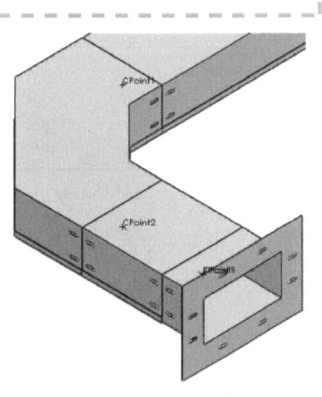

图 16-54 创建电子管道线路

操作步骤

- **电子管道零部件** 使用表 16-3 中的文件和配置创建线路。

表 16-3 电子管道零部件

文件夹	文件	配置
Flanges	modified cable duct starting flange	Cable Duct 0.20×0.10
Elbows	cable duct 90 deg elbow	Cable Duct Flat Bend 90Deg×0.300B×0.20×0.1

- **创建线路** 该线路将添加到包含一些零部件和配合参考的现有装配体中。

步骤 1 打开装配体 从"Lesson16\Exercises\Ducting"文件夹中打开"Ducting"装配体,如图 16-55 所示。

步骤 2 添加法兰 添加"modified cable duct starting flange"法兰到矩形孔处,配合参考如图 16-56 所示。

步骤 3 绘制草图 使用线段和尺寸绘制线路,如图 16-57 所示,然后退出线路。

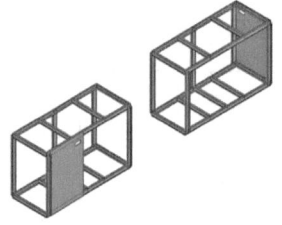

图 16-55 打开装配体

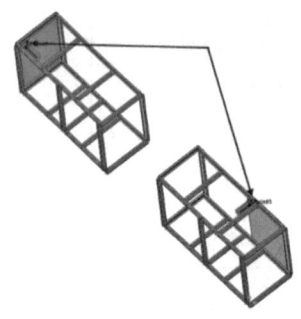

图 16-56 添加法兰

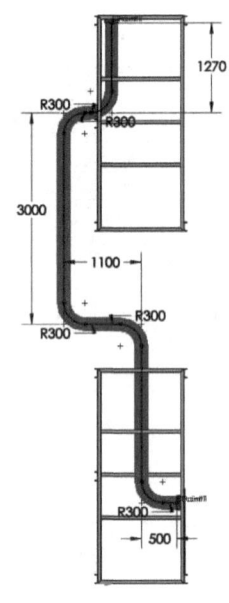

图 16-57 绘制草图

步骤 4 检查干涉 单击【干涉检查】,线路与"Frame"零部件发生干涉,如图 16-58 所示。

步骤 5 编辑线路 编辑线路并更改尺寸,如图 16-59 所示,然后重新检查干涉。

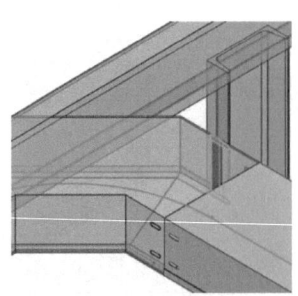

图 16-58 检查干涉

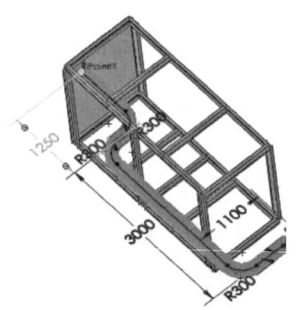

图 16-59 编辑线路

第 16 章 电子管道、电缆槽和 HVAC 线路

步骤 6 创建工程图 创建电子管道的工程图,添加零件序号和材料明细表,结果如图 16-60 所示。

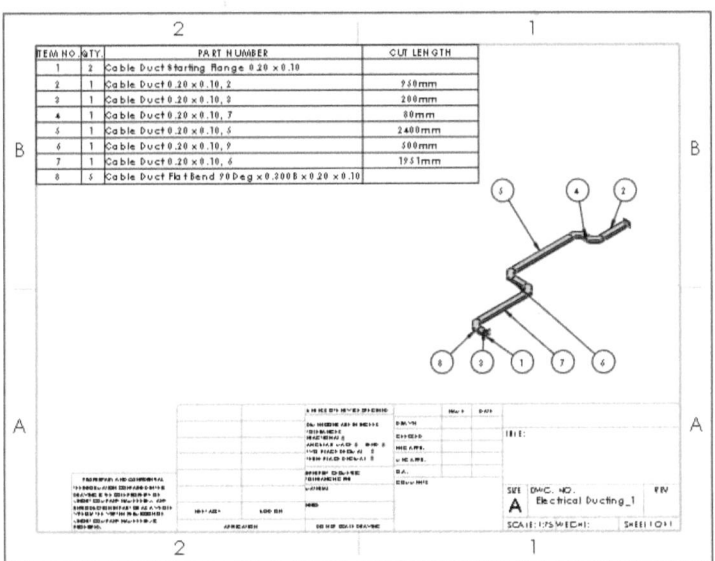

图 16-60 创建工程图

步骤 7 保存并关闭所有文件

第 17 章　使用 SOLIDWORKS 内容

扫码看视频

学习目标

- 添加 SOLIDWORKS 内容
- 使用虚拟线夹

17.1　使用 SOLIDWORKS 内容概述

设计库的"SOLIDWORKS 内容"文件夹下面列出了一些子文件夹,包括"Blocks""Routing"和"Weldments"等。

如图 17-1 所示,"Routing"文件夹包含按标准排列的其他管道内容。这些内容被分到"DIN Piping"和"ISO Piping"两个文件夹内。每个文件("Ductile Iron""Copper Alloy"等)都链接到一个压缩文件(zip 格式)。

17.2　添加内容

这些附加的内容可以被保存或者解压以用于线路。

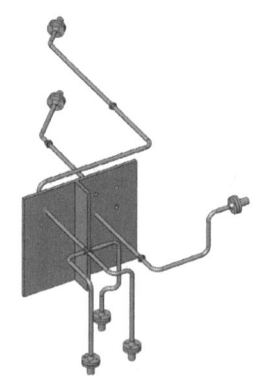

图 17-1　使用 SOLIDWORKS 内容

| 知识卡片 | 添加内容 | ● 任务窗格:在设计库的"SOLIDWORKS 内容"文件夹中,打开"Routing"和具体标准的文件夹,并按住〈Ctrl〉键后单击一个压缩文件。 |

操作步骤

步骤 1　展开"SOLIDWORKS 内容"　在设计库中展开"SOLIDWORKS 内容"文件夹,然后展开"Routing"文件夹。其中包含下列文件夹:
- ANSI- ASTM metric B16. 11- A234。
- ASME B16. 10M。
- ASME B16. 5。
- Australian BSP。
- DIN Miscellaneous。
- DIN Piping。
- ISO Piping。
- Various Metric Pipe Fittings。

每个文件夹包含一个或多个压缩文件。

- **内容类型** 可以被提取的内容包括为满足特定标准而创建的零件和装配体，包含的这些零部件是为了扩展默认的设计库集合。许多零部件（尤其是管道）包含多种配置，如图 17-2 所示。

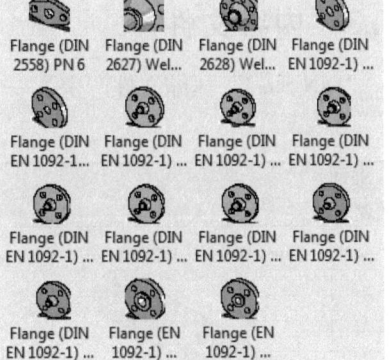

可仅下载和解压所需要的文件和标准。

图 17-2 内容类型

步骤2 查看"DIN Piping"文件夹 双击"DIN Piping"文件夹以将其打开，其中包含几个压缩文件的链接，如图 17-3 所示。

仅"DIN Piping"和"ISO Piping"文件夹包含多个压缩文件链接。

步骤3 保存 按住〈Ctrl〉键后单击"Steel"图标，一个名为"DIN Steel. zip"的压缩文件会被下载，将其保存在临时文件夹中。

步骤4 解压文件 在"C:\ProgramData\SolidWorks\SOLIDWORKS 2024\design library\routing\piping"下面添加新文件夹"DIN"。

双击压缩文件并解压到新文件夹内，如图 17-4 所示。

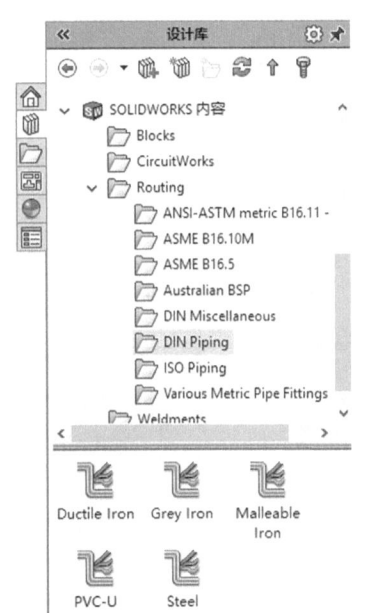

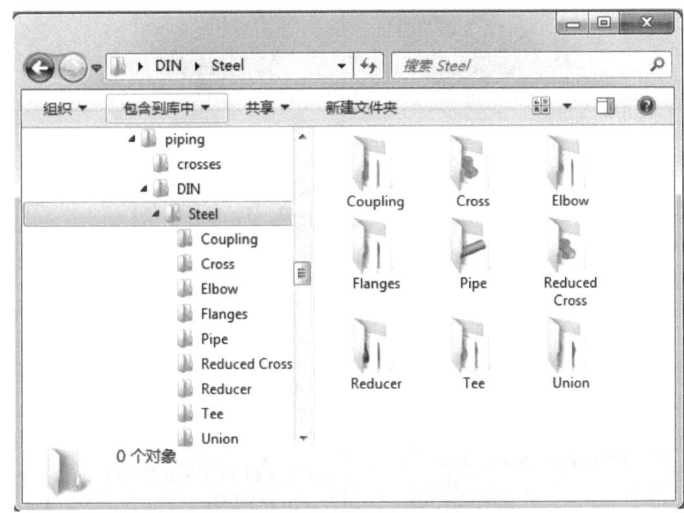

图 17-3 查看"DIN Piping"文件夹

图 17-4 解压文件

步骤5 设置文件位置 使用【Routing Library Manager】中的【Routing 文件位置和设定】，将【步路库】设置到"C:\ProgramData\SolidWorks\SOLIDWORKS 2024\design library\routing\piping\DIN\Steel"文件夹。

17.3 内容文件

"DIN Steel"压缩文件产生了一个完整的管路零部件集合,包括管道、法兰和弯管等,见表17-1。

表17-1 管路零部件集合

DIN Steel 管路	名称和图形			
管道	Pipe(DIN EN 10220)	—	—	—
法兰	Flange(DIN 2558)PN 6	Flange(DIN 2627)Welding Neck Type B2 PN 400	Flange(DIN 2628)Welding Neck Type B2 PN 250	Flange(DIN EN 1092-1)Plain Face Type 01 PN 6
法兰	Flange(DIN EN 1092-1)Slip-On for Welding Series 2 PN 10	Flange(DIN EN 1092-1)Welding Neck Type 11 B1 PN 2.5, 6, 10, 16, 25, 40, 63, 100	Flange(EN 1092-1)Hubbed Threaded Type 13 B1 PN 10, 16	—
弯管	Elbow(DIN 2605)45 Deg Type 5, 10, 20	Elbow(DIN 2605)90 Deg Type 2, 3, 5, 10, 20	Elbow(DIN EN10242)45 deg A1	Elbow(DIN EN 10242)A1
弯管	Elbow(DIN EN 10242)45 Deg Long Sweep Bend G1	Elbow(DIN EN 10242)Long Sweep Bend G1	Elbow(DIN EN 10242)Male Long Sweep Bend G8	Elbow(DIN EN 10242)Short Bend D1

(续)

DIN Steel 管路	名称和图形			
三通和四通	Elbow (DIN EN 10242) Twin E2	Tee (DIN 2615-1)	Tee (DIN EN 10242) B1	Tee (DIN EN 10242) Pitcher E1
	Cross (DIN 10242) C1	—	—	—
耦合和联合	Socket (DIN EN 10242) M2	Socket (DIN EN 10242) Male and Female M4	Screwed Pipe Joint (DIN 8063) Type V1	Screwed Pipe Joint (DIN 8063) Type V2
	Union (DIN EN 10242) Flat Seat Male and Female U2	Union (DIN EN 10242) Flat Seat U1	Union (DIN EN 10242) Taper Seat Male and Female U12	Union (DIN EN 10242) Taper Seat U11
变径管和变径四通	Reducer (DIN 2616) Eccentric E	Reducer (DIN 2616) Concentric K	Socket (DIN EN 10242) Reducing M2	Socket (DIN EN 10242) Reducing Male and Female M4
	Cross (DIN EN 10242) Reducing C1	—	—	—

17.4 自定义库命名

如果想基于 SOLIDWORKS 提供的零部件在设计库中创建自定义库，只需按照示例文件使用的目录结构和命名规范创建即可，如图 17-5 所示。

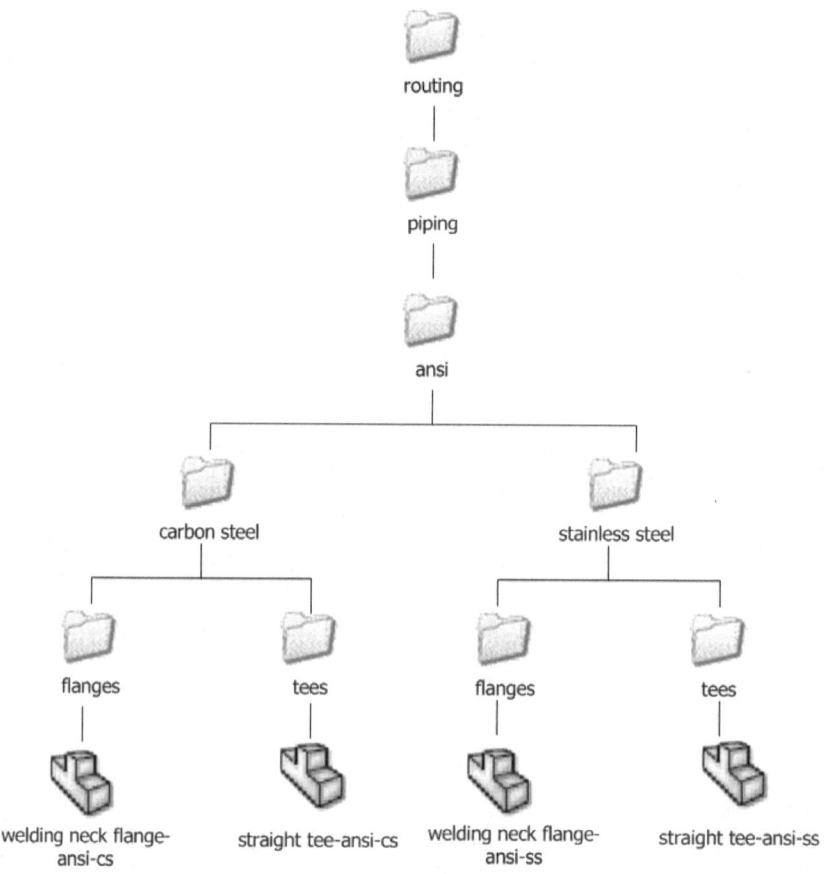

图 17-5 自定义库命名

- 将所有的子文件夹放在"routing"文件夹下，可以不是标准的步路文件夹。
- 为每种标准（ansi、iso）、材料类型（ss、pvc）和零部件类型（flange、tee）创建文件夹。
- 为零部件创建唯一的包含材料信息的名称（或者其他唯一的修饰语），在不同的文件夹下使用 tee-cs 和 tee-ss 要好于使用 tee。
- 使用描述性命名方法命名，如"Flange（DIN 2628）Welding Neck Type B2 PN 250"的命名比只命名为"flange"更有用。

 提示

如果不遵循此流程将会导致在步路和常规装配体中出现错误。

17.5 使用虚拟线夹

虚拟线夹是用来引导管道和管筒而不创建任何可见几何体的线路线夹。例如，引导管道穿过墙壁上没有线夹、挂架或支架的开孔。

本教程已经提供了虚拟线夹，但用户可以使用草图、平面、轴、线路点和配合参考来创建此类零件。

第 17 章 使用 SOLIDWORKS 内容

> 提示 用户可以使用【Routing 零部件向导】的【管道设计】/【支架】来创建所需的几何体。

步骤6 打开装配体 从"Lesson17\Case Study"中打开已存在的装配体"DIN_Assembly"。该装配体是现有设备连接和结构件特征的简化表示，如图 17-6 所示。

步骤7 添加配合 将虚拟线夹拖到图 17-7 所示的圆柱孔面上，通过配合参考添加【同心】配合，再添加一个【重合】配合将草图圆或点放在平面上。

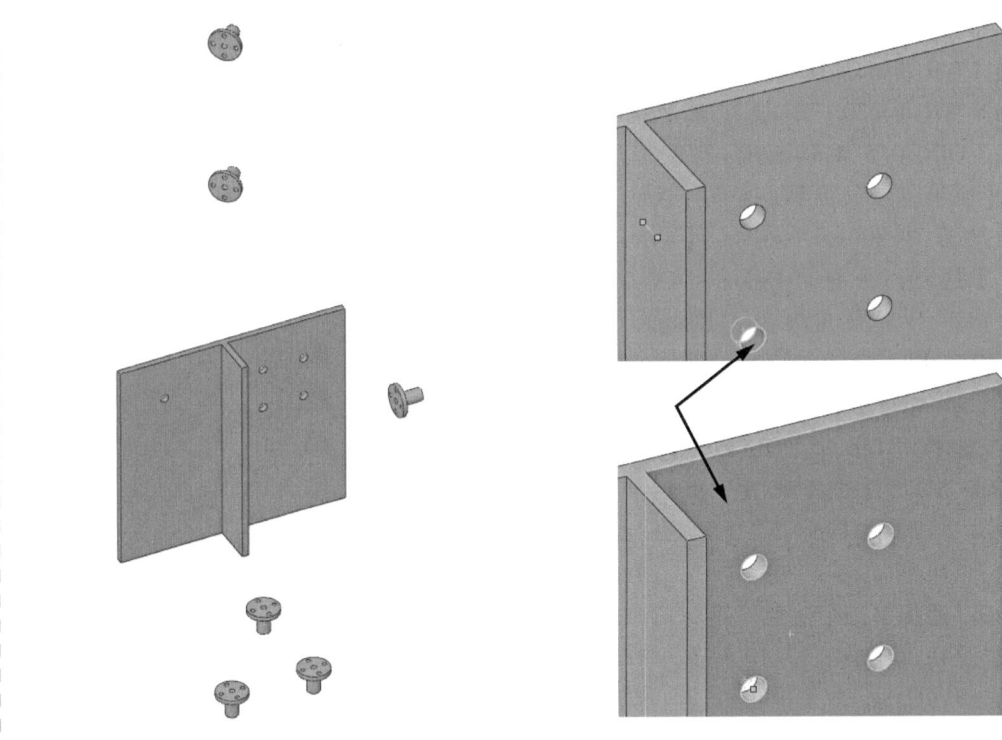

图 17-6 打开装配体　　　　　　图 17-7 添加配合

17.6 线路中使用的零部件

从"DIN\Steel"文件夹中的管道零部件集合中选择以下零部件，如图 17-8 所示，并创建 25mm 的线路。

- 管道：Pipe(DIN EN 10220)。
- 法兰：Flange(DIN 2628) Welding Neck Type B2 PN 250。
- 弯管：Elbow(DIN 2605) 90 Deg Type 5。
- 耦合管接头：Union(DIN EN 10242) Flat Seat U1。

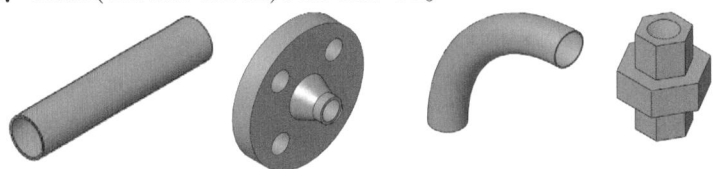

图 17-8 管道零部件

技巧 耦合管接头会被自动放置到线路属性中定义的标准长度的末端。

步骤8 设置线路属性 从"Steel\Flanges"文件夹中拖放一个"Flange (DIN 2628) Welding Neck Type B2 PN 250"到"25mm_Equipment_Flange <8>"（较低的那一个）上，选择配置为"WNeck Flange-DN 25"。

如图17-9所示，使用默认管道"Pipe（DIN EN 10220）"，使用配置"Pipe-33.7 OD×0.5 Wall-Series 1"。

勾选【使用标准长度】复选框，设置标准长度为"1000mm"。勾选【插入管接】复选框，选择"Union（DIN EN 10242）U1"，并使用配置"Union Flat U1-1.0 inch"。

在【折弯-弯管】中单击【始终使用弯管】，选择"Elbow（DIN 2605）90 Deg Type 5"，并选择配置"90L-OD 33.7×2 Wall-Type 5"，单击【确定】。

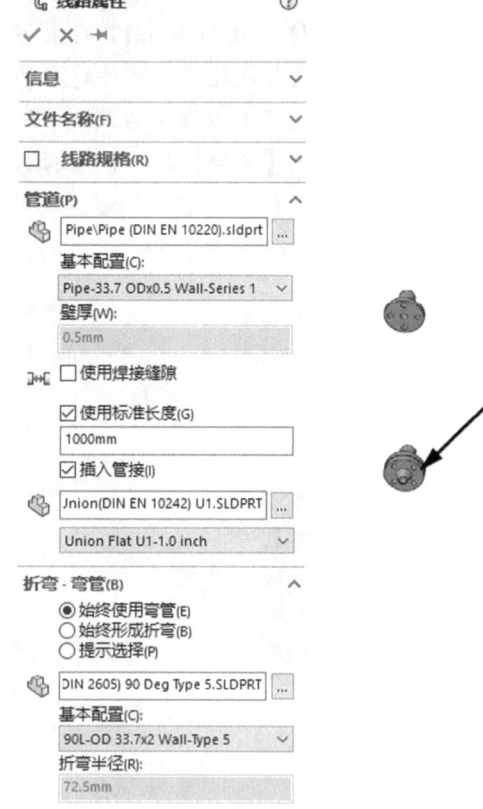

图17-9 设置线路属性

步骤9 添加第二个法兰 添加同类型的第二个法兰，如图17-10所示。

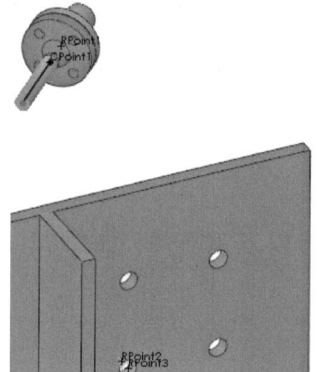

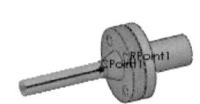

图17-10 添加第二个法兰

步骤10 自动步路第一段 单击【自动步路】，在端头端点和"Virtual_Clip_Piping"的"Clip Axis"轴之间选择正交线路。使用系统提供的解决方案，不要完成该线路，结果如图17-11所示。

步骤11 自动步路第二段 自动步路第二段，即从前面的端点到端头的端点，如图17-12所示，再次选择系统提供的解决方案。

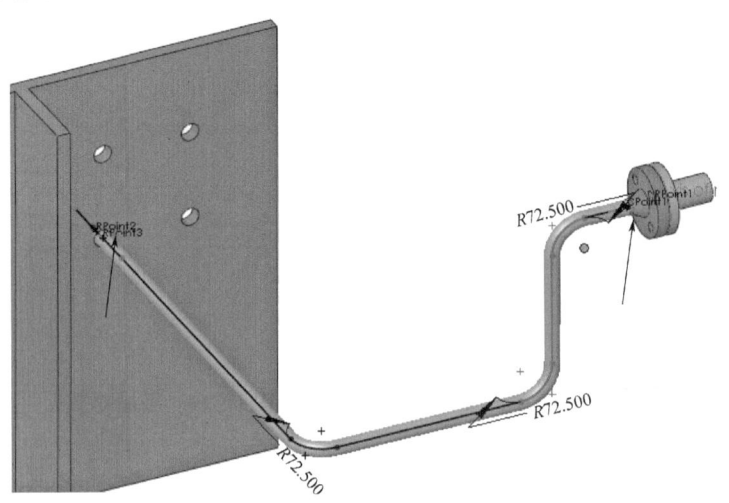

图 17-11 自动步路第一段

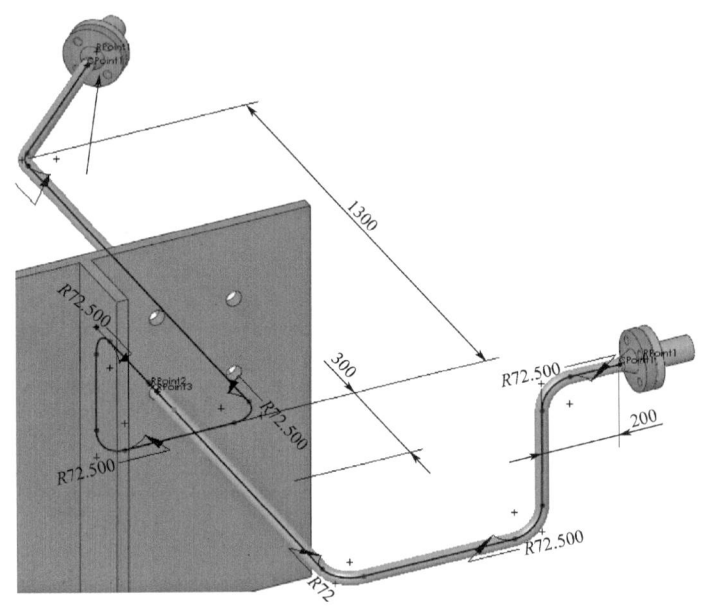

图 17-12 自动步路第二段

步骤 12　交替弯管　退出线路草图。因为弯管是一个非标准弯管，所以被高亮显示并放大。选择"Elbow(DIN 2605)45 Deg Type 5"，并使用配置"45L- OD 33.7 × 2 Wall- Type 5"作为交替弯管，单击【确定】，如图 17-13 所示。

> **提示**　在管道线和虚拟线夹轴之间使用共线关系。

步骤 13　添加管接头　管接头（耦合）放在长度超过 1m 的管道上。有两个管接头被放在线路上，即每个长管道上放置一个，如图 17-14 所示。

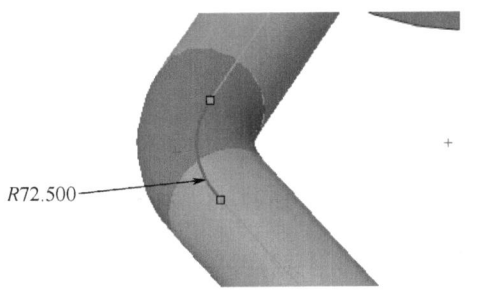

图 17-13 交替弯管

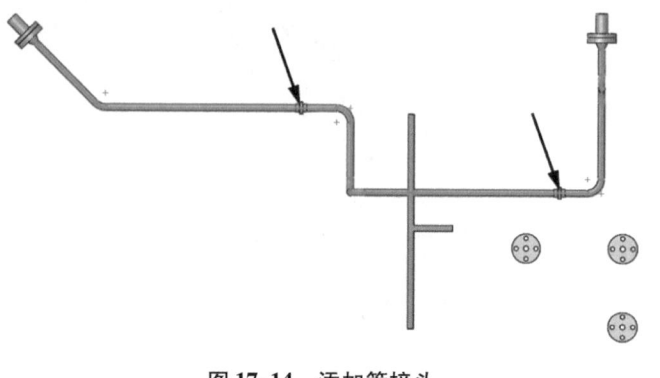

提示　管接头的起始位置可能有所不同。

步骤 14　新建线路　插入另一个"Virtual Clip"零部件。使用和之前线路相同的线路属性，手动绘制一条线路，如图 17-15 所示。

提示　在管道直线和虚拟线夹之间使用共线关系。

图 17-14　添加管接头

步骤 15　完成线路　添加一个"Cross（DIN 10242）C1"，使用配置"Cross C1-1.0 inch"，并添加"Structure1"构件表面的尺寸。创建剩下的连接来完成线路，如图 17-16 所示。

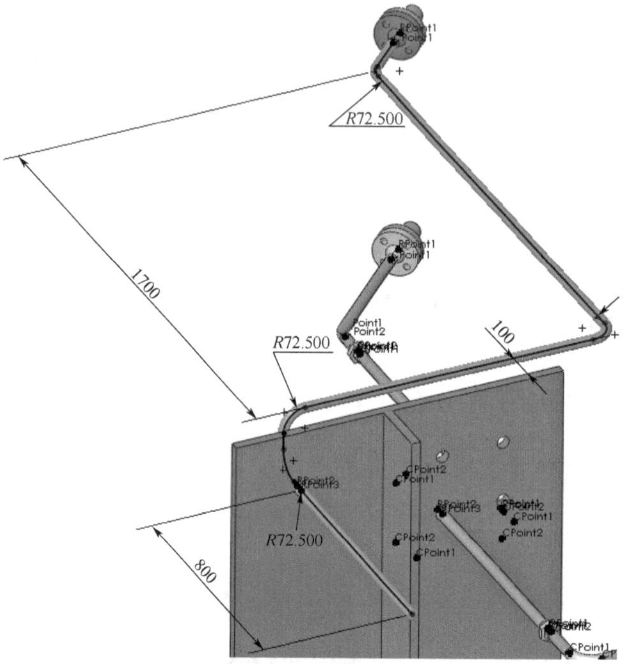

图 17-15　新建线路

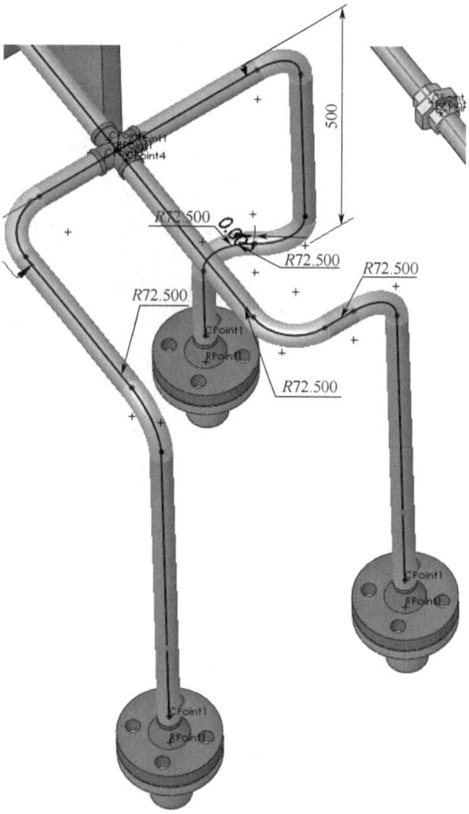

图 17-16　完成线路

步骤 16　保存并关闭所有文件

练习 SOLIDWORKS 内容的应用

使用"SOLIDWORKS 内容"下载新的管道零部件库,并使用这些零部件创建线路,如图 17-17 所示。

本练习将应用以下技术:
- 使用 SOLIDWORKS 内容。
- 虚拟线夹。

单位:mm(毫米)。

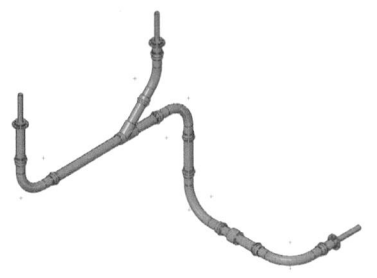

图 17-17 创建线路

操作步骤

- **添加几何体** DIN 和 ISO 标准管路零部件可以从设计库的"SOLIDWORKS 内容"文件夹下载。

步骤 1 下载文件 展开"SOLIDWORKS 内容",并打开文件夹"DIN Piping"。从该文件夹中下载文件"PVC-U"。将该文件解压到文件夹"C:\ProgramData\SolidWorks\SOLIDWORKS 2024\design library\routing\piping"中。

- **设置文件位置** 使用【Routing Library Manager】中的【Routing 文件位置和设定】,将【步路库】设置到"C:\ProgramData\SolidWorks\SOLIDWORKS 2024\design library\routing\piping\PVC-U"文件夹。

- **PVC-U 零部件** 从下面的文件和配置中选择线路所需的零部件,见表 17-2。

表 17-2 PVC-U 零部件

文件夹	文件	配置
Flanges	Flange Assy(DIN 8063)Serial No 11 with 10	DN 75 With Flange Bushing DN 75
Pipe	Pipe(DIN 8062)	OD 75×1.8 Wall-Series 2
Elbow	Elbow(DIN 8063)90 Deg Double Socket Bend Integral Type MMQ-KS	90L-OD 75-2
Elbow	Elbow(DIN 8063)45 Deg Double Socket Bend Integral Type MMK-KS	45L-OD 75-2
Y Bend	Y Lateral(DIN8063)45 Deg Type A	Y Lateral-DN 75
Coupling	Socket(DIN 8063)Type M	Socket M-DN 75

- **创建线路几何体** 管路几何草图是通过使用组合方式或者自动步路和手动绘制 3D 草图创建的。

步骤 2 打开装配体 从"Lesson17\Exercises\Using SW Content"文件夹内打开已存在的装配体"Drains"。

步骤 3 自动步路 添加法兰并自动步路,如图 17-18 所示,添加尺寸到线路草图。

步骤 4 添加 Y 形弯管 拖放一个 Y 形弯管(参考表 17-2 中的"Y Bend"文件夹)到线路直线,如图 17-19 所示。

> **技巧** 使用〈Tab〉键来反转配件,使用〈Shift〉键和方向键来调整方向。

步骤 5 添加合并关系 选择开放端点添加【合并】关系,并添加尺寸,如图 17-20 所示。

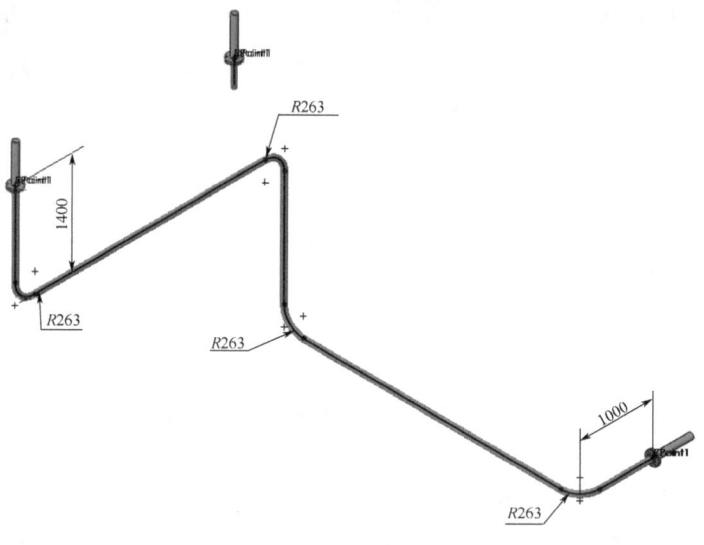

图 17-18 自动步路

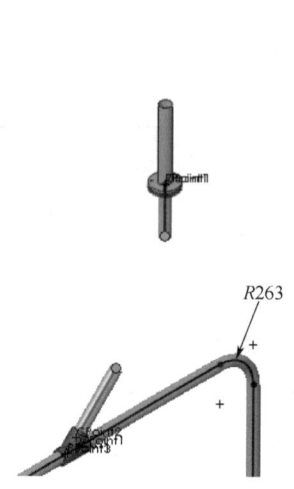

图 17-19 添加 Y 形弯管

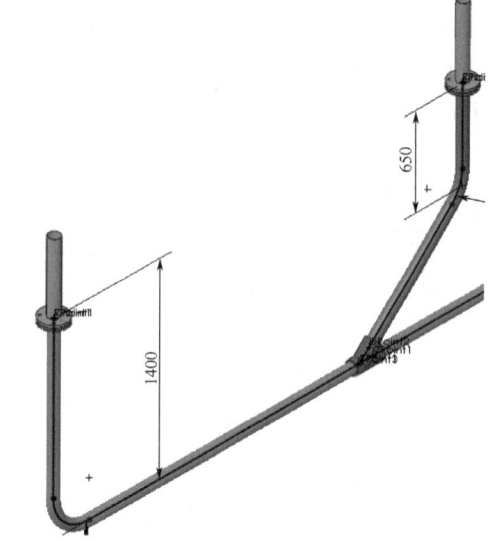

图 17-20 添加合并关系

步骤 6 添加接头 添加一个接头(参考表 17-2 中的"Coupling"文件夹)到线路直线,并添加尺寸,如图 17-21 所示。

步骤 7 选择交替弯管 退出线路草图,选择一个 45°交替弯管。

●**更改线路** 线路的更改可以采用多种形式,但是它们都会引起线路几何体和线路草图的改变。

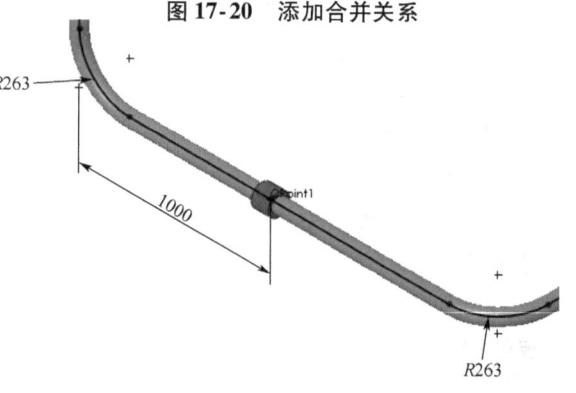

图 17-21 添加接头

步骤8 更改线路直径 如图17-22所示，右键单击线路直线，选择【更改线路直径】。对于【第一配件】，勾选【驱动】复选框，并从列表中选择"Flange DN 140 With Flange Bushing DN140"，使用默认设置，单击【确定】，选择弯管配置为"45L-OD 140-1"，如图17-23所示。

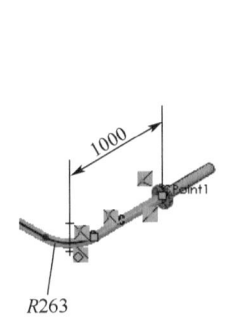
图17-22 线路直线

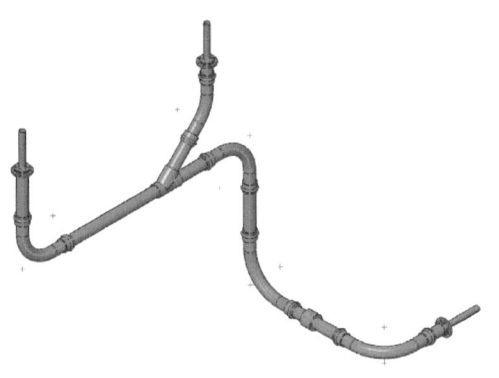
图17-23 更改线路直径

- **工程图** 使用该装配体和管道材料明细表模板创建工程图和材料明细表。

步骤9 创建工程图 将线路保存为外部模型。使用B(ANSI)横向工程图模板为管道子装配体创建工程图。使用"Piping BOM Template"模板添加材料明细表和零件序号，如图17-24所示。

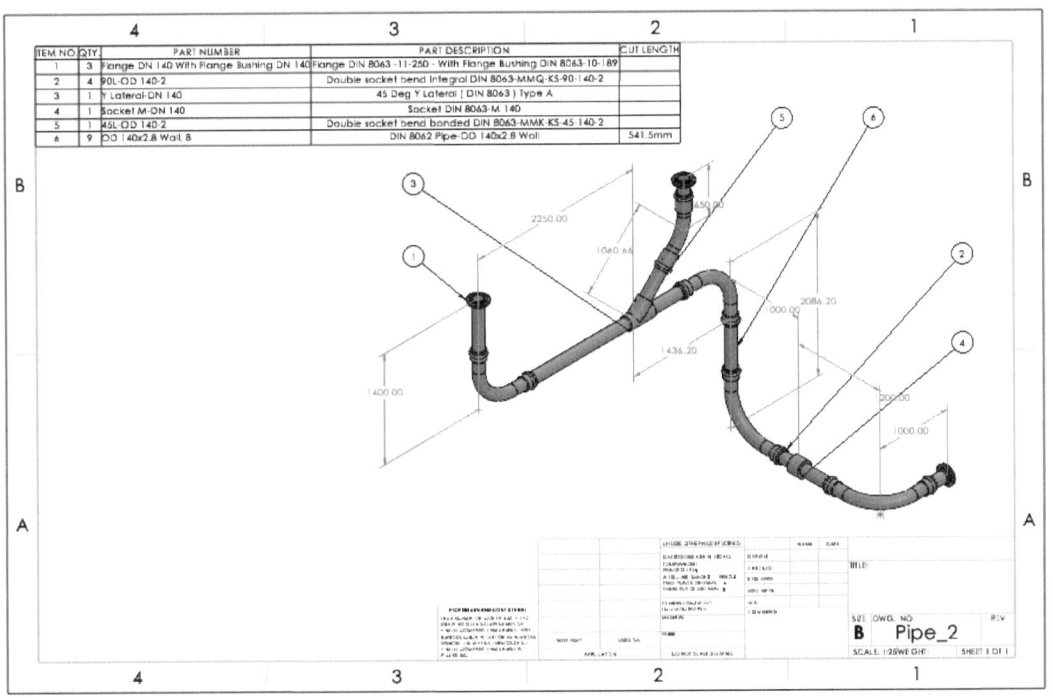
图17-24 创建工程图

步骤10 保存并关闭所有文件